Three.js 前端三维图形开发案例集锦

罗帅 罗斌 编著

清华大学出版社

北京

内 容 简 介

本书以"问题描述＋解决方案"的模式,使用二百多个实例介绍了 Scene、Renderer、Camera、Geometry、Mesh、Light、Material、EffectComposer 等 Three.js 封装的三维图形对象的具体应用,如绘制正交照相机,绘制透视照相机,浏览全景图,播放全景视频,创建天空盒,绘制沙漏,绘制被切割的圆柱体,绘制旋转的地球模型,绘制克莱因瓶,绘制莫比乌斯环,创建普通贴图、环境贴图、移位贴图、高光贴图、光照贴图,创建辉光特效、漂白特效、拖尾特效,检测图形边缘,添加轮廓边线,加载各种外部模型并播放模型动画等。

本书适合作为广大 Web 前端及三维图形开发人员的案头参考书,无论对于编程初学者,还是编程高手,本书都极具参考价值。

本书封面贴有清华大学出版社防伪标签,无标签者不得销售。
版权所有,侵权必究。举报:010-62782989,beiqinquan@tup.tsinghua.edu.cn。

图书在版编目(CIP)数据

Three.js 前端三维图形开发案例集锦/罗帅,罗斌编著. —北京:清华大学出版社,2022.2
ISBN 978-7-302-58956-3

Ⅰ. ①T… Ⅱ. ①罗… ②罗… Ⅲ. ①JAVA 语言—程序设计 Ⅳ. ①TP312.8

中国版本图书馆 CIP 数据核字(2021)第 174584 号

责任编辑:黄 芝
封面设计:刘 键
责任校对:郝美丽
责任印制:宋 林

出版发行:清华大学出版社
网　　址:http://www.tup.com.cn,http://www.wqbook.com
地　　址:北京清华大学学研大厦 A 座
邮　　编:100084
社 总 机:010-83470000
邮　　购:010-83470235
投稿与读者服务:010-62776969,c-service@tup.tsinghua.edu.cn
质量反馈:010-62772015,zhiliang@tup.tsinghua.edu.cn
课件下载:http://www.tup.com.cn,010-83470236

印 装 者:三河市东方印刷有限公司
经　　销:全国新华书店
开　　本:210mm×285mm
印　　张:32.5
字　　数:940 千字
版　　次:2022 年 3 月第 1 版
印　　次:2022 年 3 月第 1 次印刷
印　　数:1~2500
定　　价:128.00 元

产品编号:091349-01

WebGL 是一种三维绘图标准，该绘图标准允许把 JavaScript 和 OpenGL ES 2.0 结合在一起，这样 Web 开发人员就可以借助硬件在浏览器中更流畅地展示三维场景和模型，以创建复杂的导航和数据视觉化。Three.js 是一款基于原生 WebGL 的三维引擎框架（库），该框架在 WebGL 的 API 基础上以简单、直观的方式封装了三维图形的常用对象，因此大大减少了程序员在 Web 前端开发三维图形应用的工作量，Three.js 还使用了很多图形引擎的高级技巧，极大地提高了应用性能。

随着 WebGL 技术和 5G 技术的持续推广，各种产品的在线三维展示将会变得越来越普遍，对于现在比较火爆的 VR 产品、AR 产品，对 WebGL 技术的推广，也是一个好消息。VR 与 Web3D 技术的结合自然就衍生出一个新的概念 WebVR，也就是基于 Web 实现的 VR 内容，即通过三维照相机对室内空间进行拍摄，即可在 Web 端以全景图的方式预览室内效果。Three.js 对此也进行了封装。本书使用二百多个独立实例分类介绍了 Three.js 创建三维图形的技巧。

本书共分为 6 章。

第 1 章主要介绍与 Scene、Renderer、Camera、OrbitControls 相关的实例，如绘制正交照相机、透视照相机，使用 CSS3DRenderer 渲染全景图、播放全景视频、创建天空盒，使用多个渲染器渲染场景，使用 OrbitControls 任意缩放、旋转、平移三维图形对象，使用 DragControls 任意拖曳三维图形对象等。

第 2 章主要介绍与 Geometry、Mesh 相关的实例，如使用各种颜色和视频设置立方体表面、使用天空盒背景设置立方体表面、绘制沙漏、绘制被切割的圆柱体、绘制旋转的地球模型、绘制样条曲线及其图形、绘制样条曲线的线框盒、绘制多次旋转的圆环结、自定义顶点绘制凸面体、根据路径拉伸圆角矩形、自定义函数绘制克莱因瓶、自定义函数绘制莫比乌斯环、自定义函数绘制动态起伏的波浪，使用精简的自定义字库绘制汉字、根据汉字实现汉字镜像等。

第 3 章主要介绍与 Light 相关的实例，如绘制 DirectionalLight、PointLight、SpotLight、HemisphereLight、RectAreaLight 等多种光源产生的阴影和辅助线等，以及如何自定义环境光（AmbientLight）的强度。

第 4 章主要介绍与 Material 相关的实例，如使用 MeshBasicMaterial、MeshStandardMaterial、MeshPhongMaterial、MeshLambertMaterial 等材质分别创建普通贴图、环境贴图、移位贴图、凹凸贴图、法向量贴图、光照贴图、高光贴图等，以及使用 SpriteMaterial、PointsMaterial 等材质创建各种粒子（精灵）等。同时还介绍了使用 LineDashedMaterial、MeshNormalMaterial、ShaderMaterial、MeshDepthMaterial 等材质实现的大量三维图形动画的效果。

第 5 章主要介绍与 EffectComposer、ShaderPass、RenderPass 相关的后期特效实例，如使用 PixelShader 创建马赛克特效，使用 SepiaShader 创建怀旧特效，使用 BleachBypassShader 创建漂白特效，使用 FilmPass 创建老电影特效，使用 UnrealBloomPass 创建辉光特效，使用 AfterimagePass 创建拖尾特效，使用 ColorifyShader 实现颜色过滤，使用 SobelOperatorShader 检测图形边缘，使用 OutlinePass 添加三维图形轮廓边线等。

第6章主要介绍使用各种Loader加载各种格式的外部模型及动画,如使用AssimpLoader加载Assimp模型,使用BabylonLoader加载Babylon模型,使用AWDLoader加载AWD模型,使用STLLoader加载STL模型,使用CTMLoader加载CTM模型,使用OBJLoader加载OBJ模型,使用ColladaLoader加载DAE模型并播放模型动画,使用ObjectLoader加载JSON文件,使用Tween动画控制皮肤模型状态,使用Tween动画拉伸和折叠PLY模型等。

本书实用性强、技术新颖、贴近实战、思路清晰、语言简洁、干货颇多。希望读者在阅读时更多地关注实例的开发思想,而不是具体的代码逻辑。代码技术总会不断地更新,解决问题的思维却历久弥新。希望在读完本书以后,读者能够产生"看得懂、学得会、做得出、有用途"的感觉;即使由于时间关系不能精读全书,也能在实际开发工作中遇到问题时,想起本书中相同或类似的问题场景,快速找到解决方案。

本书所有Three.js代码(版本号r119)在IntelliJ IDEA环境编写完成,在最新版的Firefox浏览器或Google Chrome浏览器测试成功。因此建议读者在上述环境或条件下使用源代码。所有源代码不需要下载Three.js的其他文件,在使用时保持网络畅通即可。此外需要注意:Three.js版本更新较快,因此在开发应用本书的源代码时特别需要注意版本问题。

全书所有内容和思想并非一人之力所能及,而是凝聚了众多热心人士的智慧并经过充分的提炼和总结而成,在此对他们表示崇高的敬意和衷心的感谢!由于时间关系和作者水平原因,少量内容可能存在认识不全面或偏颇的地方,以及一些疏漏和不当之处,敬请读者批评指正。本书提供全部源代码,读者扫描封底刮刮卡内二维码,获得权限,再扫描下方二维码即可下载本书的配套资源。由于本书为黑白印制,书中许多图片无法呈现真实色彩和效果,因此配套资源中也包括了全书的彩色图片,便于读者对比学习。

罗帅　罗斌

2021年5月于重庆渝北

资源下载

目录

第 1 章　场景 ... 1

- 001　在场景中自定义光源绘制立方体 ... 1
- 002　使用正交照相机绘制多个立方体 ... 3
- 003　使用 CameraHelper 绘制正交照相机 ... 4
- 004　使用透视照相机绘制多个立方体 ... 6
- 005　使用 CameraHelper 绘制透视照相机 ... 8
- 006　使用透视照相机滚动浏览全景图 ... 10
- 007　使用鼠标拖曳功能查看并缩放全景图 ... 11
- 008　使用鼠标拖曳功能播放全景视频 ... 13
- 009　在场景中添加粒子实现星空背景 ... 16
- 010　使用六幅图像的天空盒设置背景 ... 18
- 011　使用一个图像文件创建天空盒 ... 20
- 012　使用 TransformControls 平移对象 ... 22
- 013　使用 TransformControls 拉伸对象 ... 23
- 014　使用 TransformControls 旋转对象 ... 25
- 015　使用 DragControls 任意拖曳对象 ... 27
- 016　使用 OrbitControls 任意缩放对象 ... 29
- 017　使用 OrbitControls 旋转照相机 ... 30
- 018　在多个对象中使用鼠标选择对象 ... 32
- 019　在鼠标单击对象时改变对象颜色 ... 34
- 020　使用线性雾设置场景的雾化效果 ... 36
- 021　使用线性雾渲染场景的多个对象 ... 37
- 022　使用指数雾设置场景的雾化效果 ... 38
- 023　在场景中使用 ArrowHelper 绘制箭头 ... 40
- 024　在场景中使用 AxesHelper 绘制坐标轴 ... 41
- 025　使用 CSS3DRenderer 渲染全景图 ... 43
- 026　使用 CSS3DRenderer 渲染三维对象 ... 45
- 027　使用 SVGRenderer 渲染线条宽度 ... 48
- 028　使用多个渲染器渲染相同的场景 ... 50
- 029　在场景中统一设置所有对象的材质 ... 52
- 030　在场景中统一调整所有对象的亮度 ... 53
- 031　使用 JSON 格式保存和加载网格对象 ... 55

032	使用JSON格式保存和加载整个场景	57

第2章 几何体 60

033	使用图像设置立方体的各个表面	60
034	使用多个图像设置立方体的表面	62
035	使用多种颜色设置立方体的表面	63
036	使用视频设置立方体的各个表面	65
037	使用颜色和视频设置立方体表面	67
038	使用画布贴图设置立方体的表面	69
039	使用画布动画设置立方体的表面	71
040	使用天空盒背景设置立方体表面	74
041	根据索引设置立方体face的材质	77
042	隐藏或显示立方体的指定表面	78
043	在场景中根据透明度绘制立方体	80
044	在场景中绘制圆角化的立方体	81
045	在场景中绘制居中显示的魔方	83
046	在场景中围绕坐标轴旋转立方体	85
047	在场景中根据名称旋转立方体	87
048	在场景中绘制普通的圆柱体	88
049	在场景中绘制被切割的圆柱体	89
050	在场景中根据圆柱体绘制圆台	91
051	在场景中根据圆柱体绘制沙漏	92
052	在场景中绘制旋转的圆柱体	93
053	在场景中实现动态缩放圆柱体	94
054	在场景中绘制普通的圆锥体	96
055	在场景中绘制被切割的圆锥体	97
056	在经度方向上根据弧度绘制球体	98
057	在纬度方向上根据弧度绘制球体	100
058	在经纬度方向上根据弧度绘制球体	101
059	在场景中以嵌套方式绘制多个球体	102
060	在场景中同时绘制球体和圆柱体	104
061	在场景中绘制持续旋转的球体	105
062	在场景中绘制旋转的地球模型	106
063	在场景中实现小球围绕大球旋转的效果	108
064	在场景中围绕隐藏的中心旋转球体	110
065	在场景中实现沿着轨道旋转球体的效果	111
066	在场景中为球体添加弹跳动画	113
067	在场景中绘制整周样条曲线图形	115
068	在场景中绘制半周样条曲线图形	117
069	在场景中绘制样条曲线及其图形	119
070	在场景中绘制样条曲线的线框盒	121
071	在场景中绘制旋转的圆环面	122

072	在场景中绘制旋转的扇面	124
073	在场景中绘制正弦样式的管子	126
074	在场景中自定义曲线绘制管子	127
075	在场景中自定义曲线绘制扭结	130
076	在场景中自定义顶点绘制曲线	131
077	在场景中绘制甜甜圈式的圆环	132
078	在场景中根据弧度绘制半圆环	133
079	在场景中绘制救生圈式的圆环	134
080	在场景中绘制多次旋转的圆环结	136
081	在场景中隐藏或显示圆环结	137
082	在场景中绘制自定义多面体	139
083	使用多面体方法绘制八面体	140
084	使用多面体方法绘制四面体	142
085	在场景中自定义顶点绘制凸面体	144
086	在场景中绘制立方体的边框线	146
087	在场景中绘制二十面体的边框线	147
088	在场景中绘制十二面体的边框线	148
089	在场景中使用虚线绘制对象边框	150
090	在场景中绘制多条不连续的线段	151
091	在场景中使用渐变色线条绘制图形	154
092	在场景中自定义线条的宽度和颜色	155
093	在场景中根据二维坐标绘制螺线	157
094	在场景中根据三维坐标绘制螺线	158
095	在场景中使用虚线绘制空心矩形	159
096	在场景中根据路径拉伸圆角矩形	160
097	在场景中根据路径拉伸多个矩形	163
098	在场景中拉伸自定义的 SVG 图形	165
099	在场景中根据顶点绘制空心三角形	168
100	在场景中根据顶点绘制空心七边形	170
101	在场景中根据顶点绘制空心五角星	172
102	在场景中根据指定厚度绘制五角星	174
103	在场景中沿着随机曲线拉伸五角星	176
104	在场景中根据顶点绘制空心六角星	178
105	在场景中根据边数绘制多边形	179
106	在场景中使用曲线绘制桃心	181
107	在场景中使用虚线绘制桃心	182
108	在场景中根据厚度和斜角绘制桃心	184
109	在场景中沿着桃心边线移动小球	186
110	在场景中使用多个桃心构建球体	188
111	在场景中根据半径和切片绘制圆	190
112	在场景中根据指定参数绘制扇形	192
113	在场景中根据指定参数绘制圆弧	193

114	在场景中根据指定参数绘制椭圆	195
115	通过自定义函数绘制克莱因瓶	197
116	通过自定义函数绘制莫比乌斯环	198
117	通过自定义函数绘制 NURBS 曲面	200
118	通过自定义函数绘制波浪图形	202
119	通过自定义函数绘制平面图形	203
120	在场景中为平面图形添加波浪	204
121	在场景中绘制法向量贴图波浪	207
122	在场景中绘制太阳照射的波浪	208
123	在场景中绘制自定义平面图形	210
124	在平面图形的前后设置相同贴图	212
125	在平面图形的前后设置不同贴图	213
126	使用 FontLoader 加载字库绘制英文字母	215
127	使用 TTFLoader 加载字库绘制数字	216
128	在场景中绘制自定义的斜角字母	218
129	在场景中加载中文字库绘制汉字	219
130	使用精简的自定义字库绘制汉字	221
131	在场景中绘制线条镂空的汉字	222
132	使用自定义属性自定义线条颜色	224
133	在场景中根据汉字实现汉字镜像	226
134	在场景中加载中文字库绘制二维汉字	228
135	在场景中的球体上添加文本标签	229
136	在场景中的文本上添加火焰动画	231
137	深度遍历在组中的多个子对象	233
138	使用 InstancedBufferGeometry	235
139	使用 InstancedMesh 提升渲染性能	238

第 3 章 光源 241

140	绘制 DirectionalLight 光源产生的阴影	241
141	模糊 DirectionalLight 光源产生的阴影	242
142	绘制 DirectionalLight 光源的辅助线	244
143	绘制 PointLight 光源产生的阴影	245
144	绘制 PointLight 光源的辅助线	247
145	绘制 PointLight 光源的光线阴影	248
146	绘制 SpotLight 光源产生的阴影	250
147	绘制 SpotLight 光源的辅助线	252
148	绘制 HemisphereLight 光源的辅助线	253
149	绘制 RectAreaLight 光源的辅助图形	255
150	绘制多个光源照射球体产生的阴影	256
151	在场景中自定义环境光的强度	258
152	在场景中实现飘移的特殊光晕镜头	260

第 4 章 材质 ··· 263

- 153 使用 MeshBasicMaterial 设置表面颜色 ··· 263
- 154 使用 MeshBasicMaterial 创建材质数组 ··· 265
- 155 在 MeshBasicMaterial 中启用透明度 ··· 266
- 156 在 MeshBasicMaterial 中使用普通贴图 ··· 268
- 157 在 MeshBasicMaterial 中使用环境贴图 ··· 270
- 158 自定义 MeshBasicMaterial 的贴图样式 ··· 272
- 159 创建线框风格的 MeshBasicMaterial ··· 275
- 160 使用 MeshBasicMaterial 混合其他材质 ··· 277
- 161 根据视频创建 MeshBasicMaterial 材质 ··· 278
- 162 在 MeshStandardMaterial 中使用 ao 贴图 ··· 280
- 163 在 MeshStandardMaterial 中使用移位贴图 ··· 282
- 164 在 MeshMatcapMaterial 中设置 matcap ··· 284
- 165 使用 MeshNormalMaterial 创建多色表面 ··· 287
- 166 使用 MeshNormalMaterial 创建多色字母 ··· 288
- 167 使用 MeshNormalMaterial 绘制法向量 ··· 289
- 168 在 MeshNormalMaterial 中设置着色器 ··· 290
- 169 扁平化 MeshNormalMaterial 创建的球体 ··· 292
- 170 使用 MeshDepthMaterial 淡化多个图形 ··· 294
- 171 使用 MeshDepthMaterial 绘制随机图形 ··· 295
- 172 使用 MeshDepthMaterial 绘制圆环结 ··· 296
- 173 使用 MeshDepthMaterial 混合其他材质 ··· 297
- 174 在场景属性中设置 MeshDepthMaterial ··· 299
- 175 在 MeshPhongMaterial 中使用普通贴图 ··· 300
- 176 在 MeshPhongMaterial 中使用高光贴图 ··· 302
- 177 在 MeshPhongMaterial 中使用法向量贴图 ··· 304
- 178 在 MeshPhongMaterial 中使用凹凸贴图 ··· 305
- 179 在 MeshPhongMaterial 中镜像平铺贴图 ··· 307
- 180 在 MeshPhongMaterial 中重复平铺贴图 ··· 309
- 181 在 MeshPhongMaterial 中使用剪裁平面 ··· 311
- 182 使用 MeshLambertMaterial 呈现局部照射 ··· 313
- 183 在 MeshLambertMaterial 中使用普通贴图 ··· 314
- 184 在 MeshLambertMaterial 中使用环境贴图 ··· 315
- 185 在 MeshLambertMaterial 中使用光照贴图 ··· 317
- 186 设置 MeshLambertMaterial 贴图重复方式 ··· 318
- 187 在 MeshLambertMaterial 中实现发光的效果 ··· 320
- 188 在 MeshLambertMaterial 中实现形变动画 ··· 322
- 189 在 MeshLambertMaterial 中启用反射特效 ··· 324
- 190 使用 SpriteMaterial 绘制平面粒子 ··· 327
- 191 使用 SpriteMaterial 随机绘制粒子 ··· 328
- 192 根据画布内容创建 SpriteMaterial ··· 329

193	使用普通贴图创建 SpriteMaterial	330
194	根据颜色和尺寸创建 PointsMaterial	332
195	在 PointsMaterial 中自定义粒子形状	333
196	使用普通贴图创建 PointsMaterial	334
197	使用渐变纹理贴图创建 PointsMaterial	336
198	使用 PointsMaterial 创建雨滴下落动画	337
199	使用 PointsMaterial 创建雪花飘舞动画	339
200	使用 PointsMaterial 创建粒子波动动画	341
201	使用 ShaderMaterial 创建自定义着色器	343
202	使用 ShaderMaterial 自定义颜色饱和度	345
203	使用 ShaderMaterial 将彩色转换为灰度	348
204	使用 ShaderMaterial 高亮显示凹面和凸面	350
205	使用 ShaderMaterial 自定义字母线条颜色	355
206	使用 ShaderMaterial 动态改变贴图的颜色	357
207	使用 ShaderMaterial 实现持续燃烧的大火	359
208	使用 ShaderMaterial 实现变换的时空漩涡	361
209	使用外部着色器自定义 ShaderMaterial	364
210	使用 LineDashedMaterial 绘制高斯帕曲线	366

第 5 章 后期特效 ··· 369

211	在场景中的三维图形上添加马赛克	369
212	在场景中的三维图形上添加小灰点	371
213	在场景中的三维图形上添加怀旧特效	373
214	在场景中的三维图形上添加重影特效	375
215	在场景中的三维图形上添加特艺彩色	377
216	在场景中的三维图形上添加锯齿特效	379
217	在场景中的三维图形上添加泛光特效	381
218	在场景中的三维图形上添加辉光特效	383
219	在场景中的三维图形上添加老电影特效	386
220	在场景中的三维图形上添加电脉冲特效	388
221	在场景中的三维图形上添加漂白特效	390
222	在场景中的三维图形上添加光晕特效	392
223	在场景中的三维图形上添加聚焦特效	394
224	在场景中的三维图形上添加模糊特效	396
225	在场景中的三维图形上添加三角形模糊	399
226	在场景中的三维图形上添加拖尾特效	402
227	根据在场景中的三维图形添加水平镜像	404
228	根据在场景中的三维图形添加垂直镜像	406
229	对在场景中的三维图形进行水平移轴	409
230	对在场景中的三维图形进行垂直移轴	411
231	对在场景中的三维图形进行伽马校正	413
232	对在场景中的三维图形进行颜色校正	415

233	对在场景中的三维图形使用颜色过滤	417
234	自定义在场景中的三维图形颜色色调	419
235	自定义在场景中的三维图形颜色饱和度	420
236	自定义在场景中的三维图形颜色对比度	422
237	自定义在场景中的三维图形颜色亮度	424
238	自定义在场景中的三维图形光亮度	426
239	使用 Sobel 算子检测三维图形边缘	428
240	使用 FreiChenShader 检测三维图形边缘	430
241	在场景中的三维图形上添加轮廓边线	432
242	在场景中根据三维图形实现万花筒变换	434
243	在场景中以三维眼镜视觉查看三维图形	436

第6章 外部模型 ……………………………………………………………… 439

244	使用 AssimpLoader 加载 Assimp 模型	439
245	使用 BabylonLoader 加载 Babylon 模型	441
246	使用 LegacyJSONLoader 加载 JSON 文件	443
247	使用 MTLLoader 加载模型材质	445
248	使用 AWDLoader 加载 AWD 模型	446
249	使用 STLLoader 加载 STL 模型	449
250	使用 FBXLoader 加载 FBX 模型	450
251	播放使用 FBXLoader 加载的 FBX 模型	453
252	使用 VOXLoader 加载 VOX 模型	455
253	使用 DRACOLoader 加载 DRC 模型	457
254	使用 AMFLoader 加载 AMF 模型	459
255	使用 ThreeMFLoader 加载 3MF 模型	460
256	使用 TDSLoader 加载 3DS 模型	461
257	使用 Rhino3dmLoader 加载 3DM 模型	463
258	使用 PRWMLoader 加载 PRWM 模型	464
259	使用 SVGLoader 加载 SVG 模型	466
260	使用 FileLoader 加载 SVG 模型	468
261	使用 CTMLoader 加载 CTM 模型	470
262	使用 OBJLoader 加载 OBJ 模型	472
263	使用 ObjectLoader 加载 JSON 文件	473
264	使用 ObjectLoader 加载圆环结模型	475
265	使用 PDBLoader 加载 PDB 模型	477
266	使用 PCDLoader 加载 PCD 模型	480
267	使用 GLTFLoader 加载 GLTF 模型	482
268	使用 GLTFLoader 加载 GLB 模型	483
269	使用 ColladaLoader 加载 DAE 模型	485
270	加载并播放 DAE 格式的模型动画	487
271	加载并播放 GLB 格式的模型动画	489
272	加载并播放 MMD 格式的模型动画	491

273	使用Tween动画控制皮肤模型状态	493
274	使用Tween动画拉伸和折叠PLY模型	496
275	使用DDSLoader加载DDS图像文件	498
276	使用TGALoader加载TGA图像文件	500
277	使用ImageBitmapLoader加载图像	502
278	使用SubdivisionModifier细化模型	503

第1章

场 景

001　在场景中自定义光源绘制立方体

此实例主要通过使用 THREE.PointLight、THREE.Scene、THREE.OrthographicCamera、THREE.WebGLRenderer、THREE.BoxGeometry、THREE.MeshLambertMaterial、THREE.Mesh 等,实现在场景中绘制自定义光源照射的立方体。当浏览器显示页面时,将在场景中绘制自定义光源照射的红色立方体,如图 001-1 所示。

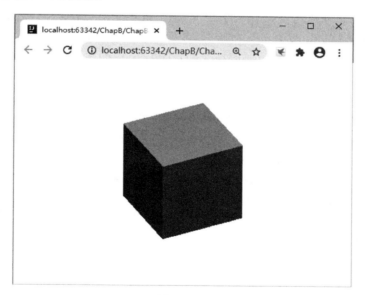

图　001-1

主要代码如下:

```
<!DOCTYPE html><html><head><meta charset = "UTF-8">
<script src = "ThreeJS/three.js"></script>
<script src = "ThreeJS/jquery.js"></script>
</head>
<body><center id = "myContainer"></center>
<script>
    var myRenderer = new THREE.WebGLRenderer();        //创建渲染器
    var myWidth = 480;                                 //设置窗口宽度
```

```
var myHeight = 320;                                              //设置窗口高度
myRenderer.setSize(myWidth,myHeight);                            //设置渲染区域
myRenderer.setClearColor("white",1);                             //设置清空颜色
$("#myContainer").append(myRenderer.domElement);
var myScene = new THREE.Scene();                                 //创建场景
var myLight = new THREE.PointLight("red");                       //创建红色光源
myLight.position.set(400,800,300);                               //设置光源位置
myScene.add(myLight);                                            //在场景中添加光源
var k = myWidth/myHeight;                                        //计算窗口宽高比
var s = 120;                                                     //三维场景显示范围控制系数
var myCamera = new THREE.OrthographicCamera(-s*k,
                                s*k,s,-s,1,1000);                //创建相机
myCamera.position.set(400,300,200);                              //设置相机位置
myCamera.lookAt(myScene.position);                               //设置相机观察的目标点
var myGeometry = new THREE.BoxGeometry(100,100,100);             //创建立方体
var myMaterial =
        new THREE.MeshLambertMaterial({color:0xFFBF00});         //创建材质
var myMesh = new THREE.Mesh(myGeometry,myMaterial);              //创建网格
myScene.add(myMesh);                                             //在场景中添加网格(立方体)
myRenderer.render(myScene, myCamera);                            //渲染立方体
</script></body></html>
```

在上面这段代码中，myGeometry＝new THREE.BoxGeometry(100,100,100)语句用于创建一个立方体（几何体），三个"100"分别代表立方体的长、宽、高。myLight＝new THREE.PointLight（"red"）语句用于创建一个红色的点光源，red 也可以使用颜色代码代替，如 myLight＝new THREE.PointLight(0xff0000)。myLight.position.set(400,800,300)语句用于设置光源的位置，myScene.add(myLight)用于将光源添加到场景中。一般情况下，使用 Three.js 绘制一个三维图形需要下面这些步骤（或元素）。

（1）创建渲染器，如 new THREE.WebGLRenderer()；

（2）指定渲染器在何处呈现，如 $("#myContainer").append(myRenderer.domElement)；

（3）创建场景，如 new THREE.Scene()；

（4）创建相机，如 new THREE.OrthographicCamera(-s*k,s*k,s,-s,1,1000)；

（5）在渲染器中指定场景和相机，如 myRenderer.render(myScene,myCamera)；

（6）创建光源，如 new THREE.PointLight("red")；

（7）在场景中添加光源，如 myScene.add(myLight)；

（8）创建几何体，如 new THREE.BoxGeometry(100,100,100)；

（9）创建材质，如 new THREE.MeshLambertMaterial({color:0xffbf00})；

（10）根据几何体和材质创建网格，如 new THREE.Mesh(myGeometry,myMaterial)；

（11）在场景中添加网格，如 myScene.add(myMesh)；

（12）开始渲染，如 myRenderer.render(myScene,myCamera)。

在 Web 前端中，使用 Three.js 开发三维图形应用需要添加 three.js 文件（库），如果在应用中使用了 jQuery 代码，则还应添加 jquery.js 文件（库）。本书所有 Three.js 的源代码如无特别说明，均使用了上述两个文件，因此其他实例的纸质文字说明不再录入这些内容，只提供在 body 标签中的源代码。此外，部分实例可能涉及较多的知识点，由于篇幅限制，这些知识点不会在某个实例集中介绍，而是分散在多个实例中，因此在单个实例中，只需要明白该实例强调的知识点即可。

此实例的源文件是 MyCode\ChapB\ChapB001.html。

002 使用正交照相机绘制多个立方体

此实例主要通过使用 THREE.OrthographicCamera,实现在场景中根据正交照相机的投影规则绘制多个立方体。当浏览器显示页面时,在场景中绘制的两个立方体如图 002-1 所示。

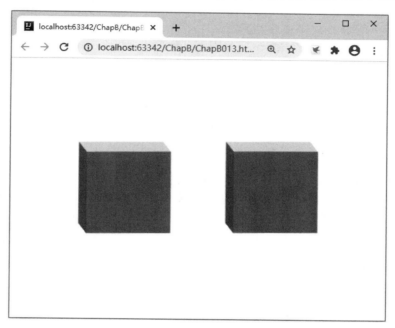

图　002-1

主要代码如下:

```
<body><center id = "myContainer"></center>
<script>
//创建渲染器
var myRenderer = new THREE.WebGLRenderer({antialias:true});
myRenderer.setSize(window.innerWidth,window.innerHeight);
myRenderer.setClearColor('white',1.0);
 $("#myContainer").append(myRenderer.domElement);
var myScene = new THREE.Scene();
//创建正交照相机
var width = window.innerWidth;
var height = window.innerHeight;
var k = width/height;
var s = 24;
var myCamera = new THREE.OrthographicCamera( - s * k,s * k,s, - s,1,1000);
myCamera.position.set( - 1.66,2.21,18.1);
myCamera.lookAt(myScene.position);
//创建第一个立方体
var myGeometry1 = new THREE.BoxGeometry(16,16,16);
var myMaterial1 = new THREE.MeshNormalMaterial();
var myMesh1 = new THREE.Mesh(myGeometry1,myMaterial1);
myMesh1.translateX( - 14);
myScene.add(myMesh1);
//创建第二个立方体
```

```
var myGeometry2 = new THREE.BoxGeometry(16,16,16);
var myMaterial2 = new THREE.MeshNormalMaterial();
var myMesh2 = new THREE.Mesh(myGeometry2,myMaterial2);
myMesh2.translateX(14);
myScene.add(myMesh2);
//渲染两个相同大小的立方体
myRenderer.render(myScene,myCamera);
</script></body>
```

在上面这段代码中,myCamera=new THREE.OrthographicCamera(-s * k,s * k,s,-s,1,1000)语句用于创建正交照相机,然后 Three.js 将按照正交投影算法自动计算几何体的投影结果;对于正交投影而言,多条直线(或其他几何图形)放置的角度不同,则这些直线在投影面上的投影结果的长短则不同,如果刚好是直角(即正交),则其长短完全相同,即正交投影与距离无关,只与角度相关。THREE.OrthographicCamera()方法的语法格式如下:

```
THREE.OrthographicCamera(left,right,top,bottom,near,far)
```

其中,参数 left 表示渲染空间的左边界;参数 right 表示渲染空间的右边界;参数 top 表示渲染空间的上边界;参数 bottom 表示渲染空间的下边界;参数 near 表示从距离照相机多远的位置开始渲染,一般情况下设置一个很小的值,默认值是 0.1;参数 far 表示距离照相机多远的位置截止渲染,如果设置的值偏小,将有部分场景看不到,默认值是 1000。各个参数的位置关系如图 002-2 所示。

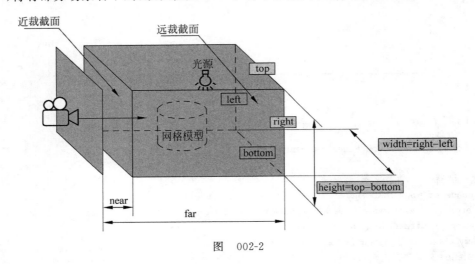

图 002-2

在此实例中,THREE.OrthographicCamera()方法的参数 left 与参数 right 的值互为相反数、同时参数 top 与参数 bottom 的值也互为相反数,这样做的目的是让图形(网格模型)能够显示在中间位置。

此实例的源文件是 MyCode\ChapB\ChapB013.html。

003 使用 CameraHelper 绘制正交照相机

此实例主要通过在 THREE.CameraHelper()方法的参数中设置 OrthographicCamera,实现绘制辅助线以查看正交照相机的视角范围。当浏览器显示页面时,绿色的圆球将不停地旋转,正交照相机(黄色和红色的辅助线条表示正交照相机的视角范围)也同步旋转,效果分别如图 003-1 和图 003-2 所示。

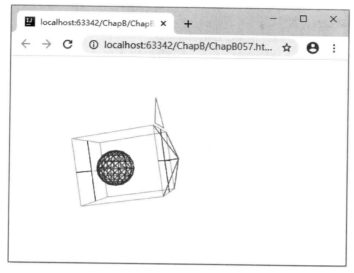

图　003-1

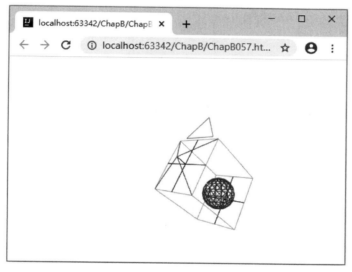

图　003-2

主要代码如下：

```
<body><center id="myContainer"></center>
<script type="text/javascript">
  var myAspect = window.innerWidth/window.innerHeight;
  var myFrustumSize = 700;
  var myCamera,myScene,myRenderer,mySphereMesh;
  var myOrthographicCamera,myOrthographicCameraHelper;
  //创建渲染器
  myRenderer = new THREE.WebGLRenderer({antialias:true,alpha:true});
  myRenderer.setSize(window.innerWidth,window.innerHeight);
  myRenderer.setClearColor('white',1.0);
  $("#myContainer").append(myRenderer.domElement);
  myScene = new THREE.Scene();
  myCamera = new THREE.PerspectiveCamera(45,myAspect,1,5000);
```

```
myCamera.position.z = 2500;
//创建(绘制)辅助正交照相机
myOrthographicCamera = new THREE.OrthographicCamera(
        0.5 * myFrustumSize * myAspect/ - 2,0.5 * myFrustumSize * myAspect/2,
        myFrustumSize/2,myFrustumSize/ - 2,150,1000);
myOrthographicCameraHelper = new THREE.CameraHelper(myOrthographicCamera);
myScene.add(myOrthographicCameraHelper);
//绘制圆球
mySphereMesh = new THREE.Mesh(new THREE.SphereBufferGeometry(200,16,8),
    new THREE.MeshBasicMaterial({color:'green',wireframe:true}));
myScene.add(mySphereMesh);
//渲染圆球(及辅助正交照相机)
animate();
function animate(){
  requestAnimationFrame(animate);
  var r = Date.now() * 0.0005;
  mySphereMesh.position.x = myFrustumSize * Math.cos(r);
  mySphereMesh.position.z = myFrustumSize * Math.sin(r);
  mySphereMesh.position.y = myFrustumSize * Math.sin(r);
  myOrthographicCamera.lookAt(mySphereMesh.position);
  myRenderer.render(myScene,myCamera);
}
</script></body>
```

在上面这段代码中,myOrthographicCameraHelper=new THREE.CameraHelper(myOrthographicCamera)语句用于根据正交照相机(myOrthographicCamera)创建绘制其视角范围辅助线的 THREE.CameraHelper。一般情况下,在一个场景中,如果想看到正交照相机的视角范围辅助线,则需要两个照相机:一个是主照相机(不可见),一个是辅助(正交)照相机。在此实例中,myOrthographicCameraHelper 是辅助照相机,myCamera 是主照相机。

此实例的源文件是 MyCode\ChapB\ChapB057.html。

004　使用透视照相机绘制多个立方体

此实例主要通过使用 THREE.PerspectiveCamera,实现在场景中通过透视照相机以透视效果绘制多个立方体。当浏览器显示页面时,在场景中以透视效果绘制的三个立方体如图004-1 所示。

主要代码如下:

```
<body><center id = "myContainer"></center>
<script>
//创建渲染器
var myRenderer = new THREE.WebGLRenderer({antialias:true});
myRenderer.setSize(window.innerWidth,window.innerHeight);
myRenderer.setClearColor('white',1.0);
 $("#myContainer").append(myRenderer.domElement);
var myScene = new THREE.Scene();
//创建透视照相机
var myCamera = new THREE.PerspectiveCamera(45,
        window.innerWidth/window.innerHeight,0.1,1000);
myCamera.position.set(40.06,20.92,42.68);
myCamera.lookAt(new THREE.Vector3(0,0,0));
//创建第一个立方体
```

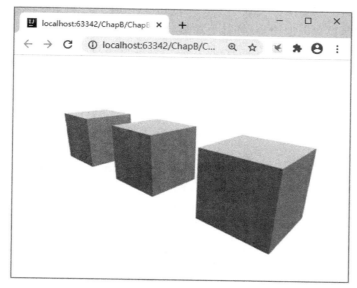

图　004-1

```
var myGeometry1 = new THREE.BoxGeometry(16,16,16);
var myMaterial1 = new THREE.MeshNormalMaterial();
var myMesh1 = new THREE.Mesh(myGeometry1,myMaterial1);
myMesh1.translateX(-40);
myScene.add(myMesh1);
//创建第二个立方体
var myGeometry2 = new THREE.BoxGeometry(16,16,16);
var myMaterial2 = new THREE.MeshNormalMaterial();
var myMesh2 = new THREE.Mesh(myGeometry2,myMaterial2);
myMesh2.translateX(-10);
myScene.add(myMesh2);
//创建第三个立方体
var myGeometry3 = new THREE.BoxGeometry(16,16,16);
var myMaterial3 = new THREE.MeshNormalMaterial();
var myMesh3 = new THREE.Mesh(myGeometry3,myMaterial3);
myMesh3.translateX(20);
myScene.add(myMesh3);
//渲染三个相同大小的立方体
myRenderer.render(myScene,myCamera);
</script></body>
```

在上面这段代码中，myCamera = new THREE.PerspectiveCamera(45,window.innerWidth / window.innerHeight,0.1,1000)语句用于创建一个透视照相机，然后Three.js将按照透视投影算法自动计算几何体的投影结果；对于透视投影而言，投影的结果除了与几何体的角度有关，还与距离有关。人的眼睛观察世界就是透视投影，比如观察一条铁路，距离越远会感到两条轨道之间的宽度越小。THREE.PerspectiveCamera()方法的语法格式如下：

　　　　THREE.PerspectiveCamera(fov,aspect,near,far)

其中，参数fov表示视角（或视场），所谓视角就是能够看到的角度范围，人的眼睛大约能够看到180°的视角，视角大小的设置要根据具体应用，一般游戏设置为60～90°，默认值为45°；参数aspect表示渲染窗口的宽高比，通常是window.innerWidth/window.innerHeight；参数near表示从距离照相机多远的位置开始渲染,一般情况下设置一个很小的值,默认值是 0.1;参数 far 表示从距离照相机多远的位置截止渲染,如果设置的值偏小,将看不到部分场景,默认值是 1000,一般情况下,只有离透视投影照相机的距离大于 near 值,小于 far 值,且在照相机的可视角度之内,才能被照相机投影。各个参数的位置关系如图 004-2 所示。

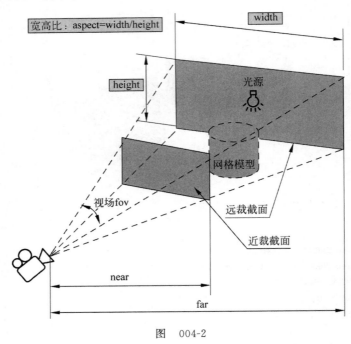

图　004-2

此实例的源文件是 MyCode\ChapB\ChapB020.html。

005　使用 CameraHelper 绘制透视照相机

此实例主要通过在 THREE.CameraHelper()方法的参数中设置 PerspectiveCamera,实现绘制辅助线查看透视照相机的视角范围。当浏览器显示页面时,绿色的圆球将不停地旋转,透视照相机(黄色和红色的辅助线表示透视照相机的视角范围)也同步旋转,效果分别如图 005-1 和图 005-2 所示。

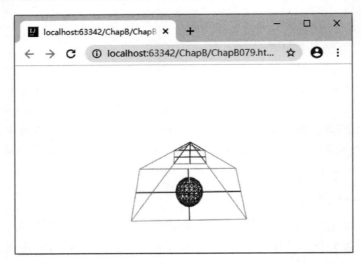

图　005-1

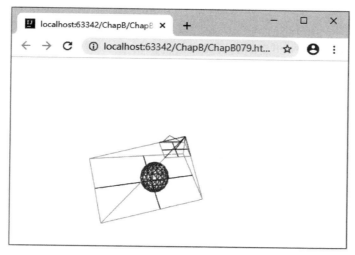

图　005-2

主要代码如下：

```
<body><center id="myContainer"></center>
<script type="text/javascript">
  var myAspect = window.innerWidth/window.innerHeight;
  var myCamera,myScene,myRenderer,mySphereMesh;
  var myPerspectiveCamera,myPerspectiveCameraHelper;
  //创建渲染器
  myRenderer = new THREE.WebGLRenderer({antialias:true,alpha:true});
  myRenderer.setSize(window.innerWidth,window.innerHeight);
  myRenderer.setClearColor('white',1.0);
   $("#myContainer").append(myRenderer.domElement);
  myScene = new THREE.Scene();
  myCamera = new THREE.PerspectiveCamera(45,myAspect,1,5000);
  myCamera.position.z = 2500;
  //创建(绘制)透视照相机
  myPerspectiveCamera = new THREE.PerspectiveCamera(45,myAspect,250,1000);
  myPerspectiveCameraHelper = new THREE.CameraHelper(myPerspectiveCamera);
  myScene.add(myPerspectiveCameraHelper);
  //绘制绿色圆球
  mySphereMesh = new THREE.Mesh(new THREE.SphereBufferGeometry(200,16,8),
      new THREE.MeshBasicMaterial({color:'green',wireframe:true}));
  myScene.add(mySphereMesh);
  //渲染圆球(及透视照相机)
  animate();
  function animate(){
   requestAnimationFrame(animate);
   var r = Date.now() * 0.0005;
   mySphereMesh.position.x = 700 * Math.cos(r);
   mySphereMesh.position.z = 700 * Math.sin(r);
   mySphereMesh.position.y = 700 * Math.sin(r);
   myPerspectiveCamera.lookAt(mySphereMesh.position);
   myRenderer.setViewport(0,0,window.innerWidth,window.innerHeight);
   myRenderer.render(myScene,myCamera);
  }
</script></body>
```

在上面这段代码中，myPerspectiveCameraHelper＝new THREE.CameraHelper（myPerspectiveCamera）语句用于根据透视照相机（myPerspectiveCamera）创建绘制其视角范围辅助线的 THREE.CameraHelper。一般情况下，在一个场景中，如果想看到透视照相机的视角范围辅助线，则需要两个照相机：一个是主照相机（不可见），一个是辅助照相机。在此实例中，myPerspectiveCamera 是辅助照相机，myCamera 是主照相机。

此实例的源文件是 MyCode\ChapB\ChapB079.html。

006　使用透视照相机滚动浏览全景图

此实例主要通过使用全景图设置场景的背景并动态改变透视照相机的位置，实现滚动浏览全景图。当浏览器显示页面时，全景图滚动显示的效果分别如图 006-1 和图 006-2 所示。

图　006-1

图　006-2

主要代码如下：

```
<body><div id="myContainer"></div>
<script>
 var myCamera,myScene,myRenderer;
 var lon=0,lat=0,phi=0,theta=0;
 var myTextureLoader = new THREE.TextureLoader();
 myTextureLoader.load('images/img050.jpg',function(myTexture){
  init(myTexture);
  animate();
 });
 function init(myTexture){
  myRenderer = new THREE.WebGLRenderer({antialias:true,alpha:true});
  myRenderer.setSize(window.innerWidth,window.innerHeight);
  $("#myContainer").append(myRenderer.domElement);
  myCamera = new THREE.PerspectiveCamera(90,
                   window.innerWidth/window.innerHeight,1,1000);
  myScene = new THREE.Scene();
  //使用全景图设置场景背景
  myScene.background = new THREE.WebGLCubeRenderTarget(1024)
                   .fromEquirectangularTexture(myRenderer,myTexture);
 }
 function animate(){
  requestAnimationFrame(animate);
  lon += 0.15;                  //设置在经度方向的增量
  lat = Math.max(-85,Math.min(85,lat));
  phi = THREE.MathUtils.degToRad(90 - lat);
  theta = THREE.MathUtils.degToRad(lon);
  myCamera.position.x = 100 * Math.sin(phi) * Math.cos(theta);
  myCamera.position.y = 100 * Math.cos(phi);
  myCamera.position.z = 100 * Math.sin(phi) * Math.sin(theta);
  myCamera.lookAt(myScene.position);
  myRenderer.render(myScene,myCamera);
 }
</script></body>
```

在上面这段代码中，myScene.background = new THREE.WebGLCubeRenderTarget(1024).fromEquirectangularTexture(myRenderer,myTexture)语句表示使用全景图设置场景的背景，如果myScene.background = myTexture，则将显示一幅静止的全景图。myCamera = new THREE.PerspectiveCamera(90,window.innerWidth/window.innerHeight,1,1000)语句用于创建透视照相机。myCamera.position.x=100 * Math.sin(phi) * Math.cos(theta)语句表示根据动态改变（浏览器自动解决每次刷新的功能）的经度（lon）增量设置透视照相机的x坐标，如果改变透视照相机的角度，即将 myCamera = new THREE.PerspectiveCamera(90,window.innerWidth/window.innerHeight,1,1000)语句中的"90"替换为其他值，也将得到不同的视觉效果。

此实例的源文件是 MyCode\ChapB\ChapB076.html。

007 使用鼠标拖曳功能查看并缩放全景图

此实例主要通过在 mousedown、mousemove、mouseup、wheel 事件中监听鼠标操作，并以此重置透视照相机的目标位置，实现在场景中以拖曳方式查看并缩放全景图。当浏览器显示页面时，如果使用鼠标左(右)键拖曳全景图,则将根据拖曳位置和方向移动全景图;如果滑动鼠标滚轮,则将缩放全景图,效果分别如图 007-1 和图 007-2 所示。

图　007-1

图　007-2

主要代码如下:

```
<body><script>
    var isMouse = false,myMouseX = 0,myMouseY = 0,myLongitude = 0,myLatitude = 0,
        myTempLongitude = 0,myTempLatitude = 0,myPhi = 0,myTheta = 0;
    //创建渲染器
    var myRenderer = new THREE.WebGLRenderer();
    myRenderer.setSize(window.innerWidth,window.innerHeight);
    $(document.body).append(myRenderer.domElement);
    var myCamera = new THREE.PerspectiveCamera(75,
                        window.innerWidth/window.innerHeight,1,1100);
    myCamera.target = new THREE.Vector3(0,0,0);
    var myScene = new THREE.Scene();
    //创建球体并设置全景图
```

```
var myGeometry = new THREE.SphereBufferGeometry(40,30,30);
myGeometry.scale( -1,1,1);
var myLoader = new THREE.TextureLoader();
var myTexture = myLoader.load('images/img129.jpg');
var myMaterial = new THREE.MeshBasicMaterial({map:myTexture});
var mySphere = new THREE.Mesh(myGeometry,myMaterial);
myScene.add(mySphere);
//渲染全景图(拖曳查看全景图)
animate();
function animate(){
  requestAnimationFrame(animate);
  myLatitude = Math.max( -85,Math.min(85,myLatitude));
  myPhi = THREE.MathUtils.degToRad(90 - myLatitude);
  myTheta = THREE.MathUtils.degToRad(myLongitude);
  myCamera.target.x = Math.sin(myPhi) * Math.cos(myTheta);
  myCamera.target.y = Math.cos(myPhi);
  myCamera.target.z = Math.sin(myPhi) * Math.sin(myTheta);
  myCamera.lookAt(myCamera.target);
  myRenderer.render(myScene,myCamera);
}
document.addEventListener('mousedown',function(event){
  isMouse = true;
  //记录鼠标按下的位置
  myMouseX = event.clientX;
  myMouseY = event.clientY;
  myTempLongitude = myLongitude;
  myTempLatitude = myLatitude;
});
document.addEventListener('mousemove',function(event){
  if(isMouse){
    //根据鼠标当前位置和按下的位置重新计算经纬度
    myLongitude = (myMouseX - event.clientX) * 0.1 + myTempLongitude;
    myLatitude = (event.clientY - myMouseY) * 0.1 + myTempLatitude;
  }
});
document.addEventListener('mouseup',function(){isMouse = false;});
document.addEventListener('wheel',function(event){
  var myFOV = myCamera.fov + event.deltaY * 0.05;
  myCamera.fov = THREE.MathUtils.clamp(myFOV,10,75);
  myCamera.updateProjectionMatrix();
});
</script></body>
```

在上面这段代码中,mousedown 事件监听器主要用于记录鼠标按下的位置,mousemove 事件监听器主要用于根据当前位置和按下的位置重置透视照相机,mouseup 事件监听器主要用于设置鼠标操作标志,wheel 事件监听器主要用于缩放全景图(myCamera.fov= THREE.MathUtils.clamp(myFOV,10,75))。

此实例的源文件是 MyCode\ChapB\ChapB231.html。

008　使用鼠标拖曳功能播放全景视频

此实例主要通过在 mousedown、mousemove、mouseup 事件中监听鼠标操作,并以此重置透视照相机的位置,实现在场景中以拖曳方式播放全景视频。当浏览器显示页面时,将自动播放全景视频,如果使用鼠标拖曳全景视频，则将根据拖曳位置和方向播放全景视频，效果分别如图008-1和图008-2所示。

图 008-1

图 008-2

主要代码如下：

```
<body><p><button id = "myButton1">开始播放全景视频</button>
       <button id = "myButton2">暂停播放全景视频</button></p>
<center id = "myContainer"></center>
 <video id = "myVideo" loop muted style = "display:none"
       source src = "images/video02.mp4">
 </video>
</center>
<script>
```

```javascript
var myMouse = false, myLongitude = 0, myLatitude = 0, myPhi = 0,
    myTheta = 0, myDistance = 50, myPointerX = 0, myPointerY = 0,
    myPointerLongitude = 0, myPointerLatitude = 0;
//创建渲染器
var myRenderer = new THREE.WebGLRenderer({antialias:true});
myRenderer.setSize(window.innerWidth, window.innerHeight);
$("#myContainer").append(myRenderer.domElement);
var myCamera = new THREE.PerspectiveCamera(75,
                    window.innerWidth/window.innerHeight, 1, 1100);
myCamera.target = new THREE.Vector3(0, 0, 0);
var myScene = new THREE.Scene();
//创建球体
var mySphereGeometry = new THREE.SphereBufferGeometry(500, 60, 40);
mySphereGeometry.scale(-1, 1, 1);
//设置当视频加载完成后自动播放
$("#myVideo")[0].play();
//指定视频作为球体纹理
var myTexture = new THREE.VideoTexture($("#myVideo")[0]);
var myMaterial = new THREE.MeshBasicMaterial({map:myTexture});
//创建全景视频所对应的球体(网格)
var myVideoMesh = new THREE.Mesh(mySphereGeometry, myMaterial);
myScene.add(myVideoMesh);
//渲染球体(全景视频)
animate();
function animate(){
 requestAnimationFrame(animate);
 myLatitude = Math.max(-85, Math.min(85, myLatitude));
 myPhi = THREE.MathUtils.degToRad(90 - myLatitude);
 myTheta = THREE.MathUtils.degToRad(myLongitude);
 //重置透视照相机的位置
 myCamera.position.x = myDistance * Math.sin(myPhi) * Math.cos(myTheta);
 myCamera.position.y = myDistance * Math.cos(myPhi);
 myCamera.position.z = myDistance * Math.sin(myPhi) * Math.sin(myTheta);
 //重置透视照相机观察的目标位置
 myCamera.lookAt(myCamera.target);
 myRenderer.render(myScene, myCamera);
}
//添加鼠标按下、移动、抬起等事件代码以处理拖曳操作
$(document).on("mousedown", function(event){
 event.preventDefault();
 myMouse = true;
 //获取鼠标单击位置的坐标
 myPointerX = event.clientX;
 myPointerY = event.clientY;
 myPointerLongitude = myLongitude;
 myPointerLatitude = myLatitude;
});
$(document).on("mousemove", function(event){
 if(myMouse){
  myLongitude = (myPointerX - event.clientX) * 0.1 + myPointerLongitude;
  myLatitude = (event.clientY - myPointerY) * 0.1 + myPointerLatitude;
 }
});
$(document).on("mouseup", function(){myMouse = false;});
```

```
//响应单击"开始播放全景视频"按钮
$("#myButton1").click(function(){
  $("#myVideo")[0].play();
});
//响应单击"暂停播放全景视频"按钮
$("#myButton2").click(function(){
  $("#myVideo")[0].pause();
});
</script></body>
```

在上面这段代码中，mousedown 事件响应代码主要用于记录鼠标按下时的位置，mousemove 事件响应代码主要用于根据当前位置和按下时的位置重置透视照相机，mouseup 事件响应代码主要用于设置鼠标操作标志。myTheta＝THREE.MathUtils.degToRad（myLongitude）语句用于将角度转换为弧度，如 THREE.MathUtils.degToRad(90)语句的结果是 Math.PI/2。

此实例的源文件是 MyCode\ChapB\ChapB081.html。

009　在场景中添加粒子实现星空背景

此实例主要通过在场景中添加由 THREE.Points 和 THREE.Geometry 创建的多个随机亮点（粒子），在场景中实现星空效果的背景。当浏览器显示页面时，圆球将在星空背景下不停地旋转，效果分别如图 009-1 和图 009-2 所示。

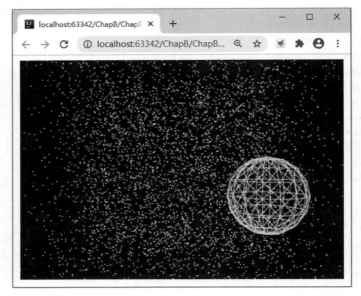

图　009-1

主要代码如下：

```
<body><center id = "myContainer"></center>
<script type = "text/javascript">
  var myAspect = window.innerWidth/window.innerHeight;
  var myCamera,myScene,myRenderer,mySphereMesh;
  //创建渲染器
  myRenderer = new THREE.WebGLRenderer({antialias:true});
  myRenderer.setSize(window.innerWidth,window.innerHeight);
```

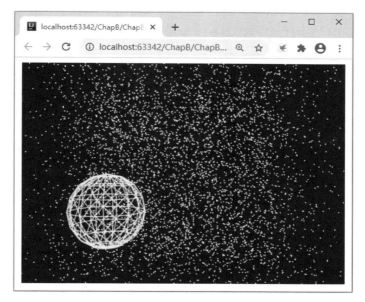

图 009-2

```
myRenderer.setClearColor('black',1.0);
$("#myContainer").append(myRenderer.domElement);
myScene = new THREE.Scene();
myCamera = new THREE.PerspectiveCamera(45,myAspect,1,5000);
myCamera.position.z = 2500;
//绘制绿色圆球
mySphereMesh = new THREE.Mesh(new THREE.SphereBufferGeometry(400,16,8),
    new THREE.MeshBasicMaterial({color:'green',wireframe:true}));
myScene.add(mySphereMesh);
//绘制星空背景
var myGeometry = new THREE.Geometry();
for(var i = 0;i < 5000;i ++){
 var myVector3 = new THREE.Vector3();
 myVector3.x = THREE.Math.randFloatSpread(2000);
 myVector3.y = THREE.Math.randFloatSpread(2000);
 myVector3.z = THREE.Math.randFloatSpread(2000);
 myGeometry.vertices.push(myVector3);
 }
 var myPoints = new THREE.Points(myGeometry,
                 new THREE.PointsMaterial({color:0xffffff}));
 myScene.add(myPoints);
//渲染(旋转)绿色圆球
animate();
function animate(){
 requestAnimationFrame(animate);
 var r = Date.now() * 0.001;
 mySphereMesh.position.x = 900 * Math.cos(r);
 mySphereMesh.position.z = 900 * Math.sin(r);
 mySphereMesh.position.y = 900 * Math.sin(r);
 myRenderer.render(myScene,myCamera);
}
</script></body>
```

在上面这段代码中，myPoints=new THREE.Points(myGeometry,new THREE.PointsMaterial({color:0xffffff}))语句表示根据指定的颜色（白色）创建多个随机粒子（点）。myScene.add(myPoints)语句表示将这些随机粒子作为一个整体添加到场景中。

此实例的源文件是 MyCode\ChapB\ChapB080.html。

010　使用六幅图像的天空盒设置背景

此实例主要通过使用 THREE.CubeTextureLoader 的 load()方法按照指定的顺序加载六幅图像，并设置为 THREE.Scene 的 background 属性，实现使用六幅图像组成的天空盒设置场景的背景。当浏览器显示页面时，使用鼠标操作即可从不同角度察看不同的场景背景，效果分别如图 010-1 和图 010-2 所示。

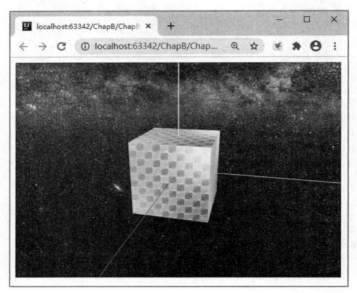

图　010-1

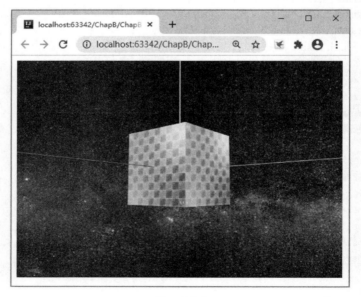

图　010-2

主要代码如下：

```html
<!DOCTYPE html><html><head><meta charset="UTF-8">
<script src="ThreeJS/three.js"></script>
<script src="ThreeJS/jquery.js"></script>
<script src="ThreeJS/OrbitControls.js"></script></head>
<body><script>
var myRenderer,myCamera,myScene,myOrbitControls;
function initRender(){
  myRenderer = new THREE.WebGLRenderer({antialias:true});
  myRenderer.setPixelRatio(window.devicePixelRatio);
  myRenderer.setSize(window.innerWidth,window.innerHeight);
  myRenderer.setClearColor(0xeeeeee);
  document.body.appendChild(myRenderer.domElement);
  myCamera = new THREE.PerspectiveCamera(45,
             window.innerWidth/window.innerHeight,0.1,1000);
  myCamera.position.set(10,10,15);
  myOrbitControls = new THREE.OrbitControls(myCamera,myRenderer.domElement);
}
function initScene(){
  var myCubeLoader = new THREE.CubeTextureLoader();
  myCubeLoader.setPath('images/');
  //六幅图像分别是朝右posx、朝左negx、朝上posy、朝下negy、朝前posz和朝后negz
  var myImages = myCubeLoader.load(['img081right.jpg','img082left.jpg',
    'img083top.jpg','img084bottom.jpg','img085front.jpg','img086back.jpg']);
  myScene = new THREE.Scene();
  myScene.background = myImages;
}
function initModel(){
  //绘制三维坐标轴
  var myAxesHelper = new THREE.AxesHelper(50);
  myScene.add(myAxesHelper);
  //添加立方体
  var myGeometry = new THREE.BoxGeometry(4,4,4);
  var myLoader = new THREE.TextureLoader();
  var myMap = myLoader.load('images/img002.jpg');
  var myMaterial = new THREE.MeshBasicMaterial({map:myMap});
  myScene.add(new THREE.Mesh(myGeometry,myMaterial));
}
function animate(){
  myOrbitControls.update();
  myRenderer.render(myScene,myCamera);
  requestAnimationFrame(animate);
}
initRender();
initScene();
initModel();
animate();
</script></body></html>
```

在上面这段代码中，myCubeLoader.setPath('images/')语句用于指定放置六幅图像的文件夹。myImages = myCubeLoader.load(['img081right.jpg','img082left.jpg','img083top.jpg','img084bottom.jpg','img085front.jpg','img086back.jpg'])语句用于加载构成天空盒的6幅图像，这6幅图像有加载顺序，依次分别是：posz朝前、negz朝后、posy朝上、negy朝下、posx朝右和negx

朝左。此外需要注意：此实例需要添加 OrbitControls.js 文件。

此实例的源文件是 MyCode\ChapB\ChapB114.html。

011 使用一个图像文件创建天空盒

此实例主要通过使用 HTML5 的 drawImage()方法将在一个图像文件中的长（大）图像拆分为6个小图像作为材质贴图,实现使用一个图像文件创建天空盒（天空盒一般需要6个图像）的效果。当浏览器显示页面时,使用鼠标操作即可从不同角度察看不同的（天空盒）背景图像,效果分别如图 011-1 和图 011-2 所示。

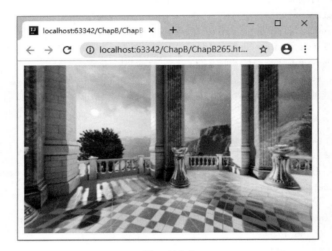

图　011-1

图　011-2

主要代码如下：

```
<!DOCTYPE html><html><head><meta charset = "UTF-8">
 < script src = "ThreeJS/three.js"></script>
 < script src = "ThreeJS/jquery.js"></script>
 < script src = "ThreeJS/OrbitControls.js"></script>
```

```
</head>
<body><center id = "myContainer"></center>
<script>
 //创建渲染器
 var myRenderer = new THREE.WebGLRenderer({antialias:true});
 myRenderer.setPixelRatio(window.devicePixelRatio);
 myRenderer.setSize(window.innerWidth,window.innerHeight);
  $("#myContainer").append(myRenderer.domElement);
 var myScene = new THREE.Scene();
 var myCamera = new THREE.PerspectiveCamera(90,
                  window.innerWidth/window.innerHeight,0.1,1000);
 myCamera.position.z = 0.001;
 var myOrbitControls = new THREE.OrbitControls(myCamera);
 //创建空白的6个贴图
 var myTextures = [];
 for(var i = 0;i < 6;i++){myTextures[i] = new THREE.Texture();}
 var myImage = new Image();
 //img120.jpg文件在水平方向上包含6幅图像,可以在看图工具中仔细查看
 myImage.src = 'images/img120.jpg';
 myImage.onload = function(){
  for(var i = 0;i < myTextures.length;i ++){
   var myCanvas = document.createElement('canvas');
   var myContext = myCanvas.getContext('2d');
   myCanvas.height = myImage.height;
   myCanvas.width = myImage.height;
   //从img120.jpg中取出第i幅图像
   myContext.drawImage(myImage,myImage.height * i,0,myImage.height,
                  myImage.height,0,0,myImage.height,myImage.height);
   myTextures[i].image = myCanvas;
   myTextures[i].needsUpdate = true;
  }
 };
 //使用6幅贴图创建天空盒材质
 var myMaterials = [];
 for(var i = 0;i < 6;i ++){
  myMaterials.push(new THREE.MeshBasicMaterial({map:myTextures[i]}));
 }
 //使用6幅贴图创建天空盒
 var myMesh = new THREE.Mesh(new THREE.BoxGeometry(1,1,1),myMaterials);
 //实现6幅图像在立方体的里面,而不是外面(myMesh.geometry.scale(1,1,1);)
 myMesh.geometry.scale(1,1,-1);
 myScene.add(myMesh);
 //渲染天空盒
 animate();
 function animate(){
  requestAnimationFrame(animate);
  myRenderer.render(myScene,myCamera);
 }
</script></body></html>
```

在上面这段代码中,myContext.drawImage(myImage,myImage.height * i,0,myImage.height,myImage.height,0,0,myImage.height,myImage.height)语句用于在画布上绘制在myImage中指定位置(剪切出来)的图像。drawImage()方法(HTML5)的语法格式如下:

```
context.drawImage(img,sx,sy,swidth,sheight,x,y,width,height)
```

其中,参数 img 规定要使用的图像、画布或视频;参数 sx 表示开始剪切的 x 坐标;参数 sy 表示开始剪切的 y 坐标;参数 swidth 表示被剪切图像的宽度;参数 sheight 表示被剪切图像的高度;参数 x 表示在画布上放置图像的 x 坐标;参数 y 表示在画布上放置图像的 y 坐标;参数 width 表示要使用的图像宽度;参数 height 表示要使用的图像高度。

myTextures[i].image=myCanvas 表示根据画布创建贴图。此外需要注意:此实例需要添加 OrbitControls.js 文件。

此实例的源文件是 MyCode\ChapB\ChapB265.html。

012　使用 TransformControls 平移对象

此实例主要通过使用 THREE.TransformControls,实现使用鼠标以拖曳方式平移立方体对象。当浏览器显示页面时,即可使用鼠标以拖曳方式(拖曳箭头所在的坐标轴)任意平移立方体,效果分别如图 012-1 和图 012-2 所示。

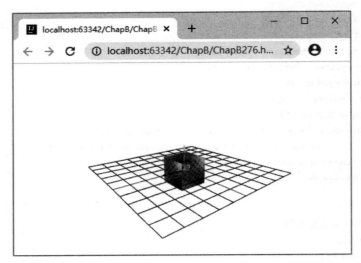

图　012-1

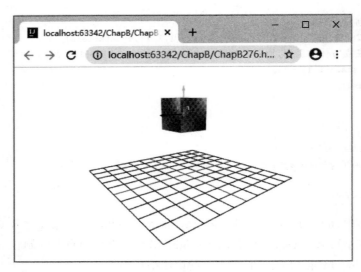

图　012-2

主要代码如下：

```html
<!DOCTYPE html><html><head><meta charset = "UTF-8">
 <script src = "ThreeJS/three.js"></script>
 <script src = "ThreeJS/jquery.js"></script>
 <script src = "ThreeJS/TransformControls.js"></script>
</head>
<body><center id = "myContainer"></center>
<script>
 var myRenderer = new THREE.WebGLRenderer({antialias:true});
 myRenderer.setSize(window.innerWidth,window.innerHeight);
 $("#myContainer").append(myRenderer.domElement);
 var myCamera = new THREE.PerspectiveCamera(50,
                 window.innerWidth/window.innerHeight,0.01,30000);
 myCamera.position.set(1000,500,800);
 myCamera.lookAt(0,100,0);
 var myScene = new THREE.Scene();
 myScene.background = new THREE.Color(0xffffff);
 myScene.add(new THREE.GridHelper(1000,10,0x888888,0x444444));
 var myLight = new THREE.DirectionalLight(0xffffff,2);
 myLight.position.set(1,1,1);
 myScene.add(myLight);
 var myTexture = new THREE.TextureLoader().load('images/img002.jpg',function(){
  myRenderer.render(myScene,myCamera);
 });
 var myGeometry = new THREE.BoxBufferGeometry(200,200,200);
 var myMaterial = new THREE.MeshLambertMaterial({map:myTexture});
 var myTransformControls =
            new THREE.TransformControls(myCamera,myRenderer.domElement);
 myTransformControls.addEventListener('change',function(){
    myRenderer.render(myScene,myCamera);
 });
 var myMesh = new THREE.Mesh(myGeometry,myMaterial);
 myScene.add(myMesh);
 myTransformControls.attach(myMesh);
 myScene.add(myTransformControls);
</script></body></html>
```

在上面这段代码中，THREE.TransformControls 的作用是实现鼠标可视化操作,默认显示包含箭头的三维坐标轴。myTransformControls.addEventListener('change',function(){myRenderer.render(myScene,myCamera);}) 语句的 change 参数表示在该三维模型发生改变时执行渲染。myTransformControls.attach(myMesh) 语句的作用是将立方体对象绑定到此三维模型(myTransformControls)上以执行鼠标操作。此外需要注意：此实例需要添加 TransformControls.js 文件。

此实例的源文件是 MyCode\ChapB\ChapB276.html。

013　使用 TransformControls 拉伸对象

此实例主要通过设置 THREE.TransformControls 的 setMode() 方法的参数为 scale,实现使用鼠标沿着轴线拉伸立方体对象。当浏览器显示页面时,即可使用鼠标(左键按住在轴线上的红点或绿点或蓝点,然后移动)沿着轴线拉伸立方体,效果分别如图 013-1 和图 013-2 所示。如果鼠标左键按在轴线上的白点上,然后移动鼠标则实现整体立方体的缩放。

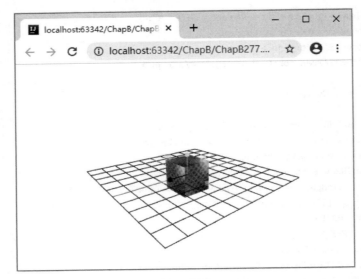

图 013-1

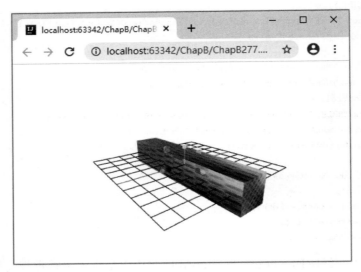

图 013-2

主要代码如下：

```
<!DOCTYPE html><html><head><meta charset="UTF-8">
 <script src="ThreeJS/three.js"></script>
 <script src="ThreeJS/jquery.js"></script>
 <script src="ThreeJS/TransformControls.js"></script>
</head>
<body><center id="myContainer"></center>
<script>
var myRenderer = new THREE.WebGLRenderer({antialias:true});
myRenderer.setSize(window.innerWidth,window.innerHeight);
 $("#myContainer").append(myRenderer.domElement);
var myCamera = new THREE.PerspectiveCamera(50,
           window.innerWidth/window.innerHeight,0.01,30000);
```

```
myCamera.position.set(1000,500,800);
myCamera.lookAt(0,100,0);
var myScene = new THREE.Scene();
myScene.background = new THREE.Color(0xffffff);
myScene.add(new THREE.GridHelper(1000,10,0x888888,0x444444));
var myLight = new THREE.DirectionalLight(0xffffff,2);
myLight.position.set(1,1,1);
myScene.add(myLight);
var myTexture = new THREE.TextureLoader().load('images/img002.jpg',function(){
 myRenderer.render(myScene,myCamera);
});
var myGeometry = new THREE.BoxBufferGeometry(200,200,200);
var myMaterial = new THREE.MeshLambertMaterial({map:myTexture});
var myTransformControls =
            new THREE.TransformControls(myCamera,myRenderer.domElement);
myTransformControls.addEventListener('change',function(){
 myRenderer.render(myScene,myCamera);
});
myTransformControls.setMode("scale");
var myMesh = new THREE.Mesh(myGeometry,myMaterial);
myScene.add(myMesh);
myTransformControls.attach(myMesh);
myScene.add(myTransformControls);
</script></body></html>
```

在上面这段代码中，myTransformControls.setMode("scale")语句表示缩放（立方体）对象，即可以使用鼠标左键按在轴线上的白点上，然后移动鼠标则可缩放整个立方体；或者使用鼠标左键按在轴线上的红点或绿点或蓝点上，然后沿着轴线移动鼠标则可拉伸立方体。此外需要注意：此实例需要添加 TransformControls.js 文件。

此实例的源文件是 MyCode\ChapB\ChapB277.html。

014　使用 TransformControls 旋转对象

此实例主要通过设置 THREE.TransformControls 的 setMode()方法的参数为 rotate，实现使用鼠标旋转立方体对象。当浏览器显示页面时，即可使用鼠标任意旋转立方体，效果分别如图 014-1 和图 014-2 所示。

主要代码如下：

```
<!DOCTYPE html><html><head><meta charset="UTF-8">
<script src="ThreeJS/three.js"></script>
<script src="ThreeJS/jquery.js"></script>
<script src="ThreeJS/TransformControls.js"></script>
</head>
<body><center id="myContainer"></center>
<script>
var myRenderer = new THREE.WebGLRenderer({antialias:true});
myRenderer.setSize(window.innerWidth,window.innerHeight);
$("#myContainer").append(myRenderer.domElement);
var myCamera = new THREE.PerspectiveCamera(50,
                 window.innerWidth/window.innerHeight,0.01,30000);
myCamera.position.set(1000,500,800);
```

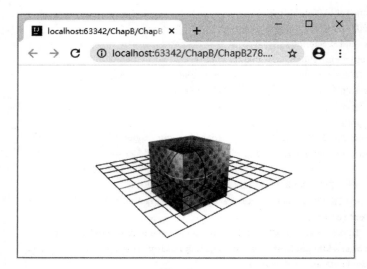

图 014-1

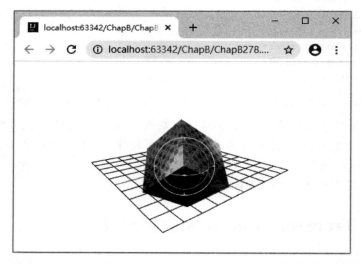

图 014-2

```
myCamera.lookAt(0,100,0);
var myScene = new THREE.Scene();
myScene.background = new THREE.Color(0xffffff);
myScene.add(new THREE.GridHelper(1000,10,0x888888,0x444444));
var myLight = new THREE.DirectionalLight(0xffffff,2);
myLight.position.set(1,1,1);
myScene.add(myLight);
var myTexture = new THREE.TextureLoader().load('images/img002.jpg',function(){
  myRenderer.render(myScene,myCamera);
});
var myGeometry = new THREE.BoxBufferGeometry(400,400,400);
var myMaterial = new THREE.MeshLambertMaterial({map:myTexture});
var myTransformControls =
            new THREE.TransformControls(myCamera,myRenderer.domElement);
myTransformControls.addEventListener('change',function(){
  myRenderer.render(myScene,myCamera);
```

```
});
myTransformControls.setMode("rotate");
var myMesh = new THREE.Mesh(myGeometry,myMaterial);
myScene.add(myMesh);
myTransformControls.attach(myMesh);
myScene.add(myTransformControls);
</script></body></html>
```

在上面这段代码中，myTransformControls.setMode("rotate")语句表示旋转（立方体）对象，即可以使用鼠标在三维空间中任意旋转立方体。此外需要注意：此实例需要添加 TransformControls.js 文件。

此实例的源文件是 MyCode\ChapB\ChapB278.html。

015　使用 DragControls 任意拖曳对象

此实例主要通过使用 THREE.DragControls，实现在场景中使用鼠标将球体、立方体、圆环结等对象拖曳到场景的任意位置。当浏览器显示页面时，即可使用鼠标将三个对象拖曳到场景的任意位置，效果分别如图 015-1 和图 015-2 所示。

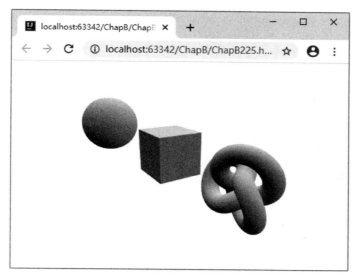

图　015-1

主要代码如下：

```
<html><head><meta charset="UTF-8">
<script src="ThreeJS/three.js"></script>
<script src="ThreeJS/DragControls.js"></script>
<script src="ThreeJS/jquery.js"></script>
</head>
<body><center id="myContainer"></center>
<script type="text/javascript">
//创建渲染器
var myRenderer = new THREE.WebGLRenderer({antialias:true});
myRenderer.setSize(window.innerWidth,window.innerHeight);
myRenderer.setClearColor('white',1.0);
$('#myContainer')[0].appendChild(myRenderer.domElement);
var myCamera = new THREE.PerspectiveCamera(45,
```

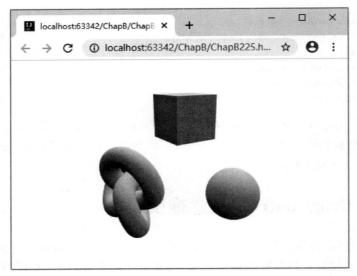

图 015-2

```
                          window.innerWidth/window.innerHeight,30,1000);
myCamera.position.set(-76.03,30.40,-48.87);
myCamera.lookAt(new THREE.Vector3(0,0,0));
var myScene = new THREE.Scene();
myScene.translateX(30);
var myMaterial = new THREE.MeshNormalMaterial();
//创建圆环结
var myTorusKnotGeometry = new THREE.TorusKnotGeometry(8,3,200,60);
var myTorusKnotMesh = new THREE.Mesh(myTorusKnotGeometry,myMaterial);
myTorusKnotMesh.translateX(-62);
myScene.add(myTorusKnotMesh);
//创建立方体
var myBoxGeometry = new THREE.BoxGeometry(20,20,20);
var myBoxMesh = new THREE.Mesh(myBoxGeometry,myMaterial);
myBoxMesh.translateX(-20);
myScene.add(myBoxMesh);
//创建球体
var mySphereGeometry = new THREE.SphereGeometry(20,60,60);
var mySphereMesh = new THREE.Mesh(mySphereGeometry,myMaterial);
mySphereMesh.translateX(70);
myScene.add(mySphereMesh);
var myObjects = [];
myObjects.push(myTorusKnotMesh);
myObjects.push(myBoxMesh);
myObjects.push(mySphereMesh);
//渲染圆环结、立方体、球体
animate();
function animate(){
 requestAnimationFrame(animate);
 myRenderer.render(myScene,myCamera);
}
//根据将要拖曳的对象、照相机、渲染器创建 DragControls
var myDragControls = new THREE.DragControls(myObjects,
                            myCamera,myRenderer.domElement);
```

</script></body></html>

在上面这段代码中,myObjects.push(myTorusKnotMesh)语句表示添加将要拖曳的对象。myDragControls=new THREE.DragControls(myObjects,myCamera,myRenderer.domElement)语句用于根据将要拖曳的对象、照相机、渲染器创建 DragControls。此外需要注意:此实例需要添加 DragControls.js 文件。

此实例的源文件是 MyCode\ChapB\ChapB225.html。

016 使用 OrbitControls 任意缩放对象

此实例主要通过使用 THREE.OrbitControls 创建轨道控制器,实现使用鼠标滚轮放大或缩小立方体对象。当浏览器显示页面时,如果向下滑动鼠标滚轮,则缩小立方体,如图 016-1 所示;如果向上滑动鼠标滚轮,则放大立方体,如图 016-2 所示;如果鼠标左键按住立方体任意移动,则可以任意旋转立方体;如果按住键盘的上、下、左、右方向键,则可以在上、下、左、右方向上移动立方体。

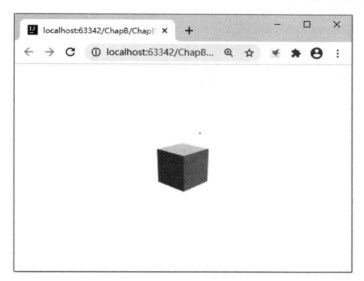

图 016-1

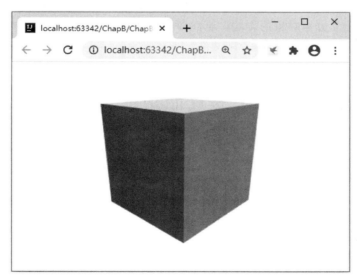

图 016-2

主要代码如下：

```html
<!DOCTYPE html><html><head><meta charset = "UTF-8">
    <script src = "ThreeJS/three.js"></script>
    <script src = "ThreeJS/jquery.js"></script>
    <script src = "ThreeJS/OrbitControls.js"></script>
</head>
<body><center id = "myContainer"></center>
<script>
  //创建渲染器
var myRenderer = new THREE.WebGLRenderer({antialias:true});
myRenderer.setSize(window.innerWidth,window.innerHeight);
myRenderer.setClearColor('white',1.0);
  $("#myContainer").append(myRenderer.domElement);
var myScene = new THREE.Scene();
var myCamera = new THREE.PerspectiveCamera(45,
                  window.innerWidth/window.innerHeight,0.1,1000);
myCamera.position.set(40.06,20.92,42.68);
myCamera.lookAt(new THREE.Vector3(0,0,0));
var myOrbitControls = new THREE.OrbitControls(myCamera,
    myRenderer.domElement);                            //创建轨道控制器
myOrbitControls.addEventListener('change',animate);    //监听鼠标、键盘事件
//创建立方体
var myGeometry = new THREE.BoxGeometry(16,16,16);
var myMaterial = new THREE.MeshNormalMaterial();
var myMesh = new THREE.Mesh(myGeometry,myMaterial);
myScene.add(myMesh);
//渲染立方体
animate();
function animate(){
   myRenderer.render(myScene,myCamera);
}
</script></body></html>
```

在上面这段代码中，myOrbitControls = new THREE.OrbitControls(myCamera,myRenderer.domElement)语句用于根据照相机和渲染器创建轨道控制器。myOrbitControls.addEventListener('change',animate)语句用于在轨道控制器上添加 change 事件监听，在此实例中即是监听鼠标和键盘操作，animate 是渲染立方体对象的方法。至此即可实现使用鼠标和键盘操控立方体对象。此外需要注意：此实例需要添加 OrbitControls.js 文件。

此实例的源文件是 MyCode\ChapB\ChapB006.html。

017 使用 OrbitControls 旋转照相机

此实例主要通过使用 THREE.OrbitControls 创建轨道控制器，实现通过轨道控制器自动控制照相机的旋转。当浏览器显示页面时，由于透视照相机在场景（空间）中不停地旋转（不可见），因此立方体也不停地旋转，效果分别如图 017-1 和图 017-2 所示。

主要代码如下：

```html
<!DOCTYPE html><html><head><meta charset = "UTF-8">
 <script src = "ThreeJS/three.js"></script>
 <script src = "ThreeJS/jquery.js"></script>
```

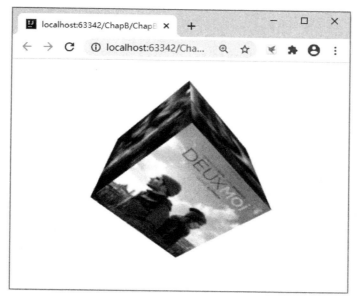

图 017-1

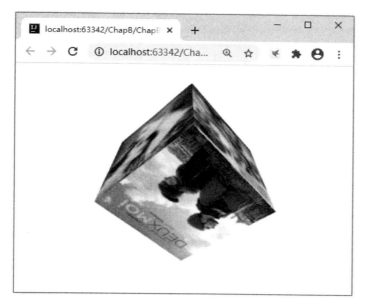

图 017-2

```
＜script src = "ThreeJS/OrbitControls.js"＞＜/script＞
＜/head＞
＜body＞＜center id = "myContainer"＞＜/center＞
＜script＞
//创建渲染器
var myRenderer = new THREE.WebGLRenderer({antialias:true});
myRenderer.setSize(window.innerWidth,window.innerHeight);
myRenderer.setClearColor('white',1.0);
 $("#myContainer").append(myRenderer.domElement);
var myCamera = new THREE.PerspectiveCamera(45,
             window.innerWidth/window.innerHeight,0.1,1000);
myCamera.position.set(400, -600,100);
```

```
        myCamera.lookAt(new THREE.Vector3(-400,600,-100));
        var myScene = new THREE.Scene();
        //创建轨道控制器实现自动旋转照相机
        var myOrbitControls = new THREE.OrbitControls(
                                    myCamera,myRenderer.domElement );
        //动态阻尼系数 就是旋转灵敏度
        myOrbitControls.enableDamping = true;
        //是否自动旋转
        myOrbitControls.autoRotate = true;
        //设置旋转速度
        myOrbitControls.autoRotateSpeed = 3.5;
        //设置照相机距离原点的最近距离
        myOrbitControls.minDistance = 1;
        //设置照相机距离原点的最远距离
        myOrbitControls.maxDistance = 120;
        //是否开启鼠标右键拖曳
        myOrbitControls.enablePan = true;
        //创建立方体
        var myGeometry = new THREE.CubeGeometry(50,50,50);
        var myMaterials = [];
        for (var i = 1;i < 7;i++){
         var myMap = THREE.ImageUtils.loadTexture("images/img07" + i + ".jpg");
         var myMaterial = new THREE.MeshBasicMaterial({map:myMap});
         myMaterials.push(myMaterial);
        }
        var myMesh = new THREE.Mesh(myGeometry,myMaterials);
        myScene.add(myMesh);
        //渲染立方体
        animate();
        function animate(){
         myRenderer.render(myScene,myCamera);
         myOrbitControls.update();                  //更新轨道控制器
         requestAnimationFrame(animate);
        }
    </script></body></html>
```

在上面这段代码中，myOrbitControls＝new THREE.OrbitControls(myCamera，myRenderer.domElement)语句用于创建一个控制照相机(myCamera)执行旋转等操作的轨道控制器。myOrbitControls.enableDamping＝true 语句用于设置轨道控制器的动态阻尼反应，如果myOrbitControls.enableDamping＝false，则无动态阻尼反应。myOrbitControls.autoRotate＝true 语句表示自动旋转照相机，否则需要手动操作。myOrbitControls.autoRotateSpeed＝3.5 语句用于自动旋转照相机的速度，值越大，旋转速度越快。myOrbitControls.minDistance＝1 语句用于设置照相机距离原点的最近距离，值太大可能看不见。myOrbitControls.maxDistance＝120 语句用于设置照相机距离原点的最远距离，值太小也可能看不见。此外需要注意：此实例需要添加 OrbitControls.js 文件。

此实例的源文件是 MyCode\ChapB\ChapB098.html。

018　在多个对象中使用鼠标选择对象

此实例主要通过使用 THREE.Raycaster,实现在多个图形中使用鼠标选择图形。当浏览器显示页面时，如果将鼠标悬浮在任意一个立方体上，则该立方体的颜色立即变为红色，效果如图 018-1 所示。

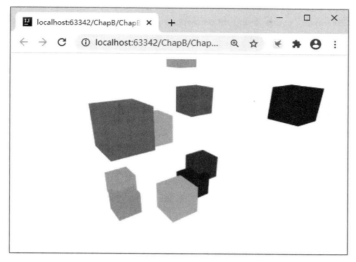

图 018-1

主要代码如下：

```html
<body><center id="myContainer"></center>
<script>
```
```javascript
//创建渲染器
var myRenderer = new THREE.WebGLRenderer({antialias:true});
myRenderer.setSize(window.innerWidth,window.innerHeight);
myRenderer.setClearColor('white',1.0);
$('#myContainer')[0].appendChild(myRenderer.domElement);
var myScene = new THREE.Scene();
myScene.add(new THREE.AmbientLight(0xffffff));
var myCamera = new THREE.PerspectiveCamera(45,
                window.innerWidth/window.innerHeight,0.1,1000);
myCamera.position.set(622,342,443);
myCamera.lookAt(new THREE.Vector3(0,0,0));
//用于保存多个立方体
var myArray = [];
//创建多个立方体
var myGeometry = new THREE.BoxGeometry(80,80,80);
for(var i = 0;i < 10;i++){
    var myMaterial = new THREE.MeshBasicMaterial({
                    color:Math.random() * 0xffffff,opacity:0.5});
    var myMesh = new THREE.Mesh(myGeometry,myMaterial);
    myMesh.position.x = Math.random() * 480 - 140;
    myMesh.position.y = Math.random() * 480 - 140;
    myMesh.position.z = Math.random() * 480 - 140;
    myScene.add(myMesh);
    myArray.push(myMesh);
}
//渲染多个立方体
animate();
function animate(){
    requestAnimationFrame(animate);
    myRenderer.render(myScene,myCamera);
}
```

```
//添加鼠标移动事件监听器,检测鼠标的移动
document.addEventListener('mousemove',onDocumentMouseMove);
function onDocumentMouseMove(event){
 var myMouse = new THREE.Vector2();
 myMouse.x = (event.clientX/window.innerWidth) * 2 - 1;
 myMouse.y = - (event.clientY/window.innerHeight) * 2 + 1;
 var myRaycaster = new THREE.Raycaster();
 myRaycaster.setFromCamera(myMouse,myCamera);
 //获取与射线相交的 myArray 的所有图形
 var myIntersectObjects = myRaycaster.intersectObjects(myArray);
 //这里操作第一个相交图形(使用鼠标选择的图形)
 if(myIntersectObjects.length > 0){
  //设置该选择的立方体颜色为红色
  var myObject = myIntersectObjects[0].object;
  myObject.material.color.set(0xff0000);
 }
}
</script></body>
```

在上面这段代码中,myRaycaster = new THREE.Raycaster()语句用于创建一个 Raycaster, THREE.Raycaster 用于通过鼠标去获取在三维世界中被选择的图形(对象),相当于从屏幕上的单击位置向场景中发射一束光线,与光线相交的图形(对象)即是选择的图形(对象)。myRaycaster.setFromCamera(myMouse,myCamera)语句表示使用新的原点和方向更新射线。myIntersectObjects = myRaycaster.intersectObjects(myArray)语句用于获取与射线相交的所有图形(对象)。myObject = myIntersectObjects[0].object 语句表示鼠标选择的图形(对象)。

此实例的源文件是 MyCode\ChapB\ChapB102.html。

019 在鼠标单击对象时改变对象颜色

此实例主要通过使用 THREE.Raycaster,实现在场景中通过鼠标单击图形即可使用随机颜色重置该图形表面的颜色。当浏览器显示页面时,使用鼠标单击任意一个立方体,则该立方体的颜色立即改变(即使用随机颜色重置该立方体的颜色),效果如图 019-1 所示。

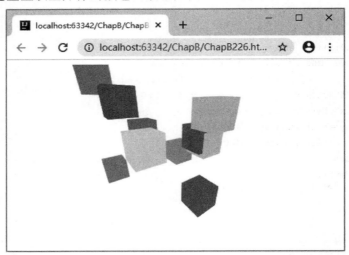

图 019-1

主要代码如下：

```html
<html><head><meta charset = "UTF-8">
<script src = "ThreeJS/three.js"></script>
<script src = "ThreeJS/jquery.js"></script>
<script src = "ThreeJS/OrbitControls.js"></script>
</head>
<body><center id = "myContainer"></center>
<script>
//创建渲染器
var myRenderer = new THREE.WebGLRenderer({antialias:true});
myRenderer.setSize(window.innerWidth,window.innerHeight);
myRenderer.setClearColor('white',1.0);
$('#myContainer')[0].appendChild(myRenderer.domElement);
var myScene = new THREE.Scene();
myScene.add(new THREE.AmbientLight(0xffffff));
var myCamera = new THREE.PerspectiveCamera(75,
                    window.innerWidth/window.innerHeight,0.1,1000);
myCamera.position.set(622,342,443);
var myOrbitControls = new THREE.OrbitControls(myCamera);
//创建多个立方体
var myGeometry = new THREE.BoxGeometry(120,120,120);
for(var i = 0;i<10;i++){
  var myMaterial = new THREE.MeshLambertMaterial({
                            color:Math.random() * 0xffffff});
  var myMesh = new THREE.Mesh(myGeometry,myMaterial);
  myMesh.position.x = Math.random() * 580 - 140;
  myMesh.position.y = Math.random() * 580 - 140;
  myMesh.position.z = Math.random() * 580 - 140;
  myScene.add(myMesh);
}
//渲染多个立方体
animate();
function animate(){
  requestAnimationFrame(animate);
  myRenderer.render(myScene,myCamera);
}
var myMouse = new THREE.Vector2();
//THREE.Raycaster 用于通过鼠标去获取在三维世界被选择的图形
var myRaycaster = new THREE.Raycaster();
$(document.body).click(function(event){
  //拦截页面默认的单击事件
  event.preventDefault();
  //计算当前鼠标的坐标
  myMouse.x = (event.clientX/window.innerWidth) * 2 - 1;
  myMouse.y = - (event.clientY/window.innerHeight) * 2 + 1;
  //根据当前鼠标和照相机重置 Raycaster
  myRaycaster.setFromCamera(myMouse,myCamera);
  //获取被单击(选择)的图形
  var myIntersects = myRaycaster.intersectObjects(myScene.children);
  if(myIntersects.length>0){
    //生成随机颜色值
    var myColor = Math.random() * 0xffffff;
    //动态更新该图形表面的颜色
```

```
        myIntersects[0].object.material.color = new THREE.Color(myColor);
    }
});
</script></body></html>
```

在上面这段代码中，$(document.body).click(function(event){})语句用于在场景中添加鼠标单击事件响应代码，当使用鼠标单击在场景中的图形对象时，myIntersects = myRaycaster.intersectObjects(myScene.children)即可捕获被单击的图形，即 myIntersects[0]。myColor = Math.random() * 0xffffff 语句用于生成随机颜色。此外需要注意：此实例需要添加 OrbitControls.js 文件。

此实例的源文件是 MyCode\ChapB\ChapB226.html。

020　使用线性雾设置场景的雾化效果

此实例主要通过使用 THREE.Fog 创建线性雾并以此设置 THREE.Scene 的 fog 属性，实现在场景中的图形上产生雾化效果。当浏览器显示页面时，在场景中的球体产生的雾化效果如图 020-1 所示。

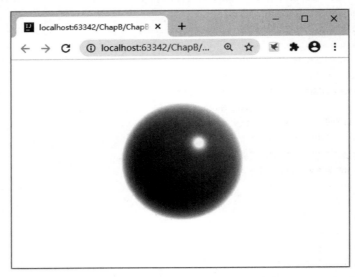

图　020-1

主要代码如下：

```
<body><center id="myContainer"></center>
<script type="text/javascript">
//创建渲染器
var myRenderer = new THREE.WebGLRenderer({antialias:true});
myRenderer.setSize(window.innerWidth,window.innerHeight);
myRenderer.setClearColor('white',1.0);
    $('#myContainer')[0].appendChild(myRenderer.domElement);
var myScene = new THREE.Scene();
    //使用线性雾设置场景的 fog 雾化属性
myScene.fog = new THREE.Fog(0xffffff,50,60);
var myCamera = new THREE.PerspectiveCamera(45,
                  window.innerWidth/window.innerHeight,30,1000);
myCamera.position.set(-55,17,31);
myCamera.lookAt(new THREE.Vector3(0,0,0));
var mySpotLight = new THREE.SpotLight('white');
```

```
mySpotLight.position.set(-30,60,60);
myScene.add(mySpotLight);
//创建球体
var myMaterial = new THREE.MeshPhongMaterial({color:0x7777ff});
myMaterial.shininess = 100;
var myGeometry = new THREE.SphereGeometry(16,100,100);
var myMesh = new THREE.Mesh(myGeometry,myMaterial);
myScene.add(myMesh);
//渲染球体
myRenderer.render(myScene,myCamera);
</script></body>
```

在上面这段代码中,myScene.fog=new THREE.Fog(0xffffff,50,60)语句用于创建线性雾并以此设置 THREE.Scene 的 fog 属性。THREE.Fog()方法的语法格式如下:

THREE.Fog(color,near,far)

其中,参数 color 表示雾的颜色,如果设置为红色,则场景远处物体(对象)的颜色为黑色,场景最近距离物体的颜色是自身颜色,最远和最近之间的物体颜色是物体本身颜色和雾颜色的混合效果;参数 near 表示应用雾化效果的最小距离,距离照相机长度小于 near 的物体将不会被雾所影响;参数 far 表示应用雾化效果的最大距离,距离照相机长度大于 far 的物体将不会被雾所影响。

此实例的源文件是 MyCode\ChapB\ChapB050.html。

021 使用线性雾渲染场景的多个对象

此实例主要通过使用 THREE.Fog 创建线性雾并以此设置 THREE.Scene 的 fog 属性,实现使用线性雾渲染在场景中的多个图形。当浏览器显示页面时,在场景中的多个图形(立方体、球体、平面)产生的雾化效果如图 021-1 所示。

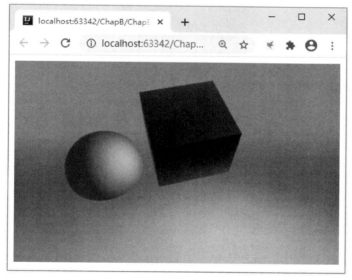

图 021-1

主要代码如下:

```
<body><center id="myContainer"></center>
```

```
<script>
//创建渲染器
var myRenderer = new THREE.WebGLRenderer({antialias:true});
myRenderer.setSize(window.innerWidth,window.innerHeight);
myRenderer.setClearColor('white',1.0);
$("#myContainer").append(myRenderer.domElement);
var myCamera = new THREE.PerspectiveCamera(45,
                window.innerWidth/window.innerHeight,0.1,1000);
myCamera.position.set(-15.68,88.93,58.71);
myCamera.lookAt(new THREE.Vector3(0,0,0));
var myScene = new THREE.Scene();
//使用线性雾设置场景的 fog 雾化属性
myScene.fog = new THREE.Fog(0xff00ff,80,120);
myScene.add(new THREE.AmbientLight(0x444444));
var myLight = new THREE.PointLight(0xffffff);
myLight.position.set(15,30,10);
myScene.add(myLight);
//创建立方体
var myBoxGeometry = new THREE.BoxGeometry(30,60,30);
var myBoxMaterial = new THREE.MeshLambertMaterial({color:0x0000ff});
myBoxMesh = new THREE.Mesh(myBoxGeometry,myBoxMaterial);
myBoxMesh.position.x = 5;
myBoxMesh.position.y = -5;
myBoxMesh.position.z = -5;
myScene.add(myBoxMesh);
//创建球体
var mySphereGeometry = new THREE.SphereGeometry(16,60,60);
var mySphereMaterial = new THREE.MeshLambertMaterial({color:0x00ffff});
mySphereMesh = new THREE.Mesh(mySphereGeometry,mySphereMaterial);
mySphereMesh.position.x = -30;
mySphereMesh.position.z = -5;
myScene.add(mySphereMesh);
//创建平面
var myPlaneGeometry = new THREE.PlaneGeometry(1000,1000);
var myPlaneMaterial = new THREE.MeshStandardMaterial({color:0x00ff00});
var myPlaneMesh = new THREE.Mesh(myPlaneGeometry,myPlaneMaterial);
myPlaneMesh.rotation.x = -0.5 * Math.PI;
myScene.add(myPlaneMesh);
//使用线性雾渲染多个图形对象
myRenderer.render(myScene,myCamera);
</script></body>
```

在上面这段代码中，myScene.fog=new THREE.Fog(0xff00ff,80,120)语句用于创建线性雾并以此设置 THREE.Scene 的 fog 属性，当设置了此属性之后，在场景中的所有图形均会产生雾化效果。

此实例的源文件是 MyCode\ChapB\ChapB136.html。

022 使用指数雾设置场景的雾化效果

此实例主要通过使用 THREE.FogExp2 创建指数雾并以此设置 THREE.Scene 的 fog 属性，从而使在场景中的图形产生雾化效果。当浏览器显示页面时，在场景中的立方体产生的雾化效果如图 022-1 所示。

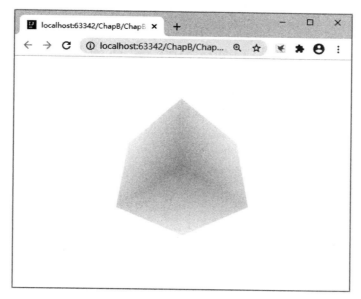

图 022-1

主要代码如下：

```
<body><center id="myContainer"></center>
<script>
 //创建渲染器
 var myRenderer = new THREE.WebGLRenderer({antialias:true});
 myRenderer.setSize(window.innerWidth,window.innerHeight);
 myRenderer.setClearColor('white',1.0);
 $("#myContainer").append(myRenderer.domElement);
 var myScene = new THREE.Scene();
 myScene.add(new THREE.AmbientLight('white'));
 //使用指数雾设置场景的fog雾化属性
 myScene.fog = new THREE.FogExp2('white',0.025);
 var myCamera = new THREE.PerspectiveCamera(45,
                     window.innerWidth/window.innerHeight,30,1000);
 myCamera.position.set(-34.34,-40.56,35.83);
 myCamera.lookAt(new THREE.Vector3(0,0,0));
 //创建立方体
 var myGeometry = new THREE.BoxGeometry(20,20,20);
 var myMaterial = new THREE.MeshLambertMaterial({color:'darkgreen'});
 var myMesh = new THREE.Mesh(myGeometry,myMaterial);
 myScene.add(myMesh);
 //渲染立方体
 myRenderer.render(myScene,myCamera);
</script></body>
```

在上面这段代码中，myScene.fog=new THREE.FogExp2('white',0.025)语句用于创建指数雾并以此设置 THREE.Scene 的 fog 属性，即雾的密度随着距离指数增大。THREE.FogExp2()方法的语法格式如下：

THREE.FogExp2(color,density)

其中，参数 color 表示雾的颜色；参数 density 表示雾的密度将会增长多快。

此实例的源文件是 MyCode\ChapB\ChapB051.html。

023　在场景中使用 ArrowHelper 绘制箭头

此实例主要通过使用 THREE.ArrowHelper，实现在场景中绘制（添加）独立的箭头。当浏览器显示页面时，箭头和球体将同步旋转，效果分别如图 023-1 和图 023-2 所示。

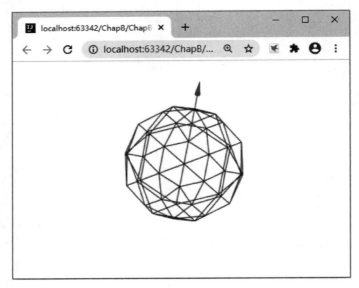

图　023-1

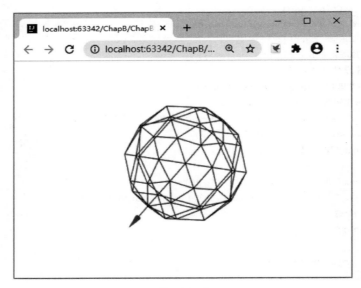

图　023-2

主要代码如下：

```
<body><div id="myContainer"></div>
<script>
//创建渲染器
var myRenderer = new THREE.WebGLRenderer({antialias:true});
```

```
myRenderer.setSize(window.innerWidth,window.innerHeight);
$("#myContainer").append(myRenderer.domElement);
var myScene = new THREE.Scene();
myScene.background = new THREE.Color(0xffffff);
var myCamera = new THREE.PerspectiveCamera(60,
         window.innerWidth/window.innerHeight,0.1,1000);
myCamera.position.z = 6;
//创建球体
var myGeometry = new THREE.IcosahedronBufferGeometry(2,1);
var myMaterial = new THREE.MeshBasicMaterial({color:'darkgreen',
                                              wireframe:true});
var myMesh = new THREE.Mesh(myGeometry,myMaterial);
myScene.add(myMesh);
//创建箭头
var myDirection = new THREE.Vector3(0,10,0);
//表示箭头原点位置
var myOrigin = new THREE.Vector3(0,0,0);
//表示箭头长度,默认值为 1
var myLength = 3;
//表示箭头颜色,默认值为 0xffff00
var myColor = 0xff0000;
//表示箭头头部长度,默认值为 0.5
var myHeadLength = 0.5;
//表示箭头头部宽度,默认值为 0.2
var myHeadWidth = 0.2;
var myArrowHelper = new THREE.ArrowHelper(myDirection,
         myOrigin,myLength,myColor,myHeadLength,myHeadWidth);
myScene.add(myArrowHelper);
//渲染球体和箭头
animate();
function animate(){
  requestAnimationFrame(animate);
  myMesh.rotation.z += 0.02;
  myArrowHelper.rotation.z += 0.02;
  myRenderer.render(myScene,myCamera);
};
</script></body>
```

在上面这段代码中,myArrowHelper = new THREE.ArrowHelper(myDirection,myOrigin,myLength,myColor,myHeadLength,myHeadWidth)语句表示根据指定参数创建箭头。myScene.add(myArrowHelper)语句表示在场景中添加箭头。如果没有 myScene.add(myArrowHelper)语句,则不显示箭头,因此箭头几乎可以视为一种特殊的几何体。

此实例的源文件是 MyCode\ChapB\ChapB082.html。

024 在场景中使用 AxesHelper 绘制坐标轴

此实例主要通过使用 THREE.AxesHelper 和 THREE.GridHelper,实现在场景中绘制坐标轴线和网格线。当浏览器显示页面时,将有一个圆球在不停地跳动,网格线和坐标轴线如图 024-1 所示。

主要代码如下:

```
<body><center id = "myContainer"></center>
<script>
```

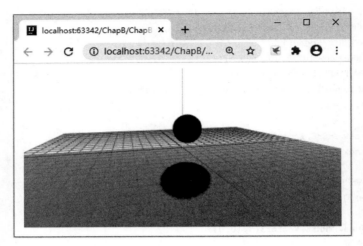

图 024-1

```
//创建渲染器
var myRenderer = new THREE.WebGLRenderer({antialias:true});
myRenderer.setSize(window.innerWidth,window.innerHeight);
myRenderer.setClearColor('white',1.0);
myRenderer.shadowMapEnabled = true;
$("#myContainer").append(myRenderer.domElement);
var myScene = new THREE.Scene();
var myCamera = new THREE.PerspectiveCamera(45,
            window.innerWidth/window.innerHeight,0.1,1000);
myCamera.position.set(64.7,15.1,17.8);
myCamera.lookAt(myScene.position);
var mySpotLight = new THREE.SpotLight(0xffffff);
mySpotLight.position.set(-40,40,-15);
mySpotLight.castShadow = true;
mySpotLight.shadow.mapSize = new THREE.Vector2(1024,1024);
mySpotLight.shadow.camera.far = 130;
mySpotLight.shadow.camera.near = 40;
myScene.add(mySpotLight);
myScene.add(new THREE.AmbientLight(0x353535));
//在场景中绘制 x、y、z 坐标轴的轴线（红线是 x 轴,绿线是 y 轴,蓝线是 z 轴）
myScene.add(new THREE.AxesHelper(120));
//在场景中绘制网格线
myScene.add(new THREE.GridHelper(100,30,0x2C2C2C,0x888888));
//创建平面
var myPlaneGeometry = new THREE.PlaneGeometry(60,100,1,1);
var myPlaneMaterial = new THREE.MeshLambertMaterial({color:0xffffff});
var myPlaneMesh = new THREE.Mesh(myPlaneGeometry,myPlaneMaterial);
myPlaneMesh.rotation.x = -0.5 * Math.PI;
myPlaneMesh.position.x = 26;
myPlaneMesh.position.y = 0;
myPlaneMesh.position.z = 0;
myPlaneMesh.receiveShadow = true;
myScene.add(myPlaneMesh);
//创建球体
var mySphereGeometry = new THREE.SphereGeometry(4,20,20);
var mySphereMaterial = new THREE.MeshLambertMaterial({color:'red'});
var mySphereMesh = new THREE.Mesh(mySphereGeometry,mySphereMaterial);
```

```
    mySphereMesh.position.x = 20;
    mySphereMesh.position.y = 4;
    mySphereMesh.position.z = 2;
    mySphereMesh.castShadow = true;
    myScene.add(mySphereMesh);
    //渲染球体在平面上的弹跳动画
    animate();
    var step = 0;
    function animate(){
      step += 0.05;
      mySphereMesh.position.x = 20 + (10 * Math.cos(step));
      mySphereMesh.position.y = 2 + (10 * Math.abs(Math.sin(step)));
      requestAnimationFrame(animate);
      myRenderer.render(myScene,myCamera);
    }
</script></body>
```

在上面这段代码中，myScene.add(new THREE.AxesHelper(120))语句用于在场景中创建一个三维坐标系，红色、绿色、蓝色三种颜色的坐标轴分别表示三维坐标系统的 x、y、z 轴，也就是红色轴表示 x 轴，绿色轴表示 y 轴，蓝色轴表示 z 轴，120 表示坐标轴的大小（长度）。myScene.add(new THREE.GridHelper(100,30,0x2C2C2C,0x888888))语句用于在场景中绘制网格线，THREE.GridHelper()方法的语法格式如下：

THREE.GridHelper(size,divisions,color1,color2)

其中，参数 size 表示网格宽度，默认值为 10；参数 divisions 表示等分数，默认值为 10；参数 color1 表示中心线颜色，默认值为 0x444444；参数 color2 表示网格线颜色，默认值为 0x888888。默认情况下，GridHelper 创建的网格平面与 AxesHelper 创建的三维坐标轴 xOz 平面是重合的。

此实例的源文件是 MyCode\ChapB\ChapB104.html。

025　使用 CSS3DRenderer 渲染全景图

此实例主要通过使用 THREE.CSS3DRenderer 和 THREE.CSS3DObject，实现以鼠标拖曳方式在天空盒（即模拟人站在真实的空间中）中查看全景图。当浏览器显示页面时，即可使用鼠标拖曳全景图的任一部分查看其他部分，效果分别如图 025-1 和图 025-2 所示。

图　025-1

图 025-2

主要代码如下：

```html
<html><head><meta charset="UTF-8">
<script src="ThreeJS/three.js"></script>
<script src="ThreeJS/jquery.js"></script>
<script src="ThreeJS/CSS3DRenderer.js"></script>
</head>
<body><center id="myContainer"></center>
<script>
//创建渲染器
var myRenderer = new THREE.CSS3DRenderer();
myRenderer.setSize(window.innerWidth,window.innerHeight);
$('#myContainer')[0].appendChild(myRenderer.domElement);
var myCamera = new THREE.PerspectiveCamera(75,
                window.innerWidth/window.innerHeight,1,1000);
var myScene = new THREE.Scene();
var myTarget = new THREE.Vector3();
var myLongitude = 90, myLatitude = 0;
var myPhi = 0, myTheta = 0;
//设置天空盒六个面(模拟真实空间)的纹理图像路径、旋转角度、所在位置
var myImages = [
 {url:'images/img155.jpg',position:[-512,0,0],rotation:[0,Math.PI/2,0]},
 {url:'images/img154.jpg',position:[512,0,0],rotation:[0,-Math.PI/2,0]},

 {url:'images/img156.jpg',position:[0,512,0],rotation:[Math.PI/2,0,Math.PI]},
 {url:'images/img152.jpg',position:[0,-512,0],
                          rotation:[-Math.PI/2,0,Math.PI]},
 {url:'images/img153.jpg',position:[0,0,512],rotation:[0,Math.PI,0]},
 {url:'images/img151.jpg',position:[0,0,-512],rotation:[0,0,0]}];
for(var i = 0; i < myImages.length; i++){
  var myImage = myImages[i];
  //动态创建 img 元素,并设置其宽度和图像路径
  var myElement = document.createElement('img');
  myElement.width = 1026;
  myElement.src = myImage.url;
  //根据位置和角度创建 CSS3DObject,即天空盒
```

```
    var myCSS3DObject = new THREE.CSS3DObject(myElement);
    myCSS3DObject.position.fromArray(myImage.position);
    myCSS3DObject.rotation.fromArray(myImage.rotation);
    myScene.add(myCSS3DObject);
  }
  //渲染天空盒
  animate();
  function animate(){
    requestAnimationFrame(animate);
    myLatitude = Math.max(-85,Math.min(85,myLatitude));
    myPhi = THREE.MathUtils.degToRad(90 - myLatitude);
    myTheta = THREE.MathUtils.degToRad(myLongitude);
    myTarget.x = Math.sin(myPhi) * Math.cos(myTheta);
    myTarget.y = Math.cos(myPhi);
    myTarget.z = Math.sin(myPhi) * Math.sin(myTheta);
    myCamera.lookAt(myTarget);
    myRenderer.render(myScene,myCamera);
  }
  //添加鼠标事件监听器
  document.addEventListener('mousedown',function(e){
    e.preventDefault();
    document.addEventListener('mousemove',onMouseMove,false);
    document.addEventListener('mouseup',onMouseUp,false);
  },false);
  document.addEventListener('wheel',function(event){
    var myFOV = myCamera.fov + event.deltaY * 0.05;
    myCamera.fov = THREE.MathUtils.clamp(myFOV,10,75);
    myCamera.updateProjectionMatrix();
  },false);
  function onMouseMove(event){
    myLongitude -= event.movementX * 0.1;
    myLatitude += event.movementY * 0.1;
  }
  function onMouseUp(){
    document.removeEventListener('mousemove',onMouseMove);
    document.removeEventListener('mouseup',onMouseUp);
  }
</script></body></html>
```

在上面这段代码中，myCSS3DObject = new THREE.CSS3DObject(myElement)语句用于将DOM元素转换为三维对象，然后即可控制该三维对象的position和rotation属性实现移动和旋转。当使用THREE.CSS3DObject时，通常需要使用THREE.CSS3DRenderer语句创建渲染器，而不能使用THREE.WebGLRenderer语句创建渲染器。此外需要注意：此实例需要添加CSS3DRenderer.js文件。

此实例的源文件是MyCode\ChapB\ChapB227.html。

026　使用CSS3DRenderer渲染三维对象

此实例主要通过使用THREE.CSS3DRenderer和THREE.CSS3DSprite，实现创建多个三维球体组成的阵列并根据正弦函数进行位置变换。当浏览器显示页面时，多个三维球体组成的阵列根据正弦函数进行位置变换的效果分别如图026-1和图026-2所示。

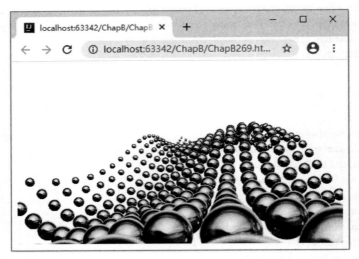

图 026-1

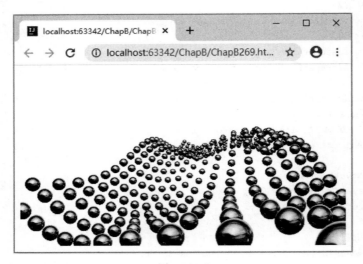

图 026-2

主要代码如下：

```
<html><head><meta charset = "UTF-8">
<script src = "ThreeJS/three.js"></script>
<script src = "ThreeJS/jquery.js"></script>
<script src = "ThreeJS/CSS3DRenderer.js"></script>
<script src = "ThreeJS/Tween.js"></script>
<script src = "ThreeJS/TrackballControls.js"></script>
</head>
<body><center id = "myContainer"></center>
<script>
var myPositions = [],myObjects = [],myIndex = 0;
//创建渲染器 THREE.CSS3DRenderer
var myRenderer = new THREE.CSS3DRenderer();
myRenderer.setSize(window.innerWidth,window.innerHeight);
$("#myContainer").append(myRenderer.domElement);
var myCamera = new THREE.PerspectiveCamera(75,
```

```
            window.innerWidth/window.innerHeight,1,5000);
myCamera.position.set(600,400,1500);
myCamera.lookAt(0,0,0);
var myScene = new THREE.Scene();
var myTrackballControls =
    new THREE.TrackballControls(myCamera,myRenderer.domElement);
//创建多个三维图形(小球)
var myImage = document.createElement('img');
myImage.onload = function(){
 for(var i = 0;i < 512;i ++){
  var myObject = new THREE.CSS3DSprite(myImage.cloneNode());
  myObject.position.x = Math.random() * 4000 - 2000;
  myObject.position.y = Math.random() * 4000 - 2000;
  myObject.position.z = Math.random() * 4000 - 2000;
  myScene.add(myObject);
  myObjects.push(myObject);
 }
 var myOffset = myIndex * 512 * 3;
 for(var i = 0,j = myOffset;i < 512;i ++,j += 3){
  var myObject = myObjects[i];
  new TWEEN.Tween(myObject.position)
      .to({x:myPositions[j],
           y:myPositions[j + 1],
           z:myPositions[j + 2]},Math.random() * 2000 + 2000)
      .easing(TWEEN.Easing.Exponential.InOut)
      .start();
 }
 myIndex = (myIndex + 1) % 4;
};
myImage.src = 'images/img103.png';
for(var i = 0;i < 512;i ++){
 var x = (i % 16) * 150;
 var z = Math.floor(i/16) * 150;
 var y = (Math.sin(x * 0.5) + Math.sin(z * 0.5)) * 200;
 myPositions.push(x - 1125,y,z - 2325);
}
for(var i = 0;i < 512;i ++){
 var x = (i % 8) * 5150;
 var y = Math.floor((i/8) % 8) * 150;
 var z = Math.floor(i/64) * 150;
 myPositions.push(x - 525,y - 525,z - 525);
}
for(var i = 0;i < 512;i ++){
 myPositions.push(Math.random() * 4000 - 2000,
     Math.random() * 4000 - 2000,Math.random() * 4000 - 2000);
}
for(var i = 0;i < 512;i ++){
 var myPhi = Math.acos( - 1 + (2 * i)/512);
 var myTheta = Math.sqrt(512 * Math.PI) * myPhi;
 myPositions.push(750 * Math.cos(myTheta) * Math.sin(myPhi),
     750 * Math.sin(myTheta) * Math.sin(myPhi),750 * Math.cos(myPhi));
}
//渲染多个三维图形(小球)
animate();
```

```
function animate(){
 requestAnimationFrame(animate);
 TWEEN.update();
 myTrackballControls.update();
 var myTime = performance.now();
 for(var i = 0, l = myObjects.length; i < l; i ++){
  var myObject = myObjects[i];
  var myScale = Math.sin((Math.floor(myObject.position.x)
                       + myTime) * 0.002) * 0.3 + 1;
  myObject.scale.set(myScale,myScale,myScale);
 }
 myRenderer.render(myScene,myCamera);
}
</script></body></html>
```

在上面这段代码中，new TWEEN.Tween(myObject.position).to({x:myPositions[j],y: myPositions[j+1],z:myPositions[j+2]},Math.random() * 2000 + 2000).easing(TWEEN. Easing.Exponential.InOut).start()语句表示使用 TWEEN 动画动态改变三维球体的位置。 myObject = new THREE.CSS3DSprite(myImage.cloneNode())语句用于创建三维球体。 myRenderer = new THREE.CSS3DRenderer()语句表示创建 THREE.CSS3DRenderer 渲染器。此外需要注意：此实例需要添加 CSS3DRenderer.js、TrackballControls.js 和 Tween.js 文件。

此实例的源文件是 MyCode\ChapB\ChapB269.html。

027　使用 SVGRenderer 渲染线条宽度

此实例主要通过使用 THREE.SVGRenderer，实现根据在材质中指定的宽度绘制线条的效果。 当浏览器显示页面时，单击"启用 SVG 渲染器"按钮，则三个圆环的转动效果如图 027-1 所示。单击"启用 WebGL 渲染器"按钮，则三个圆环的转动效果如图 027-2 所示。

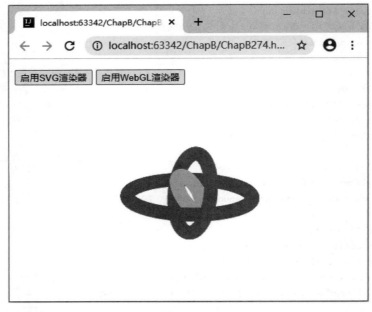

图　027-1

第1章 场景 49

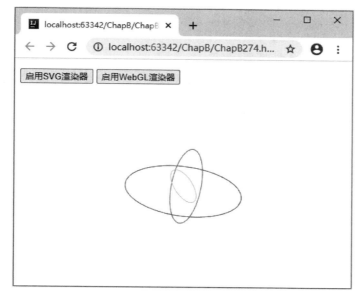

图　027-2

主要代码如下：

```
<!DOCTYPE html><html><head><meta charset="UTF-8">
<script src="ThreeJS/three.js"></script>
<script src="ThreeJS/jquery.js"></script>
<script src="ThreeJS/Projector.js"></script>
<script src="ThreeJS/SVGRenderer.js"></script>
</head>
<body><p><button id="myButton1">启用SVG渲染器</button>
        <button id="myButton2">启用WebGL渲染器</button></p>
<center id="myContainer"></center>
<script>
 var isSVGRenderer = true;
 //创建渲染器myRenderer1
 var myRenderer1 = new THREE.SVGRenderer();
 myRenderer1.setSize(window.innerWidth,window.innerHeight);
 //创建渲染器myRenderer2
 var myRenderer2 = new THREE.WebGLRenderer({antialias:true});
 myRenderer2.setSize(window.innerWidth,window.innerHeight);
 var myCamera = new THREE.PerspectiveCamera(45,
                   window.innerWidth/window.innerHeight,0.1,1000);
 myCamera.position.z = 4;
 var myScene = new THREE.Scene();
 myScene.background = new THREE.Color(0xffffff);
 //创建图形
 var myVertices = [];
 for(var i = 0;i <= 150;i ++){
  var v = (i/150) * (Math.PI * 2);
  var x = Math.sin(v);
  var z = Math.cos(v);
  myVertices.push(x,0,z);
 }
 var myGeometry = new THREE.BufferGeometry();
```

```
myGeometry.setAttribute('position',
            new THREE.Float32BufferAttribute(myVertices,3));
for(var i = 1;i <= 3;i++){
 var myMaterial = new THREE.LineBasicMaterial({
            color:Math.random() * 0xffffff,linewidth:20});
 var myLine = new THREE.Line(myGeometry,myMaterial);
 myLine.scale.setScalar(i/3);
 myScene.add(myLine);
}
//渲染图形
animate();
function animate(){
 var myOffset = 0;
 var myTime = performance.now()/1000;
 myScene.traverse(function(child){
  child.rotation.x = myOffset + (myTime/3);
  child.rotation.z = myOffset + (myTime/4);
  myOffset ++;
 });
 var myRenderer = myRenderer1;
 $("#myContainer").html('');
 if(isSVGRenderer){myRenderer = myRenderer1;}
 else{myRenderer = myRenderer2;}
 $("#myContainer").append(myRenderer.domElement);
 myRenderer.render(myScene,myCamera);
 requestAnimationFrame(animate);
}
//响应单击"启用SVG渲染器"按钮
 $("#myButton1").click(function(){
  isSVGRenderer = true;
});
//响应单击"启用WebGL渲染器"按钮
 $("#myButton2").click(function(){
  isSVGRenderer = false;
});
</script></body></html>
```

在上面这段代码中,myRenderer2 = new THREE.WebGLRenderer({antialias:true})语句表示使用THREE.WebGLRenderer创建渲染器,myRenderer1 = new THREE.SVGRenderer()语句表示使用THREE.SVGRenderer创建渲染器。实际测试表明:使用THREE.SVGRenderer创建的渲染器能够渲染THREE.LineBasicMaterial设置的linewidth属性值,即自定义线条宽度;使用THREE.WebGLRenderer创建的渲染器不能够渲染THREE.LineBasicMaterial设置的linewidth属性值,即无论设置该属性值是多少,均按照1像素的宽度渲染线条宽度。此外需要注意:此实例需要添加SVGRenderer.js和Projector.js文件。

此实例的源文件是MyCode\ChapB\ChapB007.html。

028 使用多个渲染器渲染相同的场景

此实例主要通过使用THREE.WebGLRenderer的setSize()方法和render()方法,实现使用两个不同的渲染器渲染在相同场景中的立方体。当浏览器显示页面时,上下两个立方体是同一个立方体,但被两个不同的渲染器(myRenderer1和myRenderer2)渲染,因此呈现相同的旋转动作,如图028-1所示。

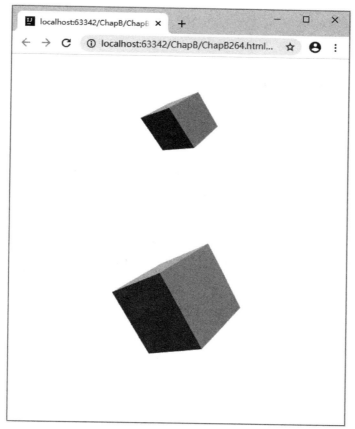

图　028-1

主要代码如下：

```
<body><center id="myContainer"></center>
<script>
//创建两个渲染器：myRenderer1 和 myRenderer2
var myRenderer1 = new THREE.WebGLRenderer({antialias:true});
myRenderer1.setSize(300,200);
$("#myContainer").append(myRenderer1.domElement);
var myRenderer2 = new THREE.WebGLRenderer({antialias:true});
myRenderer2.setSize(window.innerWidth,window.innerHeight);
$("#myContainer").append(myRenderer2.domElement);
var myScene = new THREE.Scene();
myScene.background = new THREE.Color(0xffffff);
var myCamera = new THREE.PerspectiveCamera(45,
                    window.innerWidth/window.innerHeight,0.1,1000);
myCamera.position.set(0,0,100);
//创建立方体
var myGeometry = new THREE.BoxGeometry(26,26,26);
var myMaterial = new THREE.MeshNormalMaterial();
var myMesh = new THREE.Mesh(myGeometry,myMaterial);
myScene.add(myMesh);
//在两个渲染器中渲染立方体
animate();
function animate(){
```

```
    requestAnimationFrame(animate);
    myMesh.rotation.x += 0.01;
    myMesh.rotation.y += 0.01;
    myMesh.rotation.z += 0.01;
    //在两个渲染器中渲染在同一场景中的立方体
    myRenderer1.render(myScene,myCamera);
    myRenderer2.render(myScene,myCamera);
  }
</script></body>
```

在上面这段代码中,myRenderer1.setSize(300,200)语句用于设置渲染器的窗口尺寸。myRenderer1.render(myScene,myCamera)语句用于设置渲染器的渲染对象,即场景和照相机;可以像此实例这样,将相同的场景和照相机传给不同渲染器的渲染对象,从而实现多窗口效果。

此实例的源文件是 MyCode\ChapB\ChapB264.html。

029　在场景中统一设置所有对象的材质

此实例主要通过设置 THREE.Scene 的 overrideMaterial 属性,实现在场景中统一设置所有图形对象的材质。当浏览器显示页面时,所有立方体的颜色均为绿色兰伯特材质,如图 029-1 所示。

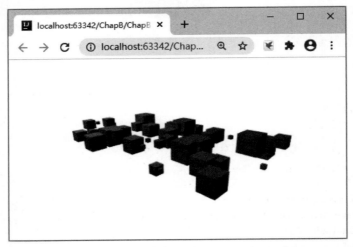

图　029-1

主要代码如下:

```
<body><center id="myContainer"></center>
<script>
  //创建渲染器
var myRenderer = new THREE.WebGLRenderer({antialias:true});
myRenderer.setSize(window.innerWidth,window.innerHeight);
myRenderer.setClearColor('white',1.0);
  $("#myContainer").append(myRenderer.domElement);
var myScene = new THREE.Scene();
myScene.overrideMaterial = new THREE.MeshLambertMaterial({color:'green'});
myScene.add(new THREE.AmbientLight(0x3c3c3c));
var myCamera = new THREE.PerspectiveCamera(45,
              window.innerWidth/window.innerHeight,0.1,1000);
myCamera.position.set(40.06,20.92,42.68);
```

```
myCamera.lookAt(new THREE.Vector3(0,0,0));
var mySpotLight = new THREE.SpotLight(0xffffff,1.2,150,120);
mySpotLight.position.set(-40,60,40);
myScene.add(mySpotLight);
//随机创建多个立方体
for(var i = 0;i<50;i++){
 var myWidth = Math.ceil((Math.random() * window.innerWidth/100));
 var myGeometry = new THREE.BoxGeometry(myWidth,myWidth,myWidth);
 var myMaterial = new THREE.MeshLambertMaterial({
                                   color:0xffffff * Math.random()});
 var myMesh = new THREE.Mesh(myGeometry,myMaterial);
 myMesh.position.x = -30 + Math.round(Math.random() * window.innerWidth/8);
 myMesh.position.y = Math.ceil(Math.random() * 3) + 2;
 myMesh.position.z = -10 + Math.round(Math.random() * window.innerHeight/8);
 myScene.add(myMesh);
}
//渲染所有立方体
 myRenderer.render(myScene,myCamera);
</script></body>
```

在上面这段代码中，myScene.overrideMaterial＝new THREE.MeshLambertMaterial（{ color：'green'}）语句用于设置在场景中的所有（立方体）图形的材质为兰伯特材质。在此实例中，如果没有设置 myScene.overrideMaterial，则所有立方体将呈现出各种各样的颜色。

此实例的源文件是 MyCode\ChapB\ChapB105.html。

030　在场景中统一调整所有对象的亮度

此实例主要通过设置 THREE.WebGLRenderer 的 toneMappingExposure 属性和 toneMapping 属性，实现动态改变在场景中的所有图形亮度（曝光程度）的效果。当浏览器显示页面时，如果向左移动滑块（即减小亮度），则在场景中的所有图形在亮度减小之后的效果如图 030-1 所示；如果向右移动滑块（即增大亮度），则在场景中的所有图形在亮度增大之后的效果如图 030-2 所示。

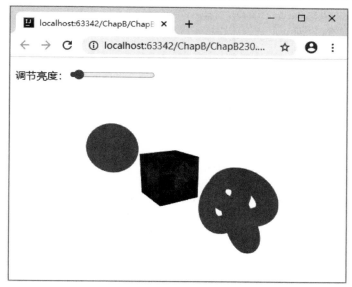

图　030-1

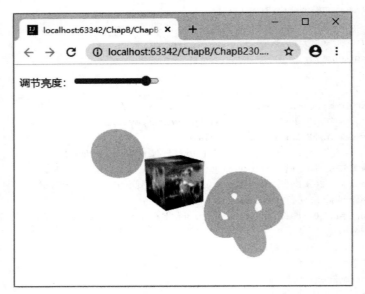

图 030-2

主要代码如下：

```
<body><p>调节亮度:<input type = "range" min = "50" max = "150"></p>
<center id = "myContainer"></center>
<script type = "text/javascript">
//创建渲染器
var myRenderer = new THREE.WebGLRenderer({antialias:true});
myRenderer.setSize(window.innerWidth,window.innerHeight);
myRenderer.setClearColor('white',1.0);
myRenderer.toneMapping = THREE.LinearToneMapping;
$('#myContainer')[0].appendChild(myRenderer.domElement);
var myCamera = new THREE.PerspectiveCamera(45,
                  window.innerWidth/window.innerHeight,30,1000);
myCamera.position.set(-76.03,30.40,-48.87);
myCamera.lookAt(new THREE.Vector3(0,0,0));
var myScene = new THREE.Scene();
myScene.translateX(30);
//创建圆环结
var myTorusKnotGeometry = new THREE.TorusKnotGeometry(8,3,200,60);
var myMaterial = new THREE.MeshBasicMaterial({color:0x00ff00});
var myTorusKnotMesh = new THREE.Mesh(myTorusKnotGeometry,myMaterial);
myTorusKnotMesh.translateX(-62);
myScene.add(myTorusKnotMesh);
//创建立方体
var myBoxGeometry = new THREE.BoxGeometry(20,20,20);
var myTextureLoader = new THREE.TextureLoader();
var myTexture = myTextureLoader.load('images/img004.jpg');
var myBoxMaterial = new THREE.MeshBasicMaterial({map:myTexture});
var myBoxMesh = new THREE.Mesh(myBoxGeometry,myBoxMaterial);
myBoxMesh.translateX(-20);
myScene.add(myBoxMesh);
//创建球体
var mySphereGeometry = new THREE.SphereGeometry(20,60,60);
var mySphereMesh = new THREE.Mesh(mySphereGeometry,myMaterial);
```

```
mySphereMesh.translateX(70);
myScene.add(mySphereMesh);
//渲染圆环结、立方体、球体
animate();
function animate(){
 requestAnimationFrame(animate);
 myRenderer.render(myScene,myCamera);
}
//为滑块元素添加拖曳事件监听器
$("input").on("input",function(){
 //将滑块值传入渲染器,以改变亮度
 myRenderer.toneMappingExposure = parseFloat( $(this).val()/100);
});
</script></body>
```

在上面这段代码中,myRenderer.toneMappingExposure=parseFloat($(this).val()/100)语句用于设置亮度(曝光程度)。在默认情况下,THREE.WebGLRenderer 渲染器的 toneMapping 属性为 NoToneMapping,它将导致 toneMappingExposure 属性失效。因此在设置 toneMappingExposure 时,还应该设置 toneMapping 属性,如 myRenderer.toneMapping＝THREE.LinearToneMapping。

此实例的源文件是 MyCode\ChapB\ChapB230.html。

031 使用 JSON 格式保存和加载网格对象

此实例主要通过使用 localStorage 的 setItem()方法和 getItem()方法,实现以 JSON 格式在本地存储中导入和导出网格模型(几何体和材质)。当浏览器显示页面时,单击"导出网格模型"按钮,则将把图 031-1 所示的网格模型(圆环结)以 JSON 格式保存到本地存储中;单击"清空网格模型"按钮,则将清空图 031-1 所示的网格模型(圆环结),如图 031-2 所示;单击"导入网格模型"按钮,则将加载并显示在本地存储中保存的网格模型(圆环结),如图 031-1 所示。

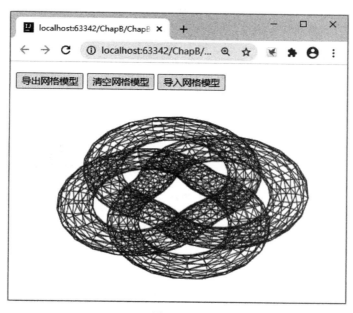

图　031-1

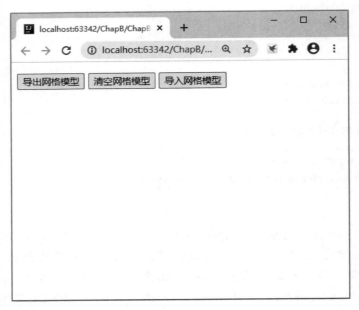

图　031-2

主要代码如下：

```
<body><p><button id = "myButton1">导出网格模型</button>
        <button id = "myButton2">清空网格模型</button>
        <button id = "myButton3">导入网格模型</button></p>
<center id = "myContainer"></center>
<script>
//创建渲染器
var myRenderer = new THREE.WebGLRenderer({antialias:true});
myRenderer.setSize(window.innerWidth,window.innerHeight);
myRenderer.setClearColor('white',1);
$("#myContainer").append(myRenderer.domElement);
var myScene = new THREE.Scene();
var myCamera = new THREE.PerspectiveCamera(45,window.devicePixelRatio,0.1,1000);
myCamera.position.set(1.54,-0.45,11.96);
myCamera.lookAt(new THREE.Vector3(0,0,0));
//创建几何体(圆环结)
var myGeometry = new THREE.TorusKnotGeometry(2.4,0.6,100,12,3,4);
var myMaterial = new THREE.MeshBasicMaterial({color:'green',wireframe:true});
var myMesh = new THREE.Mesh(myGeometry,myMaterial);
myMesh.position.y = 0;
myScene.add(myMesh);
//渲染几何体
animate();
function animate(){
 myRenderer.render(myScene,myCamera);
 requestAnimationFrame(animate);
}
//响应单击"导出网格模型"按钮
$("#myButton1").click(function(){
 var result = myMesh.toJSON();
 localStorage.setItem("myJSON",JSON.stringify(result));
});
```

```
//响应单击"清空网格模型"按钮
$("#myButton2").click(function(){
 myScene.remove(myMesh);
});
//响应单击"导入网格模型"按钮
$("#myButton3").click(function(){
 var myJSON = localStorage.getItem("myJSON");
 var myJSONGeometry = JSON.parse(myJSON);
 var myObjectLoader = new THREE.ObjectLoader();
 myMesh = myObjectLoader.parse(myJSONGeometry);
 myScene.add(myMesh);
});
</script></body>
```

在上面这段代码中，var result=myMesh.toJSON()语句表示将网格模型（圆环结的几何体和材质）输出为 JSON 格式，并保存在变量 result 中。localStorage.setItem("myJSON",JSON.stringify(result))语句表示将 result 的内容保存到本地存储（localStorage）以 myJSON 命名的位置。myJSON=localStorage.getItem("myJSON")语句表示从本地存储（localStorage）的 myJSON 中读取网格模型的数据。localStorage 是 HTML5 的新特性，这个新特性主要是解决 cookie 存储空间不足的问题（每个 cookie 的存储空间为 4KB），localStorage 在一般浏览器中是 5MB，相当于一个 5MB 的针对前端页面的数据库。

此实例的源文件是 MyCode\ChapB\ChapB129.html。

032　使用 JSON 格式保存和加载整个场景

此实例主要通过使用 localStorage 的 setItem()方法和 getItem()方法，实现以 JSON 格式在本地存储中导入导出场景的所有对象。当浏览器显示页面时，单击"导出场景"按钮，则将把图 032-1 所示的场景中的所有对象以 JSON 格式保存到本地存储中；单击"清空场景"按钮，则将清空图 032-1 所示的场景中的所有对象，如图 032-2 所示；单击"导入场景"按钮，则将加载并显示在本地存储中保存的场景数据，如图 032-1 所示。

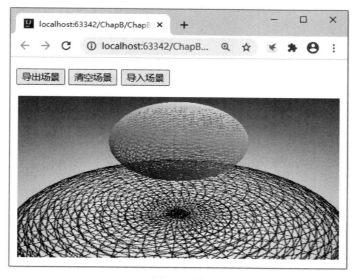

图　032-1

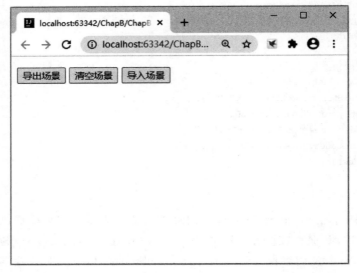

图 032-2

主要代码如下：

```
<body><p><button id = "myButton1">导出场景</button>
         <button id = "myButton2">清空场景</button>
         <button id = "myButton3">导入场景</button></p>
<center id = "myContainer"></center>
<script>
//创建渲染器
var myRenderer = new THREE.WebGLRenderer();
myRenderer.setPixelRatio(window.devicePixelRatio);
myRenderer.setSize(window.innerWidth,window.innerHeight);
myRenderer.setClearColor('white',1);
myRenderer.shadowMap.enabled = true;
$("#myContainer").append(myRenderer.domElement);
var myScene = new THREE.Scene();
var myCamera = new THREE.PerspectiveCamera(45,window.devicePixelRatio,0.1,1000);
myCamera.position.set(4,4,2);
myCamera.position.multiplyScalar(2);
myCamera.lookAt(new THREE.Vector3(0,0,0));
var myPointLight = new THREE.PointLight('white');
myPointLight.position.set(0,6,0);
myPointLight.distance = 180;
myPointLight.castShadow = true;
myScene.add(myPointLight);
//创建用于投射阴影的球体
var mySphereGeometry = new THREE.SphereBufferGeometry(2,36,36);
var mySphereMaterial = new THREE.MeshNormalMaterial({
                        wireframe:true,transparent:true});
var mySphereMesh = new THREE.Mesh(mySphereGeometry,mySphereMaterial);
mySphereMesh.position.set(0,2.5,0);
mySphereMesh.castShadow = true;
myScene.add(mySphereMesh);
//创建(白色不可见)平面
var myPlaneGeometry = new THREE.PlaneGeometry(120,120,1,1);
var myPlaneMaterial = new THREE.MeshStandardMaterial({color:'white'});
```

```
var myPlaneMesh = new THREE.Mesh(myPlaneGeometry,myPlaneMaterial);
myPlaneMesh.rotateX(-Math.PI/2);
myPlaneMesh.rotateZ(-Math.PI/7);
myPlaneMesh.position.set(0,-3.5,0)
//表示平面支持投射阴影
myPlaneMesh.receiveShadow = true;
myScene.add(myPlaneMesh);
//渲染球体及阴影
animate();
function animate(){
  myRenderer.render(myScene,myCamera);
  requestAnimationFrame(animate);
}
//响应单击"导出场景"按钮
$("#myButton1").click(function(){
  localStorage.setItem('mySceneData',JSON.stringify(myScene.toJSON()));
});
//响应单击"清空场景"按钮
$("#myButton2").click(function(){
  myScene = new THREE.Scene();
});
//响应单击"导入场景"按钮
$("#myButton3").click(function(){
  var myImportJSON = localStorage.getItem("mySceneData");
  if(myImportJSON){
    var myJSON = JSON.parse(myImportJSON);
    var myObjectLoader = new THREE.ObjectLoader();
    myScene = myObjectLoader.parse(myJSON);
  }
});
</script></body>
```

在上面这段代码中,localStorage.setItem('mySceneData',JSON.stringify(myScene.toJSON()))语句表示将整个场景(myScene)以 JSON 格式保存到本地存储(localStorage)的 mySceneData 中。myImportJSON=localStorage.getItem("mySceneData")语句表示从本地存储(localStorage)的 mySceneData 中读取 JSON 格式的场景数据。

此实例的源文件是 MyCode\ChapB\ChapB120.html。

几何体

033 使用图像设置立方体的各个表面

此实例主要通过使用 THREE.ImageUtils.loadTexture 和 THREE.MeshPhongMaterial，实现使用图像设置立方体的表面。当浏览器显示页面时，使用图像设置表面的立方体将一直不停地旋转，效果分别如图 033-1 和图 033-2 所示。

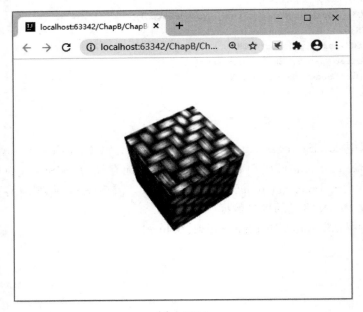

图 033-1

主要代码如下：

```
<body><center id="myContainer"></center>
<script>
//创建渲染器,当antialias属性值为true时表示创建的三维图形具有抗锯齿功能
var myRenderer = new THREE.WebGLRenderer({antialias:true});
myRenderer.setSize(window.innerWidth,window.innerHeight);
myRenderer.setClearColor("white",1);
$("#myContainer").append(myRenderer.domElement);
var myScene = new THREE.Scene();
```

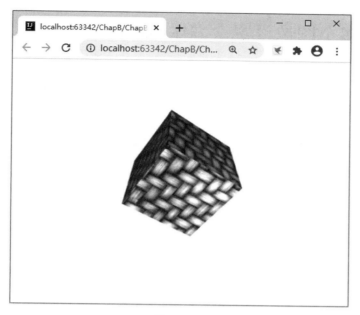

图 033-2

```
var myCamera = new THREE.PerspectiveCamera(45,
                    window.innerWidth/window.innerHeight,1,1400);
myCamera.position.set(0,0,3.5);
var myLight = new THREE.DirectionalLight(0xffffff,1.5);
myLight.position.set(0,0,1);
myScene.add(myLight);
//创建纹理图像(贴图)
var myMap = THREE.ImageUtils.loadTexture("images/img001.jpg");
//根据纹理图像(贴图)创建材质
var myMaterial = new THREE.MeshPhongMaterial({map:myMap});
//使用图像材质创建立方体
var myGeometry = new THREE.CubeGeometry(1,1,1);
var myMesh = new THREE.Mesh(myGeometry,myMaterial);
myScene.add(myMesh);
//渲染(旋转)立方体
animate();
function animate(){
  myRenderer.render(myScene,myCamera);
  myMesh.rotation.x += 0.02;
  myMesh.rotation.y += 0.02;
  requestAnimationFrame(animate);
}
</script></body>
```

在上面这段代码中，myMap＝THREE.ImageUtils.loadTexture("images/img001.jpg")语句用于根据指定的图像文件创建纹理图像。myMaterial＝new THREE.MeshPhongMaterial({map：myMap})语句用于根据指定的纹理图像创建图像材质。myGeometry＝new THREE.CubeGeometry(1，1,1)语句用于创建立方体(几何体)。myMesh＝new THREE.Mesh(myGeometry,myMaterial)语句表示使用图像材质设置立方体的表面。

此实例的源文件是 MyCode\ChapB\ChapB019.html。

034 使用多个图像设置立方体的表面

此实例主要通过使用数组保存多个图像材质（THREE.MeshBasicMaterial），使立方体的各个面呈现不同的图像（骰子模型）。当浏览器显示页面时，立方体（骰子模型）将不停地旋转，各个面将会呈现不同的图像（点数），效果分别如图 034-1 和图 034-2 所示。

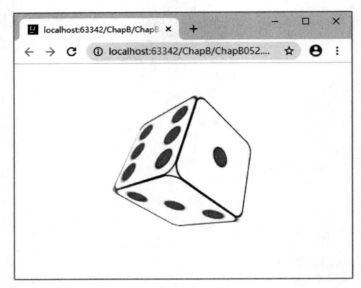

图　034-1

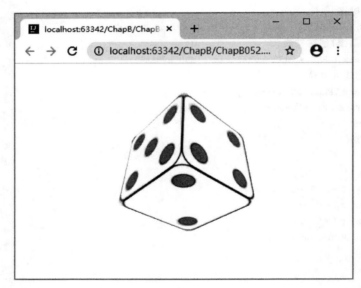

图　034-2

主要代码如下：

```
<body><center id="myContainer"></center>
<script>
 //创建渲染器
 var myRenderer = new THREE.WebGLRenderer({antialias:true});
```

```
myRenderer.setSize(window.innerWidth,window.innerHeight);
myRenderer.setClearColor('white',1.0);
$("#myContainer").append(myRenderer.domElement);
var myCamera = new THREE.PerspectiveCamera(45,
                    window.innerWidth/window.innerHeight,30,1000);
myCamera.position.set(-24,-29,26);
myCamera.lookAt(new THREE.Vector3(0,0,0));
var myScene = new THREE.Scene();
myScene.add(new THREE.AmbientLight('white'));
//创建立方体(骰子模型)
var myGeometry = new THREE.BoxGeometry(16,16,16);
var myMaterials = [];
//在材质数组中设置多个图像(贴图)
for(var i = 1;i<7;i++){
 var myMap = THREE.ImageUtils.loadTexture("images/img13" + i + ".jpg");
 var myMaterial = new THREE.MeshBasicMaterial({map:myMap});
 myMaterials.push(myMaterial);
}
var myMesh = new THREE.Mesh(myGeometry,myMaterials);
myScene.add(myMesh);
//渲染立方体(骰子模型)
animate();
function animate(){
 requestAnimationFrame(animate);
 var myTimer = Date.now() * 0.0001;
 myMesh.rotation.x = myTimer * 5;
 myMesh.rotation.y = myTimer * 3;
 myMesh.rotation.z = myTimer * 2;
 myRenderer.render(myScene,myCamera);
}
</script></body>
```

在上面这段代码中，myMap=THREE.ImageUtils.loadTexture("images/img13"+i+".jpg")语句用于根据图像文件创建贴图。myMaterial=new THREE.MeshBasicMaterial({map：myMap})语句用于根据贴图创建图像材质。myMaterials.push(myMaterial)语句用于将图像材质保存在材质数组中。特别需要注意：对于立方体来说，需要创建6个图像材质；如果创建5个图像材质，则有1个面将会出现空白，其余情况以此类推。

此实例的源文件是 MyCode\ChapB\ChapB052.html。

035　使用多种颜色设置立方体的表面

此实例主要通过在 THREE.MeshBasicMaterial()的参数中设置不同的color属性，从而使立方体的各个面呈现不同的颜色。当浏览器显示页面时，立方体的各个面将会呈现不同的颜色，由于使用了轨道控制器，因此可以使用鼠标任意旋转、缩放、平移立方体，效果分别如图035-1和图035-2所示。
主要代码如下：

```
<!DOCTYPE html><html><head><meta charset = "UTF-8">
<script src = "ThreeJS/three.js"></script>
<script src = "ThreeJS/jquery.js"></script>
<script src = "ThreeJS/OrbitControls.js"></script>
</head>
```

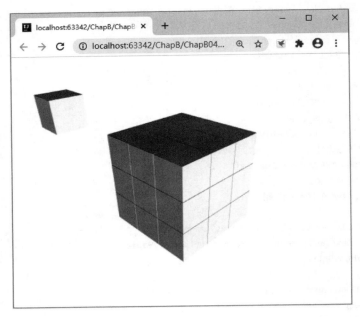

图 035-1

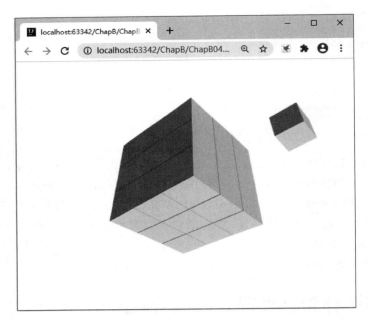

图 035-2

```
<body><center id="myContainer"></center>
<script type="text/javascript">
  //创建渲染器
  var myRenderer = new THREE.WebGLRenderer({antialias:true});
  myRenderer.setSize(window.innerWidth,window.innerHeight);
  myRenderer.setClearColor('white',1.0);
  $('#myContainer')[0].appendChild(myRenderer.domElement);
  var myScene = new THREE.Scene();
  var myCamera = new THREE.PerspectiveCamera(45,
            window.innerWidth/window.innerHeight,30,1000);
```

```
myCamera.position.set(-50,40,50);
myCamera.lookAt(new THREE.Vector3(0,0,0));
//创建立方体
var mySize = 9;
var myCubeGeometry = new THREE.BoxGeometry(mySize-0.1,mySize-0.1,mySize-0.1);
//创建材质数组
var myMaterials = [];
myMaterials.push(new THREE.MeshBasicMaterial({color:'red'}));
myMaterials.push(new THREE.MeshBasicMaterial({color:'green'}));
myMaterials.push(new THREE.MeshBasicMaterial({color:'blue'}));
myMaterials.push(new THREE.MeshBasicMaterial({color:'cyan'}));
myMaterials.push(new THREE.MeshBasicMaterial({color:'yellow'}));
myMaterials.push(new THREE.MeshBasicMaterial({color:'pink'}));
//添加单个立方体
myCubeMesh = new THREE.Mesh(myCubeGeometry,myMaterials);
myCubeMesh.position.set(-mySize*3+mySize,mySize*3-mySize,-mySize*3);
myScene.add(myCubeMesh);
//添加魔方(27个立方体)
myGroupMesh = new THREE.Mesh();
for(var x=0;x<3;x++){
 for(var y=0;y<3;y++){
  for(var z=0;z<3;z++){
    var myMesh = new THREE.Mesh(myCubeGeometry,myMaterials);
    myMesh.position.set(x*mySize-mySize,y*mySize-mySize,z*mySize-mySize);
    myGroupMesh.add(myMesh);
   }
  }
}
myScene.add(myGroupMesh);
//渲染所有的立方体
animate();
function animate(){
 myRenderer.render(myScene,myCamera);
}
var myOrbitControls = new THREE.OrbitControls(myCamera,myRenderer.domElement);
myOrbitControls.addEventListener('change',animate);
</script></body></html>
```

在上面这段代码中，myMaterials.push(new THREE.MeshBasicMaterial({color：'red'}))语句表示将新建的红色材质添加到材质数组 myMaterials 中。myMesh = new THREE.Mesh（myCubeGeometry，myMaterials)语句表示根据材质数组 myMaterials 和立方体 myCubeGeometry 创建网格 myMesh。此外需要注意：由于此实例使用了轨道控制器，因此需要添加 OrbitControls.js 文件。

此实例的源文件是 MyCode\ChapB\ChapB044.html。

036　使用视频设置立方体的各个表面

此实例主要通过使用 THREE.VideoTexture 根据 video 元素创建视频纹理，实现使用视频设置立方体的各个表面。当浏览器显示页面时，使用视频设置的立方体表面将不断地改变画面，效果分别如图 036-1 和图 036-2 所示。

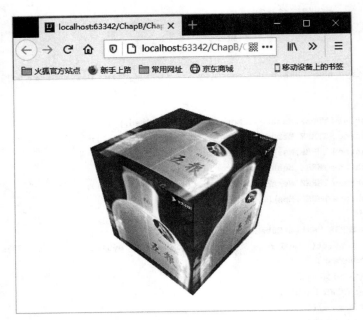

图 036-1

图 036-2

主要代码如下：

```
<body><center id="myContainer"></center>
<video id="video" autoplay loop muted
       style="display: none" source src="images/video01.mp4"/>
<script>
//创建渲染器
var myRenderer = new THREE.WebGLRenderer({antialias:true});
myRenderer.setSize(window.innerWidth,window.innerHeight);
myRenderer.setClearColor('white',1.0);
```

```
$("#myContainer").append(myRenderer.domElement);
var myCamera = new THREE.PerspectiveCamera(45,
                window.innerWidth/window.innerHeight,0.1,1000);
myCamera.position.set(31.49,39.8,35.9);
myCamera.lookAt(new THREE.Vector3(0,0,0));
var myScene = new THREE.Scene();
//创建多个聚光灯光源
var mySpotLight1 = new THREE.SpotLight(0xffffff);
mySpotLight1.position.set(40,40,40);
myScene.add(mySpotLight1);
myScene.add(new THREE.AmbientLight(0x0c0c0c));
var mySpotLight2 = new THREE.SpotLight(0xffffff);
mySpotLight2.position.set(-400,-400,-400);
myScene.add(mySpotLight2);
var mySpotLight3 = new THREE.SpotLight(0xffffff);
mySpotLight3.position.set(400,400,400);
myScene.add(mySpotLight3);
//使用视频创建纹理并作为立方体表面
var myGeometry = new THREE.BoxGeometry(26,26,26);
var myVideo = document.getElementById('video');
var myVideoTexture = new THREE.VideoTexture(myVideo);
var myMaterial = new THREE.MeshPhongMaterial({map:myVideoTexture});
var myMesh = new THREE.Mesh(myGeometry,myMaterial);
myScene.add(myMesh);
//渲染立方体并播放视频
animate();
function animate(){
  requestAnimationFrame(animate);
  myRenderer.render(myScene,myCamera);
};
</script></body>
```

在上面这段代码中，< video id="video" autoplay loop muted style="display：none" source src="images/video01.mp4"/>语句表示使用 video 元素加载视频文件且不显示 video 元素（控件）。mySpotLight2.position.set(-400,-400,-400)语句和 mySpotLight3.position.set(400,400,400)语句用于创建两个（前后）聚光灯光源，如果只有 mySpotLight3.position.set(400,400,400)语句，则立方体将有三个面看不见视频。var myVideoTexture = new THREE.VideoTexture(myVideo)语句表示根据 video 元素创建视频纹理。此外需要注意：此实例仅在 Firefox 浏览器和 Opera 浏览器中测试成功。

此实例的源文件是 MyCode\ChapB\ChapB084.html。

037 使用颜色和视频设置立方体表面

此实例主要通过在材质数组中分别添加 THREE.MeshBasicMaterial({color：'blue'})材质和 THREE.MeshPhongMaterial({map：myVideoTexture})材质，实现在立方体的表面上同时设置颜色材质和视频材质。当浏览器显示页面时，立方体的表面分别如图 037-1 和图 037-2 所示，即视频表面将不断改变画面，颜色表面则静止不动。

主要代码如下：

```
<body><center id="myContainer"></center>
<video id="video" autoplay loop muted
       style="display: none" source src="images/video01.mp4" />
```

图 037-1

图 037-2

```
<script>
    //创建渲染器
    var myRenderer = new THREE.WebGLRenderer({antialias:true});
    myRenderer.setSize(window.innerWidth,window.innerHeight);
    myRenderer.setClearColor('white',1.0);
    $("#myContainer").append(myRenderer.domElement);
    var myCamera = new THREE.PerspectiveCamera(45,
            window.innerWidth/window.innerHeight,0.1,1000);
```

```
myCamera.position.set(55.21,-19.35,21.02);
myCamera.lookAt(new THREE.Vector3(0,0,0));
var myScene = new THREE.Scene();
//创建多个聚光灯光源
var mySpotLight1 = new THREE.SpotLight(0xffffff);
mySpotLight1.position.set(40,40,40);
myScene.add(mySpotLight1);
myScene.add(new THREE.AmbientLight(0x0c0c0c));
var mySpotLight2 = new THREE.SpotLight(0xffffff);
mySpotLight2.position.set(-400,-400,-400);
myScene.add(mySpotLight2);
var mySpotLight3 = new THREE.SpotLight(0xffffff);
mySpotLight3.position.set(400,400,400);
myScene.add(mySpotLight3);
//使用视频创建纹理并作为立方体的表面
var myGeometry = new THREE.BoxGeometry(26,26,26);
var myVideo = document.getElementById('video');
var myVideoTexture = new THREE.VideoTexture(myVideo);
//创建材质数组
var myMaterials = [];
//在材质数组中添加视频材质
myMaterials.push(new THREE.MeshPhongMaterial({map:myVideoTexture}));
//在材质数组中添加颜色材质
myMaterials.push(new THREE.MeshBasicMaterial({color:'yellow'}));
myMaterials.push(new THREE.MeshBasicMaterial({color:'pink'}));
myMaterials.push(new THREE.MeshBasicMaterial({color:'blue'}));
myMaterials.push(new THREE.MeshBasicMaterial({color:'darkgreen'}));
myMaterials.push(new THREE.MeshBasicMaterial({color:'red'}));
var myMesh = new THREE.Mesh(myGeometry,myMaterials);
myScene.add(myMesh);
//渲染立方体并播放视频
animate();
function animate(){
 requestAnimationFrame(animate);
 myRenderer.render(myScene,myCamera);
};
</script></body>
```

在上面这段代码中，myMaterials.push(new THREE.MeshPhongMaterial({map：myVideoTexture}))语句表示在材质数组中添加视频材质。myMaterials.push(new THREE.MeshBasicMaterial({color：'pink'}))语句表示在材质数组中添加粉色材质。var myMesh= new THREE.Mesh(myGeometry,myMaterials)语句表示根据几何体和材质数组创建（立方体）网格。此外需要注意：此实例仅在Firefox浏览器和Opera浏览器中测试成功。

此实例的源文件是 MyCode\ChapB\ChapB085.html。

038 使用画布贴图设置立方体的表面

此实例主要通过使用THREE.CanvasTexture创建画布贴图,实现在画布上添加文字,并根据画布创建的贴图设置立方体的表面。当浏览器显示页面时,（旋转的）立方体的表面将会显示文字"世界杯",效果分别如图038-1和图038-2所示。

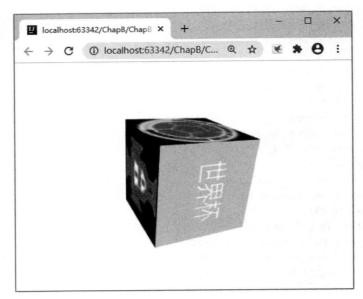

图 038-1

图 038-2

主要代码如下：

```
<body><center id="myContainer"></center>
<script>
//创建渲染器
var myRenderer = new THREE.WebGLRenderer({antialias:true});
myRenderer.setSize(window.innerWidth,window.innerHeight);
myRenderer.setClearColor('white',1.0);
$("#myContainer").append(myRenderer.domElement);
var myCamera = new THREE.PerspectiveCamera(45,
               window.innerWidth/window.innerHeight,30,1000);
myCamera.position.set(-24,-29,26);
```

```
myCamera.lookAt(new THREE.Vector3(0,0,0));
var myScene = new THREE.Scene();
myScene.add(new THREE.AmbientLight('white'));
//创建立方体
var myGeometry = new THREE.CubeGeometry(16,16,16);
var myMaterials = [];
for(var i = 1;i < 6;i++){
 var myMap = THREE.ImageUtils.loadTexture("images/img03" + i + ".png");
 //var myMaterial = new THREE.MeshPhongMaterial({map:myMap});
 var myMaterial = new THREE.MeshBasicMaterial({map:myMap});
 myMaterials.push(myMaterial);
}
//创建在画布上添加文字的函数
function getTextCanvas(myText){
 var myWidth = window.innerWidth,myHeight = window.innerHeight;
 var myCanvas = document.createElement('canvas');
 myCanvas.width = myWidth;
 myCanvas.height = myHeight;
 var myContext = myCanvas.getContext('2d');
 myContext.fillStyle = '#00FF00';
 myContext.fillRect(0,0,myWidth,myHeight);
 myContext.font = 100 + 'px bold';
 myContext.fillStyle = '#FFFFFF';
 myContext.textAlign = 'center';
 myContext.textBaseline = 'middle';
 myContext.fillText(myText,myWidth/2,myHeight/2);
 return myCanvas;
}
//根据画布创建贴图,再根据贴图创建材质
myMaterials.push(new THREE.MeshBasicMaterial({
 map:new THREE.CanvasTexture(getTextCanvas('世界杯'))}));
var myMesh = new THREE.Mesh(myGeometry,myMaterials);
myScene.add(myMesh);
//渲染立方体
animate();
function animate(){
 requestAnimationFrame(animate);
 var myTimer = Date.now() * 0.0001;
 myMesh.rotation.x = myTimer * 5;
 myMesh.rotation.y = myTimer * 3;
 myMesh.rotation.z = myTimer * 2;
 myRenderer.render(myScene,myCamera);
}
</script></body>
```

在上面这段代码中,myMaterials.push(new THREE.MeshBasicMaterial({map:new THREE.CanvasTexture(getTextCanvas('世界杯'))}))语句表示根据添加文字的画布创建贴图,然后根据贴图创建材质,并将该材质添加到数组中,以此作为立方体的表面。

此实例的源文件是 MyCode\ChapB\ChapB053.html。

039 使用画布动画设置立方体的表面

此实例主要通过在 initCanvas() 自定义函数中创建画布动画,并使用 THREE.Texture 创建画布

贴图,实现使用画布动画设置立方体的表面。当浏览器显示页面时,(旋转的)立方体的每个表面都将有一束火焰在不停地燃烧(动画),效果分别如图039-1和图039-2所示。

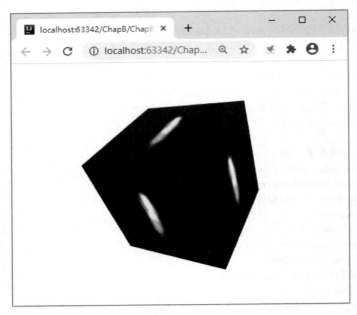

图 039-1

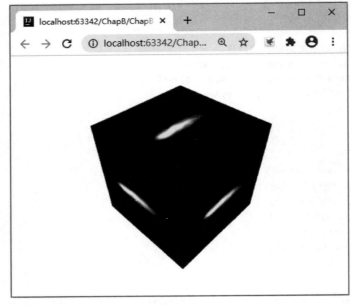

图 039-2

主要代码如下:

```
<body><canvas id = "surface" style = "display: none"></canvas>
<div id = "myContainer"></div>
<script>
 var myRenderer,myCamera,myScene,myMesh,myMaterial;
 //创建画布动画
 function initCanvas(){
```

```javascript
var space = document.getElementById("surface");
var surface = space.getContext("2d");
surface.scale(1,1);
var particles = [];
var particle_count = 150;
for(var i = 0; i < particle_count; i++){
  particles.push(new particle());
}
window.requestAnimFrame = (function(){
  return window.requestAnimationFrame||
       window.webkitRequestAnimationFrame||
       window.mozRequestAnimationFrame||
       function(callback){window.setTimeout(callback,6000/60);};
})();
function particle(){
  this.speed = {x:-1 + Math.random()*2,y:-5 + Math.random()*5};
  canvasWidth = document.getElementById("surface").width;
  canvasHeight = document.getElementById("surface").height;
  this.location = {x:canvasWidth/2,y:(canvasHeight/2)+35};
  this.radius = .5+Math.random()*1;
  this.life = 10+Math.random()*10;
  this.death = this.life;
  this.r = 255;
  this.g = Math.round(Math.random()*155);
  this.b = 0;
}
function ParticleAnimation(){
  surface.globalCompositeOperation = "source-over";
  surface.fillStyle = "black";
  surface.fillRect(0,0,canvasWidth,canvasHeight);
  surface.globalCompositeOperation = "lighter";
  for(var i = 0;i < particles.length;i++){
    var p = particles[i];
    surface.beginPath();
    p.opacity = Math.round(p.death/p.life*100)/100;
    var gradient = surface.createRadialGradient(p.location.x,
        p.location.y,0,p.location.x,p.location.y,p.radius);
    gradient.addColorStop(0,"rgba("+p.r+","+p.g+","+p.b+","+p.opacity+")");
    gradient.addColorStop(0.5,"rgba("+p.r+","+p.g+","+p.b+","+p.opacity+")");
    gradient.addColorStop(1,"rgba("+p.r+","+p.g+","+p.b+",0)");
    surface.fillStyle = gradient;
    surface.arc(p.location.x,p.location.y,p.radius,Math.PI*2,false);
    surface.fill();
    p.death--;
    p.radius++;
    p.location.x += (p.speed.x);
    p.location.y += (p.speed.y);
    if(p.death < 0||p.radius < 0){
      particles[i] = new particle();
    }
  }
  requestAnimFrame(ParticleAnimation);
}
ParticleAnimation();
```

```
}
//创建渲染器
function initRender(){
  myScene = new THREE.Scene();
  myRenderer = new THREE.WebGLRenderer({antialias:true});
  myRenderer.setPixelRatio(window.devicePixelRatio);
  myRenderer.setSize(window.innerWidth,window.innerHeight);
  myRenderer.setClearColor(0xffffff);
  $("#myContainer").append(myRenderer.domElement);
  myCamera = new THREE.PerspectiveCamera(45,
      window.innerWidth/window.innerHeight,0.1,1000);
  myCamera.position.set(0,0,15);
}
//创建立方体
function initModel(){
  var myGeometry = new THREE.BoxBufferGeometry(6,6,6);
  var myTexture = new THREE.Texture($("#surface")[0]);
  myMaterial = new THREE.MeshBasicMaterial({map:myTexture});
  myMesh = new THREE.Mesh(myGeometry,myMaterial);
  myScene.add(myMesh);
}
//渲染立方体
function animate(){
  myMaterial.map.needsUpdate = true;
  var myTimer = Date.now() * 0.0001;
  myMesh.rotation.x = myTimer * 5;
  myMesh.rotation.y = myTimer * 3;
  myMesh.rotation.z = myTimer * 2;
  myRenderer.render(myScene,myCamera);
  requestAnimationFrame(animate);
}
initCanvas();
initRender();
initModel();
animate();
</script></body>
```

在上面这段代码中,initCanvas()自定义函数用于在 id 为 surface 的 HTML 元素上创建动画。myTexture=new THREE.Texture($("#surface")[0])的 $("#surface")[0]语句用于获取 id 为 surface 的 HTML 元素,该代码也可以为 myTexture = new THREE.CanvasTexture($("#surface")[0])。myMaterial=new THREE.MeshBasicMaterial({map:myTexture})语句用于根据画布内容创建材质。myMaterial.map.needsUpdate=true 语句表示在立方体旋转的过程中更新画布内容。

此实例的源文件是 MyCode\ChapB\ChapB113.html。

040　使用天空盒背景设置立方体表面

此实例主要通过设置 THREE.MeshBasicMaterial 的 envMap 属性为 THREE.Scene 的 background 属性值,实现使用场景背景设置立方体的表面。当浏览器显示页面时,立方体的表面图像将是场景背景的反射,使用鼠标操作即可实现从不同角度呈现不同的图像,效果分别如图 040-1 和图 040-2 所示。

图 040-1

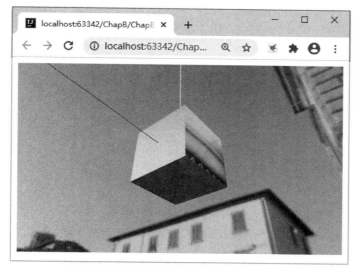

图 040-2

主要代码如下：

<!DOCTYPE html><html><head><meta charset="UTF-8">
<script src="ThreeJS/three.js"></script>
<script src="ThreeJS/jquery.js"></script>
<script src="ThreeJS/OrbitControls.js"></script>
</head>
<body><script>
var myRenderer,myCamera,myScene,myOrbitControls;
function initRender(){
 myRenderer = new THREE.WebGLRenderer({antialias:true});
 myRenderer.setPixelRatio(window.devicePixelRatio);
 myRenderer.setSize(window.innerWidth,window.innerHeight);
 myRenderer.setClearColor(0xeeeeee);
 document.body.appendChild(myRenderer.domElement);

```
        myCamera = new THREE.PerspectiveCamera(45,
                    window.innerWidth/window.innerHeight,0.1,1000);
        myCamera.position.set(0,0,15);
        myOrbitControls = new THREE.OrbitControls(myCamera,myRenderer.domElement);
    }
    function initScene(){
        myScene = new THREE.Scene();
        //创建天空盒作为场景背景
        myScene.background = new THREE.CubeTextureLoader()
            .setPath('images/')
            .load(['img091px.png','img091nx.png','img091py.png',
                'img091ny.png','img091pz.png','img091nz.png']);
    }
    function initModel(){
        //绘制三维坐标轴
        var myAxesHelper = new THREE.AxesHelper(50);
        myScene.add(myAxesHelper);
        //添加立方体
        var myGeometry = new THREE.BoxGeometry(4,4,4);
        var myMaterial = new THREE.MeshBasicMaterial();
        //使用场景背景作为环境贴图
        myMaterial.envMap = myScene.background;
        myScene.add(new THREE.Mesh(myGeometry,myMaterial));
    }
    function animate(){
        myOrbitControls.update();
        myRenderer.render(myScene,myCamera);
        requestAnimationFrame(animate);
    }
    initRender();
    initScene();
    initModel();
    animate();
</script></body></html>
```

在上面这段代码中，myMaterial.envMap=myScene.background 语句表示使用场景背景设置材质的环境贴图。myScene.background = new THREE.CubeTextureLoader().setPath('images/').load(['img091px.png','img091nx.png','img091py.png','img091ny.png','img091pz.png','img091nz.png'])语句表示使用右、左、上、下、后、前6幅图像创建天空盒并设置为场景背景。6幅图像通常使用全景相机拍摄，常用的全景相机如图040-3所示。此外需要注意：此实例需要添加 OrbitControls.js 文件。

图 040-3

此实例的源文件是 MyCode\ChapB\ChapB115.html。

041 根据索引设置立方体 face 的材质

此实例主要通过设置立方体 face 的 materialIndex 属性,实现根据索引设置立方体 face 的材质。当浏览器显示页面时,立方体将不停地旋转,立方体的 12 个 face(通常一个面由两个 face 构成)将显示不同的颜色,效果分别如图 041-1 和图 041-2 所示。

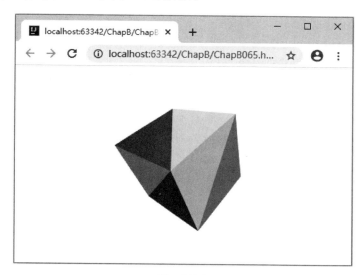

图 041-1

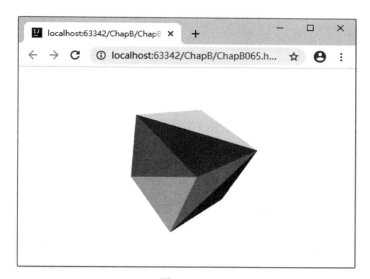

图 041-2

主要代码如下:

```
<body><div id="myContainer"></div>
<script>
//创建渲染器
var myRenderer = new THREE.WebGLRenderer({antialias:true});
myRenderer.setSize(window.innerWidth,window.innerHeight);
```

```
myRenderer.setClearColor('white',1.0);
$("#myContainer").append(myRenderer.domElement);
var myScene = new THREE.Scene();
myScene.background = new THREE.Color('white');
var myCamera = new THREE.PerspectiveCamera(60,
                window.innerWidth/window.innerHeight,0.1,1000);
myCamera.position.z = 64;
//创建立方体
var myGeometry = new THREE.BoxGeometry(30,30,30);
//创建12种颜色的材质
var myMaterials = [];
for(var i = 0;i < 12;i ++){
 var myMaterial = new THREE.MeshBasicMaterial({
                     color:new THREE.Color(Math.random() * 0xffffff)});
 myMaterials.push(myMaterial);
}
//使用材质数组设置立方体表面颜色
var myMesh = new THREE.Mesh(myGeometry,myMaterials);
//使用12种材质设置立方体的12个face
for(var j = 0;j < 12;j ++){
 myGeometry.faces[j].materialIndex = j;
}
myScene.add(myMesh);
//渲染立方体
animate();
function animate(){
 requestAnimationFrame(animate);
 myMesh.rotation.x += 0.01;
 myMesh.rotation.y += 0.02;
 myMesh.rotation.z += 0.01;
 myRenderer.render(myScene,myCamera);
}
</script></body>
```

在上面这段代码中，myGeometry.faces[j].materialIndex＝j 语句表示 faces[j]的材质是 myMaterials[j]。当然，如果此实例没有 myGeometry.faces[j].materialIndex＝j 这行代码，则立方体的六个面显示 6 种不同的颜色，而不是 12 个不同颜色的 face。

此实例的源文件是 MyCode\ChapB\ChapB065.html。

042　隐藏或显示立方体的指定表面

此实例主要通过设置立方体指定表面所使用材质的 visible 属性，实现动态显示或隐藏立方体（骰子模型）的指定表面。当浏览器显示页面时，立方体（骰子模型）将不停地旋转，如果单击"仅显示奇数点"按钮，则立方体（骰子模型）仅显示点数为 1、3、5 的表面，如图 042-1 所示。如果单击"允许显示所有点"按钮，则立方体（骰子模型）的所有面将会呈现不同的点数，如图 042-2 所示。

主要代码如下：

```
<body><p><button id = "myButton1">仅显示奇数点</button>
        <button id = "myButton2">允许显示所有点</button></p>
<center id = "myContainer"></center>
<script>
```

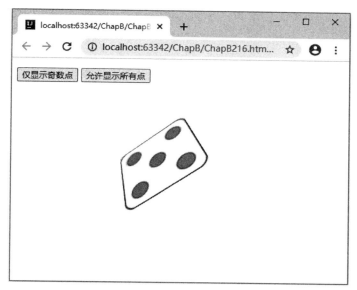

图　042-1

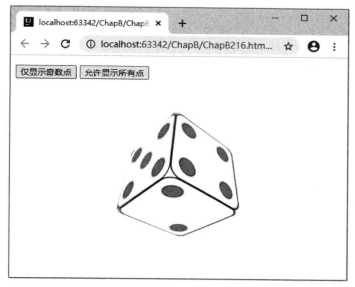

图　042-2

```
//创建渲染器
var myRenderer = new THREE.WebGLRenderer({antialias:true});
myRenderer.setSize(window.innerWidth,window.innerHeight);
myRenderer.setClearColor('white',1.0);
 $("#myContainer").append(myRenderer.domElement);
var myCamera = new THREE.PerspectiveCamera(45,
              window.innerWidth/window.innerHeight,30,1000);
myCamera.position.set(-24,-29,26);
myCamera.lookAt(new THREE.Vector3(0,0,0));
var myScene = new THREE.Scene();
myScene.add(new THREE.AmbientLight('white'));
//创建立方体(骰子模型)
var myGeometry = new THREE.BoxGeometry(16,16,16);
```

```
//创建材质数组
var myMaterials = [];
//在材质数组中设置图像(贴图)
for(var i = 1; i < 7; i++){
 var myMap = THREE.ImageUtils.loadTexture("images/img13" + i + ".jpg");
 var myMaterial = new THREE.MeshBasicMaterial({map:myMap});
 myMaterials.push(myMaterial);
}
var myMesh = new THREE.Mesh(myGeometry,myMaterials);
myScene.add(myMesh);
//渲染立方体(骰子模型)
animate();
function animate(){
 requestAnimationFrame(animate);
 var myTimer = Date.now() * 0.0001;
 myMesh.rotation.x = myTimer * 5;
 myMesh.rotation.y = myTimer * 3;
 myMesh.rotation.z = myTimer * 2;
 myRenderer.render(myScene,myCamera);
}
//响应单击"仅显示奇数点"按钮
 $("#myButton1").click(function(){
  //获取骰子模型所使用的材质数组,并对其进行遍历操作
  myMesh.material.forEach((item,index) => {
     //如果为奇数,设置其为不可见状态
     if(index % 2 != 0){item.visible = false;}
  });
 });
//响应单击"允许显示所有点"按钮
 $("#myButton2").click(function(){
  //获取骰子模型所使用的材质数组,并对其进行遍历操作
  myMesh.material.forEach((item,index) => {
  //设置所有材质为可见状态
  item.visible = true;
  });
 });
</script></body>
```

在上面这段代码中,item.visible=false 语句表示隐藏立方体指定的表面(材质)。item.visible=true 语句表示显示立方体指定的表面(材质)。

此实例的源文件是 MyCode\ChapB\ChapB216.html。

043 在场景中根据透明度绘制立方体

此实例主要通过设置 THREE.MeshNormalMaterial 的(不)透明度属性 opacity,实现通过材质自定义立方体的透明度。当浏览器显示页面时,两个立方体将以不同的透明度显示,如图043-1 所示。

主要代码如下:

```
<body><center id="myContainer"></center>
<script>
 //创建渲染器
 var myRenderer = new THREE.WebGLRenderer({antialias:true});
```

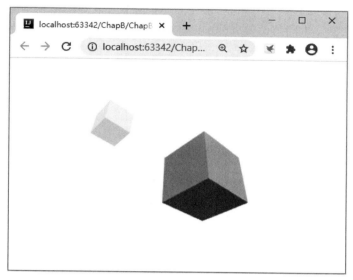

图 043-1

```
myRenderer.setSize(window.innerWidth,window.innerHeight);
myRenderer.setClearColor('white',1.0);
$("#myContainer").append(myRenderer.domElement);
var myCamera = new THREE.PerspectiveCamera(45,
                    window.innerWidth/window.innerHeight,30,1000);
myCamera.position.set(-34.34,-40.56,35.83);
myCamera.lookAt(new THREE.Vector3(0,0,0));
var myScene = new THREE.Scene();
myScene.add(new THREE.AmbientLight('white'));
//创建(不)透明度为 0.19 的立方体
var myGeometry1 = new THREE.BoxGeometry(6,6,6);
var myMaterial1 = new THREE.MeshNormalMaterial({ opacity:0.19,transparent:true});
var myMesh1 = new THREE.Mesh(myGeometry1,myMaterial1);
myMesh1.translateX(-20);
myScene.add(myMesh1);
//创建(不)透明度为 0.99 的立方体
var myGeometry2 = new THREE.BoxGeometry(16,16,16);
var myMaterial2 = new THREE.MeshNormalMaterial({opacity:0.99,transparent:true});
var myMesh2 = new THREE.Mesh(myGeometry2,myMaterial2);
myMesh2.translateX(10);
myScene.add(myMesh2);
//渲染两个立方体
myRenderer.render(myScene,myCamera);
</script></body>
```

在上面这段代码中,myMaterial1 = new THREE.MeshNormalMaterial({opacity:0.19,transparent:true})语句表示根据指定的(不)透明度(0.19)创建材质,实际测试表明,当设置了 opacity 参数(属性)之后,必须设置 transparent:true,否则 opacity:0.19 不起作用,即 myMaterial1 = new THREE.MeshNormalMaterial({opacity:0.19})语句不起作用。此外需要注意:opacity 属性的取值范围是 0~1。

此实例的源文件是 MyCode\ChapB\ChapB054.html。

044 在场景中绘制圆角化的立方体

此实例主要通过使用 THREE.SubdivisionModifier,实现在场景中绘制圆角化的立方体。当浏览器显示页面时，单击"启用圆角效果"按钮，则立方体在圆角化之后的效果如图 044-1 所示。单击"禁用圆角效果"按钮，则立方体未圆角的效果如图 044-2 所示。

图　044-1

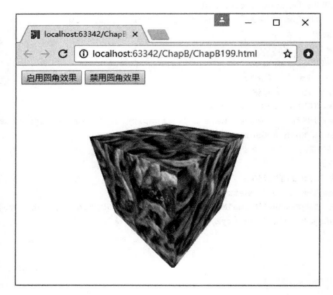

图　044-2

主要代码如下：

```
<html><head><meta charset = "UTF-8">
<script src = "ThreeJS/three.js"></script>
<script src = "ThreeJS/jquery.js"></script>
<script src = "ThreeJS/SubdivisionModifier.js"></script>
</head>
<body>
<p><button id = "myButton1">启用圆角效果</button>
   <button id = "myButton2">禁用圆角效果</button></p>
```

```
<center id="myContainer"></center>
<script>
//创建渲染器
var myRenderer = new THREE.WebGLRenderer({antialias:true});
myRenderer.setSize(window.innerWidth,window.innerHeight);
myRenderer.setClearColor('white',1.0);
$("#myContainer").append(myRenderer.domElement);
var myCamera = new THREE.PerspectiveCamera(70,
                    window.innerWidth/window.innerHeight,1,1000);
myCamera.position.z = 260;
var myScene = new THREE.Scene();
myScene.add(new THREE.AmbientLight(0xffffff,1));
var myLight = new THREE.DirectionalLight(0xff0000);
myLight.position.set(0,0,1).normalize();
myScene.add(myLight);
//创建圆角立方体
var myBoxGeometry = new THREE.BoxGeometry(200,200,200,2,2,2);
var myModifier = new THREE.SubdivisionModifier(3);
var myGeometry = myModifier.modify(myBoxGeometry);
var myMap = THREE.ImageUtils.loadTexture("images/img110.jpg");
var myBoxMesh = new THREE.Mesh(myGeometry,
                    new THREE.MeshBasicMaterial({map:myMap}));
myBoxMesh.position.z = -30;
myBoxMesh.rotation.y = 40;
myBoxMesh.rotation.x = 10;
myScene.add(myBoxMesh);
//渲染立方体
animate();
function animate(){
  requestAnimationFrame(animate);
  myRenderer.render(myScene,myCamera);
}
//响应单击"启用圆角效果"按钮
$("#myButton1").click(function(){
  var myGeometry = new THREE.BoxGeometry(200,200,200,2,2,2);
  myBoxMesh.geometry = myModifier.modify(myGeometry);
});
//响应单击"禁用圆角效果"按钮
$("#myButton2").click(function(){
  myBoxMesh.geometry = new THREE.BoxGeometry(200,200,200,2,2,2);
});
</script></body></html>
```

在上面这段代码中，myModifier＝new THREE.SubdivisionModifier(3)语句用于创建圆角工具，3表示圆角化程度，值越小，圆角越小。myGeometry＝myModifier.modify(myBoxGeometry)语句表示在指定的几何体(myBoxGeometry)上执行圆角化操作。此外需要注意：此实例需要添加SubdivisionModifier.js文件。

此实例的源文件是 MyCode\ChapB\ChapB199.html。

045　在场景中绘制居中显示的魔方

此实例主要通过使用 THREE.Box3 计算 THREE.Group(此实例为魔方模型)的中心位置,实现在场景中绘制居中显示的魔方模型。当浏览器显示页面时,魔方模型将在三维坐标轴中居中显示,可以使用鼠标使魔方模型围绕自身的中心转动,如图045-1所示。

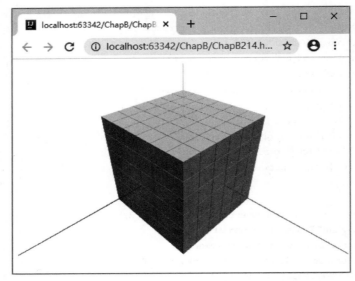

图 045-1

主要代码如下:

```
<html><head><meta charset="UTF-8">
<script src="ThreeJS/three.js"></script>
<script src="ThreeJS/jquery.js"></script>
<script src="ThreeJS/OrbitControls.js"></script>
</head>
<body><center id="myContainer"></center>
<script>
//创建渲染器
var myRenderer = new THREE.WebGLRenderer({antialias:true});
myRenderer.setSize(window.innerWidth,window.innerHeight);
$("#myContainer").append(myRenderer.domElement);
var myScene = new THREE.Scene();
myScene.add(new THREE.AxesHelper(120));
myScene.background = new THREE.Color('white');
myScene.add(new THREE.AmbientLight(0xffffff));
var myCamera = new THREE.PerspectiveCamera(45,
                    window.innerWidth/window.innerHeight,0.1,1000);
myCamera.position.set(100,100,100);
myCamera.lookAt(myScene.position);
var myControls = new THREE.OrbitControls(myCamera,myRenderer.domElement);
//创建魔方模型
var myMaterials = [];
myMaterials.push(new THREE.MeshPhongMaterial({color:0x009e60}));
myMaterials.push(new THREE.MeshPhongMaterial({color:0x0051ba}));
myMaterials.push(new THREE.MeshPhongMaterial({color:0xffd500}));
myMaterials.push(new THREE.MeshPhongMaterial({color:0xff5800}));
myMaterials.push(new THREE.MeshPhongMaterial({color:0xc41e3a}));
myMaterials.push(new THREE.MeshPhongMaterial({color:0xffffff}));
var myGroup = new THREE.Group();
for(var x = 0;x < 6;x ++){
```

```
    for(var y = 0;y < 6;y ++){
     for(var z = 0;z < 6;z ++){
      var myGeometry = new THREE.BoxGeometry(5.9,5.9,5.9);
      var myMesh = new THREE.Mesh(myGeometry,myMaterials);
      myMesh.position.set(x * 6 - 6,y * 6 + 6,z * 6 - 6);
      myGroup.add(myMesh);
     }
    }
   }
   myGroup.scale.set(2,2,2);
   myScene.add(myGroup);
   var myBox3 = new THREE.Box3();
   myBox3.expandByObject(myGroup);
   var myX = myBox3.max.x - myBox3.min.x;
   var myY = myBox3.max.y - myBox3.min.y;
   var myZ = myBox3.max.z - myBox3.min.z;
   var myNewX = myBox3.min.x + myX/2;
   var myNewY = myBox3.min.y + myY/2;
   var myNewZ = myBox3.min.z + myZ/2;
   //根据计算结果重新设置魔方位置,使其居中显示
   myGroup.position.set( - myNewX, - myNewY, - myNewZ);
   //渲染魔方模型
   animate();
   function animate(){
    myRenderer.render(myScene,myCamera);
    requestAnimationFrame(animate);
   }
</script></body></html>
```

在上面这段代码中,THREE.Box3 在三维空间中表示一个包围盒,其主要用于表示物体(对象、三维图形)在世界坐标中的边界框,它可以使我们方便地判断物体和物体、物体和平面、物体和点的关系等。THREE.Box3 的 min 属性表示包围盒的(x,y,z)下边界。THREE.Box3 的 max 属性表示包围盒的(x,y,z)上边界。THREE.Box3 的 expandByObject(myGroup)方法用于扩展此包围盒的边界,使得参数指定的对象及其子对象在包围盒内,包括对象和子对象的世界坐标的变换。

此实例的源文件是 MyCode\ChapB\ChapB214.html。

046 在场景中围绕坐标轴旋转立方体

此实例主要通过使用 THREE.Mesh 的 rotateX 方法,实现按照指定的弧度围绕 x 轴旋转立方体(网格)。当浏览器显示页面时,立方体将按照指定的弧度围绕 x 轴一直不停地旋转,效果分别如图 046-1 和图 046-2 所示。

主要代码如下:

```
<body><center id = "myContainer"></center>
<script>
//创建渲染器
var myWidth = 480,myHeight = 320;
var myRenderer = new THREE.WebGLRenderer({antialias:true});
myRenderer.setSize(myWidth,myHeight);
myRenderer.setClearColor("white",1);
 $("#myContainer").append(myRenderer.domElement);
```

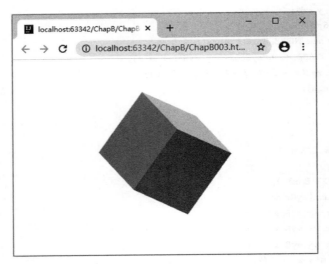

图 046-1

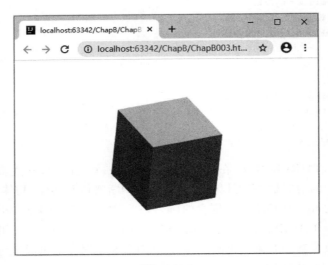

图 046-2

```
var myScene = new THREE.Scene();
var k = myWidth/myHeight, s = 120;
var myCamera = new THREE.OrthographicCamera(-s*k,s*k,s,-s,1,1000);
myCamera.position.set(400,300,200);
myCamera.lookAt(myScene.position);
//创建立方体
var myGeometry = new THREE.BoxGeometry(100,100,100);
var myMaterial = new THREE.MeshNormalMaterial();
var myMesh = new THREE.Mesh(myGeometry,myMaterial);
myScene.add(myMesh);
//使用定时器实现间隔渲染立方体
setInterval(function(){
  myMesh.rotateX(0.01);                  //按照指定的弧度围绕x轴旋转网格(立方体)
  myRenderer.render(myScene,myCamera);
},120);
</script></body>
```

在上面这段代码中，setInterval(function(){myMesh.rotateX(0.01);myRenderer.render(myScene,myCamera);},120)语句表示每间隔120毫秒，立方体围绕x轴旋转0.01(弧度)；如果用myMesh.rotateY(0.01)语句表示，则立方体将围绕y轴旋转0.01(弧度)；如果用myMesh.rotateZ(0.01)语句表示，则立方体将围绕z轴旋转0.01(弧度)；三个围绕坐标轴的旋转方法可以独立应用，也可以组合应用。

此实例的源文件是 MyCode\ChapB\ChapB003.html。

047　在场景中根据名称旋转立方体

此实例主要通过使用 THREE.Scene 的 getObjectByName 方法，实现在包含多个图形对象的场景中根据名称查找指定的图形对象并对其进行操作（如旋转）。当浏览器显示页面时，左边的立方体将不停地旋转，右边的立方体则静止不动，效果分别如图047-1和图047-2所示。

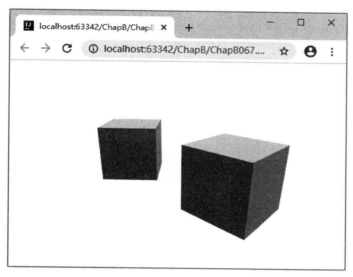

图　047-1

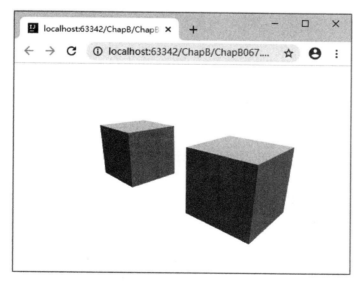

图　047-2

主要代码如下：

```
<body><center id="myContainer"></center>
<script>
 //创建渲染器
 var myRenderer = new THREE.WebGLRenderer({antialias:true});
 myRenderer.setSize(window.innerWidth,window.innerHeight);
 myRenderer.setClearColor('white',1.0);
  $("#myContainer").append(myRenderer.domElement);
 var myScene = new THREE.Scene();
 var myCamera = new THREE.PerspectiveCamera(45,
                  window.innerWidth/window.innerHeight,0.1,1000);
 myCamera.position.set(40.06,20.92,42.68);
 myCamera.lookAt(new THREE.Vector3(0,0,0));
 //创建第一个立方体
 var myGeometry1 = new THREE.BoxGeometry(16,16,16);
 var myMaterial1 = new THREE.MeshNormalMaterial();
 var myMesh1 = new THREE.Mesh(myGeometry1,myMaterial1);
 myMesh1.translateX(-20);
 myMesh1.name = 'myCube1';
 myScene.add(myMesh1);
 //创建第二个立方体
 var myGeometry2 = new THREE.BoxGeometry(16,16,16);
 var myMaterial2 = new THREE.MeshNormalMaterial();
 var myMesh2 = new THREE.Mesh(myGeometry2,myMaterial2);
 myMesh2.translateX(16);
 myMesh2.name = 'myCube2';
 myScene.add(myMesh2);
 //渲染(旋转指定的)立方体
 animate();
 function animate(){
   requestAnimationFrame(animate);
   myScene.getObjectByName('myCube1').rotation.y += 0.05;
   myRenderer.render(myScene,myCamera);
 };
</script></body>
```

在上面这段代码中，myMesh1.name = 'myCube1'语句表示设置myMesh1这个立方体对象的名称为myCube1。myScene.getObjectByName('myCube1').rotation.y+=0.05语句表示在myScene场景中查找名称为myCube1的图形对象，并使之围绕y轴旋转。

此实例的源文件是MyCode\ChapB\ChapB067.html。

048　在场景中绘制普通的圆柱体

此实例主要通过使用THREE.CylinderGeometry，从而实现在场景中绘制普通的圆柱体的效果。当浏览器显示页面时，绘制的普通圆柱体如图048-1所示。

主要代码如下：

```
<body><center id="myContainer"></center>
<script>
 //创建渲染器
 var myRenderer = new THREE.WebGLRenderer({antialias:true});
```

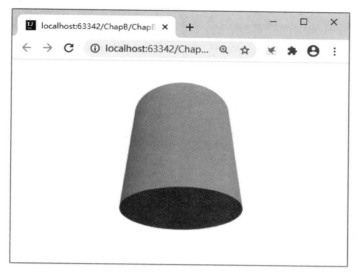

图 048-1

```
myRenderer.setSize(window.innerWidth,window.innerHeight);
myRenderer.setClearColor('white',1.0);
$("#myContainer").append(myRenderer.domElement);
var myCamera = new THREE.PerspectiveCamera(45,
                    window.innerWidth/window.innerHeight,0.1,1000);
myCamera.position.set(-21.2,-33.84,-47.65);
myCamera.lookAt(new THREE.Vector3(0,0,0));
var myScene = new THREE.Scene();
//创建圆柱体
var myGeometry = new THREE.CylinderGeometry(14,14,30,160,140);
var myMaterial = new THREE.MeshNormalMaterial();
var myMesh = new THREE.Mesh(myGeometry,myMaterial);
myScene.add(myMesh);
//渲染圆柱体
animate();
function animate(){
 myRenderer.render(myScene,myCamera);
 requestAnimationFrame(animate);
}
</script></body>
```

在上面这段代码中，myGeometry＝new THREE.CylinderGeometry(14,14,30,160,140)语句表示根据指定的参数绘制圆柱体，其中，两个"14"表示圆柱的(上下)底面半径，"30"表示圆柱的高度，"160"表示圆柱(上下)底面的切片数量，"140"表示圆柱侧面的切片数量。

此实例的源文件是 MyCode\ChapB\ChapB090.html。

049　在场景中绘制被切割的圆柱体

此实例主要通过在 THREE.CylinderGeometry 方法中设置切割参数，实现在场景中绘制被切割的圆柱体。当浏览器显示页面时，将在场景中绘制一个被切割了四分之一的圆柱体，如图 049-1 所示。

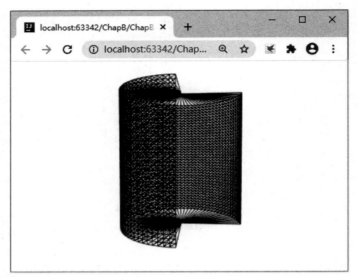

图 049-1

主要代码如下：

```
<body><center id="myContainer"></center>
<script>
//创建渲染器
var myRenderer = new THREE.WebGLRenderer({antialias:true});
myRenderer.setSize(window.innerWidth,window.innerHeight);
myRenderer.setClearColor('white',1.0);
 $("#myContainer").append(myRenderer.domElement);
var myCamera = new THREE.PerspectiveCamera(45,
              window.innerWidth/window.innerHeight,0.1,1000);
myCamera.position.set(-61.97,2.27,4.36);
myCamera.lookAt(new THREE.Vector3(0,0,0));
var myScene = new THREE.Scene();
//创建被切割的圆柱体
var myGeometry =
    new THREE.CylinderGeometry(16,16,36,60,40,false,0,Math.PI*3/2);
var myMaterial = new THREE.MeshPhongMaterial({ wireframe:true,
                                              transparent:true});
var myMesh = new THREE.Mesh(myGeometry,myMaterial);
myScene.add(myMesh);
//渲染被切割的圆柱体
animate();
function animate(){
 myRenderer.render(myScene,myCamera);
 requestAnimationFrame(animate);
}
</script></body>
```

在上面这段代码中，myGeometry=new THREE.CylinderGeometry(16,16,36,60,40,false,0,Math.PI*3/2)语句用于根据指定的参数绘制被切割的圆柱体。THREE.CylinderGeometry()方法的语法格式如下：

THREE.CylinderGeometry(radiusTop,radiusBottom,height,radiusSegments, heightSegments,openEnded,thetaStart,thetaLength)

其中,参数 radiusTop 表示圆柱的上底半径,默认值是 20;参数 radiusBottom 表示圆柱的下底半径,默认值是 20;参数 height 表示圆柱的高,默认值是 100;参数 radiusSegments 表示圆柱的(上下)底面的切片数量,默认值是 8;参数 heightSegments 表示圆柱侧面的切片数量,默认值是 1;参数 openEnded 指定圆柱的(上下)底面是否打开,默认值是 false,表示封闭;参数 thetaStart 表示圆柱的(上下)底面第一个切片的起始位置,默认值是 0,即三点钟方向;参数 thetaLength 表示圆柱的(上下)底面的圆心角大小。

此实例的源文件是 MyCode\ChapB\ChapB089.html。

050 在场景中根据圆柱体绘制圆台

此实例主要通过在圆柱体绘制方法 THREE.CylinderGeometry 中设置上底半径参数和下底半径参数分别为不同的数值,实现在场景中绘制圆台。当浏览器显示页面时,在场景中绘制的圆台效果如图 050-1 所示。

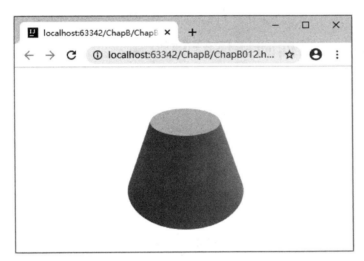

图 050-1

主要代码如下:

```
<body><center id = "myContainer"></center>
<script>
//创建渲染器
var myRenderer = new THREE.WebGLRenderer({antialias:true});
myRenderer.setSize(window.innerWidth,window.innerHeight);
myRenderer.setClearColor('white',1.0);
 $("#myContainer").append(myRenderer.domElement);
var myCamera = new THREE.PerspectiveCamera(45,
                window.innerWidth/window.innerHeight,0.1,1000);
myCamera.position.set(400,300,200);
myCamera.lookAt(new THREE.Vector3(0,0,0));
var myScene = new THREE.Scene();
//创建圆台
var myGeometry = new THREE.CylinderGeometry(40,80,100,150,20);
var myMaterial = new THREE.MeshNormalMaterial();
```

```
var myMesh = new THREE.Mesh(myGeometry,myMaterial);
//沿着x轴、y轴、z轴方向放大几何体(圆台)
myMesh.scale.set(2,2,2);
myScene.add(myMesh);
//渲染圆台
animate();
function animate(){
  myRenderer.render(myScene,myCamera);
  requestAnimationFrame(animate);
}
</script></body>
```

在上面这段代码中,myGeometry=new THREE.CylinderGeometry(40,80,100,150,20)语句用于绘制一个圆台,其中,"40"表示圆台的上底半径,"80"表示圆台的下底半径,"100"表示圆台的高度,"150"表示圆台上下底面的切片数量,"20"表示圆台侧面的切片数量。THREE.CylinderGeometry()方法原本用于绘制一个圆柱,但是如果在该方法的参数中设置不同的上底半径和下底半径,则可以实现绘制圆柱、圆台、圆锥、倒立的圆锥等几何图形。

此实例的源文件是 MyCode\ChapB\ChapB012.html。

051　在场景中根据圆柱体绘制沙漏

此实例主要通过在圆柱体绘制方法 THREE.CylinderGeometry 中设置下底半径参数为负数,实现在场景中绘制沙漏。当浏览器显示页面时,在场景中绘制的沙漏效果如图051-1所示。

图　051-1

主要代码如下:

```
<body><center id="myContainer"></center>
<script>
//创建渲染器
var myRenderer = new THREE.WebGLRenderer({antialias:true});
myRenderer.setSize(window.innerWidth,window.innerHeight);
myRenderer.setClearColor('white',1.0);
$("#myContainer").append(myRenderer.domElement);
```

```
var myCamera = new THREE.PerspectiveCamera(45,
                  window.innerWidth/window.innerHeight,0.1,1000);
myCamera.position.set(400,300,150);
myCamera.lookAt(new THREE.Vector3(0,0,0));
var myScene = new THREE.Scene();
//创建沙漏
var myGeometry = new THREE.CylinderGeometry(50,-50,150,32);
var myMaterial = new THREE.MeshNormalMaterial();
var myMesh = new THREE.Mesh(myGeometry,myMaterial);
myMesh.scale.set(2,2,2);
myScene.add(myMesh);
//渲染沙漏
animate();
function animate(){
  myRenderer.render(myScene,myCamera);
  requestAnimationFrame(animate);
}
</script></body>
```

在上面这段代码中,myGeometry＝new THREE.CylinderGeometry(50,－50,150,32)语句用于绘制沙漏,其中,"50"表示上底半径,"－50"表示下底半径,"150"表示沙漏的高度,"32"表示上下底面的切片数量。

此实例的源文件是 MyCode\ChapB\ChapB215.html。

052　在场景中绘制旋转的圆柱体

此实例主要通过记录两次渲染圆柱体的时间并据此调整旋转弧度,实现匀速旋转圆柱体。当浏览器显示页面时,网格状(线框)的圆柱体将围绕 y 轴一直不停地匀速旋转,如图 052-1 所示。

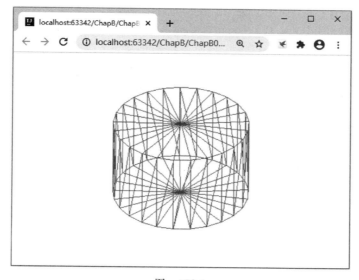

图　052-1

主要代码如下:

```
<body><center id = "myContainer"></center>
<script>
```

```
var myWidth = 480,myHeight = 320,k = myWidth/myHeight,s = 120;
//创建渲染器
var myRenderer = new THREE.WebGLRenderer();
myRenderer.setSize(myWidth,myHeight);
myRenderer.setClearColor("white",1);
$("#myContainer").append(myRenderer.domElement);
var myScene = new THREE.Scene();
var myLight = new THREE.PointLight("white");
myLight.position.set(400,800,300);
myScene.add(myLight);
var myCamera = new THREE.OrthographicCamera(-s*k,s*k,s,-s,1,1000);
myCamera.position.set(400,300,200);
myCamera.lookAt(myScene.position);
//创建圆柱体
var myGeometry = new THREE.CylinderGeometry(80,80,100,25);
var myMaterial = new THREE.MeshBasicMaterial({color:'gray',wireframe:true});
var myMesh = new THREE.Mesh(myGeometry,myMaterial);
myScene.add(myMesh);
//渲染(旋转)圆柱体
var T0 = new Date();                          //定义 T0 为上次时间
animate();
function animate(){
    var T1 = new Date();                      //定义 T1 为本次时间
    var t = T1 - T0;                          //定义 t 为两次时间差
    T0 = T1;                                  //把本次时间赋值给上次时间
    myMesh.rotateY(0.001 * t);                //设置旋转速度为 0.001 弧度每毫秒
    myRenderer.render(myScene,myCamera);      //执行渲染操作
    window.requestAnimationFrame(animate);    //请求再次执行渲染
};
</script></body>
```

在上面这段代码中，animate()自定义递归函数的主要作用是调用动画方法 requestAnimationFrame()实现圆柱体的持续旋转。但在实际执行时，可能 requestAnimationFrame()方法请求的(递归渲染)函数并不一定能按照理想的 60FPS 频率执行，两次执行渲染函数的时间间隔也不一定相同；如果执行旋转命令的 rotateY()方法的时间间隔不同，旋转运动就不均匀；因此为了解决这个问题，将 rotateY()方法的参数设置为 rotateY(0.001 * t)，即在两次执行渲染的间隔 t 毫秒中，圆柱体旋转了 0.001 * t 弧度，这样即可基本实现匀速旋转圆柱体的效果。

此实例的源文件是 MyCode\ChapB\ChapB005.html。

053　在场景中实现动态缩放圆柱体

此实例主要通过动态改变圆柱体(THREE.Mesh)的 scale 属性的 x、y、z 子属性，实现在场景中动态缩放圆柱体(或其他图形)的效果。当浏览器显示页面时，红色的圆柱体将不停地从高变矮，再从矮变高，阴影也随之而变，效果分别如图 053-1 和图 053-2 所示。

主要代码如下：

```
<body><center id="myContainer"></center>
<script>
//创建渲染器
var myRenderer = new THREE.WebGLRenderer({antialias:true});
myRenderer.setSize(window.innerWidth,window.innerHeight);
```

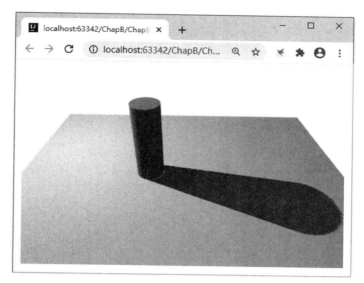

图 053-1

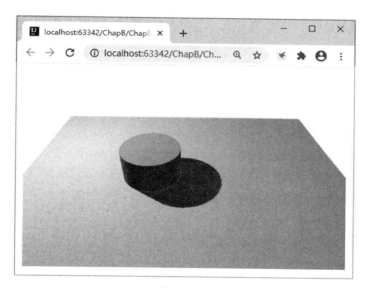

图 053-2

```
myRenderer.setClearColor('white',1.0);
myRenderer.shadowMap.enabled = true;
myRenderer.shadowMap.type = THREE.PCFSoftShadowMap;
$("#myContainer").append(myRenderer.domElement);
var myCamera = new THREE.PerspectiveCamera(45,
                window.innerWidth/window.innerHeight,0.1,1000);
myCamera.position.set(0,40,50);
myCamera.lookAt(new THREE.Vector3(0,0,0));
var myScene = new THREE.Scene();
myScene.add(new THREE.AmbientLight(0x444444));
var myLight = new THREE.PointLight(0xffffff);
myLight.position.set(-40,30,-20);
myLight.castShadow = true;
myScene.add(myLight);
```

```
//创建投影(阴影)平面
var myPlaneGeometry = new THREE.PlaneGeometry(100,100);
var myPlaneMaterial = new THREE.MeshStandardMaterial({color:0xaaaaaa});
var myPlaneMesh = new THREE.Mesh(myPlaneGeometry,myPlaneMaterial);
myPlaneMesh.rotation.x = -0.5*Math.PI;
myPlaneMesh.position.y = -10;
myPlaneMesh.receiveShadow = true;
myScene.add(myPlaneMesh);
//创建圆柱体
var myCylinderGeometry = new THREE.CylinderGeometry(10,10,60,40,20);
var myCylinderMaterial = new THREE.MeshPhongMaterial({color:0xff5f4d});
var myCylinderMesh = new THREE.Mesh(myCylinderGeometry,myCylinderMaterial);
myCylinderMesh.position.set(-10,-14,-10);
myCylinderMesh.castShadow = true;
myScene.add(myCylinderMesh);
//渲染投影圆柱体
animate();
var myStep = 0;
function animate(){
 myRenderer.render(myScene,myCamera);
 //沿着 x 轴、y 轴、z 轴方向缩放圆柱体
 myStep += 0.01;
 myCylinderMesh.scale.x = Math.abs(Math.sin(myStep));
 myCylinderMesh.scale.y = Math.abs(Math.cos(myStep));
 myCylinderMesh.scale.z = Math.abs(Math.sin(myStep));
 requestAnimationFrame(animate);
}
</script></body>
```

在上面这段代码中，myCylinderMesh.scale.x=Math.abs(Math.sin(myStep))语句用于根据指定的增量 myStep 在 x 方向上缩放圆柱体。animate()是一个递归函数，每调用一次 animate()函数，myStep 都会增加 0.01。requestAnimationFrame(animate)语句能够根据浏览器性能自动进行更新操作。

此实例的源文件是 MyCode\ChapB\ChapB121.html。

054　在场景中绘制普通的圆锥体

此实例主要通过使用 THREE.ConeGeometry，实现在场景中绘制普通的圆锥体。当浏览器显示页面时，将在场景中绘制一个普通的圆锥体，如图 054-1 所示。

主要代码如下：

```
<body><center id="myContainer"></center>
<script>
 //创建渲染器
 var myRenderer = new THREE.WebGLRenderer({antialias:true});
 myRenderer.setSize(window.innerWidth,window.innerHeight);
 myRenderer.setClearColor('white',1.0);
  $("#myContainer").append(myRenderer.domElement);
 var myCamera = new THREE.PerspectiveCamera(45,
        window.innerWidth/window.innerHeight,0.1,1000);
 myCamera.position.set(-29.53,28.4,46.75);
```

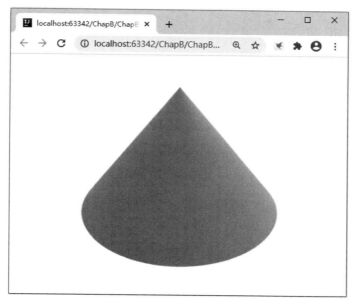

图　054-1

```
myCamera.lookAt(new THREE.Vector3(0,0,0));
var myScene = new THREE.Scene();
//创建普通圆锥体
var myGeometry = new THREE.ConeGeometry(22,26,130,40);
//var myMaterial = new THREE.MeshBasicMaterial({color:'green'});
var myMaterial = new THREE.MeshNormalMaterial();
var myMesh = new THREE.Mesh(myGeometry,myMaterial);
myMesh.translateY(6);
myScene.add(myMesh);
//渲染普通圆锥体
myRenderer.render(myScene,myCamera);
</script></body>
```

在上面这段代码中，myGeometry＝new THREE.ConeGeometry(22,26,130,40)语句表示根据指定的参数绘制圆锥体，其中，"22"表示圆锥的底面半径，"26"表示圆锥的高度，"130"表示圆锥底面的切片数量，"40"表示圆锥斜面的切片数量。

此实例的源文件是 MyCode\ChapB\ChapB088.html。

055　在场景中绘制被切割的圆锥体

此实例主要通过在 THREE.ConeGeometry 方法中设置切割参数，实现在场景中绘制被切割的圆锥体。当浏览器显示页面时，将在场景中绘制一个被切割了四分之一的圆锥体，如图 055-1 所示。

主要代码如下：

```
<body><center id="myContainer"></center>
<script>
 //创建渲染器
 var myRenderer = new THREE.WebGLRenderer({antialias:true});
 myRenderer.setSize(window.innerWidth,window.innerHeight);
 myRenderer.setClearColor('white',1.0);
  $("#myContainer").append(myRenderer.domElement);
```

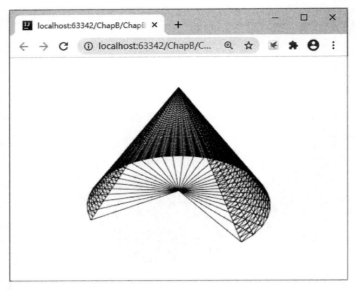

图 055-1

```
var myCamera = new THREE.PerspectiveCamera(45,
            window.innerWidth/window.innerHeight,0.1,1000);
myCamera.position.set(-29.53,28.4,46.75);
myCamera.lookAt(new THREE.Vector3(0,0,0));
var myScene = new THREE.Scene();
//创建被切割的圆锥体(Math.PI * 3/2,270度,即切割掉四分之一)
var myGeometry = new THREE.ConeGeometry(22,26,30,40,false,0,Math.PI * 3/2);
var myMaterial = new THREE.MeshPhongMaterial({wireframe:true,
                                              transparent:true});
var myMesh = new THREE.Mesh(myGeometry,myMaterial);
myMesh.translateY(6);
myScene.add(myMesh);
//渲染被切割的圆锥体
myRenderer.render(myScene,myCamera);
</script></body>
```

在上面这段代码中，myGeometry = new THREE.ConeGeometry(22,26,30,40,false,0,Math.PI * 3/2)语句用于根据指定的参数绘制被切割的圆锥体。THREE.ConeGeometry()方法的语法格式如下：

```
THREE.ConeGeometry(radius,height,radiusSegments,
        heightSegments,openEnded,thetaStart,thetaLength)
```

其中，参数 radius 表示圆锥的底面半径，默认值是 20；参数 height 表示圆锥的高度，默认值是 100；参数 radiusSegments 表示圆锥底面的切片数量，默认值是 8；参数 heightSegments 表示圆锥斜面的切片数量，默认值是 1；参数 openEnded 指定锥体底面是否打开（开放），默认值是 false，表示封闭（闭合）；参数 thetaStart 表示锥体底面第一个切片的起始位置，默认值是 0，即三点钟方向，沿逆时针方向绘制；参数 thetaLength 表示底面圆心角，默认值是 2 * Math.PI，即完整的锥体。

此实例的源文件是 MyCode\ChapB\ChapB087.html。

056　在经度方向上根据弧度绘制球体

此实例主要通过在 THREE.SphereGeometry 方法中指定经度方向的起始角度（弧度）和转角（弧

度)参数,实现在经度方向上根据弧度绘制剖分之后的球体。当浏览器显示页面时,绘制的四分之一的剖分球体如图 056-1 所示。

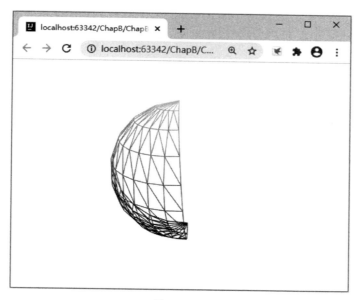

图　056-1

主要代码如下:

```
<body><center id="myContainer"></center>
<script>
//创建渲染器
var myRenderer = new THREE.WebGLRenderer({antialias:true});
myRenderer.setPixelRatio(window.devicePixelRatio);
myRenderer.setSize(window.innerWidth,window.innerHeight);
$("#myContainer").append(myRenderer.domElement);
var myScene = new THREE.Scene();
myScene.background = new THREE.Color('white');
var myCamera = new THREE.PerspectiveCamera(45,480/320,0.1,1000);
myCamera.position.set(1.5599116746198947,1.509078998195788,5.593688956725154);
myCamera.lookAt(new THREE.Vector3(0,0,0));
myCamera.rotateX(-0.26350903631970135);
myCamera.rotateY(0.2630069577395451);
myCamera.rotateZ(0.07002478056650097);
//在经度方向上根据指定的弧度绘制(剖开之后的)球体
var mySphereGeometry = new THREE.SphereGeometry(2,8,10,Math.PI/6,Math.PI/2);
var mySphereMaterial = new THREE.MeshNormalMaterial({
                                wireframe:true,transparent:true});
var mySphereMesh = new THREE.Mesh(mySphereGeometry,mySphereMaterial);
mySphereMesh.position.set(-2,-2,0);
myScene.add(mySphereMesh);
//渲染在经度方向上根据指定的弧度绘制(剖开之后的)球体
myRenderer.render(myScene,myCamera);
</script></body>
```

在上面这段代码中,mySphereGeometry = new THREE.SphereGeometry(2,8,10,Math.PI/6,Math.PI/2)语句用于创建在经度方向上根据弧度剖分之后的球体,THREE.SphereGeometry()方法的语法格式如下:

```
THREE.SphereGeometry(radius,widthSegments,
                    heightSegments,phiStart,phiLength)
```

其中,参数 radius 表示球体半径;参数 widthSegments 表示经度方向的切片数量;参数 heightSegments 表示纬度方向的切片数量;参数 phiStart 表示在经度方向的起始角度(弧度);参数 phiLength 表示在经度方向的转角(跨过的弧度)。

此实例的源文件是 MyCode\ChapB\ChapB040.html。

057　在纬度方向上根据弧度绘制球体

此实例主要通过在 THREE.SphereGeometry 方法中指定纬度方向的起始角度(弧度)和转角(弧度)参数,同时设置经度方向的弧度为整个圆周,实现在纬度方向上根据弧度绘制剖分之后的球体。当浏览器显示页面时,绘制的二分之一的剖分球体如图 057-1 所示。

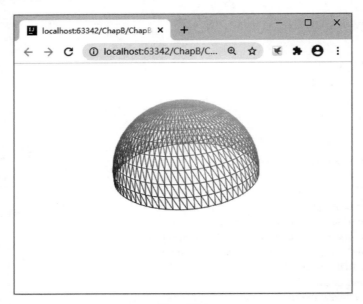

图　057-1

主要代码如下:

```
<body><center id = "myContainer"></center>
<script>
//创建渲染器
var myRenderer = new THREE.WebGLRenderer({antialias:true});
myRenderer.setPixelRatio(window.devicePixelRatio);
myRenderer.setSize(window.innerWidth,window.innerHeight);
$("#myContainer").append(myRenderer.domElement);
var myScene = new THREE.Scene();
myScene.background = new THREE.Color('white');
var myCamera = new THREE.PerspectiveCamera(45,480/320,0.1,1000);
myCamera.position.set(1.5599116746198947,1.509078998195788,5.593688956725154);
myCamera.lookAt(new THREE.Vector3(0,0,0));
myCamera.rotateX(-0.26350903631970135);
myCamera.rotateY(0.2630069577395451);
myCamera.rotateZ(0.07002478056650097);
```

```
//在纬度方向上根据指定的弧度绘制(剖开之后的)球体
var mySphereGeometry = new THREE.SphereGeometry(2,
                       80,10,0,Math.PI*2,0,Math.PI/2);
var mySphereMaterial = new THREE.MeshNormalMaterial({
                       wireframe:true,transparent:true});
var mySphereMesh = new THREE.Mesh(mySphereGeometry,mySphereMaterial);
mySphereMesh.position.set(-2,-2,0);
myScene.add(mySphereMesh);
//渲染在纬度方向上根据指定的弧度绘制(剖开之后的)球体
myRenderer.render(myScene,myCamera);
</script></body>
```

在上面这段代码中，mySphereGeometry＝new THREE.SphereGeometry(2,80,10,0,Math.PI*2,0,Math.PI/2)语句用于创建在纬度方向上根据弧度(0,Math.PI/2)剖分之后的球体，(0,Math.PI*2)表示经度方向的弧度为整个圆周，THREE.SphereGeometry()方法的语法格式如下：

```
THREE.SphereGeometry(radius,widthSegments,heightSegments,
                phiStart,phiLength,thetaStart,thetaLength)
```

其中，参数 radius 表示球体半径；参数 widthSegments 表示经度方向的切片数量；参数 heightSegments 表示纬度方向的切片数量；参数 phiStart 表示在经度方向的起始角度(弧度)；参数 phiLength 表示在经度方向的转角(跨过的弧度)；参数 thetaStart 表示在纬度方向的起始角度(弧度)；参数 thetaLength 表示在纬度方向的转角(跨过的弧度)。

此实例的源文件是 MyCode\ChapB\ChapB041.html。

058　在经纬度方向上根据弧度绘制球体

此实例主要通过在 THREE.SphereGeometry 方法中指定纬度方向和经度方向的起始角度(弧度)和转角(弧度)参数，实现在经纬度方向上根据弧度绘制剖分之后的球体。当浏览器显示页面时，根据指定的弧度绘制的剖分球体如图 058-1 所示。

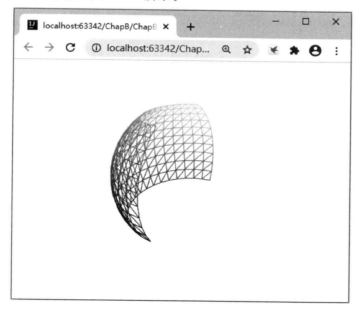

图　058-1

主要代码如下：

```
<body><center id="myContainer"></center>
<script>
//创建渲染器
var myRenderer = new THREE.WebGLRenderer({antialias:true});
myRenderer.setPixelRatio(window.devicePixelRatio);
myRenderer.setSize(window.innerWidth,window.innerHeight);
$("#myContainer").append(myRenderer.domElement);
var myScene = new THREE.Scene();
myScene.background = new THREE.Color('white');
var myCamera = new THREE.PerspectiveCamera(45,480/320,0.1,1000);
myCamera.position.set(1.5599116746198947,1.509078998195788,5.593688956725154);
myCamera.lookAt(new THREE.Vector3(0,0,0));
myCamera.rotateX(-0.26350903631970135);
myCamera.rotateY(0.2630069577395451);
myCamera.rotateZ(0.07002478056650097);
//在经纬度方向上根据指定的弧度绘制(剖开之后的)球体
var mySphereGeometry = new THREE.SphereGeometry(2,18,10,
                       -Math.PI/2,Math.PI,Math.PI/6,Math.PI/2);
var mySphereMaterial = new THREE.MeshNormalMaterial({
                       wireframe:true,transparent:true});
var mySphereMesh = new THREE.Mesh(mySphereGeometry,mySphereMaterial);
mySphereMesh.position.set(-2,-2,0);
myScene.add(mySphereMesh);
//渲染在经纬度方向上根据指定的弧度绘制(剖开之后的)球体
myRenderer.render(myScene,myCamera);
</script></body>
```

在上面这段代码中，mySphereGeometry = new THREE.SphereGeometry(2,18,10,-Math.PI/2, Math.PI, Math.PI/6, Math.PI/2)语句用于创建在经纬度方向上根据指定的弧度剖分之后的球体，(-Math.PI/2, Math.PI)表示在经度方向上的起始弧度为-Math.PI/2，跨过的弧度是Math.PI；(Math.PI/6, Math.PI/2)表示在纬度方向上的起始弧度为Math.PI/6，跨过的弧度是Math.PI/2。

此实例的源文件是 MyCode\ChapB\ChapB042.html。

059　在场景中以嵌套方式绘制多个球体

此实例主要通过使用add方法实现在场景中以嵌套方式绘制多个球体。当浏览器显示页面时，以嵌套方式绘制的多个球体如图059-1所示。

主要代码如下：

```
<body><center id="myContainer"></center>
<script>
var myMouseX = 0,myMouseY = 0;
//创建渲染器
var myRenderer = new THREE.WebGLRenderer({antialias:true});
myRenderer.setSize(window.innerWidth,window.innerHeight);
$("#myContainer").append(myRenderer.domElement);
var myScene = new THREE.Scene();
myScene.background = new THREE.Color(0xffffff);
var myCamera = new THREE.PerspectiveCamera(60,
               window.innerWidth/window.innerHeight,0.1,1000);
```

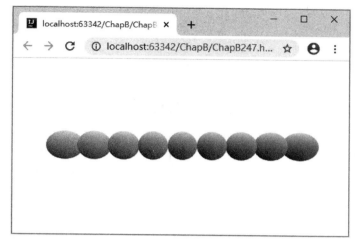

图　059-1

```
myCamera.position.z = 500;
//创建第一个球体
var myGeometry = new THREE.SphereBufferGeometry(50,100,100);
var myMaterial = new THREE.MeshNormalMaterial();
var myParentSphere = new THREE.Mesh(myGeometry,myMaterial);
myParentSphere.position.x = -400;
myScene.add(myParentSphere);
//以嵌套方式连续创建 8 个球体
for(var i = 0;i < 8;i ++){
  var myChildSphere = new THREE.Mesh(myGeometry,myMaterial);
  myChildSphere.position.x = 100;
  myParentSphere.add(myChildSphere);
  myParentSphere = myChildSphere;
}
document.addEventListener('mousemove',function(event){
  myMouseX = (event.clientX - (window.innerWidth/2)) * 10;
  myMouseY = (event.clientY - (window.innerHeight/2)) * 10;
},false);
//渲染 9 个球体
animate();
function animate(){
  requestAnimationFrame(animate);
  var myTime = Date.now() * 0.001 + 10000;
  var myRotationX = Math.sin(myTime * 0.7) * 0.2;
  var myRotationY = Math.sin(myTime * 0.3) * 0.1;
  var myRotationZ = Math.sin(myTime * 0.2) * 0.1;
  myCamera.position.x += (myMouseX - myCamera.position.x) * 0.05;
  myCamera.position.y -= (myMouseY + myCamera.position.y) * 0.05;
  myCamera.lookAt(myScene.position);
  myParentSphere.traverse(function(object){
    object.rotation.x = myRotationX;
    object.rotation.y = myRotationY;
    object.rotation.z = myRotationZ;
  });
  myRenderer.render(myScene,myCamera);
}
</script></body>
```

在上面这段代码中,myParentSphere.add(myChildSphere)语句表示将子球体添加到父球体(此处的球体不仅是一个球,而且是一个容器)。myParentSphere＝myChildSphere 语句表示将当前子球体设置为下一个子球体的父球体(容器),从而实现以嵌套的方式添加多个球体。

此实例的源文件是 MyCode\ChapB\ChapB247.html。

060　在场景中同时绘制球体和圆柱体

此实例主要通过使用 THREE.SphereGeometry 和 THREE.CylinderGeometry 实现在场景中同时绘制球体和圆柱体。当浏览器显示页面时,在场景中同时绘制球体和圆柱体的效果如图 060-1 所示。

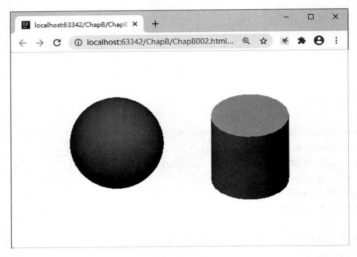

图　060-1

主要代码如下：

```
<body><center id="myContainer"></center>
<script>
//创建渲染器
var myRenderer = new THREE.WebGLRenderer({antialias:true});
var myWidth = 480,myHeight = 320;
myRenderer.setSize(myWidth,myHeight);
myRenderer.setClearColor("white",1);
 $("#myContainer").append(myRenderer.domElement);
var myScene = new THREE.Scene();
var myLight = new THREE.PointLight("white");
myLight.position.set(400,800,300);
myScene.add(myLight);
var k = myWidth/myHeight,s = 120;
var myCamera = new THREE.OrthographicCamera(-s*k,s*k,s,-s,1,1000);
myCamera.position.set(400,300,200);
myCamera.lookAt(myScene.position);
//创建球体
var mySphereGeometry = new THREE.SphereGeometry(60,40,40);
var mySphereMaterial = new THREE.MeshLambertMaterial({color:"blue"});
var mySphereMesh = new THREE.Mesh(mySphereGeometry,mySphereMaterial);
mySphereMesh.translateY(-100);
mySphereMesh.translateX(-180);
```

```
myScene.add(mySphereMesh);
//创建圆柱体
var myCylinderGeometry = new THREE.CylinderGeometry(50,50,100,25);
var myCylinderMaterial = new THREE.MeshLambertMaterial({color:"green"});
var myCylinderMesh = new THREE.Mesh(myCylinderGeometry,myCylinderMaterial);
myCylinderMesh.translateY(120);
myCylinderMesh.translateX(200);
myScene.add(myCylinderMesh);
//渲染球体和圆柱体
myRenderer.render(myScene,myCamera);
</script></body>
```

在上面这段代码中，mySphereGeometry＝new THREE.SphereGeometry(60,40,40)语句用于根据参数创建指定大小的球体。mySphereMesh.translateY(－100)语句和mySphereMesh.translateX(－180)语句用于调整（球体）网格在 x 轴上和 y 轴上的位置。myCylinderGeometry ＝ new THREE.CylinderGeometry(50,50,100,25)语句用于根据参数创建指定大小的圆柱体。myCylinderMesh.translateY(120)语句和 myCylinderMesh.translateX(200)语句用于调整（圆柱体）网格在 x 轴上和 y 轴上的位置，如果未调整（球体或圆柱体）网格在坐标轴上的位置，则球体和圆柱体将叠加在一起；因为在默认情况下，将在中心位置绘制三维图形。

此实例的源文件是 MyCode\ChapB\ChapB002.html。

061　在场景中绘制持续旋转的球体

此实例主要通过使用 window 的 requestAnimationFrame 方法，实现持续不断地平稳旋转球体。当浏览器显示页面时，网格状的球体将按照指定的弧度围绕 y 轴一直不停地旋转，如图 061-1 所示。

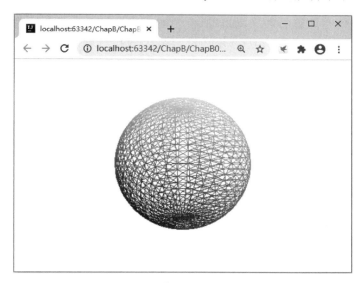

图　061-1

主要代码如下：

```
<body><center id = "myContainer"></center>
<script>
var myWidth = 480,myHeight = 320,k = myWidth/myHeight,s = 120;
//创建渲染器
```

```
var myRenderer = new THREE.WebGLRenderer();
myRenderer.setSize(myWidth,myHeight);
myRenderer.setClearColor("white",1);
 $("#myContainer").append(myRenderer.domElement);
var myScene = new THREE.Scene();
var myLight = new THREE.PointLight("white");
myLight.position.set(400,800,300);
myScene.add(myLight);
var myCamera = new THREE.OrthographicCamera(-s*k,s*k,s,-s,1,1000);
myCamera.position.set(400,300,200);
myCamera.lookAt(myScene.position);
//创建球体
var myGeometry = new THREE.SphereGeometry(80,32,32);
var myMaterial = new THREE.MeshNormalMaterial({
                               wireframe:true,transparent:true});
var myMesh = new THREE.Mesh(myGeometry,myMaterial);
myScene.add(myMesh);
//渲染(旋转)球体
animate();
function animate(){
 myMesh.rotateY(0.01);               //每次绕y轴旋转0.01弧度
 myRenderer.render(myScene,myCamera);
 requestAnimationFrame(animate);
};
</script></body>
```

在上面这段代码中，requestAnimationFrame(animate)语句的参数animate是将要被递归调用的函数名称。requestAnimationFrame()方法在调用函数时，不是立即执行而是向浏览器发起一个请求，由浏览器决定什么时候执行，一般默认保持60FPS的频率，大约每16.7毫秒调用一次requestAnimationFrame()方法指定的函数，60FPS是理想的情况，如果渲染的场景比较复杂或者硬件性能有限可能会低于这个频率。requestAnimationFrame()方法为什么设定最大的执行频率是60FPS，而不是更高？其实是因为60FPS的刷新频率完全满足人类视觉，没必要更高，否则反而浪费有限的浏览器和计算机资源。

此实例的源文件是MyCode\ChapB\ChapB004.html。

062　在场景中绘制旋转的地球模型

此实例主要通过使用THREE.SphereBufferGeometry创建球形(地球)，并按照指定的增量设置其围绕y轴的旋转角度，实现在场景中绘制旋转的地球模型。当浏览器显示页面时，地球模型将不停地围绕y轴旋转，效果分别如图062-1和图062-2所示。

主要代码如下：

```
<body><center id="myContainer"></center>
<script>
 //创建渲染器
 var myRenderer = new THREE.WebGLRenderer({antialias:true});
 myRenderer.setPixelRatio(window.devicePixelRatio);
 myRenderer.setSize(window.innerWidth,window.innerHeight);
  $("#myContainer").append(myRenderer.domElement);
 var myClock = new THREE.Clock();
 var myCamera = new THREE.PerspectiveCamera(60,
```

图　062-1

图　062-2

```
                    window.innerWidth/window.innerHeight,1,10000);
myCamera.position.set(0,100,300);
myCamera.lookAt(new THREE.Vector3(0,0,0))
var myScene = new THREE.Scene();
myScene.background = new THREE.Color('white');
myScene.add(new THREE.AmbientLight('lightgreen'));
//创建球体(地球)
var myGeometry = new THREE.SphereBufferGeometry(120,64,64);
var myMap = new THREE.TextureLoader().load('images/img007.png');
```

```
var myMaterial = new THREE.MeshPhongMaterial({map:myMap});
var myMesh = new THREE.Mesh(myGeometry,myMaterial);
myScene.add(myMesh);
//渲染(旋转)球体(地球)
animate();
function animate(){
  requestAnimationFrame(animate);
  var delta = myClock.getDelta();
  myRenderer.render(myScene,myCamera);
  //按照设置的角度增量实现绕 y 轴旋转地球
  myMesh.rotation.y += delta/5;
}
</script></body>
```

在上面这段代码中，myGeometry = new THREE.SphereBufferGeometry(120,64,64)语句用于创建一个球体。myMaterial = new THREE.MeshPhongMaterial({map:myMap})语句用于使用一幅地球图像作为球体的表面材质。myMesh = new THREE.Mesh(myGeometry,myMaterial)语句用于根据球体(几何体)和材质创建地球模型。myMesh.rotation.y += delta/5 语句用于实现围绕 y 轴旋转地球模型。THREE.SphereBufferGeometry()方法的语法格式如下：

THREE.SphereBufferGeometry(radius,segmentsWidth,segmentsHeight)

其中，参数 radius 表示球体的半径；参数 segmentsWidth 表示球体在经度方向的切片数量，值越大越平滑；参数 segmentsHeight 表示球体在纬度方向的切片数量，值越大越平滑。

此实例的源文件是 MyCode\ChapB\ChapB034.html。

063　在场景中实现小球围绕大球旋转的效果

此实例主要通过在大球(mySphereMesh1)中添加小球(mySphereMesh2)，在场景中实现(绘制)小球围绕大球旋转。当浏览器显示页面时，小球除了自转之外，还将围绕大球不停地公转，效果分别如图 063-1 和图 063-2 所示。

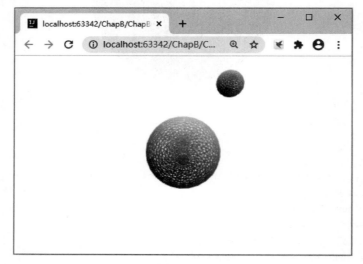

图　063-1

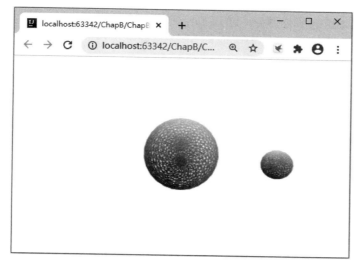

图 063-2

主要代码如下：

```
<body><center id="myContainer"></center>
<script>
//创建渲染器
var myRenderer = new THREE.WebGLRenderer({antialias:true});
myRenderer.setSize(window.innerWidth,window.innerHeight);
myRenderer.setClearColor('white',1.0);
$("#myContainer").append(myRenderer.domElement);
var myCamera = new THREE.PerspectiveCamera(45,
            window.innerWidth/window.innerHeight,0.1,1000);
myCamera.position.set(3.9,60.18,15.1);
myCamera.lookAt(new THREE.Vector3(0,0,0));
var myScene = new THREE.Scene();
//创建大球
var mySphereGeometry1 = new THREE.SphereBufferGeometry(10,26,26);
var mySphereMaterial1 = new THREE.MeshNormalMaterial({wireframe:true,
                                                    transparent:true});
var mySphereMesh1 = new THREE.Mesh(mySphereGeometry1,mySphereMaterial1);
myScene.add( mySphereMesh1);
//创建小球
var mySphereGeometry2 = new THREE.SphereBufferGeometry(4,16,16);
var mySphereMaterial2 = new THREE.MeshNormalMaterial({wireframe:true,
                                                    transparent:true});
var mySphereMesh2 = new THREE.Mesh(mySphereGeometry2,mySphereMaterial2);
mySphereMesh2.translateX(26);
//将小球与大球合成一个整体
mySphereMesh1.add(mySphereMesh2);
//渲染大球和小球的旋转
var myStep = 0.01;
animate();
function animate(){
    requestAnimationFrame(animate);
    //旋转小球与大球这个整体,公转
    mySphereMesh1.rotation.y += myStep;
```

```
        //旋转小球,自转
        mySphereMesh2.rotation.y += 2 * myStep;
        myRenderer.render(myScene,myCamera);
    };
</script></body>
```

在上面这段代码中,mySphereGeometry1＝new THREE.SphereBufferGeometry(10,26,26)语句用于创建大球。mySphereGeometry2＝new THREE.SphereBufferGeometry(4,16,16)语句用于创建小球。mySphereMesh1.add(mySphereMesh2)语句用于将小球与大球合成一个整体。mySphereMesh1.rotation.y+＝myStep语句用于设置大球(公转)围绕y轴的旋转速度。mySphereMesh2.rotation.y+＝2* myStep 语句用于设置小球(自转)围绕y轴的旋转速度。

此实例的源文件是 MyCode\ChapB\ChapB095.html。

064　在场景中围绕隐藏的中心旋转球体

此实例主要通过使用 THREE.Object3D 创建一个不可见的对象(中心),从而在场景中实现圆球围绕不可见的中心旋转。当浏览器显示页面时,圆球除了自转之外,还将围绕不可见的中心不停地公转,效果分别如图 064-1 和图 064-2 所示。

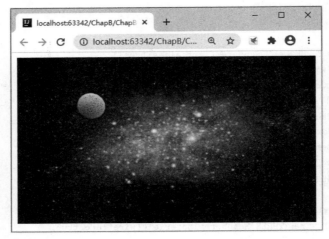

图　064-1

图　064-2

主要代码如下:

```
<body><center id = "myContainer"></center>
<script>
//创建渲染器
var myRenderer = new THREE.WebGLRenderer({antialias:true});
myRenderer.setSize(window.innerWidth,window.innerHeight);
myRenderer.setClearColor('white',1.0);
 $("#myContainer").append(myRenderer.domElement);
var myCamera = new THREE.PerspectiveCamera(45,
                    window.innerWidth/window.innerHeight,0.1,1000);
myCamera.position.set(3.9,60.18,15.1);
myCamera.lookAt(new THREE.Vector3(0,0,0));
var myScene = new THREE.Scene();
var myMap = THREE.ImageUtils.loadTexture("images/img052.jpg");
myScene.background = myMap;
//创建不可见的旋转中心
var myPivot = new THREE.Object3D();
myScene.add(myPivot);
//创建圆球
var mySphereGeometry = new THREE.SphereBufferGeometry(4,16,16);
var mySphereMaterial = new THREE.MeshNormalMaterial({wireframe:true,
                                                     transparent:true});
var mySphereMesh = new THREE.Mesh(mySphereGeometry,mySphereMaterial);
mySphereMesh.translateX(26);
//将圆球与旋转中心合成一个整体
myPivot.add(mySphereMesh);
//渲染旋转运动
var myStep = 0.01;
animate();
function animate(){
 requestAnimationFrame(animate);
 //旋转整体(圆球与中心),公转
 myPivot.rotation.y += myStep;
 //旋转圆球,自转
 mySphereMesh.rotation.y += 2 * myStep;
 myRenderer.render(myScene,myCamera);
};
</script></body>
```

在上面这段代码中,myPivot = new THREE.Object3D()语句用于创建一个对象作为旋转中心,在此实例中它是不可见的。myPivot.add(mySphereMesh)语句表示将旋转中心和圆球合成为一个整体。myPivot.rotation.y += myStep 语句表示按照指定的速度进行公转。mySphereMesh.rotation.y += 2 * myStep 语句表示圆球按照指定的速度进行自转。

此实例的源文件是 MyCode\ChapB\ChapB096.html。

065　在场景中实现沿着轨道旋转球体的效果

此实例主要通过使用 THREE.RingGeometry 创建圆环(即轨道)并使用 add 方法将其添加到旋转系统中,从而在场景中实现行星沿着轨道旋转的效果。当浏览器显示页面时,行星将沿着白色的轨道线不停地旋转,效果分别如图 065-1 和图 065-2 所示。

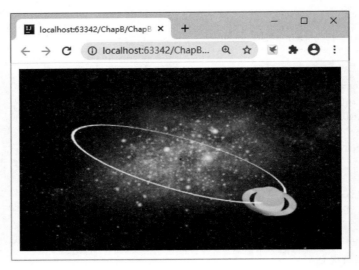

图　065-1

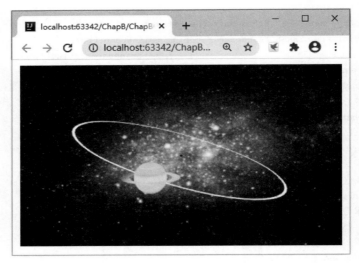

图　065-2

主要代码如下：

```
<body><center id="myContainer"></center>
<script>
//创建渲染器
var myRenderer = new THREE.WebGLRenderer({antialias:true});
myRenderer.setSize(window.innerWidth,window.innerHeight);
myRenderer.setClearColor('black',1.0);
$("#myContainer").append(myRenderer.domElement);
var myCamera = new THREE.PerspectiveCamera(20,
               window.innerWidth/window.innerHeight,1,1000);
myCamera.position.set(0,0,400);
var myScene = new THREE.Scene();
var myMap = THREE.ImageUtils.loadTexture("images/img052.jpg");
myScene.background = myMap;
//创建旋转系统
```

```
var myRotation = {x: - Math.PI * 0.42,y:Math.PI * 0.09,z:0};
var myStarRadius = 10;
var myTrackRadius = 80;
//创建太阳系
var myMesh = new THREE.Mesh(new THREE.SphereGeometry(1,1,1),
                            new THREE.MeshLambertMaterial());
//创建行星轨道
var myTrack = new THREE.Mesh(
    new THREE.RingGeometry(myTrackRadius,myTrackRadius + 2,50,1),
    new THREE.MeshBasicMaterial());
//创建行星
var myStar = new THREE.Mesh(
    new THREE.SphereGeometry(myStarRadius,30,30),
    new THREE.MeshBasicMaterial({
      map:THREE.ImageUtils.loadTexture('images/img077.png')}));
myStar.position.set(myTrackRadius,0,0);
myStar.rotation.x = 1.9;
//创建行星环
var myStarRing = new THREE.Mesh(
    new THREE.RingGeometry(myStarRadius + 3,myStarRadius + 8,50,1),
    new THREE.MeshBasicMaterial({
      map:THREE.ImageUtils.loadTexture('images/img077.png'),
      side:THREE.DoubleSide}));
//创建行星环旋转中心
myStarCenter = new THREE.Object3D();
myStarCenter.add(myStarRing);
myStarCenter.position.set(myTrackRadius,0,0);
myStarCenter.rotation.x = 0.3;
//创建太阳系中心
var myCenter = new THREE.Object3D();
myCenter.add(myStar);
myCenter.add(myTrack);
myCenter.add(myStarCenter);
myMesh.add(myCenter);
myMesh.rotation.set(myRotation.x,myRotation.y,myRotation.z);
myScene.add(myMesh);
//渲染旋转系统
animate();
function animate(){
  myRenderer.render(myScene,myCamera);
  myMesh.rotation.z -= 0.01;
  requestAnimationFrame(animate);
}
</script></body>
```

在上面这段代码中，myStarCenter＝new THREE.Object3D()语句用于创建一个不可见的旋转中心（或者说是一个空间系统）。myStarCenter.position.set(myTrackRadius,0,0)语句中的参数myTrackRadius指定myStarCenter在整个场景中的相对位置。

此实例的源文件是 MyCode\ChapB\ChapB100.html。

066 在场景中为球体添加弹跳动画

此实例主要通过改变球体网格（THREE.Mesh）的position属性的x、y子属性，实现在场景中为球体添加弹跳动画。当浏览器显示页面时,绿色的小球将不停地按照指定的曲线弹跳,效果分别如图 066-1 和图 066-2 所示。

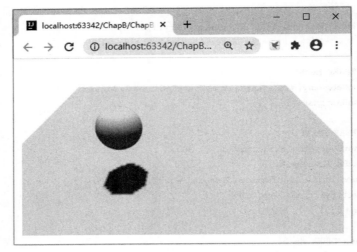

图 066-1

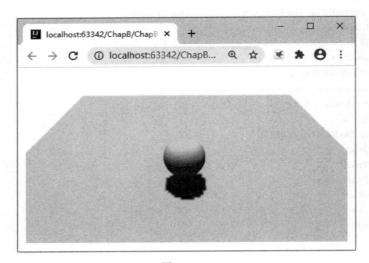

图 066-2

主要代码如下:

```
<body><center id="myContainer"></center>
<script>
//创建渲染器
var myRenderer = new THREE.WebGLRenderer({antialias:true});
myRenderer.setSize(window.innerWidth,window.innerHeight);
myRenderer.setClearColor('white',1.0);
myRenderer.shadowMap.enabled = true;
myRenderer.shadowMap.type = THREE.PCFSoftShadowMap;
$("#myContainer").append(myRenderer.domElement);
var myCamera = new THREE.PerspectiveCamera(45,
    window.innerWidth/window.innerHeight,0.1,1000);
myCamera.position.set(0,40,50);
myCamera.lookAt(new THREE.Vector3(0,0,0));
```

```
    var myScene = new THREE.Scene();
    myScene.add(new THREE.AmbientLight(0x444444));
    var myLight = new THREE.PointLight(0xffffff);
    myLight.position.set(-10,200,-20);
    myLight.castShadow = true;
    myScene.add(myLight);
    //创建投影(阴影)平面
    var myPlaneGeometry = new THREE.PlaneGeometry(100,100);
    var myPlaneMaterial = new THREE.MeshStandardMaterial({color:0xaaaaaa});
    var myPlaneMesh = new THREE.Mesh(myPlaneGeometry,myPlaneMaterial);
    myPlaneMesh.rotation.x = -0.5 * Math.PI;
    myPlaneMesh.receiveShadow = true;
    myScene.add(myPlaneMesh);
    //创建球体
    var mySphereGeometry = new THREE.SphereGeometry(5,60,60);
    var mySphereMaterial = new THREE.MeshLambertMaterial({color:0x00ff00});
    mySphereMesh = new THREE.Mesh(mySphereGeometry,mySphereMaterial);
    mySphereMesh.position.x = 40;
    mySphereMesh.position.y = 20;
    mySphereMesh.position.z = 10;
    //设置球体需要投射阴影
    mySphereMesh.castShadow = true;
    myScene.add(mySphereMesh);
    //渲染投影球体
    animate();
    var myStep = 0;
    function animate(){
     myRenderer.render(myScene,myCamera);
     //处理位置变化的球体的移动
     myStep += 0.05;
     mySphereMesh.position.x = 10 * Math.cos(myStep) - 10;
     mySphereMesh.position.y = 5 + Math.abs(Math.sin(myStep)) * 10;
     requestAnimationFrame(animate);
    }
</script></body>
```

在上面这段代码中，mySphereMesh.position.x＝10 * Math.cos(myStep)－10 语句表示根据指定的增量(myStep)在 x 方向上移动球体。animate()是一个递归函数,每调用一次 animate()函数,myStep 都会增加 0.05。

此实例的源文件是 MyCode\ChapB\ChapB122.html。

067　在场景中绘制整周样条曲线图形

此实例主要通过使用 THREE.LatheGeometry 方法,实现在场景中绘制由样条曲线旋转一周形成的图形。当浏览器显示页面时,样条曲线图形将在场景中任意漂浮,效果分别如图 067-1 和图 067-2 所示。

主要代码如下：

```
<body><center id = "myContainer"></center>
<script>
    //创建渲染器
    var myRenderer = new THREE.WebGLRenderer({antialias:true});
```

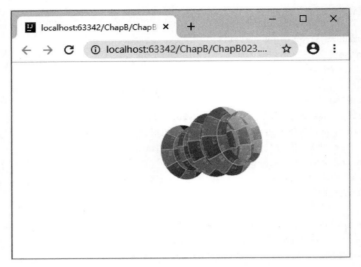

图 067-1

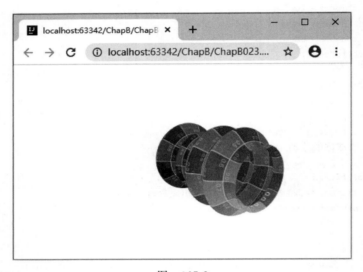

图 067-2

```
myRenderer.setSize(window.innerWidth,window.innerHeight);
myRenderer.setClearColor('white',1.0);
$("#myContainer").append(myRenderer.domElement);
var myScene = new THREE.Scene();
var myCamera = new THREE.PerspectiveCamera(45,
                window.innerWidth/window.innerHeight,0.1,1000);
myCamera.position.set(0,0,0);
myScene.add(myCamera);
//根据三角函数设置样条曲线的点
var myPoints = [];
for(var i = 0;i < 90;i ++){
 myPoints.push(new THREE.Vector2(Math.sin(i * 0.2)
                        * Math.sin(i * 0.1) * 15 + 50,(i - 5) * 2));
}
//创建整周样条曲线图形
var myGeometry = new THREE.LatheGeometry(myPoints,400);
```

```
var myMap = new THREE.TextureLoader().load("images/img002.jpg");
myMap.wrapS = myMap.wrapT = THREE.RepeatWrapping;
myMap.anisotropy = 16;
var myMaterial = new THREE.MeshBasicMaterial({map:myMap,side:THREE.DoubleSide});
var myMesh = new THREE.Mesh(myGeometry,myMaterial);
myMesh.position.set(0,0,0);
myScene.add(myMesh);
//渲染整周样条曲线图形
animate();
function animate(){
  requestAnimationFrame(animate);
  var myTimer = Date.now() * 0.0001;
  myCamera.position.x = Math.cos(myTimer) * 340;
  myCamera.position.y = Math.cos(myTimer) * 340;
  myCamera.position.z = Math.sin(myTimer) * 340;
  myCamera.lookAt(myScene.position);
  myMesh.rotation.x = myTimer * 5;
  myMesh.rotation.y = myTimer * 3;
  myMesh.rotation.z = myTimer * 2;
  myRenderer.render(myScene,myCamera);
}
</script></body>
```

在上面这段代码中,myGeometry=new THREE.LatheGeometry(myPoints,400)语句用于根据样条曲线的点创建样条曲线几何体。样条曲线是指给定一组控制点而得到一条曲线,曲线的大致形状由这些点控制,一般可分为插值样条和逼近样条两种,插值样条通常用于数字化绘图或动画的设计,逼近样条一般用来构造物体的表面。THREE.LatheGeometry()方法的语法格式如下:

```
THREE.LatheGeometry(points,segments);
```

其中,参数 points 表示构成样条曲线的点;参数 segments 表示形成样条曲线几何体的切片数量。

此实例的源文件是 MyCode\ChapB\ChapB023.html。

068 在场景中绘制半周样条曲线图形

此实例主要通过在 THREE.LatheGeometry 方法中设置 phiStart 参数和 phiLength 参数,实现在场景中绘制由样条曲线旋转半周(也可以为任意弧度)形成的图形。当浏览器显示页面时,半周样条曲线图形将在场景中任意漂浮,效果分别如图 068-1 和图 068-2 所示。

主要代码如下:

```
<body><center id="myContainer"></center>
<script>
//创建渲染器
var myRenderer = new THREE.WebGLRenderer({antialias:true});
myRenderer.setSize(window.innerWidth,window.innerHeight);
myRenderer.setClearColor('white',1.0);
$("#myContainer").append(myRenderer.domElement);
var myScene = new THREE.Scene();
var myCamera = new THREE.PerspectiveCamera(45,
                    window.innerWidth/window.innerHeight,0.1,1000);
myCamera.position.set(0,0,0);
myScene.add(myCamera);
```

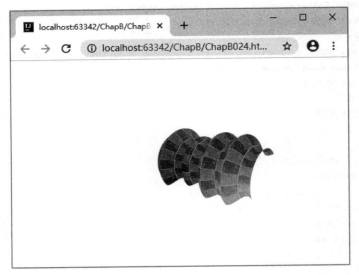

图 068-1

图 068-2

```
//根据三角函数设置样条曲线的点
var myPoints = [ ];
for( var i = 0; i < 90; i ++ ){
 myPoints.push(new THREE.Vector2(
                    Math.sin( i * 0.2) * Math.sin( i * 0.1) * 15 + 50,( i - 5) * 2));
}
//创建半周样条曲线图形
var myGeometry = new THREE.LatheGeometry(myPoints,400,0,Math.PI);
var myMap = new THREE.TextureLoader().load("images/img002.jpg");
myMap.wrapS = myMap.wrapT = THREE.RepeatWrapping;
myMap.anisotropy = 16;
var myMaterial = new THREE.MeshBasicMaterial({map:myMap,side:THREE.DoubleSide});
var myMesh = new THREE.Mesh(myGeometry,myMaterial);
myMesh.position.set(0,0,0);
myScene.add(myMesh);
```

```
//渲染半周样条曲线图形
animate();
function animate(){
 requestAnimationFrame(animate);
 var myTimer = Date.now() * 0.0001;
 myCamera.position.x = Math.cos(myTimer) * 340;
 myCamera.position.y = Math.cos(myTimer) * 340;
 myCamera.position.z = Math.sin(myTimer) * 340;
 myCamera.lookAt(myScene.position);
 myMesh.rotation.x = myTimer * 5;
 myMesh.rotation.y = myTimer * 3;
 myMesh.rotation.z = myTimer * 2;
 myRenderer.render(myScene,myCamera);
}
</script></body>
```

在上面这段代码中，myGeometry=new THREE.LatheGeometry(myPoints,400,0,Math.PI)语句用于创建半周样条曲线图形。THREE.LatheGeometry()方法的语法格式如下：

THREE.LatheGeometry(points,segments,phiStart,phiLength);

其中，参数 points 表示构成样条曲线的点；参数 segments 表示形成样条曲线图形的切片数量；参数 phiStart 表示旋转（圆）的起始位置，取值范围是 0~2*Math.PI，默认为 0；参数 phiLength 表示旋转（圆）的转角（弧度），如四分之一就是 0.5*Math.PI，默认是完整旋转一周，即 2*Math.PI。

此实例的源文件是 MyCode\ChapB\ChapB024.html。

069 在场景中绘制样条曲线及其图形

此实例主要通过使用正弦函数和余弦函数创建自定义样条曲线，并使用（非常小的）球体代表样条曲线的点，实现在场景中绘制样条曲线及其样条曲线在旋转一周之后生成的图形。当浏览器显示页面时，绿色的虚线表示样条曲线，网状葫芦则是样条曲线图形，它由样条曲线（虚线）围绕中心线（y 轴）旋转一周形成，如图 069-1 所示。

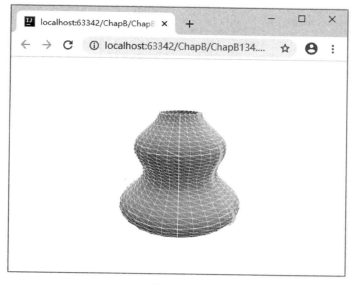

图 069-1

主要代码如下：

```html
<!DOCTYPE html><html><head><meta charset="UTF-8">
<script src="ThreeJS/three.js"></script>
<script src="ThreeJS/jquery.js"></script>
<script src="ThreeJS/SceneUtils.js"></script>
</head>
<body><center id="myContainer"></center>
<script>
//创建渲染器
var myRenderer = new THREE.WebGLRenderer({antialias:true});
myRenderer.setSize(window.innerWidth,window.innerHeight);
myRenderer.setClearColor('white',1.0);
$("#myContainer").append(myRenderer.domElement);
var myScene = new THREE.Scene();
var myCamera = new THREE.PerspectiveCamera(45,
                   window.innerWidth/window.innerHeight,1,1000);
myCamera.position.set(40.06,20.92,52.68);
myCamera.lookAt(new THREE.Vector3(0,0,0));
//自定义样条曲线的点
generatePoints(120,2,2*Math.PI);
function generatePoints(segments,phiStart,phiLength){
 var myPoints = [];
 var myHeight = 5;
 var myCount = 30;
 for(var i = 0;i<myCount;i++){
  myPoints.push(new THREE.Vector3((Math.sin(i*0.2)
         + Math.cos(i*0.3))*myHeight + 12,(i-myCount) + myCount/2,0));
 }
 //在场景中绘制样条曲线
 var myGroup = new THREE.Object3D();
 var myMeshBasicMaterial = new THREE.MeshBasicMaterial({color:0x00ff00});
 myPoints.forEach(function(point){
  //使用球体代表样条曲线的点
  var myGeometry = new THREE.SphereGeometry(0.6);
  var myMesh = new THREE.Mesh(myGeometry,myMeshBasicMaterial);
  myMesh.position.copy(point);
  myGroup.add(myMesh);
 });
 myScene.add(myGroup);
 //在场景中绘制样条曲线生成的几何体(葫芦)，即样条曲线图形
 var myLatheGeometry = new THREE.LatheGeometry(myPoints,30);
 var myMeshNormalMaterial = new THREE.MeshNormalMaterial();
 myMeshNormalMaterial.side = THREE.DoubleSide;
 var myMeshBasicMaterial = new THREE.MeshBasicMaterial();
 myMeshBasicMaterial.wireframe = true;
 var myLatheMesh = THREE.SceneUtils.createMultiMaterialObject(
         myLatheGeometry,[myMeshNormalMaterial,myMeshBasicMaterial]);
 myScene.add(myLatheMesh);
}
//渲染样条曲线及其图形
myRenderer.render(myScene,myCamera);
</script></body></html>
```

在上面这段代码中，myPoints用于保存自定义样条曲线的点，如果把这些点连接起来，就是样条

曲线。myLatheGeometry = new THREE.LatheGeometry(myPoints,30)语句则是根据参数 myPoints 代表的点生成的样条曲线几何体,即样条曲线旋转一周。此外需要注意:此实例需要添加 SceneUtils.js 文件。

此实例的源文件是 MyCode\ChapB\ChapB134.html。

070 在场景中绘制样条曲线的线框盒

此实例主要通过使用 THREE.BoxHelper,实现根据样条曲线图形(或其他三维图形)绘制线框盒(即刚好能够装下此三维图形的盒子)。当浏览器显示页面时,样条曲线图形及其线框盒如图 070-1 所示。

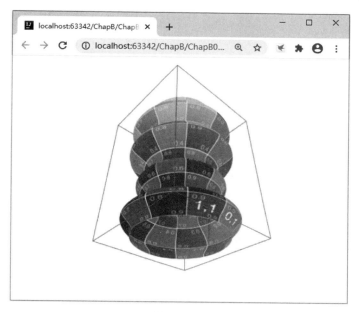

图 070-1

主要代码如下:

```
<body><center id="myContainer"></center>
<script>
//创建渲染器
var myRenderer = new THREE.WebGLRenderer({antialias:true});
myRenderer.setSize(window.innerWidth,window.innerHeight);
myRenderer.setClearColor('white',1.0);
$("#myContainer").append(myRenderer.domElement);
var myScene = new THREE.Scene();
var myCamera = new THREE.PerspectiveCamera(45,
                  window.innerWidth/window.innerHeight,30,1000);
myCamera.position.set(-172.94,-204.34,194.46);
myCamera.lookAt(new THREE.Vector3(0,0,0));
//根据三角函数设置样条曲线的点
var myPoints = [];
for(var i = 0;i<90;i++){
  myPoints.push(new THREE.Vector2(Math.sin(i*0.2)
                      * Math.sin(i*0.1)*15+50,(i-5)*2));
}
//创建样条曲线图形
```

```
    var myGeometry = new THREE.LatheGeometry(myPoints,400);
    var myMap = new THREE.TextureLoader().load("images/img002.jpg");
    var myMaterial = new THREE.MeshBasicMaterial({map:myMap,side:THREE.DoubleSide});
    var myMesh = new THREE.Mesh(myGeometry,myMaterial);
    myMesh.translateY(-70);
    myScene.add(myMesh);
    //根据样条曲线图形绘制线框盒
    var myBox = new THREE.BoxHelper(myMesh,'red');
    myScene.add(myBox);
    //渲染样条曲线图形及其线框盒
    animate();
    function animate(){
      requestAnimationFrame(animate);
      myRenderer.render(myScene,myCamera);
    }
</script></body>
```

在上面这段代码中,myBox＝new THREE.BoxHelper(myMesh,'red')语句表示使用指定的颜色(red)根据指定的样条曲线图形(myMesh)绘制线框盒。THREE.BoxHelper()方法的语法格式如下：

```
THREE.BoxHelper(object,color)
```

其中,参数 object 表示绘制线框盒的(图形)对象；参数 color 表示线框盒的颜色。

此实例的源文件是 MyCode\ChapB\ChapB056.html。

071 在场景中绘制旋转的圆环面

此实例主要通过使用 THREE.RingGeometry 并动态设置透视投影照相机的位置,实现在场景中绘制旋转(漂浮)的圆环面(电影光盘)。当浏览器显示页面时,在场景中绘制的不停旋转(漂浮)的圆环面(电影光盘)的效果分别如图 071-1 和图 071-2 所示。

图　071-1

图 071-2

主要代码如下：

```
<body><center id = "myContainer"></center>
<script>
//创建渲染器
var myRenderer = new THREE.WebGLRenderer({antialias:true});
myRenderer.setSize(window.innerWidth,window.innerHeight);
myRenderer.setClearColor('white',1.0);
 $("#myContainer").append(myRenderer.domElement);
var myCamera = new THREE.PerspectiveCamera(45,
                        window.innerWidth/window.innerHeight,1,1000);
var myScene = new THREE.Scene();
myScene.add(new THREE.AmbientLight('yellow'));
var myLight = new THREE.DirectionalLight('white');
myLight.position.set(0,1,0);
myScene.add(myLight);
//加载图像生成纹理(贴图)
var myMap = new THREE.TextureLoader().load("images/img006.jpg");
myMap.wrapS = myMap.wrapT = THREE.RepeatWrapping;
myMap.anisotropy = 16;
//创建贴图材质
var myMaterial = new THREE.MeshLambertMaterial({map:myMap,
                                        side:THREE.DoubleSide});
//创建圆环面
var myGeometry = new THREE.RingGeometry(40,180,1000);
var myMesh = new THREE.Mesh(myGeometry,myMaterial);
myMesh.position.set(0,0,0);
myScene.add(myMesh);
//渲染圆环面
animate();
function animate(){
 requestAnimationFrame(animate);
 var myTimer = Date.now() * 0.0001;
 myCamera.position.x = Math.cos(myTimer) * 400;
```

```
        myCamera.position.y = Math.cos(myTimer) * 400;
        myCamera.position.z = Math.sin(myTimer) * 400;
        myCamera.lookAt(myScene.position);
        myMesh.rotation.x = myTimer * 5;
        myMesh.rotation.y = myTimer * 3;
        myMesh.rotation.z = myTimer * 2;
        myRenderer.render(myScene,myCamera);
    }
</script></body>
```

在上面这段代码中，myGeometry＝new THREE.RingGeometry(40,180,1000)语句用于创建一个圆环面，其中，"40"表示圆环面的内圆半径，"180"表示圆环面的外圆半径，"1000"表示圆环面的切片数量，该值越大，圆环越圆，默认值为"8"，最小值为"3"；如果为"3"，该图形就成为大三角形里面嵌套一个小三角形；如果为"4"，该图形就成为大正方形里面嵌套一个小正方形；如果为"5"，该图形就成为大五边形里面嵌套一个小五边形，以此类推。

此实例的源文件是 MyCode\ChapB\ChapB025.html。

072　在场景中绘制旋转的扇面

此实例主要通过在 THREE.RingGeometry() 方法的参数中设置起始位置和转角，实现在场景中绘制旋转（漂浮）的扇面。当浏览器显示页面时，在场景中绘制的不停旋转（漂浮）的扇面的效果分别如图 072-1 和图 072-2 所示。

图　072-1

主要代码如下：

```
<body><center id="myContainer"></center>
<script>
//创建渲染器
var myRenderer = new THREE.WebGLRenderer({antialias:true});
myRenderer.setSize(window.innerWidth,window.innerHeight);
myRenderer.setClearColor('white',1.0);
 $("#myContainer").append(myRenderer.domElement);
var myCamera = new THREE.PerspectiveCamera(45,
```

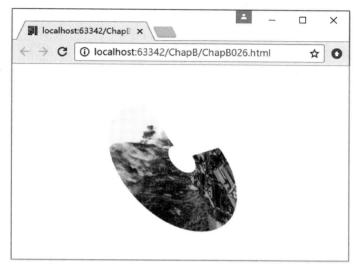

图 072-2

```
                        window.innerWidth/window.innerHeight,1,1000);
var myScene = new THREE.Scene();
myScene.add(new THREE.AmbientLight('yellow'));
var myLight = new THREE.DirectionalLight('white');
myLight.position.set(0,1,0);
myScene.add(myLight);
//加载图像生成纹理(贴图)
var myMap = new THREE.TextureLoader().load("images/img006.jpg");
myMap.wrapS = myMap.wrapT = THREE.RepeatWrapping;
myMap.anisotropy = 16;
//创建贴图材质
var myMaterial = new THREE.MeshLambertMaterial({map:myMap,
                                                side:THREE.DoubleSide});
//创建扇面
var myGeometry = new THREE.RingGeometry(40,180,200,8,Math.PI/4,Math.PI*2/8*6);
var myMesh = new THREE.Mesh(myGeometry,myMaterial);
myMesh.position.set(0,0,0);
myScene.add(myMesh);
//渲染扇面
animate();
function animate(){
  requestAnimationFrame(animate);
  var myTimer = Date.now() * 0.0001;
  myCamera.position.x = Math.cos(myTimer) * 400;
  myCamera.position.y = Math.cos(myTimer) * 400;
  myCamera.position.z = Math.sin(myTimer) * 400;
  myCamera.lookAt(myScene.position);
  myMesh.rotation.x = myTimer * 5;
  myMesh.rotation.y = myTimer * 3;
  myMesh.rotation.z = myTimer * 2;
  myRenderer.render(myScene,myCamera);
}
</script></body>
```

在上面这段代码中,myGeometry = new THREE.RingGeometry(40,180,200,8,Math.PI/4,

Math.PI*2/8*6)语句用于创建一个扇面。THREE.RingGeometry()方法的语法格式如下：

THREE.RingGeometry(innerRadius,outerRadius,thetaSegments,
phiSegments,thetaStart,thetaLength)

其中，参数 innerRadius 表示内圆的半径；参数 outerRadius 表示外圆的半径；参数 thetaSegments 表示径向切片数量，最小值是 3，默认值是 8；参数 phiSegments 表示环向切片数量，最小值是 1，默认值是 8；参数 thetaStart 表示起始角度，默认值是 0，三点钟方向，参数 thetaLength 表示扇面转角大小，默认值是 2* Math.PI。

此实例的源文件是 MyCode\ChapB\ChapB026.html。

073　在场景中绘制正弦样式的管子

此实例主要通过在 THREE.TubeGeometry()方法的参数中设置自定义正弦曲线，实现在场景中绘制正弦形管子。当浏览器显示页面时，在场景中绘制的正弦形管子如图 073-1 所示。

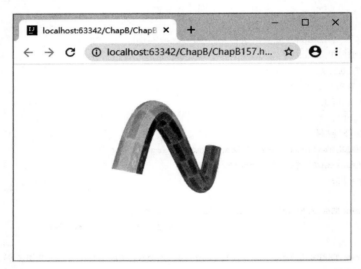

图　073-1

主要代码如下：

```
<body><div id="myContainer"></div>
<script>
//创建渲染器
var myCamera,myScene,myRenderer,myMesh;
myRenderer = new THREE.WebGLRenderer({antialias:true});
myRenderer.setSize(window.innerWidth,window.innerHeight);
myRenderer.setClearColor('white',1.0);
$("#myContainer").append(myRenderer.domElement);
myCamera = new THREE.PerspectiveCamera(60,
            window.innerWidth/window.innerHeight,1,1000);
myScene = new THREE.Scene();
myCamera.position.set(0,90,0);
myCamera.lookAt(myScene.position);
//创建正弦形管子
var myTextureLoader = new THREE.TextureLoader();
myTextureLoader.load('images/img002.jpg',function(myTexture){
```

```
            var myMeshBasicMaterial = new THREE.MeshBasicMaterial({map:myTexture});
        //自定义正弦曲线
        class MySinCurve extends THREE.Curve{
          constructor(scale){
            super();
            this.scale = scale;
          }
          getPoint(t){
            var tx = t * 3 - 1.5;
            var ty = Math.sin(2 * Math.PI * t);
            var tz = 0;
            return new THREE.Vector3(tx,ty,tz).multiplyScalar(this.scale);
          }
        }
        var myPath = new MySinCurve(24);
        var myTubularSegments = 100;
        var myRadius = 6;
        var myRadialSegments = 18;
        var bClosed = false;
        var myGeometry = new THREE.TubeGeometry(myPath,
                    myTubularSegments,myRadius,myRadialSegments,bClosed);
        myMesh = new THREE.Mesh(myGeometry,myMeshBasicMaterial);
        myScene.add(myMesh);
    });
    //渲染正弦形管子
    animate();
    function animate(){
        requestAnimationFrame(animate);
        myMesh.rotation.x += 0.002;
        myMesh.rotation.y += 0.003;
        myMesh.rotation.z += 0.004;
        myRenderer.render(myScene,myCamera);
    }
</script></body>
```

在上面这段代码中，myGeometry = new THREE.TubeGeometry（myPath，myTubularSegments，myRadius，myRadialSegments，bClosed）语句用于根据指定的参数创建（正弦）管子图形。THREE.TubeGeometry()方法的语法格式如下：

THREE.TubeGeometry(path, tubularSegments, radius, segmentsRadius, closed)

其中，参数 path 表示管子的形状（曲线路径）；参数 tubularSegments 表示管子的切片数量；参数 radius 表示管子的半径；参数 segmentsRadius 表示管子圆周的切片数量；参数 closed 表示是否首尾相接。

此实例的源文件是 MyCode\ChapB\ChapB157.html。

074　在场景中自定义曲线绘制管子

此实例主要通过使用 THREE.SplineCurve3 和 THREE.TubeGeometry，实现在场景中根据自定义顶点创建的曲线绘制管子。当浏览器显示页面时，自定义曲线管子将不停地旋转，效果分别如图 074-1 和图 074-2 所示。

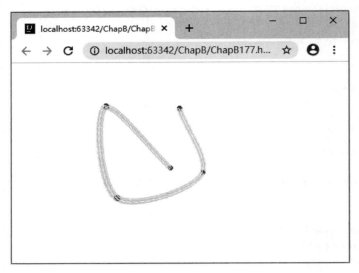

图 074-1

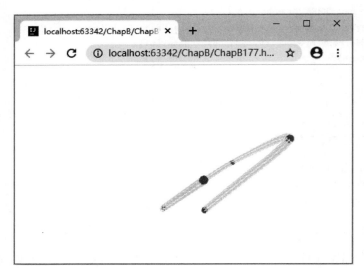

图 074-2

主要代码如下：

```
<html><head><meta charset="UTF-8">
<script src="ThreeJS/three.js"></script>
<script src="ThreeJS/jquery.js"></script>
<script src="ThreeJS/SceneUtils.js"></script>
</head>
<body><div id="myContainer"></div>
<script type="text/javascript">
//创建渲染器
var myRenderer = new THREE.WebGLRenderer({antialias:true});
myRenderer.setClearColor(new THREE.Color(0xffffff));
myRenderer.setSize(window.innerWidth,window.innerHeight);
myRenderer.shadowMapEnabled = true;
$("#myContainer").append(myRenderer.domElement);
var myScene = new THREE.Scene();
```

```
var myCamera = new THREE.PerspectiveCamera(45,
                      window.innerWidth/window.innerHeight,0.1,1000);
myCamera.position.x = -30;
myCamera.position.y = 40;
myCamera.position.z = 50;
myCamera.lookAt(new THREE.Vector3(0,0,0));
//随机设置创建曲线的5个顶点
 var myPoints = [];
 for(var i = 0;i < 5;i++){
   var randomX = -20 + Math.round(Math.random() * 50);
   var randomY = -15 + Math.round(Math.random() * 40);
   var randomZ = -20 + Math.round(Math.random() * 40);
   myPoints.push(new THREE.Vector3(randomX,randomY,randomZ));
 }
 //根据5个顶点创建组(即5个顶点作为一个整体)
 var myGroup = new THREE.Object3D();
 var myPointMaterial = new THREE.MeshBasicMaterial({
                      color:0xff0000,transparent:false});
 myPoints.forEach(function(point){
  var myPointGeometry = new THREE.SphereGeometry(1);
  var myPointMesh = new THREE.Mesh(myPointGeometry,myPointMaterial);
  myPointMesh.position.copy(point);
  myGroup.add(myPointMesh);
 });
 myScene.add(myGroup);
 //根据顶点创建曲线
 var myCurve = new THREE.SplineCurve3(myPoints);
 //根据曲线创建管子
 var myTubeGeometry = new THREE.TubeGeometry(myCurve,64,1,8,false);
 var myTubeMaterial = new THREE.MeshBasicMaterial({
                      color:0x00ff00,transparent:true,opacity:0.6});
 var myWireFrameMaterial = new THREE.MeshBasicMaterial();
 myWireFrameMaterial.wireframe = true;
 var myTubeMesh = THREE.SceneUtils.createMultiMaterialObject(
                  myTubeGeometry,[myTubeMaterial,myWireFrameMaterial]);
 myScene.add(myTubeMesh);
 //渲染曲线管子
 animate();
 var myStep = 0;
 function animate(){
   myGroup.rotation.y = myStep += 0.01;
   myTubeMesh.rotation.y = myStep += 0.01;
   requestAnimationFrame(animate);
  myRenderer.render(myScene,myCamera);
  }
</script></body></html>
```

在上面这段代码中,myCurve=new THREE.SplineCurve3(myPoints)语句用于根据顶点创建曲线。myTubeGeometry=new THREE.TubeGeometry(myCurve,64,1,8,false)语句用于根据曲线创建管子。myTubeMesh = THREE. SceneUtils. createMultiMaterialObject (myTubeGeometry,[myTubeMaterial,myWireFrameMaterial])语句用于在管子上添加线框材质,如果使用 myTubeMesh = new THREE.Mesh(myTubeGeometry,myTubeMaterial)语句,则曲线管子显示为纯色。此外需要注意:此实例需要添加 SceneUtils.js 文件。

此实例的源文件是 MyCode\ChapB\ChapB177.html。

075　在场景中自定义曲线绘制扭结

此实例主要通过使用 THREE.Curves.GrannyKnot 和 THREE.TubeBufferGeometry 实现在场景中根据自定义曲线绘制扭结(祖母结)。当浏览器显示页面时,使用自定义曲线绘制的扭结如图 075-1 所示。

图　075-1

主要代码如下：

```
<html><head><meta charset="UTF-8">
<script src="ThreeJS/three.js"></script>
<script src="ThreeJS/jquery.js"></script>
<script src="ThreeJS/OrbitControls.js"></script>
<script src="ThreeJS/CurveExtras.js"></script>
</head>
<body><center id="myContainer"></center>
<script>
//创建渲染器
var myRenderer = new THREE.WebGLRenderer({antialias:true});
myRenderer.setSize(window.innerWidth,window.innerHeight);
$("#myContainer").append(myRenderer.domElement);
var myCamera = new THREE.PerspectiveCamera(50,
                window.innerWidth/window.innerHeight,0.01,1000);
myCamera.position.set(0,50,260);
var myScene = new THREE.Scene();
myScene.background = new THREE.Color(0xffffff);
var myLight = new THREE.DirectionalLight(0xffffff);
myLight.position.set(0,0,1);
myScene.add(myLight);
var myControls = new THREE.OrbitControls(myCamera);
//创建自定义扭结
var myCurve = new THREE.Curves.GrannyKnot();
var myGeometry = new THREE.TubeBufferGeometry(myCurve,500,2,20);
var myMesh = new THREE.Mesh(myGeometry,
```

```
                new THREE.MeshLambertMaterial({color:0xff00ff}));
myMesh.scale.set(4,4,4);
myScene.add(myMesh);
//渲染自定义扭结
animate();
function animate(){
  requestAnimationFrame(animate);
  myRenderer.render(myScene,myCamera);
}
</script></body></html>
```

在上面这段代码中，myCurve=new THREE.Curves.GrannyKnot()语句用于创建自定义扭结曲线。myGeometry=new THREE.TubeBufferGeometry(myCurve,500,2,20)语句用于根据扭结曲线创建扭结几何体。THREE.TubeBufferGeometry()方法的语法格式如下：

```
THREE.TubeBufferGeometry(path,tubularSegments,radius,radialSegments)
```

其中，参数 path 表示管子的形状路径；参数 tubularSegments 表示管子的切片数量；参数 radius 表示管子的半径；参数 radialSegments 表示管口径向的切片数量。此外需要注意：此实例需要添加 OrbitControls.js 和 CurveExtras.js 文件。

此实例的源文件是 MyCode\ChapB\ChapB249.html。

076　在场景中自定义顶点绘制曲线

此实例主要通过使用 THREE.SplineCurve3，实现在场景中根据顶点绘制曲线。当浏览器显示页面时，在场景中绘制的曲线如图 076-1 所示。

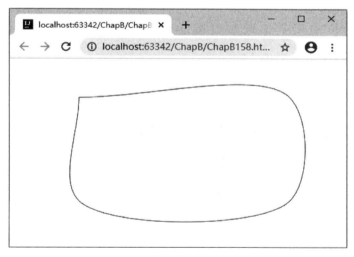

图　076-1

主要代码如下：

```
<body><div id="myContainer"></div>
<script>
//创建渲染器
var myRenderer = new THREE.WebGLRenderer({antialias:true});
myRenderer.setSize(window.innerWidth,window.innerHeight);
```

```
        myRenderer.setClearColor("white",1);
        $("#myContainer").append(myRenderer.domElement);
        var myScene = new THREE.Scene();
        var myCamera = new THREE.PerspectiveCamera(45,
                        window.innerWidth/window.innerHeight,0.1,1000);
        myCamera.position.set(0,0,100);
        myCamera.lookAt(myScene.position);
        var myPoint1 = new THREE.Vector3(-50,30,0);
        var myPoint2 = new THREE.Vector3(50,30,0);
        var myPoint3 = new THREE.Vector3(50,-20,0);
        var myPoint4 = new THREE.Vector3(-50,-20,0);
        var myPoint5 = new THREE.Vector3(-50,30,0);
        //根据顶点创建曲线图形
        var myCurve = new THREE.SplineCurve3([myPoint1,
                        myPoint2,myPoint3,myPoint4,myPoint5]);
        var myCurveGeometry = new THREE.Geometry();
        myCurveGeometry.vertices = myCurve.getPoints(250);
        var myLineMaterial = new THREE.LineBasicMaterial({color:0xff0000});
        var mySplineCurve = new THREE.Line(myCurveGeometry,myLineMaterial);
        mySplineCurve.position.set(3,-5,0);
        myScene.add(mySplineCurve);
        //渲染曲线图形
        animate();
        function animate(){
          requestAnimationFrame(animate);
          myRenderer.render(myScene,myCamera);
        }
</script></body>
```

在上面这段代码中，myCurve = new THREE.SplineCurve3([myPoint1,myPoint2,myPoint3, myPoint4,myPoint5])语句用于根据参数指定的点创建曲线。myCurveGeometry.vertices = myCurve.getPoints(250)语句表示从曲线中获取创建曲线几何体所需的顶点数为250,顶点数越多,曲线越平滑。

此实例的源文件是 MyCode\ChapB\ChapB158.html。

077 在场景中绘制甜甜圈式的圆环

此实例主要通过使用 THREE.TorusGeometry 方法,实现在场景中绘制甜甜圈样式的圆环。当浏览器显示页面时,在场景中绘制的甜甜圈样式的圆环如图 077-1 所示。

主要代码如下:

```
<body><center id = "myContainer"></center>
<script>
        //创建渲染器
        var myRenderer = new THREE.WebGLRenderer({antialias:true});
        myRenderer.setSize(window.innerWidth,window.innerHeight);
        myRenderer.setClearColor("white",1);
        $("#myContainer").append(myRenderer.domElement);
        var myScene = new THREE.Scene();
        var myWidth = 480,myHeight = 320,k = myWidth/myHeight;
        var myCamera = new THREE.OrthographicCamera(-4*k,4*k,-3*k,3*k,1,500);
        myCamera.position.set(0,0,200);
```

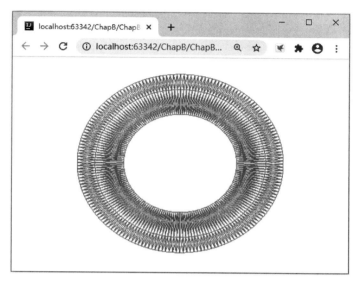

图 077-1

```
myCamera.lookAt(new THREE.Vector3(0,0,0));
//创建甜甜圈
var myGeometry = new THREE.TorusGeometry(3,1,5,180);
var myMaterial = new THREE.MeshBasicMaterial({color:0xB18904,wireframe:true});
var myMesh = new THREE.Mesh(myGeometry,myMaterial);
myScene.add(myMesh);
//渲染甜甜圈
myRenderer.render(myScene,myCamera);
</script></body>
```

在上面这段代码中，myGeometry＝new THREE.TorusGeometry(3,1,5,180)语句用于根据指定的参数绘制一个封闭的圆环。THREE.TorusGeometry()方法的语法格式如下：

THREE.TorusGeometry(radius,tube,radialSegments,tubularSegments)

其中，参数 radius 表示圆环半径；参数 tube 表示管道半径；参数 radialSegments 表示径向切片数；参数 tubularSegments 表示管道切片数，当此值足够大时（如1024），此圆环就成为实心圆环。

此实例的源文件是 MyCode\ChapB\ChapB009.html。

078 在场景中根据弧度绘制半圆环

此实例主要通过在 THREE.TorusGeometry 方法的参数中指定弧度，实现在场景中根据弧度绘制半圆环。当浏览器显示页面时，在场景中根据弧度绘制的半圆环如图 078-1 所示。

主要代码如下：

```
<body><center id="myContainer"></center>
<script>
//创建渲染器
var myRenderer = new THREE.WebGLRenderer({antialias:true});
myRenderer.setSize(window.innerWidth,window.innerHeight);
myRenderer.setClearColor("white",1);
$("#myContainer").append(myRenderer.domElement);
var myScene = new THREE.Scene();
```

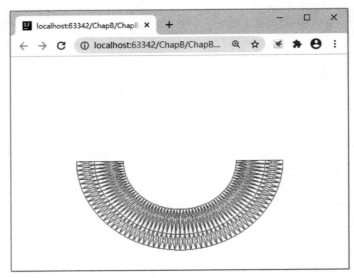

图 078-1

```
var myWidth = 480, myHeight = 320, k = myWidth/myHeight;
var myCamera = new THREE.OrthographicCamera(-4*k,4*k,-3*k,3*k,1,500);
myCamera.position.set(0,0,200);
myCamera.lookAt(new THREE.Vector3(0,0,0));
//创建半圆环
var myGeometry = new THREE.TorusGeometry(3,1,5,60,Math.PI);
var myMaterial = new THREE.MeshBasicMaterial({color:0xB18904,wireframe:true});
var myMesh = new THREE.Mesh(myGeometry,myMaterial);
myScene.add(myMesh);
//渲染半圆环
myRenderer.render(myScene,myCamera);
</script></body>
```

在上面这段代码中,myGeometry=new THREE.TorusGeometry(3,1,5,60,Math.PI)语句用于绘制一个不封闭的(半)圆环,"3"代表圆环半径(radius),此值越大,圆环越大;"1"代表管道(tube),此值越大,管道越大;"5"代表径向切片数(radialSegments);"60"代表管道切片数(tubularSegments),当此值足够大时(如1024),此圆环就成为实心圆环面;"Math.PI"表示该圆环所占的弧度,如果此值为负数,则绘制的半圆环在上面,当然也可以设置为其他任意的弧度值。

此实例的源文件是 MyCode\ChapB\ChapB010.html。

079 在场景中绘制救生圈式的圆环

此实例主要通过使用图像创建纹理贴图并作为圆环的材质,实现在场景中绘制类似于救生圈样式的圆环。当浏览器显示页面时,在场景中绘制的不停旋转(漂浮)的圆环(救生圈)分别如图 079-1 和图 079-2 所示。

主要代码如下:

```
<body><center id="myContainer"></center>
<script>
    //创建渲染器
    var myRenderer = new THREE.WebGLRenderer({antialias:true});
```

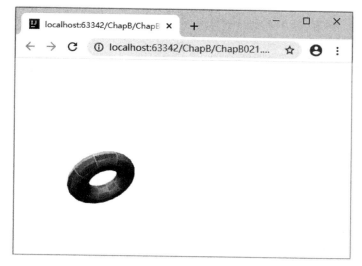

图　079-1

图　079-2

```
myRenderer.setSize(window.innerWidth,window.innerHeight);
myRenderer.setClearColor('white',1.0);
 $("#myContainer").append(myRenderer.domElement);
var myCamera = new THREE.PerspectiveCamera(45,
                  window.innerWidth/window.innerHeight,1,1000);
var myScene = new THREE.Scene();
myScene.add(new THREE.AmbientLight(0x404040));
var myLight = new THREE.DirectionalLight(0xffffff);
myLight.position.set(0,1,0);
myScene.add(myLight);
//加载图像生成纹理
var myMap = new THREE.TextureLoader().load("images/img002.jpg");
myMap.wrapS = myMap.wrapT = THREE.RepeatWrapping;
myMap.anisotropy = 16;
//创建材质
var myMaterial = new THREE.MeshLambertMaterial({map:myMap,
```

```
                                             side:THREE.DoubleSide});
//var myMaterial = new THREE.MeshPhongMaterial({map:myMap});
//创建圆环(救生圈)
var myGeometry = new THREE.TorusGeometry(50,20,20,20);
var myMesh = new THREE.Mesh(myGeometry,myMaterial);
myMesh.position.set(0,0,200);
myScene.add(myMesh);
//渲染救生圈
animate();
function animate(){
  requestAnimationFrame(animate);
  var myTimer = Date.now() * 0.0001;
  myCamera.position.x = Math.cos(myTimer) * 400;
  myCamera.position.y = Math.cos(myTimer) * 400;
  myCamera.position.z = Math.sin(myTimer) * 400;
  myCamera.lookAt(myScene.position);
  myMesh.rotation.x = myTimer * 5;
  myMesh.rotation.y = myTimer * 3;
  myMesh.rotation.z = myTimer * 2;
  myRenderer.render(myScene,myCamera);
}
</script></body>
```

在上面这段代码中，myMaterial = new THREE.MeshLambertMaterial({map：myMap，side：THREE.DoubleSide})语句表示根据纹理贴图创建图像材质。myGeometry = new THREE.TorusGeometry(50,20,20,20)语句表示根据指定的参数创建圆环几何体。myMesh = new THREE.Mesh(myGeometry,myMaterial)语句表示根据指定的圆环几何体和图像材质创建圆环网格，即救生圈。

此实例的源文件是 MyCode\ChapB\ChapB021.html。

080　在场景中绘制多次旋转的圆环结

此实例主要通过在 THREE.TorusKnotGeometry()方法中指定 p、q 参数，实现在场景中绘制多次旋转的圆环结。当浏览器显示页面时，在场景中使用线框绘制的多次旋转的圆环结如图 080-1 所示。

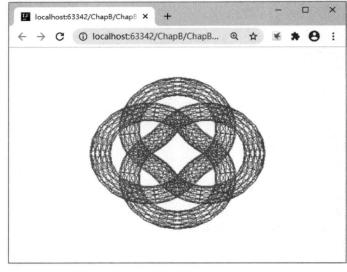

图　080-1

主要代码如下：

```
<body><center id="myContainer"></center>
<script>
//创建渲染器
var myRenderer = new THREE.WebGLRenderer({antialias:true});
myRenderer.setSize(window.innerWidth,window.innerHeight);
myRenderer.setClearColor("white",1);
 $("#myContainer").append(myRenderer.domElement);
var k = window.innerWidth/window.innerHeight;
var myCamera = new THREE.OrthographicCamera(-4*k,4*k,-3*k,3*k,1,500);
myCamera.position.set(0,0,200);
myCamera.lookAt(new THREE.Vector3(0,0,0));
var myScene = new THREE.Scene();
//创建多次旋转的圆环结
var myGeometry = new THREE.TorusKnotGeometry(2,0.4,100,12,3,4);
var myMaterial = new THREE.MeshBasicMaterial({color:'green'});
myMaterial.wireframe = true;
var myMesh = new THREE.Mesh(myGeometry,myMaterial);
myScene.add(myMesh);
//渲染圆环结
myRenderer.render(myScene,myCamera);
</script></body>
```

在上面这段代码中，myGeometry=new THREE.TorusKnotGeometry(2,0.4,100,12,3,4)语句用于根据指定的旋转次数绘制圆环结。THREE.TorusKnotGeometry()方法的语法格式如下：

THREE.TorusKnotGeometry(radius,tube,radialSegments,tubularSegments,p,q,)

其中，参数 radius 表示圆环的半径，默认值为 1；参数 tube 表示管道的半径，默认值为 0.4；参数 radialSegments 表示横截面（径向）切片数量，默认值为 8；参数 tubularSegments 表示管道的切片数量，默认值为 64；参数 p 表示将绕着其旋转对称轴旋转多少次，默认值是 2；参数 q 表示绕着其内部圆环旋转多少次，默认值是 3。

此实例的源文件是 MyCode\ChapB\ChapB011.html。

081　在场景中隐藏或显示圆环结

此实例主要通过设置几何体（圆环结）所使用材质（material）的 visible 属性，实现动态显示或隐藏圆环结（或其他几何体）。当浏览器显示页面时，如果单击"隐藏圆环结"按钮，则将隐藏右边的圆环结，如图 081-1 所示；如果单击"显示圆环结"按钮，则将在右边显示圆环结，如图 081-2 所示。

主要代码如下：

```
<body><p><button id="myButton1">隐藏圆环结</button>
        <button id="myButton2">显示圆环结</button></p>
<div id="myContainer"></div>
<script>
//创建渲染器
var myRenderer = new THREE.WebGLRenderer({antialias:true});
myRenderer.setSize(window.innerWidth,window.innerHeight);
myRenderer.setClearColor('white',1.0);
 $("#myContainer").append(myRenderer.domElement);
var myCamera = new THREE.PerspectiveCamera(45,
```

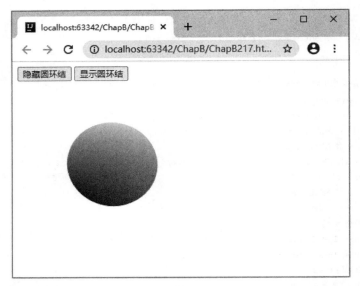

图 081-1

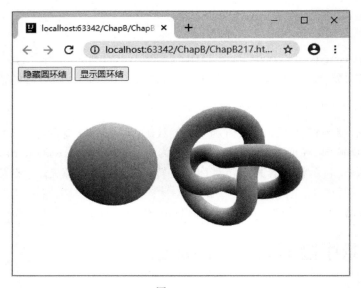

图 081-2

```
                    window.innerWidth/window.innerHeight,0.1,1000);
myCamera.position.set(10,30,40);
myCamera.lookAt(new THREE.Vector3(0,0,0));
var myScene = new THREE.Scene();
//创建球体
var mySphereGeometry = new THREE.SphereGeometry(10,120,120);
var mySphereMaterial = new THREE.MeshNormalMaterial();
var mySphereMesh = new THREE.Mesh(mySphereGeometry,mySphereMaterial);
mySphereMesh.position.x = -16;
mySphereMesh.position.y = 2;
myScene.add(mySphereMesh);
//创建圆环结
var myKnotGeometry = new THREE.TorusKnotGeometry(8,2,100,28);
var myKnotMaterial = new THREE.MeshNormalMaterial();
```

```
var myKnotMesh = new THREE.Mesh(myKnotGeometry,myKnotMaterial);
myKnotMesh.position.x = 10;
myKnotMesh.position.y = 4;
myScene.add(myKnotMesh);
//渲染所有图形
animate();
function animate(){
 myRenderer.render(myScene,myCamera);
 requestAnimationFrame(animate);
}
//响应单击"隐藏圆环结"按钮
$("#myButton1").click(function(){
 myKnotMesh.material.visible = false;
});
//响应单击"显示圆环结"按钮
$("#myButton2").click(function(){
 myKnotMesh.material.visible = true;
});
</script></body>
```

在上面这段代码中，myKnotMesh.material.visible＝false 语句表示隐藏 myKnotMesh 圆环结。myKnotMesh.material.visible＝true 语句表示显示 myKnotMesh 圆环结。

此实例的源文件是 MyCode\ChapB\ChapB217.html。

082　在场景中绘制自定义多面体

此实例主要通过使用 THREE.PolyhedronGeometry，实现在场景中绘制自定义的多面体。当浏览器显示页面时，绘制的自定义多面体如图 082-1 所示。

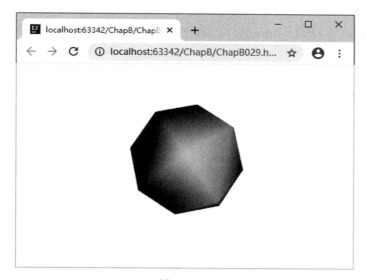

图　082-1

主要代码如下：

```
<!DOCTYPE html><html><head><meta charset = "UTF-8">
<script src = "ThreeJS/three.js"></script>
<script src = "ThreeJS/jquery.js"></script>
```

```
< script src = "ThreeJS/OrbitControls.js"></script >
</head >
< body >< center id = "myContainer"></center >
< script >
//创建渲染器
var myRenderer = new THREE.WebGLRenderer({antialias:true});
myRenderer.setSize(window.innerWidth,window.innerHeight);
myRenderer.setClearColor('white',1.0);
 $ ("♯myContainer").append(myRenderer.domElement);
var myScene = new THREE.Scene();
var myCamera = new THREE.PerspectiveCamera(45,
                window.innerWidth/window.innerHeight,0.01,1000);
myCamera.position.set(-8.43,122.11,1.63);
myCamera.lookAt(myScene.position);
var myLight = new THREE.SpotLight('white');
myLight.position.set(0,60,30);
myScene.add(myLight);
//创建自定义多面体
var myVertices = [1,0,1,1,0,-1,-1,0,-1,-1,0,1,0,1,0];
var myFaces = [0,1,2,2,3,0,0,1,4,1,2,4,2,3,4,3,0,4];
var myGeometry = new THREE.PolyhedronGeometry(myVertices,myFaces,1,1);
var myMaterial = new THREE.MeshLambertMaterial({color:'cyan'});
var myMesh = new THREE.Mesh(myGeometry,myMaterial);
myMesh.scale.set(32,32,32);
myScene.add(myMesh);
//渲染自定义多面体
animate();
function animate(){
  myRenderer.render(myScene,myCamera);
  requestAnimationFrame(animate);
}
var myOrbitControls = new THREE.OrbitControls(myCamera);
</script ></body ></html >
```

在上面这段代码中,myGeometry = new THREE.PolyhedronGeometry(myVertices,myFaces,1,1)语句用于根据自定义的顶点和面创建多面体。THREE.PolyhedronGeometry()方法的语法格式如下：

```
THREE.PolyhedronGeometry(vertices,indices,radius,detail)
```

其中,参数 vertices 表示几何体(多面体)顶点的坐标数组；参数 indices 表示几何体顶点的索引数组,三个顶点确定一个三角面；参数 radius 表示几何体半径,可以理解为顶点位置坐标的缩放系数；参数 detail 表示几何体表面细分程度,值越大越光滑。此外需要注意：此实例需要添加 OrbitControls.js 文件。

此实例的源文件是 MyCode\ChapB\ChapB029.html。

083 使用多面体方法绘制八面体

此实例主要通过分别使用 THREE.PolyhedronGeometry 和 THREE.OctahedronGeometry,实现在场景中分别绘制八面体图形。当浏览器显示页面时,单击"使用多面体方法绘制八面体图形"按钮,则绘制的八面体图形如图 083-1 所示；单击"使用八面体方法绘制八面体图形"按钮,则绘制的八面体图形如图 083-1 所示。

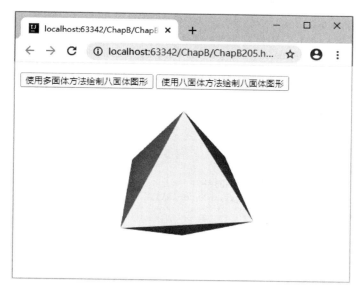

图　083-1

主要代码如下：

```
<!DOCTYPE html><html><head><meta charset="UTF-8">
<script src="ThreeJS/three.js"></script>
<script src="ThreeJS/jquery.js"></script>
<script src="ThreeJS/OrbitControls.js"></script>
</head>
<body><p><button id="myButton1">使用多面体方法绘制八面体图形</button>
        <button id="myButton2">使用八面体方法绘制八面体图形</button></p>
<center id="myContainer"></center>
<script>
//创建渲染器
var myRenderer = new THREE.WebGLRenderer({antialias:true});
myRenderer.setSize(window.innerWidth,window.innerHeight);
myRenderer.setClearColor('white',1.0);
$("#myContainer").append(myRenderer.domElement);
var myCamera = new THREE.PerspectiveCamera(40,
                    window.innerWidth/window.innerHeight,1,1000);
myCamera.position.set(16,19,19);
var myScene = new THREE.Scene();
myScene.add(myCamera);
myCamera.add(new THREE.PointLight(0x00ff00));
//渲染八面体图形
animate();
function animate(){
 myRenderer.render(myScene,myCamera);
 requestAnimationFrame(animate);
}
var myOrbitControls = new THREE.OrbitControls(myCamera);
var myPolyhedron,myOctahedron,myGeometry;
var myMaterial = new THREE.MeshLambertMaterial({color:0x00ff00});
//响应单击"使用多面体方法绘制八面体图形"按钮
$("#myButton1").click(function(){
```

```
                myScene.remove(myPolyhedron);
                myScene.remove(myOctahedron);
                var myVertices = [1,0,0, -1,0,0, 0,1,0, 0,-1,0, 0,0,1, 0,0,-1];
                var myIndices = [0,2,4, 0,4,3, 0,3,5, 0,5,2, 1,2,5, 1,5,3, 1,3,4, 1,4,2];
                myGeometry = new THREE.PolyhedronGeometry(myVertices,myIndices,10);
                myPolyhedron = new THREE.Mesh(myGeometry,myMaterial);
                myScene.add(myPolyhedron);
            });
            //响应单击"使用八面体方法绘制八面体图形"按钮
            $("#myButton2").click(function(){
                myScene.remove(myPolyhedron);
                myScene.remove(myOctahedron);
                myGeometry = new THREE.OctahedronGeometry(10);
                myOctahedron = new THREE.Mesh(myGeometry,myMaterial);
                myScene.add(myOctahedron);
            });
</script></body></html>
```

在上面这段代码中,myGeometry = new THREE.PolyhedronGeometry(myVertices,myIndices,10)语句在此实例中用于绘制一个几何体(八面体),myVertices 表示几何体顶点坐标数组;myIndices 表示几何体顶点索引数组,三个顶点确定一个三角面;10 表示几何体半径,可以理解为顶点位置坐标的缩放系数。myGeometry = new THREE.OctahedronGeometry(10)语句用于绘制一个八面体(几何体),10 表示几何体半径,可以理解为顶点位置坐标的缩放系数,两者在此实例中实现的功能完全相同。此外需要注意:此实例需要添加 OrbitControls.js 文件。

此实例的源文件是 MyCode\ChapB\ChapB205.html。

084　使用多面体方法绘制四面体

此实例主要通过分别使用 THREE.PolyhedronGeometry 和 THREE.TetrahedronGeometry,实现在场景中分别绘制四面体图形。当浏览器显示页面时,单击"使用多面体方法绘制四面体图形"按钮,则绘制的四面体图形如图 084-1 所示;单击"使用四面体方法绘制四面体图形"按钮,则绘制的四面体图形如图 084-1 所示。

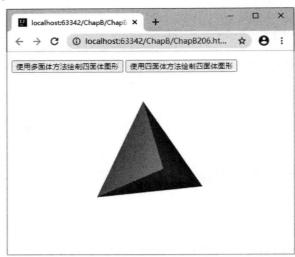

图　084-1

主要代码如下：

```html
<!DOCTYPE html><html><head><meta charset = "UTF-8">
 <script src = "ThreeJS/three.js"></script>
 <script src = "ThreeJS/jquery.js"></script>
 <script src = "ThreeJS/OrbitControls.js"></script>
</head>
<body><p><button id = "myButton1">使用多面体方法绘制四面体图形</button>
      <button id = "myButton2">使用四面体方法绘制四面体图形</button></p>
<center id = "myContainer"></center>
<script>
//创建渲染器
var myRenderer = new THREE.WebGLRenderer({antialias:true});
myRenderer.setSize(window.innerWidth,window.innerHeight);
myRenderer.setClearColor('white',1.0);
$("#myContainer").append(myRenderer.domElement);
var myCamera = new THREE.PerspectiveCamera(40,
                        window.innerWidth/window.innerHeight,1,1000);
myCamera.position.set(15,20,20);
var myScene = new THREE.Scene();
myScene.add(myCamera);
myCamera.add(new THREE.PointLight(0x00ff00));
//渲染四面体图形
animate();
function animate(){
  myRenderer.render(myScene,myCamera);
  requestAnimationFrame(animate);
}
var myOrbitControls = new THREE.OrbitControls(myCamera);
var myPolyhedron,myTetrahedron,myGeometry;
myMaterial = new THREE.MeshLambertMaterial({color:0x00ff00});
//响应单击"使用多面体方法绘制四面体图形"按钮
 $("#myButton1").click(function(){
 myScene.remove(myPolyhedron);
 myScene.remove(myTetrahedron);
 var myVertices = [1,1,1,-1,-1,1,-1,1,-1,1,-1,-1];
 var myIndices = [2,1,0,0,3,2,1,3,0,2,3,1];
 myGeometry = new THREE.PolyhedronGeometry(myVertices,myIndices,10);
 myPolyhedron = new THREE.Mesh(myGeometry,myMaterial);
 myScene.add(myPolyhedron);
});
//响应单击"使用四面体方法绘制四面体图形"按钮
 $("#myButton2").click(function(){
 myScene.remove(myPolyhedron);
 myScene.remove(myTetrahedron);
 myGeometry = new THREE.TetrahedronGeometry(10);
 myTetrahedron = new THREE.Mesh(myGeometry,myMaterial);
 myScene.add(myTetrahedron);
});
</script></body></html>
```

在上面这段代码中，myGeometry＝new THREE.PolyhedronGeometry(myVertices，myIndices，10)语句在此实例中用于绘制一个几何体（四面体），myVertices表示几何体顶点坐标数组；myIndices表示几何体顶点索引数组，三个顶点确定一个三角平面；10表示几何体半径，语句可以理解为顶点位置坐标的缩放系数。myGeometry=new THREE.TetrahedronGeometry(10)语句用于绘制一个几何体(四面体),10表示几何体半径,可以理解为顶点位置坐标的缩放系数,两者在此实例中实现的功能完全相同。此外需要注意:此实例需要添加 OrbitControls.js 文件。

此实例的源文件是 MyCode\ChapB\ChapB206.html。

085　在场景中自定义顶点绘制凸面体

此实例主要通过使用 THREE.ConvexGeometry,实现根据自定义顶点绘制凸面体。当浏览器显示页面时,将绘制一个由 20 个顶点组成的凸面体,且不停地旋转,效果分别如图 085-1 和图 085-2 所示。

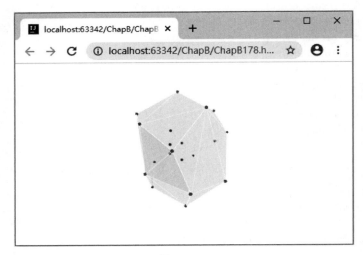

图　085-1

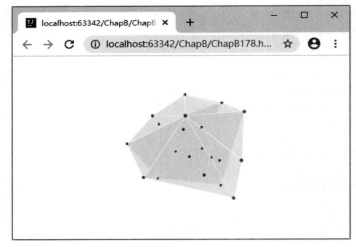

图　085-2

主要代码如下:

```
<html><head><meta charset = "UTF-8">
<script src = "ThreeJS/three.js"></script>
<script src = "ThreeJS/jquery.js"></script>
```

```
<script src="ThreeJS/SceneUtils.js"></script>
<script src="ThreeJS/ConvexGeometry.js"></script>
</head>
<body><div id="myContainer"></div>
<script type="text/javascript">
//创建渲染器
var myRenderer = new THREE.WebGLRenderer({antialias:true});
myRenderer.setSize(window.innerWidth,window.innerHeight);
$("#myContainer").append(myRenderer.domElement);
var myScene = new THREE.Scene();
myScene.background = new THREE.Color(0xffffff);
var myCamera = new THREE.PerspectiveCamera(45,
                   window.innerWidth/window.innerHeight,0.1,1000);
myCamera.position.x = -30;
myCamera.position.y = 40;
myCamera.position.z = 30;
myCamera.lookAt(new THREE.Vector3(0,0,0));
//随机设置创建凸面体的顶点
var myPoints = [];
for(var i = 0;i < 20;i++){
  var randomX = -15 + Math.round(Math.random() * 30);
  var randomY = -15 + Math.round(Math.random() * 30);
  var randomZ = -15 + Math.round(Math.random() * 30);
  myPoints.push(new THREE.Vector3(randomX,randomY,randomZ));
}
//根据所有顶点创建组(即所有顶点作为一个整体)
var myGroup = new THREE.Object3D();
var myPointMaterial = new THREE.MeshBasicMaterial({
                  color:0xff0000,transparent:false});
myPoints.forEach(function(point){
  var myPointGeometry = new THREE.SphereGeometry(0.4);
  var myPointMesh = new THREE.Mesh(myPointGeometry,myPointMaterial);
  myPointMesh.position.copy(point);
  myGroup.add(myPointMesh);
});
myScene.add(myGroup);
//根据顶点创建凸面体
var myConvexGeometry = new THREE.ConvexGeometry(myPoints);
var myConvexMaterial = new THREE.MeshBasicMaterial({
                  color:0x00ff00,transparent:true,opacity:0.2});
myConvexMaterial.side = THREE.DoubleSide;
var myWireFrameMaterial = new THREE.MeshBasicMaterial();
myWireFrameMaterial.wireframe = true;
var myConvexMesh = THREE.SceneUtils.createMultiMaterialObject(
         myConvexGeometry,[myConvexMaterial,myWireFrameMaterial]);
myScene.add(myConvexMesh);
//渲染凸面体
animate();
var myStep = 0;
function animate(){
  myGroup.rotation.y = myStep += 0.01;
  myConvexMesh.rotation.y = myStep += 0.01;
  requestAnimationFrame(animate);
  myRenderer.render(myScene,myCamera);
```

}
</script></body></html>

在上面这段代码中，myConvexGeometry＝new THREE.ConvexGeometry(myPoints)语句表示根据顶点创建凸面体。myConvexMesh ＝ THREE.SceneUtils.createMultiMaterialObject(myConvexGeometry,[myConvexMaterial,myWireFrameMaterial])语句表示使用线框材质作为凸面体的材质，这样能够非常清楚地显示凸面体的边线。此外需要注意：此实例需要添加SceneUtils.js、ConvexGeometry.js等文件。

此实例的源文件是 MyCode\ChapB\ChapB178.html。

086　在场景中绘制立方体的边框线

此实例主要通过使用 THREE.EdgesHelper，实现在场景中绘制只有边框线的空心立方体。当浏览器显示页面时，将在左上角绘制一个实心立方体，并在右下角绘制一个只有边框线的空心立方体，如图086-1所示。

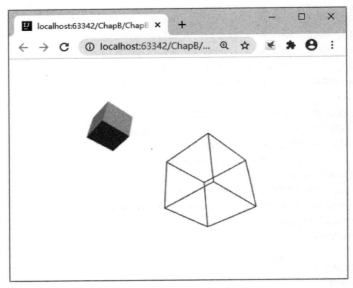

图　086-1

主要代码如下：

```
<body><center id="myContainer"></center>
<script>
  //创建渲染器
var myRenderer = new THREE.WebGLRenderer({antialias:true});
myRenderer.setSize(window.innerWidth,window.innerHeight);
myRenderer.setClearColor('white',1.0);
 $("#myContainer").append(myRenderer.domElement);
var myCamera = new THREE.PerspectiveCamera(45,
            window.innerWidth/window.innerHeight,30,1000);
myCamera.position.set(-34.34,-40.56,35.83);
myCamera.lookAt(new THREE.Vector3(0,0,0));
var myScene = new THREE.Scene();
myScene.add(new THREE.AmbientLight('white'));
```

```
//创建实心立方体
var myGeometry1 = new THREE.BoxGeometry(6,6,6);
var myMaterial1 = new THREE.MeshNormalMaterial();
var myMesh1 = new THREE.Mesh(myGeometry1,myMaterial1);
myMesh1.translateX(-20);
myScene.add(myMesh1);
//创建空心立方体
var myGeometry2 = new THREE.BoxGeometry(16,16,16);
var myMaterial2 = new THREE.MeshNormalMaterial();
var myMesh2 = new THREE.Mesh(myGeometry2, myMaterial2);
//为立方体 myMesh2 添加边框线
var myBorder = new THREE.EdgesHelper(myMesh2,'darkgreen');
myMesh2.translateX(10);
myBorder.translateX(10);
//myScene.add(myMesh2);
myScene.add(myBorder);
//渲染实心立方体和空心立方体
myRenderer.render(myScene,myCamera);
</script></body>
```

在上面这段代码中,myBorder＝new THREE.EdgesHelper(myMesh2,'darkgreen')语句表示根据指定的颜色(darkgreen)对指定的立方体(myMesh2)绘制边框线。THREE.EdgesHelper()方法的语法格式如下:

```
THREE.EdgesHelper(object,hex)
```

其中,参数 object 表示绘制边框线的(图形)对象;参数 hex 表示边框线的颜色。

此外需要注意:THREE.EdgesHelper 已经在新版本中被 THREE.EdgesGeometry 代替。

此实例的源文件是 MyCode\ChapB\ChapB055.html。

087　在场景中绘制二十面体的边框线

此实例主要通过使用 THREE.EdgesGeometry,实现在场景中绘制只有边框线的二十面体。当浏览器显示页面时,将绘制一个只有边框线的二十面体,如图 087-1 所示。

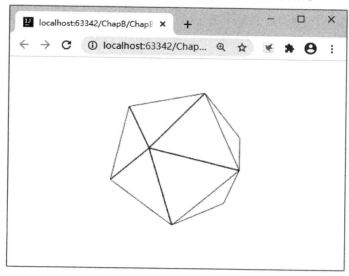

图　087-1

主要代码如下：

```
<body><center id="myContainer"></center>
<script>
  //创建渲染器
  var myRenderer = new THREE.WebGLRenderer({antialias:true});
  myRenderer.setSize(window.innerWidth,window.innerHeight);
  myRenderer.setClearColor('white',1.0);
  $("#myContainer").append(myRenderer.domElement);
  var myCamera = new THREE.PerspectiveCamera(45,
                   window.innerWidth/window.innerHeight,0.1,10000);
  myCamera.position.set(-86.27,169.27,63.03);
  myCamera.lookAt(new THREE.Vector3(0,0,0));
  var myScene = new THREE.Scene();
  //创建环境光源,否则看不见图形
  myScene.add(new THREE.AmbientLight(0xffffff));
  //创建纯白色的二十面体,因此不可见
  var myGeometry = new THREE.IcosahedronGeometry(60);
  var myMaterial = new THREE.MeshLambertMaterial({color:0xffffff});
  var myMesh = new THREE.Mesh(myGeometry,myMaterial);
  myScene.add(myMesh);
  //根据不可见的二十面体绘制其黑色的边框线
  var myLineColor = new THREE.LineBasicMaterial({color:0x000000});
  var myEdgesGeometry = new THREE.EdgesGeometry(myGeometry,1);
  var myLineSegments = new THREE.LineSegments(myEdgesGeometry,myLineColor);
  myMesh.add(myLineSegments);
  //渲染二十面体的边框线
  myRenderer.render(myScene,myCamera);
</script></body>
```

在上面这段代码中，myEdgesGeometry＝new THREE.EdgesGeometry(myGeometry,1)语句用于根据指定的几何体（myGeometry）绘制其边框线。THREE.EdgesGeometry()方法的语法格式如下：

THREE.EdgesGeometry(geometry,thresholdAngle)

其中，参数 geometry 表示绘制边框线的几何体；参数 thresholdAngle 表示只有当相邻的面法线的角度（在一定程度上）超过这个值时，才会呈现出一条边，默认值为1。

此外需要注意：THREE.EdgesGeometry 在旧版本中类似于 THREE.EdgesHelper，但是 THREE.EdgesGeometry 赋予边框辅助参考线，有更加灵活的使用方法，可以改变其材质以及其他属性，可以非常方便地查看几何体对象的边缘。

此实例的源文件是 MyCode\ChapB\ChapB086.html。

088 在场景中绘制十二面体的边框线

此实例主要通过使用 THREE.DodecahedronGeometry 和 THREE.EdgesGeometry，实现在十二面体的边缘上绘制边框线。当浏览器显示页面时，在十二面体的边缘上将显示白色的边框线，如图 088-1 所示。

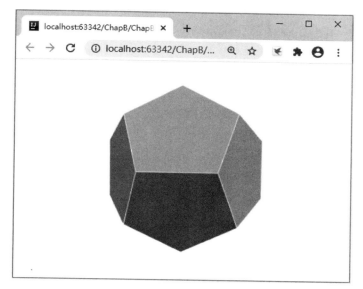

图 088-1

主要代码如下：

```
<body><center id = "myContainer"></center>
<script>
  //创建渲染器
 var myRenderer = new THREE.WebGLRenderer({antialias:true});
 myRenderer.setSize(window.innerWidth,window.innerHeight);
 myRenderer.setClearColor('white',1.0);
  $("#myContainer").append(myRenderer.domElement);
 var myCamera = new THREE.PerspectiveCamera(45,
                 window.innerWidth/window.innerHeight,0.1,1000);
 myCamera.position.set(-61.97,2.27,4.36);
 myCamera.lookAt(new THREE.Vector3(0,0,0));
 var myScene = new THREE.Scene();
 //创建十二面体
 var myGeometry = new THREE.DodecahedronGeometry(20,0);
 var myMaterial = new THREE.MeshNormalMaterial();
 var myMesh = new THREE.Mesh(myGeometry,myMaterial);
 myScene.add(myMesh);
 //根据十二面体绘制其白色的边框线
 var myLineColor = new THREE.LineBasicMaterial({color:0xffffff});
 var myEdgesGeometry = new THREE.EdgesGeometry(myGeometry,1);
 var myLineSegments = new THREE.LineSegments(myEdgesGeometry,myLineColor);
 myMesh.add(myLineSegments);
 //渲染十二面体及其白色的边框线
 myRenderer.render(myScene,myCamera);
</script></body>
```

在上面这段代码中，myGeometry = new THREE.DodecahedronGeometry(20,0)语句表示根据指定的参数绘制十二面体。THREE.DodecahedronGeometry()方法的语法格式如下：

THREE.DodecahedronGeometry(radius,detail)

其中，参数 radius 表示十二面体的半径（每条边的长度），默认值是 1；参数 detail 默认值是 0，当设置其为 n 时，几何体的面的数量是 12 的 n 倍。

此实例的源文件是 MyCode\ChapB\ChapB091.html。

089 在场景中使用虚线绘制对象边框

此实例主要通过使用 THREE.EdgesGeometry、THREE.LineDashedMaterial 等实现在场景中使用虚线绘制指定几何体（立方体）对象的边框。当浏览器显示页面时，单击"添加虚线边框"按钮，则立方体在添加虚线边框之后的效果如图 089-1 所示；单击"移除虚线边框"按钮，则立方体在移除虚线边框之后的效果如图 089-2 所示。

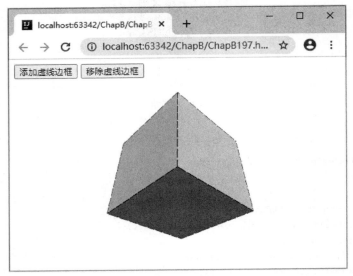

图　089-1

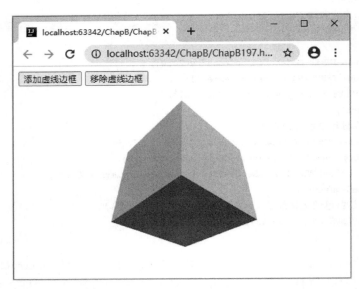

图　089-2

主要代码如下：

```
<body><p><button id = "myButton1">添加虚线边框</button>
        <button id = "myButton2">移除虚线边框</button></p>
<div id = "myContainer"></div>
<script>
//创建渲染器
var myRenderer = new THREE.WebGLRenderer({antialias:true});
myRenderer.setSize(window.innerWidth,window.innerHeight);
myRenderer.setClearColor('white',1.0);
 $("#myContainer").append(myRenderer.domElement);
var myCamera = new THREE.PerspectiveCamera(45,
                    window.innerWidth/window.innerHeight,0.1,1000);
myCamera.position.set(80.51, -88,77);
myCamera.lookAt(new THREE.Vector3(0,0,0));
var myScene = new THREE.Scene();
//创建立方体
var myGeometry = new THREE.CubeGeometry(60,60,60);
var myMaterial = new THREE.MeshNormalMaterial();
var myMesh = new THREE.Mesh(myGeometry,myMaterial);
myScene.add(myMesh);
//渲染立方体及其虚线边框
animate();
function animate(){
 requestAnimationFrame(animate);
 myRenderer.render( myScene, myCamera );
}
//响应单击"添加虚线边框"按钮
$("#myButton1").click(function(){
 var myEdgeGeometry = new THREE.EdgesGeometry(myGeometry);
 var myEdgeMaterial =
        new THREE.LineDashedMaterial({color:0x000000,dashSize:6 });
 var myLineSegments = new THREE.LineSegments(myEdgeGeometry,myEdgeMaterial);
 myLineSegments.computeLineDistances();
 myLineSegments.name = 'myLine';
 myScene.add(myLineSegments);
});
//响应单击"移除虚线边框"按钮
$("#myButton2").click(function(){
 myScene.remove(myScene.getObjectByName('myLine'));
});
</script></body>
```

在上面这段代码中，myEdgeGeometry = new THREE.EdgesGeometry(myGeometry)语句用于根据指定的立方体 myGeometry 创建边框几何体。myEdgeMaterial = new THREE. LineDashedMaterial({color:0x000000,dashSize:6})语句用于根据指定的颜色(0x000000)和大小(6)创建虚线边框材质；myLineSegments= new THREE.LineSegments(myEdgeGeometry，myEdgeMaterial)语句用于根据边框几何体和虚线边框材质添加虚线边框。

此实例的源文件是 MyCode\ChapB\ChapB197.html。

090　在场景中绘制多条不连续的线段

此实例主要通过使用 THREE.LineSegments,实现在场景中绘制多条不连续的线段。当浏览器显示页面时，多条不连续的线段将不停地变换造型，效果分别如图 090-1 和图 090-2 所示。

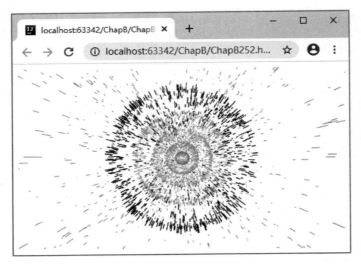

图 090-1

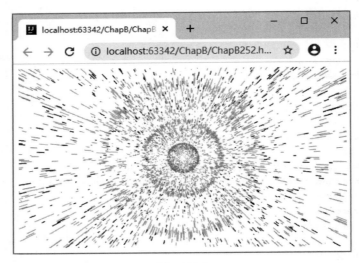

图 090-2

主要代码如下：

```
<body><center id="myContainer"></center>
<script>
 var myRadius = 450;
 //创建渲染器
 var myRenderer = new THREE.WebGLRenderer({antialias:true});
 myRenderer.setSize(window.innerWidth,window.innerHeight);
 $("#myContainer").append(myRenderer.domElement);
 var myScene = new THREE.Scene();
 myScene.background = new THREE.Color(0xffffff);
 var myCamera = new THREE.PerspectiveCamera(80,
                  window.innerWidth/window.innerHeight,1,3000);
 myCamera.position.z = 1000;
 //绘制多条线段
 var myParams = [[0.25,0xff7700,1],[0.5,0xff9900,1],[0.75,0xffaa00,0.75],
```

```
     [1,0xffaa00,0.5],[1.25,0x000833,0.8],[3.0,0xaaaaaa,0.75],
     [3.5,0xffffff,0.5],[4.5,0xffffff,0.25],[5.5,0xffffff,0.125]];
 var myGeometry = new THREE.BufferGeometry();
 var myVertices = [];
 var myVertex = new THREE.Vector3();
 for(var j = 0;j < 1500;j ++){
  myVertex.x = Math.random() * 2 - 1;
  myVertex.y = Math.random() * 2 - 1;
  myVertex.z = Math.random() * 2 - 1;
  myVertex.normalize();
  myVertex.multiplyScalar(myRadius);
  myVertices.push(myVertex.x,myVertex.y,myVertex.z);
  myVertex.multiplyScalar(Math.random() * 0.09 + 1);
  myVertices.push(myVertex.x,myVertex.y,myVertex.z);
 }
 myGeometry.setAttribute('position',
                   new THREE.Float32BufferAttribute(myVertices,3));
 for(i = 0;i < myParams.length;++i){
  myParam = myParams[i];
  myMaterial = new THREE.LineBasicMaterial({color:myParam[1],
                                   opacity:myParam[2]});
  myLine = new THREE.LineSegments(myGeometry,myMaterial);
  myLine.scale.x = myLine.scale.y = myLine.scale.z = myParam[0];
  myLine.userData.originalScale = myParam[0];
  myLine.rotation.y = Math.random() * Math.PI;
  myLine.updateMatrix();
  myScene.add(myLine);
 }
 //渲染多条线段
 animate();
 function animate(){
  requestAnimationFrame(animate);
  myCamera.position.y += (200 - myCamera.position.y) * .05;
  myCamera.lookAt(myScene.position);
  myRenderer.render(myScene,myCamera);
  var myTime = Date.now() * 0.0001;
  for(var i = 0;i < myScene.children.length;i ++){
   var myObject = myScene.children[i];
   if(myObject.isLine){
    myObject.rotation.y = myTime * (i < 4?(i + 1): - (i + 1));
    if(i < 5){
     var myScale = myObject.userData.
         originalScale * (i/5 + 1) * (1 + 0.5 * Math.sin(7 * myTime));
     myObject.scale.x = myObject.scale.y = myObject.scale.z = myScale;
    }
   }
  }
 }
</script></body>
```

在上面这段代码中，myGeometry.setAttribute('position',new THREE.Float32Buffer Attribute(myVertices,3))语句用于设置几何体的多个顶点。myLine = new THREE.LineSegments(myGeometry,myMaterial)语句用于根据几何体的多个顶点绘制不连续的线段。在Three.js中，THREE.LineSegments能够将一系列点自动分配成两个为一组，并将分配好的两个点连接形成

线段。

此实例的源文件是 MyCode\ChapB\ChapB252.html。

091　在场景中使用渐变色线条绘制图形

此实例主要通过在 THREE.LineBasicMaterial()方法的参数中设置 vertexColors 属性为 THREE.VertexColors,实现根据顶点的颜色创建材质绘制渐变色的线条。当浏览器显示页面时,根据顶点颜色绘制的渐变色线条如图 091-1 所示。

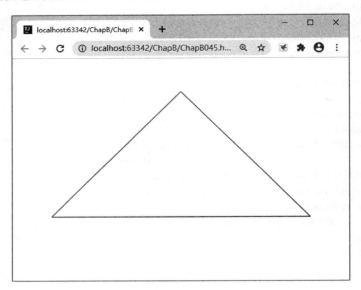

图　091-1

主要代码如下:

```
<body><center id="myContainer"></center>
<script>
//创建渲染器
var myRenderer = new THREE.WebGLRenderer({antialias:true});
myRenderer.setSize(window.innerWidth,window.innerHeight);
myRenderer.setClearColor('white',1.0);
 $('#myContainer')[0].appendChild(myRenderer.domElement);
var myScene = new THREE.Scene();
var myCamera = new THREE.PerspectiveCamera(45,
                 window.innerWidth/window.innerHeight,1,500);
myCamera.position.set(0,0,100);
myCamera.lookAt(myScene.position);
var myGeometry = new THREE.Geometry();
//Vector3 对象表示顶点的三维坐标
var myPoints1 = new THREE.Vector3(-50,-20,0);
var myPoints2 = new THREE.Vector3(0,30,0);
var myPoints3 = new THREE.Vector3(50,-20,0);
var myPoints4 = new THREE.Vector3(-50,-20,0);
myGeometry.vertices.push(myPoints1,myPoints2,myPoints3,myPoints4);
//Color 对象表示顶点的颜色数据
var myColor1 = new THREE.Color('red');
var myColor2 = new THREE.Color('green');
```

```
var myColor3 = new THREE.Color('blue');
var myColor4 = new THREE.Color('red');
myGeometry.colors.push(myColor1,myColor2,myColor3,myColor4);
//根据顶点颜色创建材质
var myMaterial = new THREE.LineBasicMaterial({vertexColors: THREE.VertexColors});
//根据几何体和材质绘制渐变色的线条
var myLine = new THREE.Line(myGeometry,myMaterial);
myScene.add(myLine);
//渲染渐变色线条
myRenderer.render(myScene,myCamera);
</script></body>
```

在上面这段代码中，myMaterial = new THREE.LineBasicMaterial({vertexColors：THREE.VertexColors})语句表示根据顶点颜色创建材质。在此实例中，实际测试表明：如果设置了colors属性，如myGeometry.colors，则myMaterial = new THREE.LineBasicMaterial({vertexColors：true})语句也能实现相同的功能；但是如果设置了myMaterial = new THREE.LineBasicMaterial({vertexColors：false})语句或myMaterial = new THREE.LineBasicMaterial()语句，则不能实现此功能。

此实例的源文件是MyCode\ChapB\ChapB045.html。

092　在场景中自定义线条的宽度和颜色

此实例主要通过设置THREE.LineMaterial的linewidth属性和vertexColors属性，实现自定义图形的线条宽度和颜色。当浏览器显示页面时，自定义线条宽度和颜色的图形如图092-1所示。

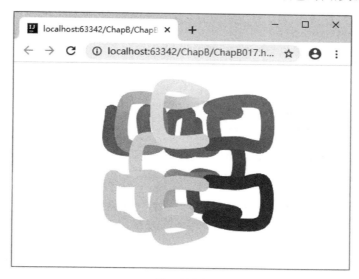

图　092-1

主要代码如下：

```
<!DOCTYPE html><html><head><meta charset = "UTF-8">
<script src = "ThreeJS/three.js"></script>
<script src = "ThreeJS/jquery.js"></script>
<script src = "ThreeJS/LineSegmentsGeometry.js"></script>
<script src = "ThreeJS/LineMaterial.js"></script>
<script src = "ThreeJS/LineGeometry.js"></script>
<script src = "ThreeJS/LineSegments2.js"></script>
```

```
< script src = "ThreeJS/Line2.js"></script>
< script src = "ThreeJS/GeometryUtils.js"></script>
< script src = "ThreeJS/OrbitControls.js"></script>
</head>
<body><center id = "myContainer"></center>
<script>
//创建渲染器
var myRenderer = new THREE.WebGLRenderer({antialias:true});
myRenderer.setSize(window.innerWidth,window.innerHeight);
$("#myContainer").append(myRenderer.domElement);
var myScene = new THREE.Scene();
myScene.background = new THREE.Color('white');
var myCamera = new THREE.PerspectiveCamera(40,
                window.innerWidth/window.innerHeight,1,1000);
myCamera.position.set(-40,0,60);
myScene.add(myCamera);
var myOrbitControls =
        new THREE.OrbitControls(myCamera, $("#myContainer")[0]);
//自定义图形的线条宽度和颜色
var myPositions = [],myColors = [];
var myPoints = THREE.GeometryUtils.hilbert3D(new THREE.Vector3(0,0,0));
var myCurve = new THREE.CatmullRomCurve3(myPoints);
var divisions = Math.round(12 * myPoints.length);
var myPoint = new THREE.Vector3();
var myColor = new THREE.Color();
for(var i = 0,l = divisions;i < l;i ++){
  var t = i/l;
  myCurve.getPoint(t,myPoint);
  myPositions.push(myPoint.x,myPoint.y,myPoint.z);
  myColor.setHSL(t,1.0,0.5);
  myColors.push(myColor.r,myColor.g,myColor.b);
}
var myGeometry = new THREE.LineGeometry();
myGeometry.setPositions(myPositions);
myGeometry.setColors(myColors);
var myMaterial = new THREE.LineMaterial({linewidth:20,vertexColors:true});
var myLine = new THREE.Line2(myGeometry,myMaterial);
myLine.scale.set(2,2,2);
myMaterial.resolution.set(window.innerWidth,window.innerHeight);
myScene.add(myLine);
//渲染图形
animate();
function animate(){
  myRenderer.render(myScene,myCamera);
  requestAnimationFrame(animate);
}
</script></body></html>
```

在上面这段代码中，myMaterial = new THREE.LineMaterial({linewidth:20,vertexColors:true})语句用于创建宽度为20像素、颜色为顶点颜色的线条材质。实际测试表明：在许多情况下THREE.LineBasicMaterial的linewidth属性均不起作用，因此如果有自定义图形的线条宽度的需求，可以考虑此实例提供的解决方案。此外需要注意：此实例需要添加LineMaterial.js、LineGeometry.js、LineSegments2.js、GeometryUtils.js、Line2.js、LineSegmentsGeometry.js、

OrbitControls.js 等文件。

此实例的源文件是 MyCode\ChapB\ChapB017.html。

093 在场景中根据二维坐标绘制螺线

此实例主要通过使用 THREE.Vector2,实现在场景中根据从螺线方程中获取的二维坐标点绘制阿基米德螺线。阿基米德螺线,亦称等速螺线,得名于公元前 3 世纪希腊数学家阿基米德;阿基米德螺线是一个点匀速离开一个固定点的同时又以固定的角速度绕该固定点转动而产生的轨迹。当浏览器显示页面时,在场景中根据二维坐标点绘制的阿基米德螺线如图 093-1 所示。

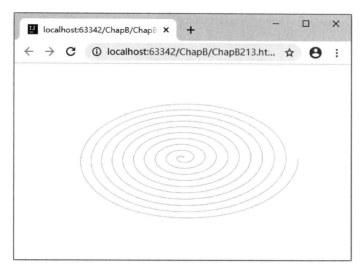

图 093-1

主要代码如下:

```
<body><center id="myContainer"></center>
<script>
//创建渲染器
var myRenderer = new THREE.WebGLRenderer({antialias:true});
myRenderer.setSize(window.innerWidth,window.innerHeight);
$("#myContainer").append(myRenderer.domElement);
var myScene = new THREE.Scene();
myScene.background = new THREE.Color('white');
myScene.add(new THREE.AmbientLight(0xffffff));
var myCamera = new THREE.PerspectiveCamera(45,1,0.1,1000);
myCamera.position.set(16,-20,124);
myCamera.lookAt(myScene.position);
//创建阿基米德螺线
var myPoints = [];
for(var i = 0;i < 360 * 10;i++){
  //根据阿基米德螺线方程计算坐标
  var myX = i * Math.cos(i * Math.PI/180)/100;
  var myY = i * Math.sin(i * Math.PI/180)/100;
  //使用 Vector2 封装二维坐标
  myPoints.push(new THREE.Vector2(myX,myY));
}
var myCurve = new THREE.SplineCurve(myPoints);
```

```
    var myGeometry = new THREE.BufferGeometry();
    //myGeometry.setFromPoints(myCurve.getPoints(60));
    myGeometry.setFromPoints(myCurve.getPoints(600));
    var myMaterial = new THREE.LineBasicMaterial({color:0x0000ff00});
    var myCurveLine = new THREE.Line(myGeometry,myMaterial);
    myScene.add(myCurveLine);
    //渲染阿基米德螺线
    myRenderer.render(myScene,myCamera);
</script></body>
```

在上面这段代码中,myPoints.push(new THREE.Vector2(myX,myY))语句用于根据从螺线方程中获取的 x、y 值创建点的二维坐标。myCurve=new THREE.SplineCurve(myPoints)语句用于根据二维坐标点创建曲线。myGeometry.setFromPoints(myCurve.getPoints(600))语句用于从曲线中获取 600 个(等分)坐标点,点越多,之后创建的螺线越平滑;在此实例中,如果用 myGeometry.setFromPoints(myCurve.getPoints(60))语句表述,则将显示一个以折线方式展开的阿基米德螺线。myCurveLine=new THREE.Line(myGeometry,myMaterial)语句则用于根据几何体(曲线)和材质创建阿基米德螺线。

此实例的源文件是 MyCode\ChapB\ChapB213.html。

094 在场景中根据三维坐标绘制螺线

此实例主要通过使用 THREE.Vector3,实现在场景中根据从螺线方程中获取的三维坐标点绘制螺线。当浏览器显示页面时,在场景中根据三维坐标点绘制的螺线如图 094-1 所示。

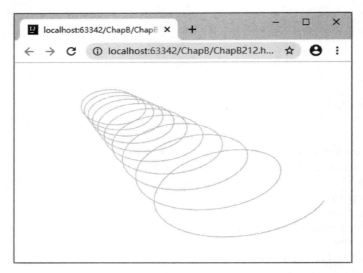

图 094-1

主要代码如下:

```
<body><center id="myContainer"></center>
<script>
    //创建渲染器
    var myRenderer = new THREE.WebGLRenderer({antialias:true});
    myRenderer.setSize(window.innerWidth,window.innerHeight);
    $("#myContainer").append(myRenderer.domElement);
```

```
var myScene = new THREE.Scene();
myScene.background = new THREE.Color('white');
myScene.add(new THREE.AmbientLight(0xffffff));
var myCamera = new THREE.PerspectiveCamera(45,1,0.1,1000);
myCamera.position.set(-135.9,207.66,410.86);
myCamera.lookAt(myScene.position);
//创建螺线
var myPoints = [];
for(var i = 0;i < 360 * 10;i++){
 //根据螺线方程计算点坐标
 var myX = 30 * Math.cos(i * Math.PI/180);
 var myY = 30 * Math.sin(i * Math.PI/180);
 var myZ = 5 * i * Math.PI/180;
 //使用 Vector3 封装点坐标
 myPoints.push(new THREE.Vector3(myX,myY,myZ));
}
var myGeometry = new THREE.BufferGeometry();
myGeometry.setFromPoints(myPoints);
var myMaterial = new THREE.LineBasicMaterial({color:0x00ff00});
var myCurveLine = new THREE.Line(myGeometry,myMaterial);
myCurveLine.position.x = -80;
myCurveLine.position.y = 120;
myScene.add(myCurveLine);
//渲染螺线
myRenderer.render(myScene,myCamera);
</script></body>
```

在上面这段代码中，myPoints.push(new THREE.Vector3(myX,myY,myZ))语句用于根据从螺线方程获取的 x、y、z 值创建点的三维坐标。myGeometry.setFromPoints(myPoints)语句用于根据三维坐标点创建几何体（曲线）。myCurveLine=new THREE.Line(myGeometry,myMaterial)语句则用于根据几何体（曲线）和材质创建螺线。

此实例的源文件是 MyCode\ChapB\ChapB212.html。

095　在场景中使用虚线绘制空心矩形

此实例主要通过使用 THREE.LineDashedMaterial，实现在场景中使用虚线绘制空心矩形。当浏览器显示页面时，在场景中使用虚线绘制的空心矩形如图 095-1 所示。

主要代码如下：

```
<body><center id="myContainer"></center>
<script>
//创建渲染器
var myRenderer = new THREE.WebGLRenderer();
myRenderer.setSize(400,300);
myRenderer.setClearColor("white",1);
 $("#myContainer").append(myRenderer.domElement);
var myScene = new THREE.Scene();
var myCamera = new THREE.PerspectiveCamera(45,
                    window.innerWidth/window.innerHeight,1,500 );
myCamera.position.set(0,0,100);
myCamera.lookAt(myScene.position);
//创建虚线空心矩形
```

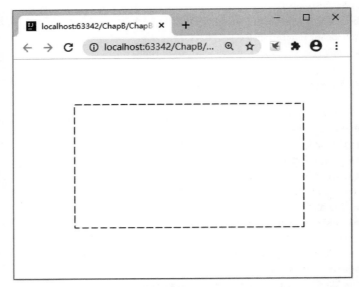

图 095-1

```
var myPoints = [];
myPoints.push(new THREE.Vector3(-50,30,0));        //左上角顶点
myPoints.push(new THREE.Vector3(50,30,0));         //右上角顶点
myPoints.push(new THREE.Vector3(50,-20,0));        //右下角顶点
myPoints.push(new THREE.Vector3(-50,-20,0));       //左下角顶点
myPoints.push(new THREE.Vector3(-50,30,0));        //左上角顶点
var myGeometry = new THREE.BufferGeometry().setFromPoints(myPoints);
var myMaterial = new THREE.LineDashedMaterial({vertexColors:true,scale:1.0});
//根据顶点绘制线条
var myLine = new THREE.Line(myGeometry,myMaterial);
myLine.computeLineDistances();
myLine.position.set(3,-5,0);
myScene.add( myLine );
//渲染虚线空心矩形
myRenderer.render(myScene,myCamera);
</script></body>
```

在上面这段代码中，myMaterial=new THREE.LineDashedMaterial({vertexColors：true，scale：1.0})语句表示创建虚线材质，特别需要注意：仅仅此行代码并不能实现使用虚线绘制线条，还必须添加 myLine.computeLineDistances()。

此实例的源文件是 MyCode\ChapB\ChapB043.html。

096　在场景中根据路径拉伸圆角矩形

此实例主要通过在 THREE.ExtrudeGeometry 方法中设置 extrudePath 参数，实现根据指定的路径拉伸圆角矩形。当浏览器显示页面时，圆角矩形将在 y 轴方向上不停地伸缩，效果分别如图 096-1 和图 096-2 所示。

主要代码如下：

```
<!DOCTYPE html><html><head><meta charset="UTF-8">
<script src="ThreeJS/three.js"></script>
```

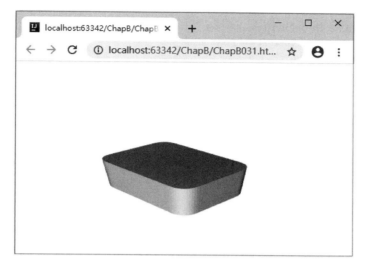

图 096-1

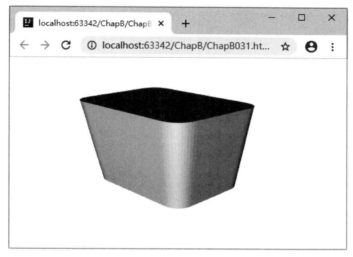

图 096-2

```
<script src = "ThreeJS/jquery.js"></script>
<script src = "ThreeJS/OrbitControls.js"></script>
</head>
<body><center id = "myContainer"></center>
<script>
//创建渲染器
var myRenderer = new THREE.WebGLRenderer({antialias:true});
myRenderer.setSize(window.innerWidth,window.innerHeight);
myRenderer.setClearColor('white',1.0);
 $("#myContainer").append(myRenderer.domElement);
var myCamera = new THREE.PerspectiveCamera(45,1,1,1000);
myCamera.position.set(200,200,200);
myCamera.lookAt({x:0,y:0,z:0});
var myScene = new THREE.Scene();
var myPointLight = new THREE.PointLight('white');
myPointLight.position.set(320,200,400);
myScene.add(myPointLight);
```

```
//创建圆角矩形
var myShape = new THREE.Shape();
var x = 0, y = 0, myWidth = 30, myHeight = 40, myRadius = 6
myShape.moveTo(x, y + myRadius);
myShape.lineTo(x, y + myHeight - myRadius);
myShape.quadraticCurveTo(x, y + myHeight, x + myRadius, y + myHeight);
myShape.lineTo(x + myWidth - myRadius, y + myHeight);
myShape.quadraticCurveTo(x + myWidth, y + myHeight,
                         x + myWidth, y + myHeight - myRadius);
myShape.lineTo(x + myWidth, y + myRadius);
myShape.quadraticCurveTo(x + myWidth, y, x + myWidth - myRadius, y);
myShape.lineTo(x + myRadius, y);
myShape.quadraticCurveTo(x, y, x, y + myRadius);
//设置拉伸圆角矩形的路径
var myCurve = new THREE.CatmullRomCurve3([
                  new THREE.Vector3(0,0,0), new THREE.Vector3(0,30,0)]);
//创建拉伸之后的圆角矩形
var myGeometry = new THREE.ExtrudeGeometry(myShape,{extrudePath:myCurve});
var myMaterial = new THREE.MeshPhongMaterial({color:'cyan'});
var myMesh = new THREE.Mesh(myGeometry,myMaterial);
myMesh.translateX(100 );
myMesh.translateZ(100);
myMesh.translateY(0);
myScene.add(myMesh);
//渲染圆角矩形
animate();
var step = 0;
function animate(){
  myRenderer.render(myScene,myCamera);
  step = step + 0.01;
  var myScale = 2 * Math.sin(step) + 2;
  myMesh.scale.y = myScale;
  myMesh.scale.x = 2;
  myMesh.scale.z = 2;
  requestAnimationFrame(animate);
}
  var myOrbitControls = new THREE.OrbitControls(myCamera);
</script></body></html>
```

在上面这段代码中，myShape.quadraticCurveTo（x，y＋myHeight，x＋myRadius，y＋myHeight）语句用于绘制圆角，quadraticCurveTo()方法本质上是绘制二次曲线，该方法的语法格式如下：

quadraticCurveTo(cpx,cpy,x,y)

其中，参数cpx表示控制点的x坐标；参数cpy表示控制点的y坐标；参数x表示结束点的x坐标；参数y表示结束点的y坐标。

myCurve＝new THREE.CatmullRomCurve3（[new THREE.Vector3(0,0,0)，new THREE.Vector3(0,30,0)]）语句用于根据指定的点创建一条平滑的曲线。myGeometry＝new THREE.ExtrudeGeometry(myShape,{extrudePath:myCurve})语句用于根据指定的曲线路径拉伸（圆角矩形）图形。此外需要注意：此实例需要添加OrbitControls.js文件。

此实例的源文件是MyCode\ChapB\ChapB031.html。

097　在场景中根据路径拉伸多个矩形

此实例主要通过在 THREE.ExtrudeGeometry 方法中设置 extrudePath 参数，实现根据指定的路径(y轴方向)拉伸多个矩形。当浏览器显示页面时，将按照正弦曲线沿 y 轴拉伸为 5×5 个长方体(矩形)，效果分别如图 097-1 和图 097-2 所示。由于此实例添加了轨道控制器，因此也可以从不同方向上观看拉伸效果。

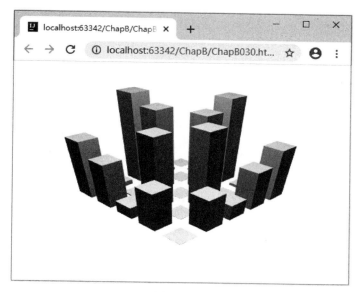

图　097-1

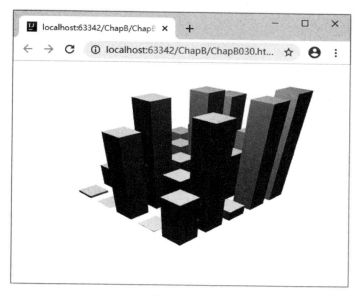

图　097-2

主要代码如下：

```
<!DOCTYPE html><html><head><meta charset = "UTF-8">
<script src = "ThreeJS/three.js"></script>
```

```html
<script src = "ThreeJS/jquery.js"></script>
<script src = "ThreeJS/OrbitControls.js"></script>
</head>
<body><center id = "myContainer"></center>
<script>
```
```javascript
//创建渲染器
var myRenderer = new THREE.WebGLRenderer({antialias:true});
myRenderer.setSize(window.innerWidth,window.innerHeight);
myRenderer.setClearColor('white',1.0);
$("#myContainer").append(myRenderer.domElement);
var myCamera = new THREE.PerspectiveCamera(45,1,1,1000);
myCamera.position.set(200,200,200);
myCamera.lookAt({x:0,y:0,z:0});
var myScene = new THREE.Scene();
var myPointLight = new THREE.PointLight('white');
myPointLight.position.set(20,200,30);
myScene.add(myPointLight);
//创建矩形
var myShape = new THREE.Shape();
//四条直线(线条)绘制一个矩形
myShape.moveTo(-10,-10);      //第1个顶点
myShape.lineTo(-10,10);       //第2个顶点
myShape.lineTo(10,10);        //第3个顶点
myShape.lineTo(10,-10);       //第4个顶点
myShape.lineTo(-10,-10);      //第5个顶点
//设置在y轴方向上拉伸矩形
var myCurve = new THREE.CatmullRomCurve3([
            new THREE.Vector3(0,0,0),new THREE.Vector3(0,40,0)]);
var myGeometry = new THREE.ExtrudeGeometry(myShape,{extrudePath:myCurve});
var myMaterial = new THREE.MeshPhongMaterial({color:'cyan'});
//创建多个矩形
var myArray = [];
for(var i = 0;i<6;i++){
 var myMeshes = [];
 for(var j = 0;j<6;j++){
  var myMesh = new THREE.Mesh(myGeometry,myMaterial);
  myScene.add(myMesh);
  myMesh.translateX(-100 + 30 * i);
  myMesh.translateZ(-100 + 30 * j);
  myMesh.translateY(-50);
  myMeshes.push(myMesh);
 }
 myArray.push(myMeshes);
}
//渲染图形
animate();
var z = 0;
function animate(){
 myRenderer.render(myScene,myCamera);
 z = z + 0.01;
 for(var u = 0;u<myArray.length;u++){
  for(var v = 0;v<myArray[u].length;v++){
   var myScale = 2 * Math.sin(z + 100/u - 100/v) + 2;
   myArray[u][v].scale.y = myScale;
```

```
          }
        }
        requestAnimationFrame(animate);
      }
      var myOrbitControls = new THREE.OrbitControls(myCamera);
</script></body></html>
```

在上面这段代码中,myCurve＝new THREE.CatmullRomCurve3([new THREE.Vector3(0,0,0),new THREE.Vector3(0,40,0)])语句用于指定在 y 轴方向(路径)拉伸矩形。myGeometry＝new THREE.ExtrudeGeometry(myShape,{extrudePath:myCurve})语句用于根据矩形和路径拉伸矩形。THREE.ExtrudeGeometry()方法的语法格式如下:

```
THREE.ExtrudeGeometry(shapes,options)
```

其中,参数 shapes 表示将要拉伸的一个或多个图形;参数 options 表示拉伸属性配置,各个属性的说明如表 097-1 所示。

表 097-1

属性	描述
amount	指定图形可以拉多高,默认值为 100
bevelThickness	指定斜角的深度,斜角是前后面和拉伸体之间的倒角,该值定义斜角进入图形的深度,默认值为 6
bevelSize	指定斜角的高度,这个高度将被加到图形的正常高度上,默认值为 bevelThickness－2
bevelSegments	定义斜角的切片数量,切片数量越多越平滑,默认值为 3
bevelEnabled	如果这个属性设为 true,就会有斜角
curveSegments	指定拉伸体分成多少切片,默认值为 1
steps	指定拉伸体沿深度方向分成多少切片,默认值为 1
extrudePath	指定图形沿着什么路径(THREE.CurvePath)拉伸,如果没有指定,则图形沿着 z 轴拉伸
material	定义前后面所用的材质索引,如果想给前后面使用单独的材质,可使用 THREE.SceneUtils.createMultiMaterialObject 函数创建网格
extrudeMaterial	指定斜角和拉伸体所用材质索引,如果想给前后面使用单独材质,可使用 THREE.SceneUtils.createMultiMaterialObject 函数创建网格
uvGenerator	当给材质使用纹理时,UV 映射确定了纹理的哪一部分用于特定的面,使用该属性,可以传入自定义对象,该对象将为传入的图形创建的面创建 UV 设置;如果没有指定,则使用 THREE.ExtrudeGeometry.WorldUVGenerator
frames	用于样条曲线的切线、法线和副法线,在沿 extrudepath 拉伸几何体时会用到这个属性,THREE.TubeGeometry.FrenetFrames 被用作默认值

此外需要注意:此实例需要添加 OrbitControls.js 文件。

此实例的源文件是 MyCode\ChapB\ChapB030.html。

098 在场景中拉伸自定义的 SVG 图形

此实例主要通过使用 THREE.ExtrudeGeometry,实现在场景中拉伸自定义的 SVG 图形。当浏览器显示页面时,SVG 图形在拉伸之后将不停地旋转,效果分别如图 098-1 和图 098-2 所示。

主要代码如下:

```
<html><head><meta charset = "UTF-8">
  <script src = "ThreeJS/three.js"></script>
```

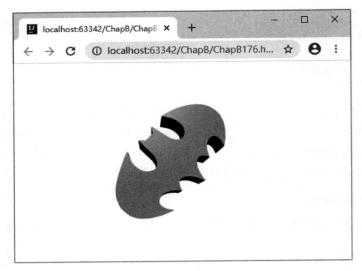

图 098-1

图 098-2

```
   <script src = "ThreeJS/jquery.js"></script>
   <script src = "ThreeJS/d3 - threeD.js"></script>
</head>
<body><div id = "myContainer"></div>
<svg style = "display: none" version = "1.0" x = "0px" y = "0px"
      width = "1152px" height = "1152px" xml:space = "preserve">
<g><path id = "myPath" style = "fill:rgb(0,0,0);"
    d = "M 261.135 114.535 C 111.417 177.269 78.9808 203.399 49.2992 238.815 C 41.0479 248.66 26.5057
277.248 21.0148 294.418 C 14.873 313.624 15.3588 357.341 21.9304 376.806 C 29.244 398.469 39.6107
416.935 52.0865 430.524 C 58.2431 437.23 63.3085 443.321 63.3431 444.06 C 63.4748 446.883 102.278
479.707 120.51 492.418 C 131.003 499.734 148.168 509.93 158.654 515.075 C 169.139 520.22 179.431 525.34
181.524 526.454 C 187.725 529.754 187.304 527.547 179.472 515.713 C 164.806 493.553 158.448 464.659
164.322 446.861 C 169.457 431.303 192.013 421.501 214.324 425.132 C 234.042 428.341 252.142 439.186
270.958 459.064 C 286.677 475.67 292.133 482.967 295.31 491.634 C 297.466 497.514 298.948 495.91
304.862 481.293 C 313.673 459.519 329.808 445.735 346.35 445.851 C 367.654 446 399.679 478.239 412.801
512.745 C 414.093 516.144 416.593 522.632 418.355 527.163 C 420.118 531.695 423.604 542.319 426.103
```

550.773 C 430.848 566.832 432.355 566.851 434.872 550.88 C 436.395 541.215 451.403 502.522 455.655 497.298 C 457.038 495.599 460.63 489.896 463.636 484.625 C 471.696 470.498 492.318 452.688 505.387 448.568 C 514.602 445.663 517.533 445.549 525.51 447.782 C 539.676 451.749 553.43 467.773 560.706 488.788 L 563.242 496.114 L 567.096 490.012 C 577.709 473.208 593.665 453.899 602.47 447.206 C 607.884 443.09 613.378 438.825 614.679 437.729 C 615.98 436.632 622.927 433.259 630.118 430.233 C 655.159 419.693 681.195 423.407 693.273 439.241 C 697.957 445.382 698.932 448.971 699.538 462.294 C 700.174 476.284 699.51 479.864 693.686 493.854 C 690.073 502.533 684.912 512.883 682.217 516.854 C 679.523 520.825 678.172 524.074 679.215 524.074 C 681.932 524.074 718.787 504.481 732.525 495.734 C 760.018 478.228 788.909 452.599 803.9 432.418 C 807.266 427.886 810.569 423.715 811.239 423.149 C 814.498 420.395 828.253 393.099 833.17 379.627 C 838.223 365.782 838.713 361.822 838.741 334.582 C 838.776 300.425 836.431 291.124 820.154 260.873 C 810.649 243.207 807.498 239.005 788.417 218.543 C 751.511 178.968 688.147 142.549 621.582 122.654 C 581.7 110.734 580.388 110.465 580.388 114.195 C 580.388 115.328 581.302 116.255 582.418 116.255 C 584.279 116.255 587.705 122.106 603.399 152.085 C 613.977 172.29 618.077 189.427 618.264 214.21 C 618.42 234.928 617.88 238.368 612.285 252.269 C 604.327 272.04 590.066 286.889 572.829 293.352 C 558.526 298.714 549.193 297.86 535.704 289.955 C 526.777 284.723 512.304 267.644 509.816 259.404 C 509.132 257.138 507.129 251.358 505.366 246.558 C 503.602 241.759 501.646 231.564 501.018 223.902 C 500.39 216.24 498.491 198.402 496.797 184.261 C 495.104 170.121 493.307 152.047 492.803 144.097 C 492.299 136.147 491.292 125.625 490.565 120.715 L 489.242 111.787 L 483.323 118.267 C 480.067 121.832 477.404 125.618 477.404 126.681 C 477.404 127.744 476.603 128.613 475.624 128.613 C 474.645 128.613 471.275 132.321 468.135 136.852 L 462.426 145.091 L 431.038 145.091 L 399.65 145.091 L 386.811 128.494 C 379.749 119.365 373.509 112.36 372.943 112.926 C 372.377 113.491 371.57 118.875 371.15 124.888 C 370.73 130.902 368.94 147.744 367.172 162.315 C 365.405 176.887 363.523 195.424 362.99 203.509 C 360.283 244.622 352.784 266.044 335.323 282.544 C 326.456 290.923 312.488 297.497 303.508 297.518 C 294.864 297.539 278.732 290.063 269.473 281.748 C 246.952 261.521 238.846 229.614 245.481 187.314 C 247.894 171.928 266.562 131.612 275.927 121.56 C 277.987 119.348 279.673 116.786 279.673 115.867 C 279.673 114.947 279.905 113.593 280.188 112.856 C 281.28 110.017 271.977 110.837 261.136 114.536 L 261.135 114.535 "/>
</g></svg>
<script type="text/javascript">
//创建渲染器
var myRenderer = new THREE.WebGLRenderer({antialias:true});
myRenderer.setClearColor(new THREE.Color(0xEEEEEE,1.0));
myRenderer.setSize(window.innerWidth,window.innerHeight);
$("#myContainer").append(myRenderer.domElement);
var myCamera = new THREE.PerspectiveCamera(45,
                window.innerWidth/window.innerHeight,0.1,1000);
myCamera.position.x = -80;
myCamera.position.y = 80;
myCamera.position.z = 80;
myCamera.lookAt(new THREE.Vector3(60,-60,0));
var myScene = new THREE.Scene();
myScene.background = new THREE.Color(0xffffff);
var myLight = new THREE.DirectionalLight(0xffffff);
myLight.position = new THREE.Vector3(70,170,70);
myLight.intensity = 0.7;
myScene.add(myLight);
//拉伸创建的SVG图形
var mySVGPath = document.querySelector("#myPath").getAttribute("d");
var mySVG = transformSVGPathExposed(mySVGPath);
var myOptions = {amount:2,bevelThickness:8,bevelSize:0.5,
                bevelSegments:3,bevelEnabled:true,curveSegments:12,steps:1};
var myGeometry = new THREE.ExtrudeGeometry(mySVG,myOptions);
myGeometry.applyMatrix(new THREE.Matrix4().makeTranslation(-390,-74,0));
var myMaterial = new THREE.MeshPhongMaterial({
```
```

```
                                color:0x00ff00,shininess:100,metal:true});
   var myMesh = new THREE.Mesh(myGeometry,myMaterial);
   myMesh.scale.x = 0.10;
   myMesh.scale.y = 0.10;
   myMesh.rotation.z = Math.PI;
   myMesh.rotation.x = -1.1;
   myScene.add(myMesh);
   //渲染拉伸之后的 SVG 图形
   animate();
   var step = 0;
   function animate(){
     myMesh.rotation.y = step += 0.015;
     requestAnimationFrame(animate);
     myRenderer.render(myScene,myCamera);
   }
</script></body></html>
```

在上面这段代码中，mySVG = transformSVGPathExposed（mySVGPath）语句用于根据 mySVGPath 参数描述的路径信息（Path 元素的 d 属性）创建自定义图形。myGeometry = new THREE.ExtrudeGeometry(mySVG，myOptions)语句用于根据参数 myOptions 的配置信息拉伸 mySVG 图形。此外需要注意：此实例需要添加 d3-threeD.js 文件。

此实例的源文件是 MyCode\ChapB\ChapB176.html。

099　在场景中根据顶点绘制空心三角形

此实例主要通过使用 THREE.Geometry 和 THREE.ShapeGeometry，实现在场景中根据指定的顶点分别绘制实心三角形和空心三角形。当浏览器显示页面时，单击"绘制空心三角形"按钮，则绘制的空心三角形如图 099-1 所示。单击"绘制实心三角形"按钮，则绘制的实心三角形如图 099-2 所示。

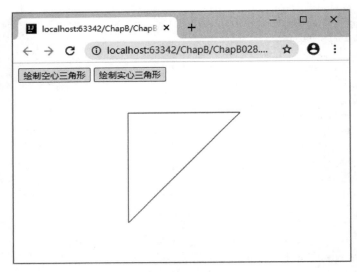

图　099-1

主要代码如下：

```
<body><p><button id="myButton1">绘制空心三角形</button>
```

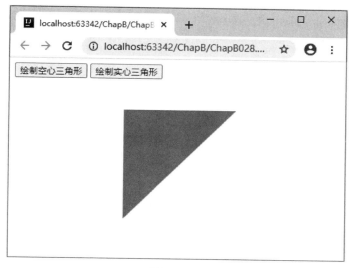

图 099-2

```
            <button id = "myButton2">绘制实心三角形</button></p>
<center id = "myContainer"></center>
<script>
//创建渲染器
var myRenderer = new THREE.WebGLRenderer({antialias:true});
myRenderer.setSize(window.innerWidth,window.innerHeight);
$("#myContainer").append(myRenderer.domElement);
var myScene = new THREE.Scene();
myScene.background = new THREE.Color('white');
var myCamera = new THREE.PerspectiveCamera(45,
                    window.innerWidth/window.innerHeight,1,1000);
myCamera.position.set(0,0,100);
myScene.add(myCamera);
myScene.add(new THREE.AmbientLight(0xffffff));
var myTriangle;
//渲染三角形
animate();
function animate(){
 myRenderer.render(myScene,myCamera);
 requestAnimationFrame(animate);
}
//响应单击"绘制空心三角形"按钮
$("#myButton1").click(function(){
 if(myTriangle)myScene.remove(myTriangle);
 var x = -30,y = -30,myPoints = [];
 myPoints.push(new THREE.Vector2(x,y));
 myPoints.push(new THREE.Vector2(x + 60,y + 60));
 myPoints.push(new THREE.Vector2(x,y + 60));
 myPoints.push(new THREE.Vector2(x,y));
 var myGeometry = new THREE.Geometry().setFromPoints(myPoints);
 myTriangle = new THREE.Line(myGeometry,
                    new THREE.LineBasicMaterial({color:0xff0000}));
 myScene.add(myTriangle);
});
//响应单击"绘制实心三角形"按钮
```

```
$("#myButton2").click(function(){
  if(myTriangle)myScene.remove(myTriangle);
  var myShape = new THREE.Shape();
  var x = -30,y = -30;
  myShape.moveTo(x,y);
  myShape.lineTo(x + 60,y + 60);
  myShape.lineTo(x,y + 60);
  myShape.lineTo(x,y);
  var myGeometry = new THREE.ShapeGeometry(myShape);
  var myMaterial = new THREE.MeshLambertMaterial({color:'red'});
  myTriangle = new THREE.Mesh(myGeometry,myMaterial);
  myScene.add(myTriangle);
});
</script></body>
```

在上面这段代码中,myGeometry＝new THREE.Geometry().setFromPoints(myPoints)语句用于根据指定的点创建空心几何体。myTriangle＝new THREE.Line(myGeometry,new THREE.LineBasicMaterial({color:0xff0000}))语句用于根据空心几何体和线条创建空心(三角形)图形。myGeometry＝new THREE.ShapeGeometry(myShape)语句用于根据绘制的图形创建实心几何体。myTriangle＝new THREE.Mesh(myGeometry,myMaterial)语句用于根据实心几何体和材质创建实心(三角形)图形。在此实例中,也可以使用 myGeometry＝myShape.makeGeometry()语句代替 myGeometry＝new THREE.ShapeGeometry(myShape)语句。

此实例的源文件是 MyCode\ChapB\ChapB028.html。

100 在场景中根据顶点绘制空心七边形

此实例主要通过使用 THREE.Geometry 和 THREE.ShapeGeometry,实现在场景中根据指定的顶点分别绘制实心七边形和空心七边形。当浏览器显示页面时,单击"绘制空心七边形"按钮,则绘制的空心七边形如图 100-1 所示。单击"绘制实心七边形"按钮,则绘制的实心七边形如图 100-2 所示。

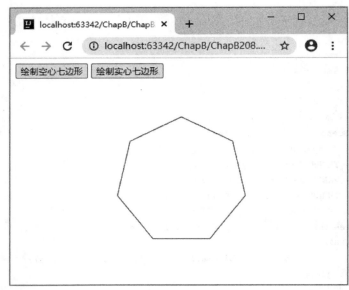

图 100-1

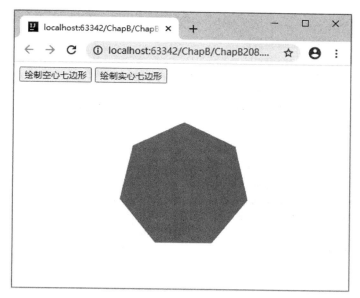

图 100-2

主要代码如下：

```
<body><p><button id = "myButton1">绘制空心七边形</button>
        <button id = "myButton2">绘制实心七边形</button></p>
<center id = "myContainer"></center>
<script>
//创建渲染器
var myRenderer = new THREE.WebGLRenderer({antialias:true});
myRenderer.setSize(window.innerWidth,window.innerHeight);
 $("#myContainer").append(myRenderer.domElement);
var myScene = new THREE.Scene();
myScene.background = new THREE.Color('white');
var myCamera = new THREE.PerspectiveCamera(45,
                window.innerWidth/window.innerHeight,1,1000);
myCamera.position.set(0,0,140);
myScene.add(myCamera);
myScene.add(new THREE.AmbientLight(0xffffff));
//使用数组保存图形顶点坐标,如果myCount = 14,则为七边形,
//如果myCount = 6,则为三角形,以此类推
var myPoints = [],myCount = 14,myShape;
var myDegree = 360/myCount;
var myRadian = myDegree * Math.PI/180;
for(var i = 0;i < myCount * 2;i += 2){
 var x = 40 * Math.sin(i * myRadian);
 var y = 40 * Math.cos(i * myRadian);
 var myVector3 = new THREE.Vector3(x,y,0);
 myPoints.push(myVector3);
}
//渲染七边形
animate();
function animate(){
 myRenderer.render(myScene,myCamera);
 requestAnimationFrame(animate);
```

```
      }
     //响应单击"绘制空心七边形"按钮
     $("#myButton1").click(function(){
      if(myShape)myScene.remove(myShape);
      var myGeometry = new THREE.Geometry().setFromPoints(myPoints);
      myShape = new THREE.Line(myGeometry,
                         new THREE.LineBasicMaterial({color:0xff0000}));
      myScene.add(myShape);
     });
     //响应单击"绘制实心七边形"按钮
     $("#myButton2").click(function(){
      if(myShape)myScene.remove(myShape);
      var myGeometry = new THREE.ShapeGeometry(new THREE.Shape(myPoints));
      myShape = new THREE.Mesh(myGeometry,new THREE.MeshPhongMaterial({
                              color:0xff0000,side:THREE.DoubleSide}));
      myScene.add(myShape);
     });
    </script></body>
```

在上面这段代码中，myGeometry＝new THREE.Geometry().setFromPoints(myPoints)语句用于根据指定的顶点创建空心几何体。myShape＝new THREE.Line(myGeometry,new THREE.LineBasicMaterial({color:0xff0000}))语句用于根据空心几何体和线条创建空心（七边形）图形。myGeometry＝new THREE.ShapeGeometry(new THREE.Shape(myPoints))语句用于根据指定顶点创建实心几何体。myShape＝new THREE.Mesh(myGeometry,new THREE.MeshPhongMaterial({color:0xff0000,side:THREE.DoubleSide}))语句用于根据实心几何体和材质创建实心（七边形）图形。

此实例的源文件是 MyCode\ChapB\ChapB208.html。

101 在场景中根据顶点绘制空心五角星

此实例主要通过使用 THREE.Geometry 和 THREE.ShapeGeometry，实现在场景中根据指定的顶点分别绘制实心五角星和空心五角星。当浏览器显示页面时，单击"绘制空心五角星"按钮，则绘制的空心五角星如图 101-1 所示；单击"绘制实心五角星"按钮，则绘制的实心五角星如图 101-2 所示。

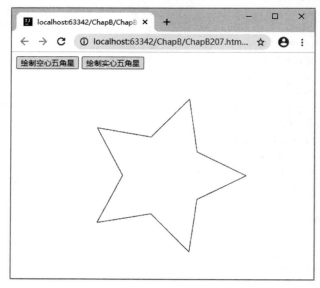

图 101-1

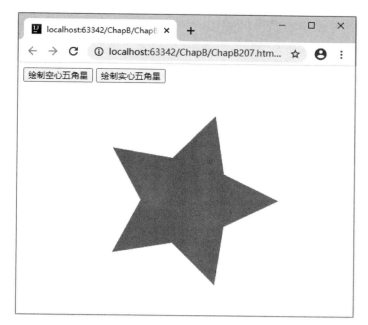

图 101-2

主要代码如下：

```
<body><p><button id="myButton1">绘制空心五角星</button>
       <button id="myButton2">绘制实心五角星</button></p>
<center id="myContainer"></center>
<script>
//创建渲染器
var myRenderer = new THREE.WebGLRenderer({antialias:true});
myRenderer.setSize(window.innerWidth,window.innerHeight);
$("#myContainer").append(myRenderer.domElement);
var myScene = new THREE.Scene();
myScene.background = new THREE.Color('white');
var myCamera = new THREE.PerspectiveCamera(45,
                    window.innerWidth/window.innerHeight,1,1000);
myCamera.position.set(0,0,140);
myScene.add(myCamera);
myScene.add(new THREE.AmbientLight(0xffffff));
//使用数组保存五角星顶点坐标,如果myCount=6,则为六角星;
//如果myCount=7,则为七角星,以此类推
var myPoints=[],myCount=5,myStar;
for(var i=0;i<myCount*2;i++){
  var l=i%2==1?24:48;
  var a=i/myCount*Math.PI;
  myPoints.push(new THREE.Vector2(Math.cos(a)*l,Math.sin(a)*l));
}
//添加五角星的第一个顶点坐标,使其构成封闭图形
myPoints.push(new THREE.Vector2(48,0));
//渲染五角星
animate();
function animate(){
  myRenderer.render(myScene,myCamera);
  requestAnimationFrame(animate);
```

```
}
//响应单击"绘制空心五角星"按钮
$("#myButton1").click(function(){
 if(myStar)myScene.remove(myStar);
 var myGeometry = new THREE.Geometry().setFromPoints(myPoints);
 myStar = new THREE.Line(myGeometry,
                        new THREE.LineBasicMaterial({color:0xff0000}));
 myScene.add(myStar);
});
//响应单击"绘制实心五角星"按钮
$("#myButton2").click(function(){
 if(myStar)myScene.remove(myStar);
 var myGeometry = new THREE.ShapeGeometry(new THREE.Shape(myPoints));
 myStar = new THREE.Mesh(myGeometry,new THREE.MeshPhongMaterial({
                        color:0xff0000,side:THREE.DoubleSide}));
 myScene.add(myStar);
});
</script></body>
```

在上面这段代码中,myGeometry=new THREE.Geometry().setFromPoints(myPoints)语句用于根据指定的顶点创建空心几何体。myStar = new THREE.Line(myGeometry,new THREE.LineBasicMaterial({color:0xff0000}))语句用于根据空心几何体和线条创建空心(五角星)图形。myGeometry=new THREE.ShapeGeometry(new THREE.Shape(myPoints))语句用于根据指定的顶点创建实心几何体。myStar = new THREE.Mesh(myGeometry,new THREE.MeshPhongMaterial({color:0xff0000,side:THREE.DoubleSide}))语句用于根据实心几何体和材质创建实心(五角星)图形。

此实例的源文件是 MyCode\ChapB\ChapB207.html。

102 在场景中根据指定厚度绘制五角星

此实例主要通过在 THREE.ExtrudeBufferGeometry 方法的参数中设置厚度和斜角参数,实现在场景中绘制指定厚度的五角星。当浏览器显示页面时,单击"绘制五角星"按钮,则在场景中绘制的无厚度的五角星如图102-1所示;单击"拉伸五角星"按钮,则在场景中绘制的指定厚度的五角星如图102-2所示。

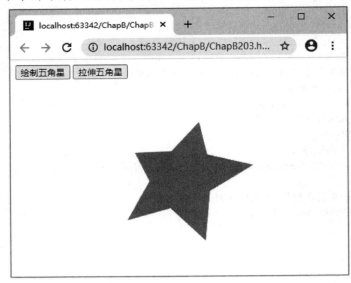

图 102-1

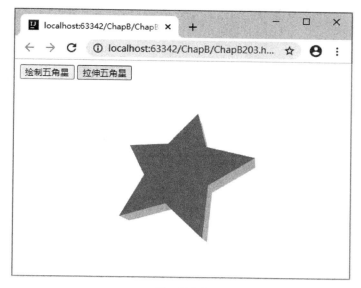

图 102-2

主要代码如下:

```
<html><head><meta charset="UTF-8">
 <script src="ThreeJS/three.js"></script>
 <script src="ThreeJS/OrbitControls.js"></script>
 <script src="ThreeJS/jquery.js"></script>
</head>
<body><p><button id="myButton1">绘制五角星</button>
         <button id="myButton2">拉伸五角星</button></p>
<center id="myContainer"></center>
<script>
//创建渲染器
var myRenderer = new THREE.WebGLRenderer({antialias:true});
myRenderer.setSize(window.innerWidth,window.innerHeight);
$("#myContainer").append(myRenderer.domElement);
var myScene = new THREE.Scene();
myScene.background = new THREE.Color('white');
var myCamera = new THREE.PerspectiveCamera(45,
                       window.innerWidth/window.innerHeight,1,1000);
myCamera.position.set(28,-46,84);
myScene.add(myCamera);
myScene.add(new THREE.AmbientLight(0xffffff));
var myOrbitControls = new THREE.OrbitControls(myCamera);
//使用数组保存五角星每个顶点的坐标
var myPoints = [],myCount = 5,myStar;
for(var i = 0;i < myCount * 2;i++){
 var l = i%2 == 1?16:32;
 var a = i/myCount * Math.PI;
 myPoints.push(new THREE.Vector2(Math.cos(a) * l,Math.sin(a) * l));
}
var myShape = new THREE.Shape(myPoints);
//创建五角星的正面材质 myMaterial1 和侧面材质 myMaterial2
var myMaterial1 = new THREE.MeshLambertMaterial({color:0xff0000});
var myMaterial2 = new THREE.MeshLambertMaterial({color:0xc0c0c0});
```

```
var myMaterials = [myMaterial1,myMaterial2];
//渲染五角星
animate();
function animate(){
 myRenderer.render(myScene,myCamera);
 requestAnimationFrame(animate);
}
//响应单击"绘制五角星"按钮
$("#myButton1").click(function(){
 if(myStar)myScene.remove(myStar);
 var myExtrudeOptions = {depth:0,bevelEnabled:false};
 //由于depth:0,因此创建平面五角星
 var myGeometry = new THREE.ExtrudeBufferGeometry(myShape,myExtrudeOptions);
 myStar = new THREE.Mesh(myGeometry,myMaterials);
 myScene.add(myStar);
});
//响应单击"拉伸五角星"按钮
$("#myButton2").click(function(){
 if(myStar)myScene.remove(myStar);
 var myExtrudeOptions = {depth:8,bevelEnabled:false};
 //根据depth:8绘制指定厚度的五角星,即拉伸五角星
 var myGeometry = new THREE.ExtrudeBufferGeometry(myShape,myExtrudeOptions);
 myStar = new THREE.Mesh(myGeometry,myMaterials);
 myScene.add(myStar);
});
</script></body></html>
```

在上面这段代码中,myGeometry = new THREE.ExtrudeBufferGeometry(myShape,myExtrudeOptions)语句用于根据myExtrudeOptions参数拉伸myShape所代表的五角星。其中,myExtrudeOptions参数的depth:8属性代表拉伸厚度;bevelEnabled:false属性则用于禁止在五角星上绘制斜角。myStar＝new THREE.Mesh(myGeometry,myMaterials)语句中的myMaterials参数是一个数组,包含五角星的正面材质和侧面材质,如果用myStar = new THREE.Mesh(myGeometry,myMaterial1)语句表述,则五角星的正面和侧面均显示同一种材质,即红色。此外需要注意:此实例需要添加OrbitControls.js文件。

此实例的源文件是MyCode\ChapB\ChapB203.html。

103　在场景中沿着随机曲线拉伸五角星

此实例主要通过使用随机曲线设置THREE.ExtrudeGeometry方法的options参数,实现在场景中沿着随机曲线拉伸五角星。当浏览器显示页面时,五角星沿着随机曲线拉伸之后的效果如图103-1所示。

主要代码如下:

```
<html><head><meta charset="UTF-8">
 <script src="ThreeJS/three.js"></script>
 <script src="ThreeJS/jquery.js"></script>
 <script src="ThreeJS/TrackballControls.js"></script>
</head>
<body><center id="myContainer"></center>
<script>
 //创建渲染器
```

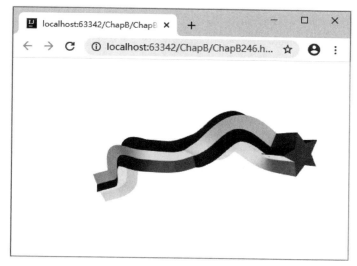

图 103-1

```
var myRenderer = new THREE.WebGLRenderer({antialias:true});
myRenderer.setSize(window.innerWidth,window.innerHeight);
$("#myContainer").append(myRenderer.domElement);
var myScene = new THREE.Scene();
myScene.background = new THREE.Color(0xffffff);
var myCamera = new THREE.PerspectiveCamera(45,
            window.innerWidth/window.innerHeight,1,1000);
myCamera.position.set(100,-474,121);
myScene.add(new THREE.AmbientLight(0x222222));
var myLight = new THREE.PointLight(0xffffff);
myLight.position.copy(myCamera.position);
myScene.add(myLight);
var myTrackballControls =
        new THREE.TrackballControls(myCamera,myRenderer.domElement);
//创建拉伸曲线
var myRandomPoints = [];
for(var i = 0;i < 10;i ++){
 myRandomPoints.push(new THREE.Vector3((i-4.5)*50,
    THREE.MathUtils.randFloat(-50,50),THREE.MathUtils.randFloat(-50,50)));
}
var myRandomPath = new THREE.CatmullRomCurve3(myRandomPoints);
var myExtrudeSettings = {steps:600,extrudePath:myRandomPath};
//创建五角星
var myPoints = [],myCount = 5;
for(var i = 0;i < myCount * 2;i ++){
 var l = i%2 == 1?20:40;
 var a = i/myCount * Math.PI;
 myPoints.push(new THREE.Vector2(Math.cos(a)*l,Math.sin(a)*l));
}
var myShape = new THREE.Shape(myPoints);
var myGeometry = new THREE.ExtrudeGeometry(myShape,myExtrudeSettings);
var myMaterial = new THREE.MeshLambertMaterial({color:0x00ff00});
var myMesh = new THREE.Mesh(myGeometry,myMaterial);
myScene.add(myMesh);
//渲染沿着曲线拉伸的五角星
```

```
animate();
function animate(){
 requestAnimationFrame(animate);
 myTrackballControls.update();
 myRenderer.render(myScene,myCamera);
}
</script></body></html>
```

在上面这段代码中,myRandomPath = new THREE.CatmullRomCurve3(myRandomPoints)语句用于根据在参数 myRandomPoints 中的一系列点生成平滑的曲线。myShape = new THREE.Shape(myPoints)语句用于根据在参数 myPoints 中的点生成图形(此实例即为五角星)。myGeometry = new THREE.ExtrudeGeometry(myShape,myExtrudeSettings)语句表示根据 myExtrudeSettings 参数拉伸图形 myShape,myGeometry 即是 myShape 在被拉伸之后的图形。此外需要注意:此实例需要添加 TrackballControls.js 文件。

此实例的源文件是 MyCode\ChapB\ChapB246.html。

104 在场景中根据顶点绘制空心六角星

此实例主要通过使用 THREE.Geometry 和 THREE.LineLoop,实现在场景中根据指定的顶点绘制空心六角星。当浏览器显示页面时,绘制的空心六角星如图 104-1 所示。

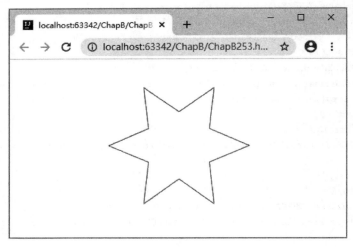

图 104-1

主要代码如下:

```
<body><center id="myContainer"></center>
<script>
//创建渲染器
var myRenderer = new THREE.WebGLRenderer({antialias:true});
myRenderer.setSize(window.innerWidth,window.innerHeight);
$("#myContainer").append(myRenderer.domElement);
var myScene = new THREE.Scene();
myScene.background = new THREE.Color('white');
var myCamera = new THREE.PerspectiveCamera(45,
              window.innerWidth/window.innerHeight,1,1000);
myCamera.position.set(0,0,140);
```

```
myScene.add(myCamera);
myScene.add(new THREE.AmbientLight(0xffffff));
//创建六角星
var myMaterial = new THREE.LineBasicMaterial({color:0xff0000})
var myGeometry = new THREE.Geometry();
//如果myCount = 5,则为五角星;如果myCount = 7,则为七角星,以此类推
var myCount = 6;
for(var i = 0;i < myCount * 2;i ++){
 var l = i%2 == 1?24:48;
 var a = i/myCount * Math.PI;
 myGeometry.vertices.push(new THREE.Vector3(Math.cos(a) * l,Math.sin(a) * l,0));
}
var myLine = new THREE.LineLoop(myGeometry,myMaterial);
myScene.add(myLine);
//渲染六角星
animate();
function animate(){
 myRenderer.render(myScene,myCamera);
 requestAnimationFrame(animate);
}
</script></body>
```

在上面这段代码中,myLine = new THREE.LineLoop(myGeometry,myMaterial)语句用于将myGeometry的多个顶点连接起来,以形成封闭图形,此实例是形成六角星。THREE.LineLoop的功能和THREE.Line几乎相同,唯一的区别就是THREE.LineLoop在将所有顶点连接之后还会将第一个点和最后一个点相连接,而THREE.Line将所有顶点连接之后不会将第一个点和最后一个点相连接。

此实例的源文件是MyCode\ChapB\ChapB253.html。

105 在场景中根据边数绘制多边形

此实例主要通过在CircleGeometry(radius,segments)方法中将segments参数作为正多边形的边数,实现在场景中绘制实心正多边形。当浏览器显示页面时,单击"绘制实心三角形"按钮,则在场景中绘制的实心三角形如图105-1所示;单击"绘制实心五边形"按钮,则在场景中绘制的实心五边形如图105-2所示。

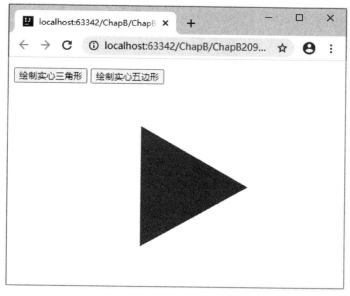

图 105-1

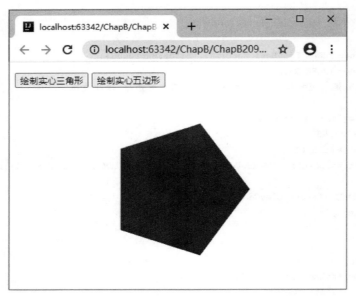

图 105-2

主要代码如下：

```
<body><p><button id = "myButton1">绘制实心三角形</button>
        <button id = "myButton2">绘制实心五边形</button></p>
<center id = "myContainer"></center>
<script>
//创建渲染器
var myRenderer = new THREE.WebGLRenderer({antialias:true});
myRenderer.setSize(window.innerHeight,window.innerHeight);
$("#myContainer").append(myRenderer.domElement);
var myScene = new THREE.Scene();
myScene.background = new THREE.Color('white');
var myCamera = new THREE.PerspectiveCamera(45,1,1,1000);
myCamera.position.set(0,0,160);
myCamera.lookAt(myScene.position);
var myMesh;
//渲染图形
animate();
function animate(){
  myRenderer.render(myScene,myCamera);
  requestAnimationFrame(animate);
}
//响应单击"绘制实心三角形"按钮
$("#myButton1").click(function(){
  if(myMesh)myScene.remove(myMesh);
  var myMaterial = new THREE.MeshBasicMaterial({color:0x0000ff});
  var myGeometry = new THREE.CircleGeometry(50,3);
  myMesh = new THREE.Mesh(myGeometry,myMaterial);
  myScene.add(myMesh);
});
//响应单击"绘制实心五边形"按钮
$("#myButton2").click(function(){
  if(myMesh)myScene.remove(myMesh);
```

```
    var myMaterial = new THREE.MeshBasicMaterial({color:0x0000ff});
    var myGeometry = new THREE.CircleGeometry(50,5);
    myMesh = new THREE.Mesh(myGeometry,myMaterial);
    myScene.add(myMesh);
  });
</script></body>
```

在上面这段代码中，CircleGeometry(radius,segments)方法原本用于根据参数指定的半径和切片数量绘制圆，但是如果切片数量(segments)足够小，则直接显示为圆的内接正多边形。因此，可以通过此方式绘制任意边数的正多边形。

此实例的源文件是 MyCode\ChapB\ChapB209.html。

106　在场景中使用曲线绘制桃心

此实例主要通过使用 moveTo 方法和 bezierCurveTo 方法，实现在场景中使用曲线绘制桃心形状。当浏览器显示页面时，在场景中绘制的桃心如图 106-1 所示。

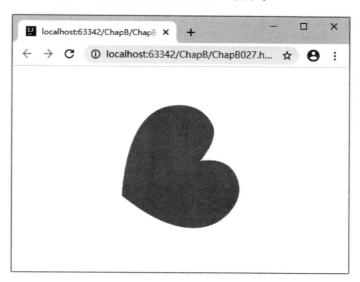

图　106-1

主要代码如下：

```
<body><center id = "myContainer"></center>
<script>
//创建渲染器
var myRenderer = new THREE.WebGLRenderer({antialias:true});
myRenderer.setSize(window.innerWidth,window.innerHeight);
myRenderer.setClearColor('white',1.0);
  $("#myContainer").append(myRenderer.domElement);
var myScene = new THREE.Scene();
var myCamera = new THREE.PerspectiveCamera(45,
              window.innerWidth/window.innerHeight,1,1000);
var myParam = 60;
myCamera.position.x = Math.cos(myParam) * 400;
myCamera.position.y = Math.cos(myParam) * 400;
myCamera.position.z = Math.sin(myParam) * 400;
```

```
myCamera.lookAt(myScene.position);
myScene.add(new THREE.AmbientLight('white'));
//创建桃心
var myShape = new THREE.Shape();
var x = 0, y = 0;
myShape.moveTo(x + 5, y + 5);
myShape.bezierCurveTo(x + 5, y + 5, x + 4, y, x, y);
myShape.bezierCurveTo(x - 6, y, x - 6, y + 7, x - 6, y + 7);
myShape.bezierCurveTo(x - 6, y + 11, x - 3, y + 15.4, x + 5, y + 19);
myShape.bezierCurveTo(x + 12, y + 15.4, x + 16, y + 11, x + 16, y + 7);
myShape.bezierCurveTo(x + 16, y + 7, x + 16, y, x + 10, y);
myShape.bezierCurveTo(x + 7, y, x + 5, y + 5, x + 5, y + 5);
var myGeometry = new THREE.ShapeGeometry(myShape, 30);
//var myGeometry = myShape.makeGeometry();
var myMaterial = new THREE.MeshLambertMaterial({color:'red'});
var myMesh = new THREE.Mesh(myGeometry, myMaterial);
myMesh.scale.set(18, 18, 18);
myMesh.position.set(100, 110, 210);
myMesh.rotation.x = myParam * 5;
myMesh.rotation.y = myParam * 3;
myMesh.rotation.z = myParam * 2;
myScene.add(myMesh);
//渲染桃心
myRenderer.render(myScene, myCamera);
</script></body>
```

在上面这段代码中，myShape = new THREE.Shape()语句用于实例化一个创建图形的对象。myShape.moveTo(x + 5, y + 5)语句表示设置(x + 5, y + 5)坐标点为绘图起点。myShape.bezierCurveTo (x+5, y+5, x+4, y, x, y)语句用于根据提供的参数绘制一条曲线，坐标点(x+5, y+5)表示曲线的第一个控制点，坐标点(x+4, y)表示曲线的第二个控制点，坐标点(x, y)表示曲线的结束点，结束点将自动成为下一曲线的起点。myGeometry = new THREE.ShapeGeometry(myShape, 30)语句用于将图形(THREE.Shape)转换为Three.js的几何体(THREE.ShapeGeometry)，在此实例中，也可以使用myGeometry = myShape.makeGeometry()语句实现几何体的转换。

此实例的源文件是 MyCode\ChapB\ChapB027.html。

107 在场景中使用虚线绘制桃心

此实例主要通过使用 THREE.PointsMaterial 实现在场景中使用虚线绘制桃心形状。当浏览器显示页面时，单击"使用实线绘制桃心"按钮，则绘制的桃心如图107-1所示；单击"使用虚线绘制桃心"按钮，则绘制的桃心如图107-2所示。

主要代码如下：

```
<body><p><button id = "myButton1">使用实线绘制桃心</button>
        <button id = "myButton2">使用虚线绘制桃心</button></p>
<center id = "myContainer"></center>
<script>
//创建渲染器
var myRenderer = new THREE.WebGLRenderer({antialias:true});
myRenderer.setSize(window.innerWidth, window.innerHeight);
$("#myContainer").append(myRenderer.domElement);
var myScene = new THREE.Scene();
```

图 107-1

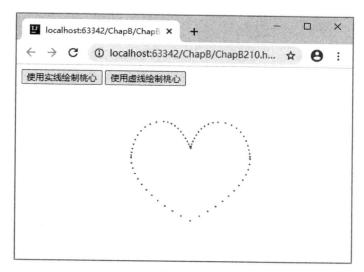

图 107-2

```
myScene.background = new THREE.Color('white');
var myCamera = new THREE.PerspectiveCamera(45,
                    window.innerWidth/window.innerHeight,1,1000);
myCamera.position.set(0,0,440);
myScene.add(myCamera);
myScene.add(new THREE.AmbientLight(0xffffff));
//定义中心点坐标
var x = 0, y = 0;
//使用贝塞尔曲线生成桃心
var myShape = new THREE.Shape().moveTo(x + 25, y + 25 )
    .bezierCurveTo(x + 25, y + 25, x + 20, y, x, y)
    .bezierCurveTo(x - 30, y, x - 30, y + 35, x - 30, y + 35)
    .bezierCurveTo(x - 30, y + 55, x - 10, y + 77, x + 25, y + 95)
    .bezierCurveTo(x + 60, y + 77, x + 80, y + 55, x + 80, y + 35)
    .bezierCurveTo(x + 80, y + 35, x + 80, y, x + 50, y)
    .bezierCurveTo(x + 35, y, x + 25, y + 25, x + 25, y + 25);
```

```
//渲染桃心
animate();
var myHeart;
function animate(){
 myRenderer.render(myScene,myCamera);
 requestAnimationFrame(animate);
}
//响应单击"使用实线绘制桃心"按钮
$("#myButton1").click(function(){
 if(myHeart)myScene.remove(myHeart);
 var myGeometry = new THREE.ShapeGeometry(myShape);
 myHeart = new THREE.Line(myGeometry,
                   new THREE.LineBasicMaterial({color:0xff0000}));
 myHeart.position.set(60,100,75);
 myHeart.rotation.set(0,0,Math.PI);
 myHeart.scale.set(2,2,2);
 myScene.add(myHeart);
});
//响应单击"使用虚线绘制桃心"按钮
$("#myButton2").click(function(){
 if(myHeart)myScene.remove(myHeart);
 var myGeometryPoints =
     new THREE.BufferGeometry().setFromPoints(myShape.getPoints());
 myHeart = new THREE.Points(myGeometryPoints,
               new THREE.PointsMaterial({color:0xff0000,size:6}));
 myHeart.position.set(60,100,75);
 myHeart.rotation.set(0,0,Math.PI);
 myHeart.scale.set(2,2,2);
 myScene.add(myHeart);
});
</script></body>
```

在上面这段代码中，myHeart = new THREE.Points(myGeometryPoints, new THREE.PointsMaterial({color:0xff0000,size:6}))语句用于使用虚线（小方点）绘制桃心图形，color:0xff0000表示方点颜色，size:6表示方点大小。

此实例的源文件是 MyCode\ChapB\ChapB210.html。

108 在场景中根据厚度和斜角绘制桃心

此实例主要通过在 THREE.ExtrudeBufferGeometry 方法的参数中设置厚度和斜角参数，实现在场景中绘制有厚度和斜角的桃心形状。当浏览器显示页面时，在场景中绘制的有厚度和斜角的桃心如图108-1所示。可以使用鼠标拖动查看桃心。

主要代码如下：

```
<!DOCTYPE html><html><head><meta charset = "UTF-8">
 <script src = "ThreeJS/three.js"></script>
 <script src = "ThreeJS/jquery.js"></script>
 <script src = "ThreeJS/OrbitControls.js"></script>
</head>
<body><center id = "myContainer"></center>
<script>
 //创建渲染器
```

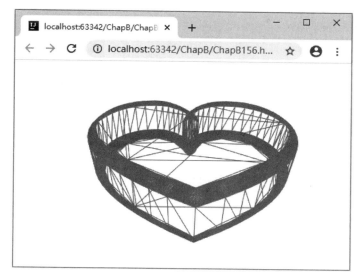

图 108-1

```
var myRenderer = new THREE.WebGLRenderer({antialias:true});
myRenderer.setClearColor('white',1.0);
myRenderer.setSize(window.innerWidth,window.innerHeight);
$("#myContainer").append(myRenderer.domElement);
var myCamera = new THREE.PerspectiveCamera(45,
                window.innerWidth/window.innerHeight,0.1,1000);
myCamera.position.set(0,-100,-130);
var myScene = new THREE.Scene();
myScene.add(new THREE.AmbientLight(0xffffff,0.9));
//渲染桃心
animate();
function animate(){
  myRenderer.render(myScene,myCamera);
  requestAnimationFrame(animate);
}
//创建桃心
var myShape = new THREE.Shape();
var x = 0,y = 0;
myShape.moveTo(x + 5,y + 5);
myShape.bezierCurveTo(x + 5,y + 5,x + 4,y,x,y);
myShape.bezierCurveTo(x - 6,y,x - 6,y + 7,x - 6,y + 7);
myShape.bezierCurveTo(x - 6,y + 11,x - 3,y + 15.4,x + 5,y + 19);
myShape.bezierCurveTo(x + 12,y + 15.4,x + 16,y + 11,x + 16,y + 7);
myShape.bezierCurveTo(x + 16,y + 7,x + 16,y,x + 10,y);
myShape.bezierCurveTo(x + 7,y,x + 5,y + 5,x + 5,y + 5);
var myOptions = {depth:4,bevelEnabled:true,bevelThickness:1,
                bevelSize:1,bevelSegments:24};
var myGeometry = new THREE.ExtrudeBufferGeometry(myShape,myOptions);
var myMaterial = new THREE.MeshPhongMaterial({color:0xff0000,wireframe:true});
var myMesh = new THREE.Mesh(myGeometry,myMaterial);
myMesh.scale.set(5,5,5);
myMesh.position.y = 30;
myMesh.position.x = -30;
myMesh.rotation.x = 60;
myScene.add(myMesh);
```

```
//创建轨道控制器(旋转、缩放桃心)
var myOrbitControls = new THREE.OrbitControls(myCamera);
</script></body></html>
```

在上面这段代码中,myGeometry = new THREE.ExtrudeBufferGeometry(myShape,myOptions)语句用于根据 myOptions 参数拉伸 myShape 所代表的(桃心)图形,其中,myOptions 参数的 depth 属性代表拉伸厚度;bevelEnabled、bevelThickness、bevelSize 和 bevelSegments 等属性用于设置斜角。此外需要注意:此实例需要添加 OrbitControls.js 文件。

此实例的源文件是 MyCode\ChapB\ChapB156.html。

109 在场景中沿着桃心边线移动小球

此实例主要通过使用 position 的 set 方法设置几何体(小球)的位置,在场景中实现沿着指定的轨迹(桃心曲线)移动几何体(小球)。当浏览器显示页面时,小球将沿着桃心曲线不停地移动,效果分别如图 109-1 和图 109-2 所示。

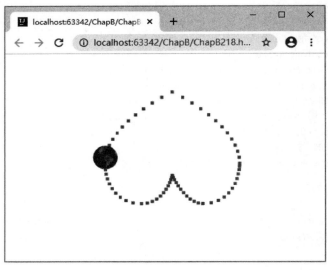

图 109-1

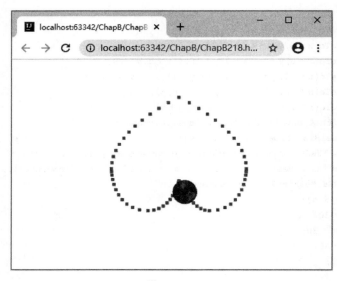

图 109-2

主要代码如下:

```
<body><center id="myContainer"></center>
<script>
 //创建渲染器
 var myRenderer = new THREE.WebGLRenderer({antialias:true});
 myRenderer.setSize(window.innerWidth,window.innerHeight);
 $("#myContainer").append(myRenderer.domElement);
 var myScene = new THREE.Scene();
 myScene.background = new THREE.Color('white');
 var myCamera = new THREE.PerspectiveCamera(45,
                    window.innerWidth/window.innerHeight,1,1000);
 myCamera.position.set(0,0,200);
 myScene.add(myCamera);
 myScene.add(new THREE.AmbientLight(0xffffff));
 //设置中心点坐标
 var x = -20,y = -40;
 //使用贝塞尔曲线生成桃心
 var myShape = new THREE.Shape().moveTo(x + 25,y + 25)
    .bezierCurveTo(x + 25,y + 25,x + 20,y,x,y)
    .bezierCurveTo(x - 30,y,x - 30,y + 35,x - 30,y + 35)
    .bezierCurveTo(x - 30,y + 55,x - 10,y + 77,x + 25,y + 95)
    .bezierCurveTo(x + 60,y + 77,x + 80,y + 55,x + 80,y + 35)
    .bezierCurveTo(x + 80,y + 35,x + 80,y,x + 50,y)
    .bezierCurveTo(x + 35,y,x + 25,y + 25,x + 25,y + 25);
 var myPoints = myShape.getPoints();
 var myGeometryPoints = new THREE.BufferGeometry().setFromPoints(myPoints);
 myHeart = new THREE.Points(myGeometryPoints,
                  new THREE.PointsMaterial({color:0xff0000,size:6}));
 myScene.add(myHeart);
 //创建小球
 var myGeometry = new THREE.SphereGeometry(10,10,10);
 var myTexture = THREE.ImageUtils.loadTexture("images/img055.jpg");
 var myMaterial = new THREE.MeshBasicMaterial({map:myTexture});
 var mySphere = new THREE.Mesh(myGeometry,myMaterial);
 myScene.add(mySphere);
 //渲染小球沿着桃心曲线移动
 var myIndex = 0;
 var mylength = myPoints.length;
 animate();
 function animate(){
  myRenderer.render(myScene,myCamera);
  if(myIndex == mylength - 1){ myIndex = 0;}
  else{myIndex += 1;}
  mySphere.position.set(myPoints[myIndex].x,myPoints[myIndex].y,0);
  requestAnimationFrame(animate);
 }
</script></body>
```

在上面这段代码中,mySphere.position.set(myPoints[myIndex].x,myPoints[myIndex].y,0)语句用于设置几何体(小球)的位置,myPoints是桃心曲线的点集,因此在执行requestAnimationFrame(animate)语句时,小球能够沿着桃心曲线移动。

此实例的源文件是 MyCode\ChapB\ChapB218.html。

110　在场景中使用多个桃心构建球体

此实例主要通过使用 THREE.Vector3 的 setFromSphericalCoords 方法从球坐标中的 radius、phi 和 theta 设置该向量,实现在场景中使用多个桃心形状绘制(组成)球体。当浏览器显示页面时,由多个桃心形状绘制(组成)的球体如图 110-1 所示。

图　110-1

主要代码如下:

```
<body><center id = "myContainer"></center>
<script>
//创建渲染器
var myRenderer = new THREE.WebGLRenderer({antialias:true});
myRenderer.setSize(window.innerWidth,window.innerHeight);
$("#myContainer").append(myRenderer.domElement);
var myScene = new THREE.Scene();
myScene.background = new THREE.Color(0xffffff);
var myCamera = new THREE.PerspectiveCamera(45,
                window.innerWidth/window.innerHeight,1,1000);
myCamera.position.z = 400;
myScene.add(myCamera);
myScene.add(new THREE.AmbientLight(0xffffff,0.2));
myCamera.add(new THREE.PointLight(0xffffff,0.7));
//创建图形
var myBufferGeometry = new THREE.BufferGeometry();
var myPositions = [],myNormals = [],myColors = [];
var myVector = new THREE.Vector3();
var myColor = new THREE.Color(0xffffff);
var myShape = new THREE.Shape();
myShape.moveTo(25,25);
myShape.bezierCurveTo(25,25,20,0,0,0);
myShape.bezierCurveTo( - 30,0, - 30,35, - 30,35);
myShape.bezierCurveTo( - 30,55, - 10,77,25,95);
myShape.bezierCurveTo(60,77,80,55,80,35);
```

```
myShape.bezierCurveTo(80,35,80,0,50,0);
myShape.bezierCurveTo(35,0,25,25,25,25);
var myHeartGeometry = new THREE.ExtrudeGeometry(myShape,{depth:20});
myHeartGeometry.rotateX(Math.PI);
myHeartGeometry.scale(0.4,0.4,0.4);
var myGeometry = new THREE.Geometry();
for(var i = 1;i<=80;i++){
 var myPhi = Math.acos(-1+(2*i)/80);
 var myTheta = Math.sqrt(80*Math.PI)*myPhi;
 myVector.setFromSphericalCoords(125,myPhi,myTheta);
 myGeometry.copy(myHeartGeometry);
 myGeometry.lookAt(myVector);
 myGeometry.translate(myVector.x,myVector.y,myVector.z);
 myColor.setHSL((i/80),1.0,0.7);
 myGeometry.faces.forEach(function(face){
  myPositions.push(myGeometry.vertices[face.a].x);
  myPositions.push(myGeometry.vertices[face.a].y);
  myPositions.push(myGeometry.vertices[face.a].z);
  myPositions.push(myGeometry.vertices[face.b].x);
  myPositions.push(myGeometry.vertices[face.b].y);
  myPositions.push(myGeometry.vertices[face.b].z);
  myPositions.push(myGeometry.vertices[face.c].x);
  myPositions.push(myGeometry.vertices[face.c].y);
  myPositions.push(myGeometry.vertices[face.c].z);
  myNormals.push(face.normal.x);
  myNormals.push(face.normal.y);
  myNormals.push(face.normal.z);
  myNormals.push(face.normal.x);
  myNormals.push(face.normal.y);
  myNormals.push(face.normal.z);
  myNormals.push(face.normal.x);
  myNormals.push(face.normal.y);
  myNormals.push(face.normal.z);
  myColors.push(myColor.r);
  myColors.push(myColor.g);
  myColors.push(myColor.b);
  myColors.push(myColor.r);
  myColors.push(myColor.g);
  myColors.push(myColor.b);
  myColors.push(myColor.r);
  myColors.push(myColor.g);
  myColors.push(myColor.b);
 });
}
myBufferGeometry.setAttribute('position',
                 new THREE.Float32BufferAttribute(myPositions,3));
myBufferGeometry.setAttribute('normal',
                 new THREE.Float32BufferAttribute(myNormals,3));
myBufferGeometry.setAttribute('color',
                 new THREE.Float32BufferAttribute(myColors,3));
var myMaterial = new THREE.MeshPhongMaterial({shininess:80,vertexColors:true});
var myMesh = new THREE.Mesh(myBufferGeometry,myMaterial);
myScene.add(myMesh);
//渲染图形
```

```
   animate();
   function animate(){
     requestAnimationFrame(animate);
     myRenderer.render(myScene,myCamera);
   }
</script></body>
```

在上面这段代码中,myVector=new THREE.Vector3()语句表示一个三维向量,一个三维向量是三个为一组的数字组合(标记为 x、y 和 z),可被用来表示很多事物,它的构造函数为 Vector3(x,y,z)。myVector.setFromSphericalCoords(125,myPhi,myTheta)语句则表示从球坐标中的 radius(125)、phi(myPhi)和 theta(myTheta)设置该向量,在没有现成的球坐标时,该方法方便地解决了三维向量的定位问题。

此实例的源文件是 MyCode\ChapB\ChapB275.html。

111　在场景中根据半径和切片绘制圆

此实例主要通过使用 THREE.CircleGeometry,实现在场景中根据半径和切片数量绘制空心圆和实心圆。当浏览器显示页面时,单击"绘制空心圆"按钮,则在场景中绘制的空心圆如图 111-1 所示;单击"绘制实心圆"按钮,则在场景中绘制的实心圆如图 111-2 所示。

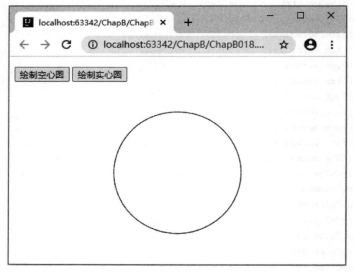

图　111-1

主要代码如下:

```
<body><p><button id = "myButton1">绘制空心圆</button>
         <button id = "myButton2">绘制实心圆</button></p>
<center id = "myContainer"></center>
<script>
 //创建渲染器
 var myRenderer = new THREE.WebGLRenderer({antialias:true});
 myRenderer.setSize(window.innerHeight,window.innerHeight);
  $("#myContainer").append(myRenderer.domElement);
 var myScene = new THREE.Scene();
 myScene.background = new THREE.Color('white');
```

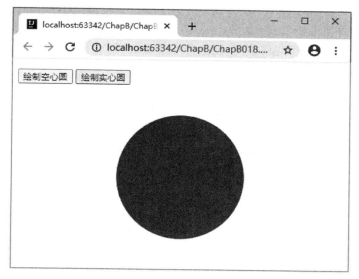

图　111-2

```
var myCamera = new THREE.PerspectiveCamera(45,1,1,1000);
myCamera.position.set(0,0,160);
myCamera.lookAt(myScene.position);
var myCircle;
//渲染圆
animate();
function animate(){
 myRenderer.render(myScene,myCamera);
 requestAnimationFrame(animate);
}
//响应单击"绘制空心圆"按钮
$("#myButton1").click(function(){
 if(myCircle)myScene.remove(myCircle);
 var myMaterial = new THREE.MeshBasicMaterial({color:0x0000ff});
 var myGeometry = new THREE.CircleGeometry(50,1000);
 myGeometry.vertices.shift();
 myCircle = new THREE.Line(myGeometry,myMaterial);
 myScene.add(myCircle);
});
//响应单击"绘制实心圆"按钮
$("#myButton2").click(function(){
 if(myCircle)myScene.remove(myCircle);
 var myMaterial = new THREE.MeshBasicMaterial({color:0x0000ff});
 var myGeometry = new THREE.CircleGeometry(50,1000);
 myCircle = new THREE.Mesh(myGeometry,myMaterial);
 myScene.add(myCircle);
});
</script></body>
```

在上面这段代码中，myGeometry＝new THREE.CircleGeometry(50,1000)语句用于根据指定的半径(50)和切片数量(1000)创建圆(几何体)，THREE.CircleGeometry()方法的语法格式如下：

```
THREE.CircleGeometry(radius,segments)
```

其中，参数radius表示半径；参数segments表示切片数量，数量越大，线条越平滑。

myCircle=new THREE.Line(myGeometry,myMaterial)语句表示根据指定的几何体和材质创建线条图形,此实例即是空心圆。myCircle=new THREE.Mesh(myGeometry,myMaterial)语句表示根据指定的几何体和材质创建网格模型,此实例即是实心圆。

此实例的源文件是 MyCode\ChapB\ChapB018.html。

112　在场景中根据指定参数绘制扇形

此实例主要通过在 THREE.CircleGeometry 方法的参数中指定起始角度(弧度)和扇面跨度,实现在场景中绘制空心扇形和实心扇形。当浏览器显示页面时,单击"绘制空心扇形"按钮,则在场景中绘制的空心扇形如图112-1所示;单击"绘制实心扇形"按钮,则在场景中绘制的实心扇形如图112-2所示。

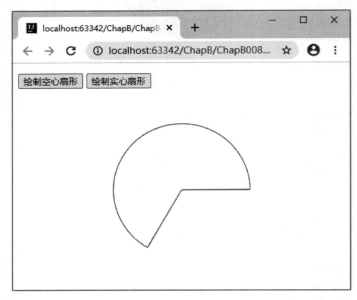

图　112-1

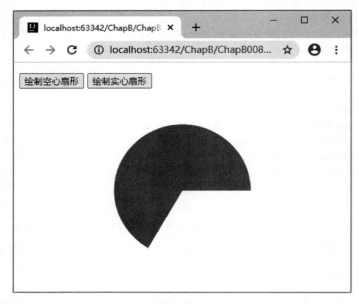

图　112-2

主要代码如下：

```
<body><p><button id = "myButton1">绘制空心扇形</button>
         <button id = "myButton2">绘制实心扇形</button></p>
<center id = "myContainer"></center>
<script>
//创建渲染器
var myRenderer = new THREE.WebGLRenderer({antialias:true});
myRenderer.setSize(window.innerHeight,window.innerHeight);
$("#myContainer").append(myRenderer.domElement);
var myScene = new THREE.Scene();
myScene.background = new THREE.Color('white');
var myCamera = new THREE.PerspectiveCamera(45,1,1,1000);
myCamera.position.set(0,0,160);
myCamera.lookAt(myScene.position);
var myCircle;
//渲染扇形
animate();
function animate(){
 myRenderer.render(myScene,myCamera);
 requestAnimationFrame(animate);
}
//响应单击"绘制空心扇形"按钮
$("#myButton1").click(function(){
 if(myCircle)myScene.remove(myCircle);
 var myGeometry = new THREE.CircleGeometry(48,1800,0,Math.PI * 2 * 2/3);
 var myMaterial = new THREE.MeshBasicMaterial({
                              color:'green',wireframe:true});
 myCircle = new THREE.Line(myGeometry,myMaterial);
 myScene.add(myCircle);
});
//响应单击"绘制实心扇形"按钮
$("#myButton2").click(function(){
 if(myCircle)myScene.remove(myCircle);
 var myGeometry = new THREE.CircleGeometry(48,600,0,Math.PI * 2 * 2/3);
 var myMaterial = new THREE.MeshBasicMaterial({color:'green'});
 myCircle = new THREE.Mesh(myGeometry,myMaterial)
 myScene.add(myCircle);
});
</script></body>
```

其中，myGeometry=new THREE.CircleGeometry(48,1800,0,Math.PI * 2 * 2/3)语句用于绘制一个跨度为240度的扇形。THREE.CircleGeometry()方法的语法格式如下：

THREE.CircleGeometry(radius,segments,thetaStart,thetaLength)

其中，参数radius表示扇形(圆)的半径；参数segments表示切片数量(越多越好)；参数thetaStart表示扇形的起始(角度)弧度(三点钟时针方向，逆时针旋转)；参数thetaLength表示扇面跨度(转角)。

此实例的源文件是MyCode\ChapB\ChapB008.html。

113 在场景中根据指定参数绘制圆弧

此实例主要通过使用THREE.ArcCurve,实现在场景中根据指定的起始角度(弧度)和终止角度

(弧度)绘制圆弧。当浏览器显示页面时,在场景中绘制的圆弧如图 113-1 所示。

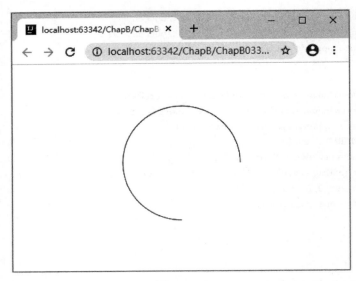

图 113-1

主要代码如下:

```
<body><center id="myContainer"></center>
<script>
//创建渲染器
var myRenderer = new THREE.WebGLRenderer({antialias:true});
myRenderer.setSize(window.innerHeight,window.innerHeight);
$("#myContainer").append(myRenderer.domElement);
var myScene = new THREE.Scene();
myScene.background = new THREE.Color('white');
var myCamera = new THREE.PerspectiveCamera(45,1,1,1000);
myCamera.position.set(0,0,160);
myCamera.lookAt(myScene.position);
//绘制圆弧
var myMaterial = new THREE.LineBasicMaterial({color:'blue'});
var myGeometry = new THREE.Geometry();
var myArcCurve = new THREE.ArcCurve(0,0,40,0,Math.PI*2/4*3);
var myPoints = myArcCurve.getPoints(1000);
myGeometry.setFromPoints(myPoints);
var myArc = new THREE.Line(myGeometry,myMaterial);
myScene.add(myArc);
//渲染圆弧
animate();
function animate(){
  myRenderer.render(myScene,myCamera);
  requestAnimationFrame(animate);
}
</script></body>
```

在上面这段代码中,myArcCurve=new THREE.ArcCurve(0,0,40,0,Math.PI*2/4*3)语句用于绘制一条 270 度的圆弧;如果用 myArcCurve=new THREE.ArcCurve(0,0,40,0,Math.PI*2)语句表述,则将绘制一个圆。THREE.ArcCurve 方法的语法格式如下:

```
THREE.ArcCurve(aX,aY,aRadius,aStartAngle,aEndAngle)
```

其中，参数 aX 表示圆心的 x 坐标；参数 aY 表示圆心的 y 坐标；参数 aRadius 表示半径；参数 aStartAngle 表示圆弧的起始角度（弧度）；参数 aEndAngle 表示圆弧的终止角度（弧度）。

此实例的源文件是 MyCode\ChapB\ChapB033.html。

114 在场景中根据指定参数绘制椭圆

此实例主要通过在 THREE.EllipseCurve 方法中设置不同的参数，实现在场景中根据 x 轴半径和 y 轴半径绘制空心椭圆和实心椭圆。当浏览器显示页面时，单击"绘制空心椭圆"按钮，则在场景中绘制的空心椭圆如图 114-1 所示；单击"绘制实心椭圆"按钮，则在场景中绘制的实心椭圆如图 114-2 所示。

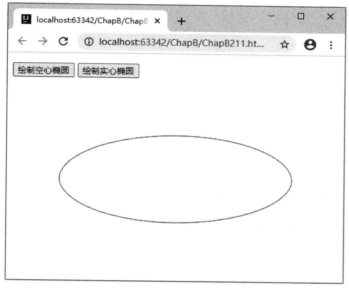

图　114-1

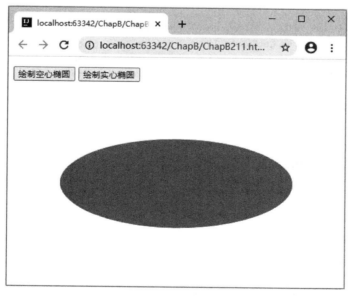

图　114-2

主要代码如下：

```
<body><p><button id="myButton1">绘制空心椭圆</button>
        <button id="myButton2">绘制实心椭圆</button></p>
<center id="myContainer"></center>
<script>
//创建渲染器
var myRenderer = new THREE.WebGLRenderer({antialias:true});
myRenderer.setSize(window.innerWidth,window.innerHeight);
$("#myContainer").append(myRenderer.domElement);
var myScene = new THREE.Scene();
myScene.background = new THREE.Color('white');
myScene.add(new THREE.AmbientLight(0xffffff));
var myCamera = new THREE.PerspectiveCamera(45,1,1,1000);
myCamera.position.set(0,0,160);
myCamera.lookAt(myScene.position);
var myEllipse;
//渲染椭圆
animate();
function animate(){
 myRenderer.render(myScene,myCamera);
 requestAnimationFrame(animate);
}
//响应单击"绘制空心椭圆"按钮
$("#myButton1").click(function(){
 if(myEllipse)myScene.remove(myEllipse);
 var myEllipseCurve = new THREE.EllipseCurve(0,0,48,32,0,2*Math.PI,false);
 var myPoints = myEllipseCurve.getPoints(150);
 var myGeometry = new THREE.BufferGeometry().setFromPoints(myPoints);
 var myMaterial = new THREE.LineBasicMaterial({color:0xff0000});
 myEllipse = new THREE.Line(myGeometry,myMaterial);
 myScene.add(myEllipse);
});
//响应单击"绘制实心椭圆"按钮
$("#myButton2").click(function(){
 if(myEllipse)myScene.remove(myEllipse);
 var myEllipseCurve = new THREE.EllipseCurve(0,0,48,32,0,2*Math.PI,false);
 var myPoints = myEllipseCurve.getPoints(150);
 var myGeometry = new THREE.ShapeGeometry(new THREE.Shape(myPoints));
 myEllipse = new THREE.Mesh(myGeometry,new THREE.MeshPhongMaterial({
                color:0xff0000,side:THREE.DoubleSide}));
 myScene.add(myEllipse);
});
</script></body>
```

在上面这段代码中，myEllipseCurve = new THREE.EllipseCurve(0,0,48,32,0,2*Math.PI,false)语句用于根据指定的参数创建椭圆。THREE.EllipseCurve()方法的语法格式如下：

```
THREE.EllipseCurve(aX,aY,xRadius,yRadius,aStartAngle,aEndAngle,aClockwise)
```

其中，参数 aX 表示椭圆中心的 x 坐标；参数 aY 表示椭圆中心的 y 坐标；参数 xRadius 表示椭圆的 x 轴半径；参数 yRadius 表示椭圆的 y 轴半径；参数 aStartAngle 表示起始角度（弧度）；参数 aEndAngle 表示终止角度（弧度）；参数 aClockwise 如果为 true，表示顺时针方向，如果为 false，表示逆时针方向。

此实例的源文件是 MyCode\ChapB\ChapB211.html。

115 通过自定义函数绘制克莱因瓶

此实例主要通过在 THREE.ParametricGeometry 方法的参数中创建自定义函数,实现在场景中绘制克莱因瓶。克莱因瓶最初由德国几何学家菲立克斯·克莱因提出,它是指一种无定向性的平面,没有"内部"和"外部"之分。当浏览器显示页面时,在场景中绘制的克莱因瓶如图 115-1 所示,可以使用鼠标拖动查看克莱因瓶。

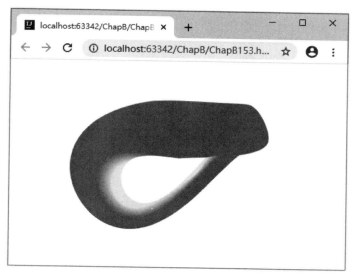

图 115-1

主要代码如下:

```
<!DOCTYPE html><html><head><meta charset = "UTF-8">
<script src = "ThreeJS/three.js"></script>
<script src = "ThreeJS/jquery.js"></script>
<script src = "ThreeJS/OrbitControls.js"></script>
</head>
<body><center id = "myContainer"></center>
<script>
//创建渲染器
var myRenderer = new THREE.WebGLRenderer({antialias:true});
myRenderer.setSize(window.innerWidth,window.innerHeight);
myRenderer.setClearColor('white',1.0);
$("#myContainer").append(myRenderer.domElement);
var myCamera = new THREE.PerspectiveCamera(45,
                 window.innerWidth/window.innerHeight,1,2000);
myCamera.position.set(-5.5,-345.6,2.51);
myCamera.lookAt(new THREE.Vector3(0,0,0));
var myScene = new THREE.Scene();
var myAmbientLight = new THREE.AmbientLight(0xcccccc,0.6);
myScene.add(myAmbientLight);
var myPointLight = new THREE.PointLight(0xffffff,0.8);
myScene.add(myPointLight);
//渲染克莱因瓶
animate();
```

```
function animate(){
 myRenderer.render(myScene,myCamera);
 requestAnimationFrame(animate);
}
//创建克莱因瓶(或使用 ParametricBufferGeometry)
var myGeometry = new THREE.ParametricGeometry(function(u,v,target){
 u * = Math.PI;
 v * = 2 * Math.PI;
 u = u * 2;
 var x,z;
 if(u<Math.PI){
  x = 3 * Math.cos(u) * (1 + Math.sin(u))
               + (2 * (1 - Math.cos(u)/2)) * Math.cos(u) * Math.cos(v);
  z = - 8 * Math.sin(u) - 2 * (1 - Math.cos(u)/2) * Math.sin(u) * Math.cos(v);
 }else{
  x = 3 * Math.cos(u) * (1 + Math.sin(u))
               + (2 * (1 - Math.cos(u)/2)) * Math.cos(v + Math.PI);
  z = - 8 * Math.sin(u);
 }
 var y = - 2 * (1 - Math.cos(u)/2) * Math.sin(v);
 target.set(x,y,z).multiplyScalar(16);
},200,200);
var myMaterial = new THREE.MeshPhongMaterial({
                    color:0x00ffff,side:THREE.DoubleSide});
myKleinMesh = new THREE.Mesh(myGeometry,myMaterial);
myScene.add(myKleinMesh);
var myOrbitControls = new THREE.OrbitControls(myCamera);
</script></body></html>
```

在上面这段代码中，myGeometry＝new THREE.ParametricGeometry(function(u,v, target){ },200, 200)语句用于创建克莱因瓶。THREE.ParametricGeometry()方法可以根据自定义函数创建需要的图形，该方法的语法格式如下：

THREE.ParametricGeometry(func,slices,stacks)

其中，func 表示自定义函数，该函数以 u、v 作为参数定义图形每个顶点的位置；slices 表示 u 参数的切片数量；stacks 表示 v 参数的切片数量。

此外需要注意：此实例需要添加 OrbitControls.js 文件。

此实例的源文件是 MyCode\ChapB\ChapB153.html。

116 通过自定义函数绘制莫比乌斯环

此实例主要通过在 THREE.ParametricGeometry 方法的参数中创建自定义函数，实现在场景中绘制莫比乌斯环。莫比乌斯环由德国数学家莫比乌斯(Mobius,1790—1868)发现：把一根纸条扭转180°，然后两头再接起来做成纸带圈，这个纸带圈只有一个面(即单侧曲面)，一只小虫可以爬遍整个曲面而不必跨过纸带圈的边缘。当浏览器显示页面时，在场景中绘制的莫比乌斯环如图116-1所示，可以使用鼠标拖动以查看莫比乌斯环。

主要代码如下：

```
<!DOCTYPE html><html><head><meta charset = "UTF - 8">
 <script src = "ThreeJS/three.js"></script>
```

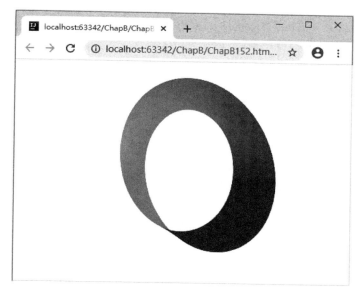

图 116-1

```
<script src = "ThreeJS/jquery.js"></script>
<script src = "ThreeJS/OrbitControls.js"></script>
</head>
<body><center id = "myContainer"></center>
<script>
//创建渲染器
var myRenderer = new THREE.WebGLRenderer({antialias:true});
myRenderer.setSize(window.innerWidth,window.innerHeight);
myRenderer.setClearColor('white',1.0);
$("#myContainer").append(myRenderer.domElement);
var myCamera = new THREE.PerspectiveCamera(45,
                    window.innerWidth/window.innerHeight,1,2000);
myCamera.position.set(214,65.42,263.44);
myCamera.lookAt(new THREE.Vector3(0,0,0));
var myScene = new THREE.Scene();
var myAmbientLight = new THREE.AmbientLight(0xcccccc,0.4);
myScene.add(myAmbientLight);
var myPointLight = new THREE.PointLight(0xffffff,0.8);
myScene.add(myPointLight);
//渲染莫比乌斯环
animate();
function animate(){
 myRenderer.render(myScene,myCamera);
 requestAnimationFrame(animate);
}
//创建莫比乌斯环(或使用 ParametricBufferGeometry)
var myGeometry = new THREE.ParametricGeometry(function(u,t,target){
 u -= 0.5;
 var v = 2 * Math.PI * t;
 var x = Math.cos(v) * (2 + u * Math.cos(v/2));
 var y = Math.sin(v) * (2 + u * Math.cos(v/2));
 var z = u * Math.sin(v/2);
 target.set(x,y,z);
},200,200);
```

```
var myMaterial = new THREE.MeshPhongMaterial({
                    color:0x0000ff,side:THREE.DoubleSide});
myMobiusMesh = new THREE.Mesh(myGeometry,myMaterial);
//将莫比乌斯环放大50倍
myMobiusMesh.scale.multiplyScalar(50);
myScene.add(myMobiusMesh);
var myOrbitControls = new THREE.OrbitControls(myCamera);
</script></body></html>
```

在上面这段代码中，myGeometry=new THREE.ParametricGeometry(function(u,t,target){ },200,200)的自定义函数用于创建莫比乌斯环。THREE.ParametricGeometry()方法可以根据自定义函数创建所需要的图形，通常每种图形都有自己的数学函数，创建图形只需要根据数学函数确定图形的顶点位置即可。此外需要注意：此实例需要添加 OrbitControls.js 文件。

此实例的源文件是 MyCode\ChapB\ChapB152.html。

117　通过自定义函数绘制 NURBS 曲面

此实例主要通过使用 THREE.NURBSSurface 和 THREE.ParametricGeometry，实现在场景中绘制 NURBS 曲面。NURBS 其实是 Non Uniform Rational B-Spline 的缩写，中文解释为非均匀有理 B 样条，NURBS 曲面是一种多嵌片的曲面，每个嵌片定义一个控制点。当浏览器显示页面时，在场景中绘制的 NURBS 曲面如图 117-1 所示，可以使用鼠标从不同角度查看 NURBS 曲面。

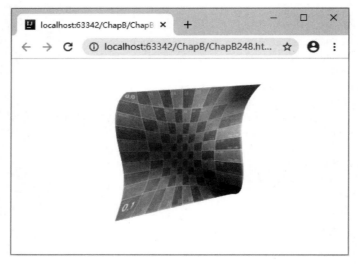

图　117-1

主要代码如下：

```
<html><head><meta charset = "UTF-8">
<script src = "ThreeJS/three.js"></script>
<script src = "ThreeJS/jquery.js"></script>
<script src = "ThreeJS/OrbitControls.js"></script>
<script src = "ThreeJS/NURBSUtils.js"></script>
<script src = "ThreeJS/NURBSSurface.js"></script>
</head>
<body><center id = "myContainer"></center>
<script>
```

```
//创建渲染器
var myRenderer = new THREE.WebGLRenderer({antialias:true});
myRenderer.setSize(window.innerWidth,window.innerHeight);
$("#myContainer").append(myRenderer.domElement);
var myCamera = new THREE.PerspectiveCamera(50,
                     window.innerWidth/window.innerHeight,1,2000);
myCamera.position.set(0,150,750);
var myOrbitControls = new THREE.OrbitControls(myCamera);
var myScene = new THREE.Scene();
myScene.background = new THREE.Color(0xffffff);
myScene.add(new THREE.AmbientLight(0x808080));
var myLight = new THREE.DirectionalLight(0xffffff,1);
myLight.position.set(1,1,1);
myScene.add(myLight);
//设置曲面控制点
var myNurbsPoints = [
 [new THREE.Vector4(-200,-200,100,1),
  new THREE.Vector4(-200,-100,-200,1),
  new THREE.Vector4(-200,100,250,1),
  new THREE.Vector4(-200,200,-100,1)],
 [new THREE.Vector4(0,-200,0,1),
  new THREE.Vector4(0,-100,-100,5),
  new THREE.Vector4(0,100,150,5),
  new THREE.Vector4(0,200,0,1)],
 [new THREE.Vector4(200,-200,-100,1),
  new THREE.Vector4(200,-100,200,1),
  new THREE.Vector4(200,100,-250,1),
  new THREE.Vector4(200,200,100,1)]];
var myDegree1 = 2,myDegree2 = 3;
var myKnots1 = [0,0,0,1,1,1],myKnots2 = [0,0,0,0,1,1,1,1];
//创建曲面
var myNurbsSurface = new THREE.NURBSSurface(myDegree1,
                     myDegree2,myKnots1,myKnots2,myNurbsPoints);
var myGeometry = new THREE.ParametricGeometry(function(u,v,target){
 return myNurbsSurface.getPoint(u,v,target);},120,120);
var myTexture = new THREE.TextureLoader().load('images/img002.jpg');
var myMaterial = new THREE.MeshLambertMaterial({
                     map:myTexture,side:THREE.DoubleSide});
var myMesh = new THREE.Mesh(myGeometry,myMaterial);
myMesh.scale.multiplyScalar(1.2);
myScene.add(myMesh);
//渲染曲面
animate();
function animate(){
 requestAnimationFrame(animate);
 myRenderer.render(myScene,myCamera);
}
</script></body></html>
```

在上面这段代码中,myNurbsSurface=new THREE.NURBSSurface(myDegree1,myDegree2,myKnots1,myKnots2,myNurbsPoints)语句用于根据参数创建 THREE.NURBSSurface。myGeometry= new THREE.ParametricGeometry(function(u,v,target){return myNurbsSurface.getPoint(u,v,target);},120,120)语句用于根据相关参数创建 THREE.ParametricGeometry。此外

需要注意：此实例需要添加 OrbitControls.js、NURBSUtils.js、NURBSSurface.js 文件。

此实例的源文件是 MyCode\ChapB\ChapB248.html。

118　通过自定义函数绘制波浪图形

此实例主要通过在 THREE.ParametricGeometry 方法的参数中创建自定义函数，实现在场景中绘制自定义的波浪图形。当浏览器显示页面时，在场景中绘制的自定义波浪图形如图 118-1 所示。

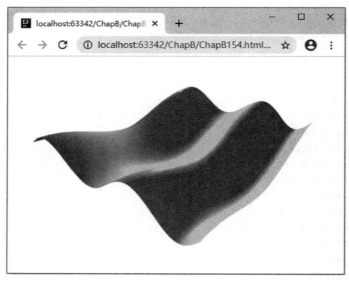

图　118-1

主要代码如下：

```
<body><center id="myContainer"></center>
<script>
//创建渲染器
var myRenderer = new THREE.WebGLRenderer({antialias:true});
myRenderer.setSize(window.innerWidth,window.innerHeight);
myRenderer.setClearColor('white',1.0);
 $("#myContainer").append(myRenderer.domElement);
var myCamera = new THREE.PerspectiveCamera(45,
                    window.innerWidth/window.innerHeight,1,2000);
myCamera.position.set(263.89,266.78,327.33);
myCamera.lookAt(new THREE.Vector3(0,0,0));
var myScene = new THREE.Scene();
myScene.add(new THREE.AmbientLight(0xcccccc,0.6));
var myPointLight = new THREE.PointLight(0xffffff);
myPointLight.position.set(0,160,0);
myScene.add(myPointLight);
//创建波浪图形(或使用 ParametricBufferGeometry)
var myGeometry = new THREE.ParametricGeometry(function(u,v,target){
    var r = 50;
    var x = Math.sin(u) * r;
    var z = Math.sin(v/2) * 2 * r;
    var y = (Math.sin(u * 4 * Math.PI) + Math.cos(v * 2 * Math.PI)) * 2.8;
    target.set(x,y,z).multiplyScalar(5);
```

```
},200,200);
var myMaterial = new THREE.MeshPhongMaterial({
                    color:0x00ff00,side:THREE.DoubleSide});
var myWaveMesh = new THREE.Mesh(myGeometry,myMaterial);
myWaveMesh.position.y = 130;
myScene.add(myWaveMesh);
//渲染波浪图形
animate();
function animate(){
 myRenderer.render(myScene,myCamera);
 requestAnimationFrame(animate);
}
</script></body>
```

在上面这段代码中,myGeometry=new THREE.ParametricGeometry(function(u,v,target){ },200,200)语句用于根据自定义函数创建波浪图形。使用 THREE.ParametricGeometry()方法创建自定义波浪图形的关键:根据自定义函数计算波浪图形每个顶点的坐标,即(x,y,z)。

此实例的源文件是 MyCode\ChapB\ChapB154.html。

119　通过自定义函数绘制平面图形

此实例主要通过在 THREE.ParametricGeometry 方法的参数中创建自定义函数,实现在场景中绘制平面图形。当浏览器显示页面时,在场景中以线框形式绘制的平面图形如图 119-1 所示,可以使用鼠标拖动以查看平面图形。

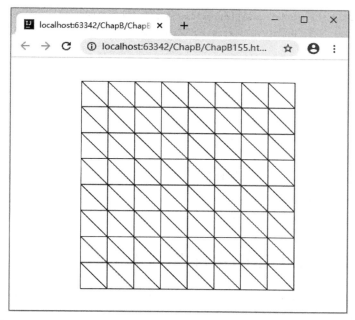

图　119-1

主要代码如下:

```
<!DOCTYPE html><html><head><meta charset = "UTF-8">
<script src = "ThreeJS/three.js"></script>
<script src = "ThreeJS/jquery.js"></script>
```

```
< script src = "ThreeJS/OrbitControls.js"></script>
</head>
<body><center id = "myContainer"></center>
<script>
//创建渲染器
var myRenderer = new THREE.WebGLRenderer({antialias:true});
myRenderer.setClearColor('white',1.0);
myRenderer.setSize(window.innerWidth,window.innerHeight);
$("#myContainer").append(myRenderer.domElement);
var myCamera = new THREE.PerspectiveCamera(45,
                    window.innerWidth/window.innerHeight,0.1,1000);
myCamera.position.set(0,-201,0);
var myScene = new THREE.Scene();
myScene.add(new THREE.AmbientLight(0xffffff,0.9));
//渲染平面图形
animate();
function animate(){
  myRenderer.render(myScene,myCamera);
  requestAnimationFrame(animate);
}
//创建平面图形(或使用 ParametricBufferGeometry)
var myGeometry = new THREE.ParametricGeometry(function(u,v,target){
  var x = u*10,y = 0,z = v*10;
  target.set(x,y,z).multiplyScalar(15);
},8,8);
//使用线框创建平面图形的材质
var myPhongMaterial =
        new THREE.MeshPhongMaterial({color:0x0000ff,wireframe:true});
var myPlaneMesh = new THREE.Mesh(myGeometry,myPhongMaterial);
myPlaneMesh.position.x = -70;
myPlaneMesh.position.z = -80;
myScene.add(myPlaneMesh);
var myOrbitControls = new THREE.OrbitControls(myCamera);
</script></body></html>
```

在上面这段代码中，myGeometry=new THREE.ParametricGeometry(function(u,v,target){ },8,8)语句用于根据自定义函数创建平面图形，8表示切片数量，此值不宜过大，否则将看不见线框，而是一片纯蓝色(如300)。通过线框，可以很自然地确定平面图形的每个顶点位置。此外需要注意：此实例需要添加 OrbitControls.js 文件。

此实例的源文件是 MyCode\ChapB\ChapB155.html。

120　在场景中为平面图形添加波浪

此实例主要通过使用正弦函数重置平面图形(THREE.PlaneGeometry)的所有顶点的 z 坐标，实现在场景中为平面图形添加动态的波浪效果。当浏览器显示页面时，单击"添加波浪效果"按钮，则平面图形(图像)将以波浪的形式不停地波动，如图 120-1 所示；单击"删除波浪效果"按钮，则平面图形(图像)将停止波动，恢复原始状态，如图 120-2 所示。

主要代码如下：

```
<body><p><button id = "myButton1">添加波浪效果</button>
        <button id = "myButton2">删除波浪效果</button></p>
```

第2章 几何体

图 120-1

图 120-2

```
<center id = "myContainer"></center>
<script>
    //创建渲染器
    var myRenderer = new THREE.WebGLRenderer({antialias:true});
    myRenderer.setSize(window.innerWidth,window.innerHeight);
    $("#myContainer").append(myRenderer.domElement);
    var myScene = new THREE.Scene();
    myScene.background = new THREE.Color('white');
    var myCamera = new THREE.PerspectiveCamera(45,
                        window.innerWidth/window.innerHeight,0.01,1000);
    myScene.add(new THREE.AmbientLight(0xffffff));
```

```
    myCamera.position.set(0,90,300);
    myCamera.lookAt(myScene.position);
    $("#myContainer").append(myRenderer.domElement);
    //创建贴图平面(平面图形)
    var myGeometry = new THREE.PlaneGeometry(window.innerWidth,
                                            window.innerHeight,100,100);
    var myTexture = THREE.ImageUtils.loadTexture("images/img130.jpg");
    var myMaterial = new THREE.MeshPhongMaterial({map:myTexture});
    var myPlaneMesh = new THREE.Mesh(myGeometry,myMaterial);
    myPlaneMesh.rotation.x = -Math.PI/4;
    myScene.add(myPlaneMesh);
    //渲染在平面上实现的波浪效果
    var isWave = true;
    animate();
    function animate(){
     requestAnimationFrame(animate);
     if(isWave){
      //获取平面图形的顶点数
      var myVerticesLength = myPlaneMesh.geometry.vertices.length;
      for(var i = 0;i<myVerticesLength;i++){
       //以迭代方式获取顶点坐标
       var v = myPlaneMesh.geometry.vertices[i];
       //根据正弦波算法动态设置顶点的z坐标,从而实现波浪效果
       v.z = Math.sin(Date.now()/200 + (v.x * (myVerticesLength/2)) *
           (v.y/(myVerticesLength/2))) * 3;
      }
      //更新平面顶点坐标
      myPlaneMesh.geometry.verticesNeedUpdate = true;
     }
     myRenderer.render(myScene,myCamera);
    }
    //响应单击"添加波浪效果"按钮
    $("#myButton1").click(function(){
     isWave = true;
    });
    //响应单击"删除波浪效果"按钮
    $("#myButton2").click(function(){
     isWave = false;
     var myVerticesLength = myPlaneMesh.geometry.vertices.length;
     for (var i = 0;i<myVerticesLength;i++){
      //重置平面顶点的z坐标,使平面以默认样式显示
      myPlaneMesh.geometry.vertices[i].z = 0;
     }
     myPlaneMesh.geometry.verticesNeedUpdate = true;
    });
</script></body>
```

在上面这段代码中,v＝myPlaneMesh.geometry.vertices[i]语句用于获取平面的顶点坐标。v.z＝Math.sin(Date.now()/200＋(v.x＊(myVerticesLength/2))＊(v.y/(myVerticesLength/2)))＊3语句用于根据正弦函数重新设置平面顶点的z坐标,以产生波浪效果。

此实例的源文件是 MyCode\ChapB\ChapB222.html。

121　在场景中绘制法向量贴图波浪

此实例主要通过在 THREE.Water 方法的参数中设置两幅法向量贴图,实现在场景中绘制动态的波浪。当浏览器显示页面时,在场景中的波浪将不停地波动,效果如图 121-1 所示。

图　121-1

主要代码如下:

```
<html><head><meta charset="UTF-8">
<script src="ThreeJS/three.js"></script>
<script src="ThreeJS/jquery.js"></script>
<script src="ThreeJS/Reflector.js"></script>
<script src="ThreeJS/Refractor.js"></script>
<script src="ThreeJS/Water2.js"></script>
</head>
<body><center id="myContainer"></center>
<script>
//创建渲染器
var myRenderer = new THREE.WebGLRenderer({antialias:true});
myRenderer.setSize(window.innerWidth,window.innerHeight);
myRenderer.setClearColor('white',1.0);
$("#myContainer").append(myRenderer.domElement);
var myScene = new THREE.Scene();
var myCamera = new THREE.PerspectiveCamera(45,
                 window.innerWidth/window.innerHeight,0.1,1000);
myCamera.position.set(0,25,0);
myCamera.lookAt(myScene.position);
//创建动态波浪平面
var myTextureLoader = new THREE.TextureLoader();
var myMap = myTextureLoader.load('images/img111.jpg');
var myGeometry = new THREE.PlaneBufferGeometry(
                 window.innerWidth/10,window.innerHeight/10);
var myMaterial = new THREE.MeshBasicMaterial({map:myMap});
```

```
var myPlaneMesh = new THREE.Mesh(myGeometry,myMaterial);
myPlaneMesh.rotation.x = Math.PI * - 0.5;
myScene.add(myPlaneMesh);
//使用法向量贴图创建动态波浪
var myWaterWave = new THREE.Water(myGeometry,
                {normalMap0:myTextureLoader.load("images/img112.jpg"),
                 normalMap1:myTextureLoader.load("images/img113.jpg")});
//使水波层的旋转角度与平面层保持一致
myWaterWave.rotation.x = Math.PI * - 0.5;
myWaterWave.position.y = 0.05;
myScene.add(myWaterWave);
//渲染动态波浪
animate();
function animate(){
  requestAnimationFrame(animate);
  myRenderer.render(myScene,myCamera);
}
</script></body></html>
```

在上面这段代码中,myPlaneMesh＝new THREE.Mesh(myGeometry,myMaterial)语句用于根据底图创建平面。myWaterWave = new THREE.Water(myGeometry,{normalMap0:myTextureLoader.load("images/img112.jpg"),normalMap1:myTextureLoader.load("images/img113.jpg")})语句用于根据两幅交错起伏的法向量贴图创建动态的波浪。此外需要注意:此实例需要添加 Reflector.js、Refractor.js、Water2.js 等文件。

此实例的源文件是 MyCode\ChapB\ChapB198.html。

122　在场景中绘制太阳照射的波浪

此实例主要通过使用 THREE.Sky 和 THREE.Water,实现在场景中绘制太阳照射的波浪。当浏览器显示页面时,在场景中的波浪将不停地波动,效果如图 122-1 所示。

图　122-1

主要代码如下:

```
<!DOCTYPE html><html><head><meta charset = "UTF-8">
```

```
< script src = "ThreeJS/three.js"></script >
< script src = "ThreeJS/jquery.js"></script >
< script src = "ThreeJS/OrbitControls.js"></script >
< script src = "ThreeJS/Water.js"></script >
< script src = "ThreeJS/Sky.js"></script >
</head >
< body >< center id = "myContainer"></center >
< script >
//创建渲染器
var myRenderer = new THREE.WebGLRenderer({antialias:true});
myRenderer.setSize(window.innerWidth,window.innerHeight);
$("#myContainer").append(myRenderer.domElement);
var myScene = new THREE.Scene();
var myCamera = new THREE.PerspectiveCamera(55,
                  window.innerWidth/window.innerHeight,1,20000);
myCamera.position.set(30,30,100);
var myOrbitControls = new THREE.OrbitControls(myCamera);
//创建波浪
var myTextureLoader = new THREE.TextureLoader();
var myMap = myTextureLoader.load('images/img108.jpg',
    function(texture){texture.wrapS = texture.wrapT = THREE.RepeatWrapping;});
var myWaterGeometry = new THREE.PlaneBufferGeometry(10000,10000);
var myWater = new THREE.Water(myWaterGeometry,
                  {waterNormals:myMap,waterColor:0x0174df});
myWater.rotation.x = - Math.PI/2;
myScene.add(myWater);
var mySky = new THREE.Sky();
mySky.scale.setScalar(10000);
myScene.add(mySky);
var mySun = new THREE.Vector3();
var myTheta = - Math.PI * 0.01;
var myPhi = - Math.PI * 0.59;
mySun.x = Math.cos(myPhi);
mySun.y = Math.sin(myPhi) * Math.sin(myTheta);
mySun.z = Math.sin(myPhi) * Math.cos(myTheta);
mySky.material.uniforms['sunPosition'].value.copy(mySun);
//渲染波浪
animate();
function animate(){
 requestAnimationFrame(animate);
 myWater.material.uniforms['time'].value += 1.0/60.0;
 myRenderer.render(myScene,myCamera);
}
</script ></body ></html >
```

在上面这段代码中，myWater = new THREE.Water(myWaterGeometry,{waterNormals：myMap,waterColor:0x0174df})语句用于根据法向量贴图创建波浪平面。mySky = new THREE.Sky()语句用于创建天空。mySun = new THREE.Vector3()语句用于创建太阳。mySky.material.uniforms['sunPosition'].value.copy(mySun)语句表示在天空中添加太阳。此外需要注意：此实例需要添加OrbitControls.js、Water.js、Sky.js等文件。

此实例的源文件是 MyCode\ChapB\ChapB266.html。

123 在场景中绘制自定义平面图形

此实例主要通过使用splineThru、absellipse等方法,实现在场景中绘制自定义的平面图形。当浏览器显示页面时,在场景中绘制的自定义的平面图形的效果如图123-1所示。由于此实例添加了轨道控制器,因此也可以使用鼠标拖动以观察该平面图形。

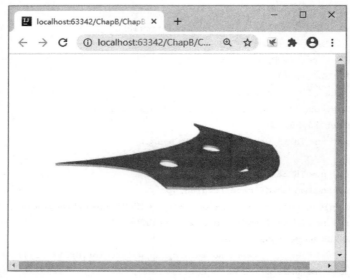

图 123-1

主要代码如下:

```
<!DOCTYPE html><html><head><meta charset="UTF-8">
<script src="ThreeJS/three.js"></script>
<script src="ThreeJS/jquery.js"></script>
<script src="ThreeJS/OrbitControls.js"></script>
</head>
<body><center id="myContainer"></center>
<script>
//创建渲染器
var myRenderer = new THREE.WebGLRenderer({antialias:true});
myRenderer.setSize(window.innerWidth,window.innerHeight);
myRenderer.setClearColor('white',1.0);
$("#myContainer").append(myRenderer.domElement);
var myScene = new THREE.Scene();
var myPointLight = new THREE.PointLight('white');
myPointLight.position.set(320,200,400);
myScene.add(myPointLight);
var myCamera = new THREE.PerspectiveCamera(45,1,1,1000);
myCamera.position.set(200,200,200);
myCamera.up.x = -1;
myCamera.up.y = 1;
myCamera.up.z = -1;
myCamera.lookAt({x:0,y:0,z:0});
//绘制自定义平面图形
var myShape = new THREE.Shape();
```

```
//设置起点位置
myShape.moveTo(20,10);
//从起点绘制直线到(20,40)
myShape.lineTo(20,40);
//绘制贝塞尔曲线
myShape.bezierCurveTo(15,25, - 5,25, - 30,40);
//绘制曲线通过指定的三个点
myShape.splineThru([new THREE.Vector2( - 22,30),
              new THREE.Vector2( - 18,20),new THREE.Vector2( - 20,10)]);
//绘制二次曲线
myShape.quadraticCurveTo(0, - 15,20,10);
//绘制椭圆(眼睛)
var myAbsellipse1 = new THREE.Path();
myAbsellipse1.absellipse(6,20,2,3,0,Math.PI * 2,true);
myShape.holes.push(myAbsellipse1);
//绘制椭圆(眼睛)
var myAbsellipse2 = new THREE.Path();
myAbsellipse2.absellipse( - 10,20,2,3,0,Math.PI * 2,true);
myShape.holes.push(myAbsellipse2);
//绘制半圆弧(嘴巴)
var myAbsarc = new THREE.Path();
myAbsarc.absarc(0,5,2,0,Math.PI,true);
myShape.holes.push(myAbsarc);
//设置在 y 轴方向拉伸图形
var myCurve = new THREE.CatmullRomCurve3([
             new THREE.Vector3(0,0,0),new THREE.Vector3(0,1,0)]);
//创建拉伸之后的平面图形
var myGeometry = new THREE.ExtrudeGeometry(myShape,{extrudePath:myCurve});
var myMaterial = new THREE.MeshPhongMaterial({color:'cyan'});
var myMesh = new THREE.Mesh(myGeometry,myMaterial);
myMesh.translateX( - 50);
myMesh.translateZ( - 200);
myMesh.translateY( - 150);
myMesh.scale.y = 6;
myMesh.scale.x = 6;
myMesh.scale.z = 6;
myScene.add(myMesh);
//渲染自定义平面图形
animate();
function animate(){
  myRenderer.render(myScene,myCamera);
  requestAnimationFrame(animate);
}
var myOrbitControls = new THREE.OrbitControls(myCamera);
</script></body></html>
```

在上面这段代码中,myShape.splineThru([new THREE.Vector2(-22,30),new THREE.Vector2(-18,20),new THREE.Vector2(-20,10)])语句用于绘制一条经过指定的多个点的曲线。splineThru()方法的语法格式如下:

splineThru(pts)

其中,参数 pts 是一个 THREE.Vector2 类型的对象数组。

myAbsellipse1.absellipse(6,20,2,3,0,Math.PI * 2,true)语句用于绘制椭圆,absellipse()方法

的语法格式如下：

absellipse(aX,aY,xRadius,yRadius,aStartAngle,aEndAngle,aClockwise)

其中，参数 aX 表示圆心的 x 坐标；参数 aY 表示圆心的 y 坐标；参数 xRadius 表示 x 轴半径；参数 yRadius 表示 y 轴半径；参数 aStartAngle 表示起始角（弧度）；参数 aEndAngle 表示终止角（弧度）；参数 aClockwise 表示绘制方向是顺时针还是逆时针。

此外需要注意：此实例需要添加 OrbitControls.js 文件。

此实例的源文件是 MyCode\ChapB\ChapB032.html。

124　在平面图形的前后设置相同贴图

此实例主要通过在 THREE.MeshPhongMaterial 方法中设置 side:THREE.DoubleSide 参数，实现使用该材质创建的平面图形的前后两面均显示相同贴图（图像）。当浏览器显示页面时，平面图形将围绕 y 轴一直不停地旋转，且前后两面均显示相同的图像，效果分别如图 124-1 和图 124-2 所示。

图　124-1

图　124-2

主要代码如下：

```
<body><center id = "myContainer"></center>
<script>
//创建渲染器
var myRenderer = new THREE.WebGLRenderer({antialias:true});
myRenderer.setSize(window.innerWidth,window.innerHeight);
$("#myContainer").append(myRenderer.domElement);
var myScene = new THREE.Scene();
myScene.background = new THREE.Color('white');
var myCamera = new THREE.PerspectiveCamera(45,
                    window.innerWidth/window.innerHeight,1,1000);
myCamera.position.set(0,0,400);
myScene.add(myCamera);
myScene.add(new THREE.AmbientLight(0xffffff));
//创建平面
var myPlaneGeometry = new THREE.PlaneGeometry(160,240,5,5);
var myMap = THREE.ImageUtils.loadTexture("images/img137.jpg");
var myPlane = new THREE.Mesh(myPlaneGeometry,
        new THREE.MeshPhongMaterial({map:myMap,side:THREE.DoubleSide}));
myScene.add(myPlane);
//渲染平面
animate();
function animate(){
 myRenderer.render(myScene,myCamera);
 myPlane.rotation.y += 0.01;
 requestAnimationFrame(animate);
}
</script></body>
```

其中，myPlane = new THREE.Mesh(myPlaneGeometry,new THREE.MeshPhongMaterial({map:myMap,side:THREE.DoubleSide}))语句表示在 MeshPhongMaterial 材质的前后（里外）两面设置贴图（myMap）。THREE.MeshPhongMaterial()方法的语法格式如下：

THREE.MeshPhongMaterial({map,side})

其中，参数 map 表示贴图（图像）；参数 side 设置材质（表）面的渲染方式是前面、后面或双面，默认值是 THREE.FrontSide，表示前面，也可以设置为 THREE.BackSide，表示后面，或 THREE.DoubleSide，表示双面。

myPlaneGeometry = new THREE.PlaneGeometry(160,240,5,5)语句用于创建一个平面（几何体），THREE.PlaneGeometry()方法的语法格式如下：

THREE.PlaneGeometry(width,height,widthSegments,heightSegments)

其中，参数 width 表示在 x 方向上的长度；参数 height 表示在 y 方向上的长度；参数 widthSegments 表示在 x 方向的切片数量；参数 heightSegments 表示在 y 方向的切片数量。

此实例的源文件是 MyCode\ChapB\ChapB022.html。

125 在平面图形的前后设置不同贴图

此实例主要通过在两个 THREE.MeshPhongMaterial 方法中设置 side 属性分别为 THREE.FrontSide 和 THREE.BackSide，实现使用该材质创建的平面图形的前后两面显示不同的贴图（图像)。当浏览器显示页面时,平面图形将围绕 y 轴一直不停地旋转,且前后两面显示不同的图像,效果分别如图 125-1 和图 125-2 所示。

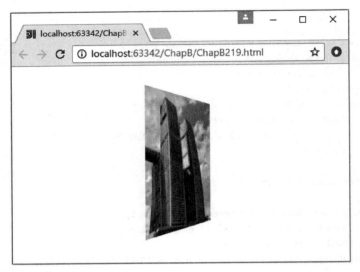

图 125-1

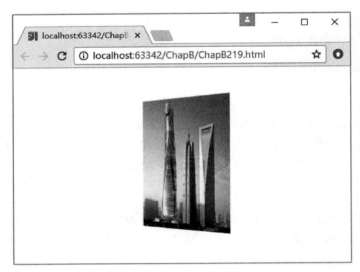

图 125-2

主要代码如下:

```
<body><center id="myContainer"></center>
<script>
//创建渲染器
var myRenderer = new THREE.WebGLRenderer({antialias:true});
myRenderer.setSize(window.innerWidth,window.innerHeight);
$("#myContainer").append(myRenderer.domElement);
var myScene = new THREE.Scene();
myScene.background = new THREE.Color('white');
var myCamera = new THREE.PerspectiveCamera(45,
            window.innerWidth/window.innerHeight,1,1000);
myCamera.position.set(0,0,400);
```

```
myScene.add(myCamera);
myScene.add(new THREE.AmbientLight(0xffffff));
//封装包含正面和反面图像的平面
var myGroup = new THREE.Group();
var myPlaneGeometry = new THREE.PlaneGeometry(160,240,5,5);
var myFrontMap = THREE.ImageUtils.loadTexture("images/img137.jpg");
var myBackMap = THREE.ImageUtils.loadTexture("images/img138.jpg");
var myFrontPlane = new THREE.Mesh(myPlaneGeometry,
    new THREE.MeshPhongMaterial({map:myFrontMap,side:THREE.FrontSide}));
var myBackPlane = new THREE.Mesh(myPlaneGeometry,
    new THREE.MeshPhongMaterial({map:myBackMap,side:THREE.BackSide}));
myGroup.add(myFrontPlane);
myGroup.add(myBackPlane);
myScene.add(myGroup);
//渲染包含正面和反面图像的平面
animate();
function animate(){
  myRenderer.render(myScene,myCamera);
  myGroup.rotation.y += 0.01;
  requestAnimationFrame(animate);
}
</script></body>
```

在上面这段代码中，myFrontPlane = new THREE.Mesh(myPlaneGeometry, new THREE.MeshPhongMaterial({map:myFrontMap,side:THREE.FrontSide}))语句用于设置平面图形的前面贴图。myBackPlane = new THREE.Mesh(myPlaneGeometry, new THREE.MeshPhongMaterial({map:myBackMap,side:THREE.BackSide}))语句用于设置平面图形的后面贴图。myGroup.add(myFrontPlane)语句和myGroup.add(myBackPlane)语句用于将两个平面图形组合成一个平面图形，即合成的平面图形的前面和后面。

此实例的源文件是 MyCode\ChapB\ChapB219.html。

126 使用 FontLoader 加载字库绘制英文字母

此实例主要通过使用 THREE.FontLoader 和 THREE.TextGeometry，实现在场景中加载指定字库并根据该字库的字体绘制英文字母。当浏览器显示页面时，在场景中绘制的英文字母如图 126-1 所示。

图 126-1

主要代码如下：

```
<body><center id="myContainer"></center>
<script type="text/javascript">
//创建渲染器
var myRenderer = new THREE.WebGLRenderer({antialias:true});
myRenderer.setSize(window.innerWidth,window.innerHeight);
$("#myContainer").append(myRenderer.domElement);
var myScene = new THREE.Scene();
myScene.background = new THREE.Color('white');
var myCamera = new THREE.PerspectiveCamera(45,
                window.innerWidth/window.innerHeight,0.1,1000);
myCamera.position.set(0,40,700);
myScene.add(myCamera);
//加载字库并绘制字母
var myFontLoader = new THREE.FontLoader();
myFontLoader.load('Data/optimer_bold.typeface.json',function(font){
 var myGeometry = new THREE.TextGeometry('three.js',{font:font,size:160});
 //计算当前几何体的范围
 myGeometry.computeBoundingBox();
 //计算字母(几何体)当前中心的偏移量
 var myOffsetX = (myGeometry.boundingBox.max.x
                - myGeometry.boundingBox.min.x)/2;
 var myOffsetY = (myGeometry.boundingBox.max.y
                - myGeometry.boundingBox.min.y)/2;
 var myMaterial = new THREE.MeshBasicMaterial({color:0x0000ff});
 var myTextMesh = new THREE.Mesh(myGeometry,myMaterial);
 myTextMesh.position.x = myGeometry.boundingBox.min.x - myOffsetX;
 myTextMesh.position.y = myGeometry.boundingBox.min.y + myOffsetY;
 myScene.add(myTextMesh);
});
//渲染绘制的字母
animate();
function animate(){
 requestAnimationFrame(animate);
 myCamera.lookAt(new THREE.Vector3(0,150,0));
 myRenderer.render(myScene,myCamera);
}
</script></body>
```

在上面这段代码中，myFontLoader.load('Data/optimer_bold.typeface.json',function(font){ })语句用于加载字库文件，其中，optimer_bold.typeface.json 表示字库文件，font 表示加载成功的字体，然后即可在 THREE.TextGeometry 中使用该 font 字体绘制字母。需要注意：此字库仅支持英文字母等少量字符，在显示汉字时会出错。

此实例的源文件是 MyCode\ChapB\ChapB014.html。

127 使用 TTFLoader 加载字库绘制数字

此实例主要通过使用 THREE.TTFLoader，实现在场景中加载指定字库并根据该字库的字体绘制数字。当浏览器显示页面时，在场景中绘制的数字如图 127-1 所示。

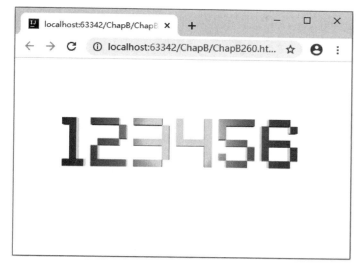

图 127-1

主要代码如下:

```
<!DOCTYPE html><html><head><meta charset = "UTF-8">
 <script src = "ThreeJS/three.js"></script>
 <script src = "ThreeJS/jquery.js"></script>
 <script src = "ThreeJS/OrbitControls.js"></script>
 <script src = "ThreeJS/opentype.js"></script>
 <script src = "ThreeJS/TTFLoader.js"></script>
</head>
<body><center id = "myContainer"></center>
<script>
//创建渲染器
var myRenderer = new THREE.WebGLRenderer({antialias:true});
myRenderer.setSize(window.innerWidth,window.innerHeight);
$("#myContainer").append(myRenderer.domElement);
var myCamera = new THREE.PerspectiveCamera(30,
                  window.innerWidth/window.innerHeight,0.1,1500);
var myScene = new THREE.Scene();
myScene.background = new THREE.Color(0xffffff);
var myLight = new THREE.PointLight(0xffffff,1.5);
myLight.position.set(0,100,90);
myLight.color.setHSL(Math.random(),1,0.5);
myScene.add(myLight);
var myOrbitControls = new THREE.OrbitControls(myCamera);
//加载字体并绘制数字
var myMaterial = new THREE.MeshPhongMaterial({color:0xffffff});
var myTTFLoader = new THREE.TTFLoader();
myTTFLoader.load('Data/MyKenpixel.ttf',function(json){
 var myFont = new THREE.Font(json);
 var myGeometry = new THREE.TextBufferGeometry('123456',
            {font:myFont,size:90,height:20,curveSegments:4});
 myGeometry.computeBoundingBox();
 var myOffset = -0.5 * (myGeometry.boundingBox.max.x
                         - myGeometry.boundingBox.min.x);
 var myMesh = new THREE.Mesh(myGeometry,myMaterial);
```

```
    myMesh.position.x = myOffset;
    myMesh.position.y = 30;
    myMesh.position.z = 0;
    myMesh.rotation.x = 0;
    myMesh.rotation.y = Math.PI * 2;
    myScene.add(myMesh);
});
//渲染数字
animate();
function animate(){
    requestAnimationFrame(animate);
    myCamera.position.set(6.8,54.2,792.2);
    myRenderer.render(myScene,myCamera);
}
</script></body></html>
```

在上面这段代码中，myTTFLoader.load('Data/MyKenpixel.ttf',function(json){})语句用于加载字库文件，其中，MyKenpixel.ttf 表示字库文件，json 表示加载成功的字体，然后即可在 THREE.TextBufferGeometry 中使用该字体绘制数字。需要注意：此字库仅支持英文字母及数字等少量字符，在显示汉字时会出错。此外需要注意：此实例需要添加 OrbitControls.js、opentype.js 和 TTFLoader.js 文件。

此实例的源文件是 MyCode\ChapB\ChapB260.html。

128 在场景中绘制自定义的斜角字母

此实例主要通过在 THREE.TextGeometry 方法的参数中自定义与斜角相关的属性，实现在场景中绘制自定义斜角的字母。当浏览器显示页面时，在场景中绘制的自定义斜角的字母如图 128-1 所示。

图 128-1

主要代码如下：

```
<body><center id = "myContainer"></center>
<script type = "text/javascript">
//创建渲染器
var myRenderer = new THREE.WebGLRenderer({antialias:true});
myRenderer.setSize(window.innerWidth,window.innerHeight);
```

```
$("#myContainer").append(myRenderer.domElement);
var myScene = new THREE.Scene();
myScene.background = new THREE.Color('white');
var myCamera = new THREE.OrthographicCamera(-2.5,2.5,1.875,-1.875,1,100);
myCamera.position.set(3,3,20);
myCamera.lookAt(new THREE.Vector3(2,1,0));
myScene.add(myCamera);
var myLight = new THREE.DirectionalLight('white');
myLight.position.set(-5,10,5);
myScene.add(myLight);
//加载字体并绘制斜角字母
var myFontLoader = new THREE.FontLoader();
myFontLoader.load('Data/helvetiker_regular.typeface.js',function(font){
    var myTextGeometry = new THREE.TextGeometry('THREE',
        {font:font,size:1,height:1,curveSegments:120,
          bevelEnabled:true,bevelThickness:1.5,
          bevelSize:0.05,bevelSegments:3 });
    //创建金属发亮材质
    var myMaterial = new THREE.MeshPhongMaterial({color:0x00ff00});
    var myTextMesh = new THREE.Mesh(myTextGeometry,myMaterial);
    myTextMesh.position.y = 0.5;
    myScene.add(myTextMesh);
});
//渲染绘制的斜角字母
animate();
function animate(){
    requestAnimationFrame(animate);
    myRenderer.render(myScene,myCamera);
}
</script></body>
```

在上面这段代码中,myTextGeometry = new THREE.TextGeometry('THREE',{font:font,size:1,height:1,curveSegments:120,bevelEnabled:true,bevelThickness:1.5,bevelSize:0.05,bevelSegments:3 })语句用于根据斜角属性绘制文字。THREE.TextGeometry()方法的语法格式如下:

THREE.TextGeometry(text,parameters)

其中,参数 text 表示将要绘制的文字;参数 parameters 表示字体属性,与斜角相关的属性有:bevelEnabled 属性表示是否允许斜角,默认值为 false,即禁止斜角,此时,其他与斜角相关的属性均无效;bevelThickness 属性表示斜角的深度;bevelSize 属性表示斜角的大小;bevelSegments 表示斜角的切片数量。

此实例的源文件是 MyCode\ChapB\ChapB015.html。

129　在场景中加载中文字库绘制汉字

此实例主要通过使用 THREE.FontLoader 的 load 方法加载指定的中文字库文件(MicrosoftYaHei_Regular.json),实现在场景中绘制三维效果的汉字。当浏览器显示页面时,在场景中绘制的三维汉字如图 129-1 所示(字库加载有点耗时)。

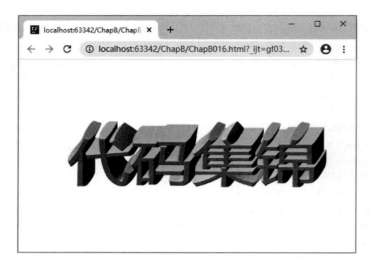

图 129-1

主要代码如下：

```
<body><center id="myContainer"></center>
<script type="text/javascript">
//创建渲染器
var myRenderer = new THREE.WebGLRenderer({antialias:true});
myRenderer.setSize(window.innerWidth,window.innerHeight);
$("#myContainer").append(myRenderer.domElement);
var myScene = new THREE.Scene();
myScene.background = new THREE.Color('white');
var myCamera = new THREE.OrthographicCamera(-2.5,2.5,1.875,-1.875,1,100);
myCamera.position.set(3,3,20);
myCamera.lookAt(new THREE.Vector3(2,1,0));
myScene.add(myCamera);
var myLight = new THREE.DirectionalLight('white');
myLight.position.set(-5,10,5);
myScene.add(myLight);
//加载中文字体并绘制斜角汉字
var myFontLoader = new THREE.FontLoader();
myFontLoader.load('Data/MicrosoftYaHei_Regular.json',function(font){
  var myTextGeometry = new THREE.TextGeometry('代码集锦',
      {font:font,size:0.8,height:1,curveSegments:120,
       bevelEnabled:true,bevelThickness:1.5,
       bevelSize:0.05,bevelSegments:3});
  //创建金属发亮材质
  var myMaterial = new THREE.MeshPhongMaterial({color:0x00ff00});
  var myTextMesh = new THREE.Mesh(myTextGeometry,myMaterial);
  myTextMesh.position.y = 0.5;
  myScene.add(myTextMesh);
});
//渲染绘制的斜角汉字
animate();
function animate(){
  requestAnimationFrame(animate);
  myRenderer.render(myScene,myCamera);
}
```

</script></body>

在上面这段代码中,myFontLoader.load('Data/MicrosoftYaHei_Regular.json',function(font){ })语句用于加载中文字库MicrosoftYaHei_Regular.json(当然也可以加载其他中文字库),然后即可使用font参数通过THREE.TextGeometry绘制汉字。常用的helvetiker_regular.typeface.js字库不支持汉字,因此使用该字库绘制汉字将出现乱码。

此实例的源文件是MyCode\ChapB\ChapB016.html。

130 使用精简的自定义字库绘制汉字

此实例主要通过使用THREE.FontLoader的load方法加载精简的自定义中文字库(该中文字库仅包含"罗斌"二字的字体描述,因此字库文件的大小,只有2KB),实现在场景中绘制需要的汉字。当浏览器显示页面时,在场景中绘制的"罗斌罗斌"的字体效果如图130-1所示。

图 130-1

主要代码如下:

```
<body><center id="myContainer"></center>
<script type="text/javascript">
//创建渲染器
var myRenderer = new THREE.WebGLRenderer({antialias:true});
myRenderer.setSize(window.innerWidth,window.innerHeight);
$("#myContainer").append(myRenderer.domElement);
var myScene = new THREE.Scene();
myScene.background = new THREE.Color('white');
var myCamera = new THREE.OrthographicCamera(-2.5,2.5,1.875,-1.875,1,100);
myCamera.position.set(3,3,20);
myCamera.lookAt(new THREE.Vector3(2,1,0));
myScene.add(myCamera);
var myLight = new THREE.DirectionalLight('white');
myLight.position.set(-5,10,5);
myScene.add(myLight);
//加载中文字体并绘制"罗斌罗斌"
var myFontLoader = new THREE.FontLoader();
myFontLoader.load('Data/MicrosoftYaHei_Regular1.json',function(font){
  var myTextGeometry = new THREE.TextGeometry('罗斌罗斌',
                      {font:font,size:0.8,height:1});
```

```
    //创建金属发亮材质
    var myMaterial = new THREE.MeshPhongMaterial({color:0x00ff00});
    var myTextMesh = new THREE.Mesh(myTextGeometry,myMaterial);
    myTextMesh.position.y = 0.5;
    myScene.add(myTextMesh);
 });
//渲染绘制的"罗斌罗斌"
animate();
function animate(){
   requestAnimationFrame(animate);
   myRenderer.render(myScene,myCamera);
}
</script></body>
```

在上面这段代码中，myFontLoader.load('Data/MicrosoftYaHei_Regular1.json',function(font){})语句用于加载精简的自定义中文字库 MicrosoftYaHei_Regular1.json，实现使用 THREE.TextGeometry 绘制需要的汉字效果。原始的 MicrosoftYaHei_Regular.json 字库文件有 40MB 左右，包含了大多数汉字的字体描述，然而一个页面通常仅使用其中少量的汉字，完全没有必要使用这个 40MB 的字库文件，因此可以从该字库中删除无关的汉字，仅保留页面所需要使用的汉字，从而形成自定义汉字字库，根据 MicrosoftYaHei_Regular1.json 自定义精简汉字字库的内容如下：

```
{"glyphs":{
"罗":{"ha":1389,"x_min":28,"x_max":1293,"o":"m 103 1086 l 1293 1086 l 1293 581 l 1190 581 l 1190 634 l 206 634 l 206 581 l 103 581 l 103 1086 m 480 633 l 586 589 q 496 481 543 534 l 1219 481 l 1219 385 q 94 -205 903 -98 q 39 -101 69 -158 q 606 31 397 -59 q 336 248 496 127 l 411 317 q 720 83 591 188 q 1088 387 935 192 l 410 387 q 99 127 279 258 q 28 215 61 177 q 480 633 302 383 m 1190 995 l 928 995 l 928 725 l 1190 725 l 1190 995 m 567 725 l 827 725 l 827 995 l 567 995 l 567 725 m 206 725 l 467 725 l 467 995 l 206 995 l 206 725 z "},
"斌":{"ha":1389,"x_min":12,"x_max":1371,"o":"m 515 771 l 996 771 q 991 1144 990 943 l 1086 1144 q 1089 771 1084 943 l 1359 771 l 1359 682 l 1093 682 q 1223 -39 1120 200 q 1260 -33 1246 -77 q 1280 178 1275 40 q 1371 140 1336 149 q 1350 -45 1364 21 q 1246 -181 1322 -181 q 1107 -7 1171 -181 q 1001 682 1024 238 l 515 682 l 515 771 m 170 686 q 286 425 224 568 q 332 768 324 573 l 41 768 l 41 863 l 499 863 l 499 768 l 426 768 q 342 300 407 486 q 456 35 396 176 l 362 -10 q 290 177 327 83 q 75 -172 198 -24 q 12 -83 47 -130 q 244 294 159 79 q 90 645 170 473 l 170 686 m 560 541 l 652 541 l 652 -3 q 757 12 707 3 l 757 642 l 849 642 l 849 410 l 1000 410 l 1000 323 l 849 323 l 849 28 q 1036 66 948 45 q 1032 -37 1032 24 q 495 -138 720 -93 l 468 -26 q 560 -16 514 -21 l 560 541 m 570 1018 l 932 1018 l 932 930 l 570 930 l 570 1018 m 174 1103 l 259 1149 q 385 947 330 1046 l 296 896 q 174 1103 236 1010 m 1135 1048 l 1207 1082 q 1331 881 1274 983 l 1241 839 q 1135 1048 1204 934 z "}},
"familyName":"MicrosoftYaHei"," ascender":1153," descender":-237," underlinePosition":-115,"underlineThickness":88,"boundingBox":{"yMin":-597,"xMin":-1352,"yMax":1487,"xMax":10297},"resolution":1000," original_font_information":{"format":0,"fontFamily":"MicrosoftYaHei","fontSubfamily":"Regular","uniqueID":"MicrosoftYaHei","fullName":"MicrosoftYaHei","version":"Version 6.02","postScriptName":"MicrosoftYaHei"},"cssFontWeight":"normal","cssFontStyle":"normal"}
```

此实例的源文件是 MyCode\ChapB\ChapB148.html。

131　在场景中绘制线条镂空的汉字

此实例主要通过使用字体的 generateShapes 方法，实现在场景中绘制线条镂空的汉字。当浏览器显示页面时，在场景中绘制的线条镂空的汉字如图 131-1 所示。

图 131-1

主要代码如下：

```
<body><center id="myContainer"></center>
<script type="text/javascript">
//初始化渲染器
var myRenderer = new THREE.WebGLRenderer({antialias:true});
myRenderer.setPixelRatio(window.devicePixelRatio);
myRenderer.setSize(window.innerWidth,window.innerHeight);
myRenderer.setClearColor("white");
$("#myContainer").append(myRenderer.domElement);
var myCamera = new THREE.PerspectiveCamera(30,
                    window.innerWidth/window.innerHeight,1,1500);
myCamera.position.set(0,400,700);
myCamera.lookAt(new THREE.Vector3(0,150,0));
var myScene = new THREE.Scene();
//初始化 FontLoader,并加载指定汉字字库
var myFontLoader = new THREE.FontLoader();
myFontLoader.load('Data/MicrosoftYaHei_Regular1.json',function(font){
 var myMaterial = new THREE.LineBasicMaterial({color:0x00ff00});
 //将文本(字)转换为图形
 var myShapes = font.generateShapes('罗斌',120);
 var myShapeGeometry = new THREE.ShapeBufferGeometry(myShapes);
 myShapeGeometry.computeBoundingBox();
 var myOffsetX = (myShapeGeometry.boundingBox.min.x
                    - myShapeGeometry.boundingBox.max.x)/2;
 //初始化数组,用于保存图形轮廓信息
 var myHoles = [];
 for(var i = 0;i < myShapes.length;i++){
  var myShape = myShapes[i];
  if(myShape.holes&&myShape.holes.length > 0){
   for(var j = 0;j < myShape.holes.length;j++){
    var myHole = myShape.holes[j];
    myHoles.push(myHole);
   }
  }
 }
```

```
  myShapes.push.apply(myShapes,myHoles);
  var myTextLines = new THREE.Object3D();
  for(var i = 0;i < myShapes.length;i ++){
    //获取每个字符对应的图形
    var myShape = myShapes[i];
    //获取当前图形坐标点
    var myPoints = myShape.getPoints();
    //根据坐标点初始化 BufferGeometry,并设置其所在位置
    var myGeometry = new THREE.BufferGeometry().setFromPoints(myPoints);
    myGeometry.translate(myOffsetX,100,0);
    //创建文字线条,实现镂空效果
    var myTextLine = new THREE.Line(myGeometry,myMaterial);
    myTextLines.add(myTextLine);
  }
  //在场景中添加线条
  myScene.add(myTextLines);
});
//渲染镂空汉字
animate();
function animate(){
  requestAnimationFrame(animate);
  myRenderer.render(myScene,myCamera);
}
</script></body>
```

在上面这段代码中,myShapes=font.generateShapes('罗斌',120)语句用于将字符"罗斌"转换为图形,然后即可使用 THREE.ShapeBufferGeometry 或 THREE.ShapeGeometry 根据该图形创建几何图形。generateShapes()方法的语法格式如下:

```
generateShapes(text,size)
```

其中,参数 text 表示文本内容;参数 size 表示文本(字号)大小。

需要注意:当调用 generateShapes()方法之后,一定要调用 computeBoundingBox()方法,否则可能无效果。

此实例的源文件是 MyCode\ChapB\ChapB149.html。

132 使用自定义属性自定义线条颜色

此实例主要通过使用 THREE.Float32BufferAttribute,创建自定义颜色属性定制字母的线条颜色。当浏览器显示页面时,在场景中的字母线条将呈现不同的颜色,且不停地围绕中心旋转,效果分别如图 132-1 和图 132-2 所示。

主要代码如下:

```
<body><center id = "myContainer"></center>
<script type = "x-shader/x-vertex" id = "myVertexShader">
  attribute vec3 myColor;
  varying vec3 myNewColor;
  void main(){
    vec3 myPosition = position + 5.0;
    myNewColor = myColor;
    gl_Position = projectionMatrix * modelViewMatrix * vec4(myPosition,1.0);
  }
```

图 132-1

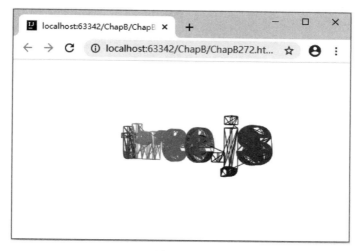

图 132-2

```
</script>
< script type = "x - shader/x - fragment" id = "myFragmentShader">
  varying vec3 myNewColor;
  void main(){
    gl_FragColor = vec4(myNewColor,0.3);
  }
</script>
< script >
//创建渲染器
var myRenderer = new THREE.WebGLRenderer({antialias:true});
myRenderer.setSize(window.innerWidth,window.innerHeight);
 $ ("♯myContainer").append(myRenderer.domElement);
var myCamera = new THREE.PerspectiveCamera(30,
                    window.innerWidth/window.innerHeight,1,10000);
myCamera.position.z = 400;
var myScene = new THREE.Scene();
myScene.background = new THREE.Color('white');
//创建艺术字母
```

```
    var myLoader = new THREE.FontLoader();
   myLoader.load('Data/MyFont.json',function(font){
    var myMaterial = new THREE.ShaderMaterial({
     vertexShader: $("#myVertexShader")[0].text,
     fragmentShader: $("#myFragmentShader")[0].text});
    var myGeometry = new THREE.TextBufferGeometry('three.js',
                             {font:font,size:50,height:10});
    myGeometry.center();
    var myCount = myGeometry.attributes.position.count;
    var myColorArray = new THREE.Float32BufferAttribute(myCount*3,3);
    myGeometry.setAttribute('myColor',myColorArray);
    var myColor = new THREE.Color(0xffffff);
    for(var i = 0,l = myColorArray.count;i<l;i++){
     myColor.setHSL(i/l,0.5,0.5);
     // myColor.set(0xffffff*Math.random(),
     //    0xffffff*Math.random(),0xffffff*Math.random());
     myColor.toArray(myColorArray.array,i*myColorArray.itemSize);
    }
    var myLine = new THREE.Line(myGeometry,myMaterial);
    myScene.add(myLine);
    //渲染艺术字母
    animate();
    function animate(){
     requestAnimationFrame(animate);
     myLine.rotation.y += 0.01;
     myRenderer.render(myScene,myCamera);
    }
   });
  </script></body>
```

在上面这段代码中，myColorArray = new THREE.Float32BufferAttribute(myCount*3,3)语句用于创建颜色数组，以便于使用 myGeometry.setAttribute('myColor',myColorArray)语句为几何体（字母线条）添加颜色。Float32BufferAttribute()方法的语法格式如下：

```
Float32BufferAttribute(array,itemSize)
```

其中，参数 array 表示数组；参数 itemSize 表示数组的每个元素包含的成员个数。

此实例的源文件是 MyCode\ChapB\ChapB272.html。

133　在场景中根据汉字实现汉字镜像

此实例主要通过使用 THREE.Reflector 创建镜子，实现在场景中绘制汉字和汉字镜像（即在镜子中绘制倒映的汉字）。当浏览器显示页面时，在场景中绘制的汉字和汉字镜像如图133-1 所示。

主要代码如下：

```
<!DOCTYPE html><html><head><meta charset = "UTF-8">
 <script src = "ThreeJS/three.js"></script>
 <script src = "ThreeJS/jquery.js"></script>
 <script src = "ThreeJS/Reflector.js"></script>
</head>
<body><center id = "myContainer"></center>
<script type = "text/javascript">
 //初始化渲染器
```

图 133-1

```
var myRenderer = new THREE.WebGLRenderer({antialias:true});
myRenderer.setPixelRatio(window.devicePixelRatio);
myRenderer.setSize(window.innerWidth,window.innerHeight);
myRenderer.setClearColor("white");
$("#myContainer").append(myRenderer.domElement);
var myScene = new THREE.Scene();
var myCamera = new THREE.PerspectiveCamera(45,
                    window.innerWidth/window.innerHeight,1,500);
myCamera.position.set(0,15,160);
var myPlaneGeometry = new THREE.PlaneBufferGeometry(
                            window.innerWidth,window.innerHeight);
var myPlaneMaterial = new THREE.MeshBasicMaterial();
//创建镜子平面
var myPlaneMesh = new THREE.Mesh(myPlaneGeometry,myPlaneMaterial);
myPlaneMesh.position.y = 10;
myPlaneMesh.rotateX( - Math.PI/2);
//根据平面创建镜子
var myReflector = new THREE.Reflector(myPlaneGeometry);
myReflector.position.y = 10;
myReflector.rotateX( - Math.PI/2);
//在场景中添加镜子(用于镜像汉字)
myScene.add(myReflector);
//绘制汉字
var myFontLoader = new THREE.FontLoader();
myFontLoader.load('Data/MicrosoftYaHei_Regular1.json',function(font){
  //将文本转换为图形
  var myShapes = font.generateShapes('罗斌',30);
  var myGeometry = new THREE.ShapeBufferGeometry(myShapes);
  var myMaterial = new THREE.LineBasicMaterial({color:'red'});
  var myMesh = new THREE.Mesh(myGeometry, myMaterial );
  myMesh.position.x = - 50;
  myMesh.position.y = 30;
  //将汉字(图形)添加到场景中
  myScene.add( myMesh );
```

```
});
//渲染汉字和汉字镜像
animate();
function animate(){
  requestAnimationFrame(animate);
  myRenderer.render(myScene,myCamera);
}
</script></body></html>
```

在上面这段代码中，myReflector＝new THREE.Reflector(myPlaneGeometry)语句用于根据平面创建镜子，然后即可在镜子中镜像汉字；实际上，该镜子不仅可以镜像汉字，还可以镜像在场景中的所有内容，包括汉字和其他图形图像。此外需要注意：此实例需要添加 Reflector.js 文件。

此实例的源文件是 MyCode\ChapB\ChapB151.html。

134　在场景中加载中文字库绘制二维汉字

此实例主要通过使用字体的 generateShapes 方法将汉字转换为二维图形，实现在场景中以绘制二维图形的方式输出汉字。当浏览器显示页面时，在场景中绘制的二维汉字如图 134-1 所示。

图　134-1

主要代码如下：

```
<body><center id="myContainer"></center>
<script type="text/javascript">
//初始化渲染器
var myRenderer = new THREE.WebGLRenderer({antialias:true});
myRenderer.setPixelRatio(window.devicePixelRatio);
myRenderer.setSize(window.innerWidth,window.innerHeight);
myRenderer.setClearColor("white");
$("#myContainer").append(myRenderer.domElement);
var myCamera = new THREE.PerspectiveCamera(30,
                    window.innerWidth/window.innerHeight,1,1500);
myCamera.position.set(0,400,700);
myCamera.lookAt(new THREE.Vector3(0,150,0));
var myScene = new THREE.Scene();
//初始化 FontLoader,并加载指定字库
```

```
var myFontLoader = new THREE.FontLoader();
myFontLoader.load('Data/MicrosoftYaHei_Regular1.json',function(font){
  //将文本转换为二维图形
  var myShapes = font.generateShapes('罗斌',120);
  var myGeometry = new THREE.ShapeBufferGeometry(myShapes);
  var myMaterial = new THREE.MeshBasicMaterial({color:'green'});
  var myMesh = new THREE.Mesh(myGeometry, myMaterial );
  myMesh.position.x = - 160;
  myMesh.position.y = 100;
  //将汉字(二维图形)添加到场景中
  myScene.add( myMesh );
});
//渲染汉字
animate();
function animate(){
  requestAnimationFrame(animate);
  myRenderer.render(myScene,myCamera);
}
</script></body>
```

在上面这段代码中，myShapes＝font.generateShapes('罗斌',120)语句用于将字符"罗斌"转换为二维图形。myGeometry＝new THREE.ShapeBufferGeometry(myShapes)语句用于根据二维图形（汉字）创建几何体，然后即可按照普通的几何体创建方法将几何体（二维图形、汉字）添加到场景中。

此实例的源文件是 MyCode\ChapB\ChapB150.html。

135 在场景中的球体上添加文本标签

此实例主要通过使用 THREE.CSS2DRenderer，实现在场景中的球体上以添加 HTML 元素的方式添加文本标签。当浏览器显示页面时，单击"添加文本标签"按钮，则球体在添加文本标签之后的效果如图135-1所示；单击"删除文本标签"按钮，则球体在删除文本标签之后的效果如图135-2所示。

图　135-1

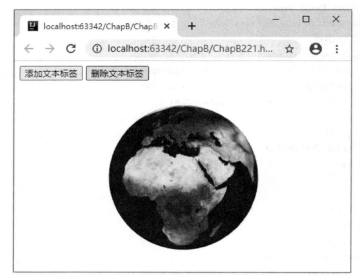

图 135-2

主要代码如下：

```
<html><head><meta charset="UTF-8">
<script src="ThreeJS/three.js"></script>
<script src="ThreeJS/jquery.js"></script>
<script src="ThreeJS/CSS2DRenderer.js"></script>
</head>
<body><p><button id="myButton1">添加文本标签</button>
       <button id="myButton2">删除文本标签</button></p>
<center id="myContainer"></center>
<script>
var myRenderer = new THREE.WebGLRenderer({antialias:true});
myRenderer.setSize(window.innerWidth,window.innerHeight);
$("#myContainer").append(myRenderer.domElement);
var myScene = new THREE.Scene();
myScene.background = new THREE.Color('white');
myScene.add(new THREE.AmbientLight(0xffffff));
var myCamera = new THREE.PerspectiveCamera(45,
                 window.innerWidth/window.innerHeight,0.1,1000);
myCamera.position.set(209.88,80.3,-97.5);
myCamera.lookAt(myScene.position);
//初始化 CSS2DRenderer,用于绘制文本标签
var myCSS2DRenderer = new THREE.CSS2DRenderer();
myCSS2DRenderer.setSize(window.innerWidth,window.innerHeight);
myCSS2DRenderer.domElement.style.position = 'absolute';
var myRect = myRenderer.domElement.getBoundingClientRect();
myCSS2DRenderer.domElement.style.top = myRect.y;
myCSS2DRenderer.domElement.style.left = myRect.x;
$("#myContainer").append(myCSS2DRenderer.domElement);
//创建球体
var myGeometry = new THREE.SphereGeometry(80,50,50);
var myMap = THREE.ImageUtils.loadTexture("images/img139.jpg");
var myMaterial = new THREE.MeshPhongMaterial({map:myMap});
var mySphere = new THREE.Mesh(myGeometry,myMaterial);
```

```
//动态创建div元素
var myDiv = document.createElement('div');
myDiv.className = 'label';
myDiv.textContent = '非洲地区';
myDiv.style.marginTop = '0.5em';
myDiv.style.color = 'white';
myDiv.style.fontSize = '32';
//根据div元素初始化CSS2DObject
var myCSS2DObject = new THREE.CSS2DObject(myDiv);
myCSS2DObject.position.set(0,15,0);
mySphere.add(myCSS2DObject);
myScene.add(mySphere);
//渲染球体及文本标签
animate();
function animate(){
  myRenderer.render(myScene,myCamera);
  myCSS2DRenderer.render(myScene,myCamera);
  requestAnimationFrame(animate);
}
//响应单击"添加文本标签"按钮
$("#myButton1").click(function(){
  mySphere.add(myCSS2DObject);
});
//响应单击"删除文本标签"按钮
$("#myButton2").click(function(){
  mySphere.remove(myCSS2DObject);
});
</script></body></html>
```

在上面这段代码中，$("#myContainer").append(myCSS2DRenderer.domElement)语句用于在容器中添加CSS2DRenderer渲染器。myCSS2DObject=new THREE.CSS2DObject(myDiv)语句用于根据HTML元素创建CSS2DObject。mySphere.add(myCSS2DObject)语句用于在球体上添加CSS2DObject，即文本标签。myCSS2DRenderer.render(myScene,myCamera)语句用于渲染文本标签。此外需要注意：此实例需要添加CSS2DRenderer.js文件。

此实例的源文件是 MyCode\ChapB\ChapB221.html。

136　在场景中的文本上添加火焰动画

此实例主要通过使用THREE.Fire,实现在场景中的文本上添加火焰动画。当浏览器显示页面时,单击"添加火焰动画"按钮,则将根据文本内容创建火焰动画,如图136-1所示；单击"移除火焰动画"按钮,则将显示原始的文本内容,如图136-2所示。

主要代码如下：

```
<!DOCTYPE html><html><head><meta charset = "UTF-8">
<script src = "ThreeJS/three.js"></script>
<script src = "ThreeJS/jquery.js"></script>
<script src = "ThreeJS/Fire.js"></script>
</head>
<body><p><button id = "myButton1">添加火焰动画</button>
       <button id = "myButton2">移除火焰动画</button></p>
<center id = "myContainer"></center>
```

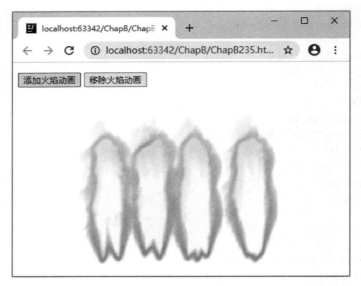

图 136-1

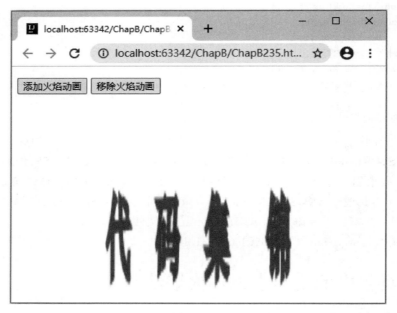

图 136-2

```
<script>
//创建渲染器
var myRenderer = new THREE.WebGLRenderer({antialias:true,alpha:true});
myRenderer.setSize(window.innerWidth,window.innerHeight);
myRenderer.setClearColor('white',1.0);
 $('#myContainer')[0].appendChild(myRenderer.domElement);
var myCamera = new THREE.PerspectiveCamera(70,
                    window.innerWidth/window.innerHeight,1,1000);
myCamera.position.z = 20;
var myScene = new THREE.Scene();
var myFire,myPlane;
//在画布上绘制文本
```

```
var myCanvas = document.createElement("canvas");
myCanvas.width = window.innerWidth;
myCanvas.height = window.innerHeight/2;
var myContext = myCanvas.getContext("2d");
myContext.font = "30px 宋体";
myContext.strokeStyle = "black";
myContext.strokeRect(0,0,myCanvas.width,myCanvas.height * 0.8);
myContext.textAlign = "center";
myContext.textBaseline = "middle";
myContext.lineWidth = 3;
myContext.strokeStyle = "#FF0040";
myContext.fillStyle = "black";
myContext.strokeText('代 码 集 锦',myCanvas.width/2,myCanvas.height * 0.6);
//根据画布创建纹理贴图
var myTexture = new THREE.Texture(myCanvas);
myTexture.needsUpdate = true;
var myMaterial = new THREE.MeshBasicMaterial({map:myTexture});
//根据贴图材质创建平面图形
var myGeometry = new THREE.PlaneBufferGeometry(60,60);
myPlane = new THREE.Mesh(myGeometry,myMaterial);
myScene.add(myPlane);
//渲染平面层(文本)或火焰动画
animate();
function animate(){
  requestAnimationFrame(animate);
  myRenderer.render(myScene,myCamera);
}
//响应单击"添加火焰动画"按钮
$("#myButton1").click(function(){
  myScene.remove(myPlane);                    //移除平面层(文本)
  //根据平面层所对应的几何体创建THREE.Fire,从而生成火焰层
  myFire = new THREE.Fire(myGeometry);
  myFire.setSourceMap(myTexture);             //在火焰层上添加画布贴图
  myScene.add(myFire);                        //添加火焰层
});
//响应单击"移除火焰动画"按钮
$("#myButton2").click(function(){
  myScene.remove(myFire);                     //移除火焰层
  myScene.add(myPlane);                       //显示平面层(文本)
});
</script></body></html>
```

在上面这段代码中，myFire = new THREE.Fire(myGeometry)语句用于根据几何体创建 THREE.Fire。myFire.setSourceMap(myTexture)语句用于根据贴图文本设置 THREE.Fire 的贴图。此外需要注意：此实例需要添加 Fire.js 文件。

此实例的源文件是 MyCode\ChapB\ChapB235.html。

137 深度遍历在组中的多个子对象

此实例主要通过使用 THREE.Object3D 的 traverse 方法，实现深度遍历在组中的所有子对象（图形）。当浏览器显示页面时，在由三个立方体构成的组中，只有第二个立方体围绕 x 轴旋转，效果分别如图 137-1 和图 137-2 所示。

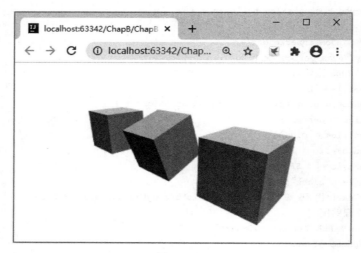

图 137-1

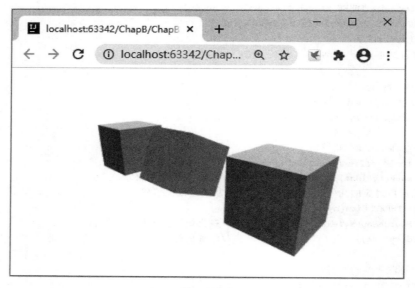

图 137-2

主要代码如下：

```
<body><center id="myContainer"></center>
<script>
//创建渲染器
var myRenderer = new THREE.WebGLRenderer({antialias:true});
myRenderer.setSize(window.innerWidth,window.innerHeight);
myRenderer.setClearColor('white',1.0);
$("#myContainer").append(myRenderer.domElement);
var myCamera = new THREE.PerspectiveCamera(45,
                window.innerWidth/window.innerHeight,0.1,1000);
myCamera.position.set(40.06,20.92,42.68);
myCamera.lookAt(new THREE.Vector3(0,0,0));
var myScene = new THREE.Scene();
var myGroup = new THREE.Object3D();
//创建第一个立方体
```

```
var myGeometry1 = new THREE.BoxGeometry(16,16,16);
var myMaterial1 = new THREE.MeshNormalMaterial();
var myMesh1 = new THREE.Mesh(myGeometry1,myMaterial1);
myMesh1.translateX(-40);
myGroup.add(myMesh1);
//创建第二个立方体
var myGeometry2 = new THREE.BoxGeometry(16,16,16);
var myMaterial2 = new THREE.MeshNormalMaterial();
var myMesh2 = new THREE.Mesh(myGeometry2,myMaterial2);
myMesh2.translateX(-10);
myMesh2.name = 'mySecond';
myGroup.add(myMesh2);
//创建第三个立方体
var myGeometry3 = new THREE.BoxGeometry(16,16,16);
var myMaterial3 = new THREE.MeshNormalMaterial();
var myMesh3 = new THREE.Mesh(myGeometry3,myMaterial3);
myMesh3.translateX(20);
myGroup.add(myMesh3);
myScene.add(myGroup);
//渲染三个立方体
animate();
function animate(){
 requestAnimationFrame(animate);
 //深度遍历所有子对象
 myGroup.traverse(function(e){
  //在所有子对象中,只有 name 是 mySecond 的对象围绕 x 轴旋转
  if(e.name == 'mySecond'){
   e.rotation.x += 0.01;
   //e.rotation.y += 0.01;
   //e.rotation.z += 0.01;
  }
 });
 myRenderer.render(myScene,myCamera);
};
</script></body>
```

在上面这段代码中,myGroup.traverse(function(e){ })语句用于遍历 myGroup 的所有子对象(立方体),参数 e 代表每一个子对象(立方体)。

此实例的源文件是 MyCode\ChapB\ChapB101.html。

138 使用 InstancedBufferGeometry

此实例主要通过使用 THREE.InstancedBufferGeometry,实现以实例化方式创建多个几何体。当浏览器显示页面时,多个几何体(像一张纸片)将根据球体的造型不断地以收缩或展开的样式飞舞,效果分别如图 138-1 和图 138-2 所示。

主要代码如下:

```
<body><center id="myContainer"></center>
<script id="myVertexShader" type="x-shader/x-vertex">
 precision highp float;
 uniform float mySinTime;
 uniform mat4 modelViewMatrix;
```

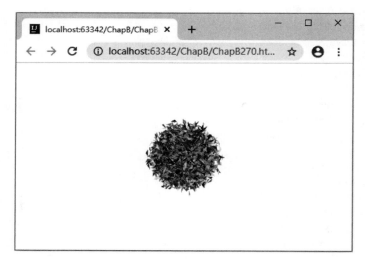

图 138-1

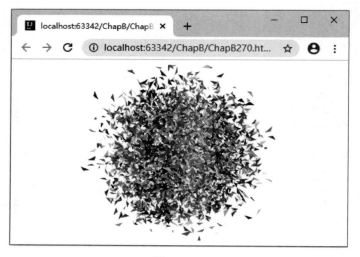

图 138-2

```
uniform mat4 projectionMatrix;
attribute vec3 position;
attribute vec3 offset;
attribute vec4 color;
attribute vec4 myStart;
attribute vec4 myEnd;
varying vec3 myPosition;
varying vec4 myColor;
void main(){
    myPosition = offset * max(abs(mySinTime * 2.0 + 1.0),0.5) + position;
    vec4 myOrientation = normalize(mix(myStart,myEnd,mySinTime));
    vec3 myCross = cross(myOrientation.xyz,myPosition);
    myPosition = myCross * (2.0 * myOrientation.w)
                + (cross(myOrientation.xyz,myCross) * 2.0 + myPosition);
    myColor = color;
    gl_Position = projectionMatrix * modelViewMatrix * vec4(myPosition,1.0);
}
```

```
</script>
<script id = "myFragmentShader" type = "x-shader/x-fragment">
    precision highp float;
    varying vec3 myPosition;
    varying vec4 myColor;
    void main(){
        vec4 myNewColor = vec4(myColor);
        myNewColor.r += sin(myPosition.x * 10.0) * 0.5;
        gl_FragColor = myNewColor;
    }
</script>
<script>
//创建渲染器
var myRenderer = new THREE.WebGLRenderer({antialias:true});
myRenderer.setSize(window.innerWidth,window.innerHeight);
$("#myContainer").append(myRenderer.domElement);
var myCamera = new THREE.PerspectiveCamera(50,
                    window.innerWidth/window.innerHeight,1,10);
myCamera.position.z = 2;
var myScene = new THREE.Scene();
myScene.background = new THREE.Color(0xffffff);
//实例化多个几何体
var myVector = new THREE.Vector4();
var myPositions = [],myOffsets = [],myColors = [],myStarts = [],myEnds = [];
myPositions.push(0.025,-0.025,0);
myPositions.push(-0.025,0.025,0);
myPositions.push(0,0,0.025);
for(var i = 0;i < 5000;i++){
  myOffsets.push(Math.random()-0.5,Math.random()-0.5,Math.random()-0.5);
  myColors.push(Math.random(),Math.random(),Math.random(),Math.random());
  myVector.set(Math.random()*2-1,Math.random()*2-1,
              Math.random()*2-1,Math.random()*2-1);
  myVector.normalize();
  myStarts.push(myVector.x,myVector.y,myVector.z,myVector.w);
  myVector.set(Math.random()*2-1,Math.random()*2-1,
              Math.random()*2-1,Math.random()*2-1);
  myVector.normalize();
  myEnds.push(myVector.x,myVector.y,myVector.z,myVector.w);
}
var myGeometry = new THREE.InstancedBufferGeometry({instanceCount:5000});
myGeometry.setAttribute('position',
    new THREE.Float32BufferAttribute(myPositions,3));
myGeometry.setAttribute('offset',
    new THREE.InstancedBufferAttribute(new Float32Array(myOffsets),3));
myGeometry.setAttribute('color',
    new THREE.InstancedBufferAttribute(new Float32Array(myColors),4));
myGeometry.setAttribute('myStart',
    new THREE.InstancedBufferAttribute(new Float32Array(myStarts),4));
myGeometry.setAttribute('myEnd',
    new THREE.InstancedBufferAttribute(new Float32Array(myEnds),4));
var myMaterial = new THREE.RawShaderMaterial({
 uniforms:{"mySinTime":{value:1.0}},
 vertexShader: $("#myVertexShader")[0].text,
 fragmentShader: $("#myFragmentShader")[0].text,
```

```
    side:THREE.DoubleSide
});
var myMesh = new THREE.Mesh(myGeometry,myMaterial);
myScene.add(myMesh);
//渲染多个几何体
animate();
function animate(){
 requestAnimationFrame(animate);
 var myTime = performance.now();
 var myObject = myScene.children[0];
 myObject.rotation.y = myTime * 0.0005;
 myObject.material.uniforms["mySinTime"].value =
                    Math.sin(myTime * 0.005 * 0.05);
 myRenderer.render(myScene,myCamera);
}
</script></body>
```

其中，myGeometry = new THREE.InstancedBufferGeometry({instanceCount:5000})语句用于实例化 5000 个几何体。当使用 THREE.InstancedBufferGeometry 创建几何体时，则可以使用 THREE.InstancedBufferAttribute 创建几何体的属性，如 myGeometry.setAttribute('myEnd',new THREE.InstancedBufferAttribute(new Float32Array(myEnds),4))语句。

此实例的源文件是 MyCode\ChapB\ChapB270.html。

139　使用 InstancedMesh 提升渲染性能

此实例主要通过使用 THREE.InstancedMesh，实现以实例化方式创建并渲染模型以提升性能。当浏览器显示页面时，由多个模型组成的立方体阵列将不停地旋转变换，效果分别如图 139-1 和图 139-2 所示。

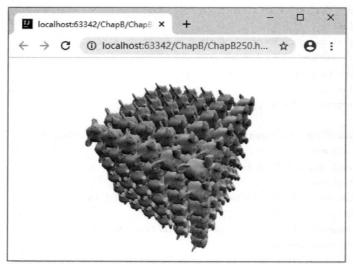

图　139-1

主要代码如下：

```
<body><center id = "myContainer"></center>
<script>
```

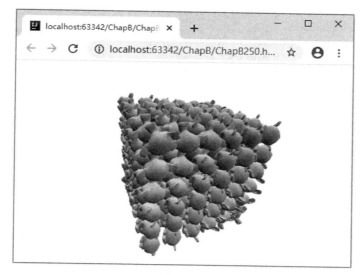

图 139-2

```
var myAmount = 6;
var myCount = Math.pow(6,3);
var myObject = new THREE.Object3D();
//创建渲染器
var myRenderer = new THREE.WebGLRenderer({antialias:true});
myRenderer.setSize(window.innerWidth,window.innerHeight);
$("#myContainer").append(myRenderer.domElement);
var myCamera = new THREE.PerspectiveCamera(60,
                   window.innerWidth/window.innerHeight,0.1,100);
myCamera.position.set(myAmount * 0.9,myAmount * 0.9,myAmount * 0.9);
myCamera.lookAt(0,0,0);
var myScene = new THREE.Scene();
myScene.background = new THREE.Color(0xffffff);
//以实例化方式加载并创建模型
var myMesh;
var myLoader = new THREE.BufferGeometryLoader();
myLoader.load('Data/MySuzanne.json',function(geometry){
 geometry.computeVertexNormals();
 geometry.scale(0.5,0.5,0.5);
 var myMaterial = new THREE.MeshNormalMaterial();
 myMesh = new THREE.InstancedMesh(geometry,myMaterial,myCount);
 myMesh.instanceMatrix.setUsage(THREE.DynamicDrawUsage);
 myScene.add(myMesh);
});
//渲染实例化模型
animate();
function animate(){
 requestAnimationFrame(animate);
 if(myMesh){
  var myTime = Date.now() * 0.001;
  myMesh.rotation.x = Math.sin(myTime/4);
  myMesh.rotation.y = Math.sin(myTime/2);
  var i = 0;
  var myOffset = (myAmount - 1)/2;
  for(var x = 0;x < myAmount;x ++){
```

```
    for(var y = 0; y < myAmount; y ++){
     for(var z = 0; z < myAmount; z ++){
       myObject.position.set(myOffset - x,myOffset - y,myOffset - z);
       myObject.rotation.y = (Math.sin(x/4 + myTime)
                 + Math.sin(y/4 + myTime) + Math.sin(z/4 + myTime));
       myObject.rotation.z = myObject.rotation.y * 2;
       myObject.updateMatrix();
       myMesh.setMatrixAt(i ++,myObject.matrix);
     } } }
   myMesh.instanceMatrix.needsUpdate = true;
  }
  myRenderer.render(myScene,myCamera);
 }
</script></body>
```

在上面这段代码中,myMesh = new THREE.InstancedMesh(geometry,myMaterial,myCount)语句用于以多实例方式创建多个模型。THREE.InstancedMesh()方法的语法格式如下:

```
THREE.InstancedMesh(geometry,material,count)
```

其中,参数 geometry 表示模型(不限于模型,可以是球体等几何体)几何体;参数 material 表示模型材质;参数 count 表示模型数量。

此实例的源文件是 MyCode\ChapB\ChapB250.html。

第3章 光源

140 绘制 DirectionalLight 光源产生的阴影

此实例主要通过设置渲染器、三维图形、光源、投射平面等与阴影相关的属性为 true，实现在场景中绘制使用 THREE.DirectionalLight 光源照射球体产生的阴影。THREE.DirectionalLight 可以看作模拟太阳发出的光源，这个光源所发出的光都是相互平行的，因此也称为平行光；它不像 THREE.SpotLight 光源和 THREE.PointLight 光源那样距离物体越远，光的强度就越弱，THREE.DirectionalLight 所发射出来的光，所照射的整个区域内光的强度都是一样的。当浏览器显示页面时，将在网格状的球体下面显示一个黑色的网格阴影，如图 140-1 所示。

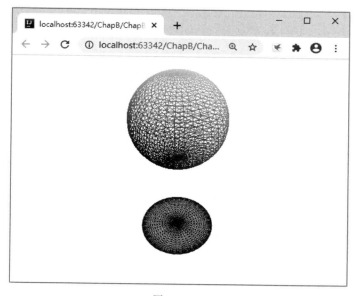

图 140-1

主要代码如下：

```
<body><div id = "myContainer"></div>
<script>
//创建渲染器
var myRenderer = new THREE.WebGLRenderer();
myRenderer.setPixelRatio(window.devicePixelRatio);
```

```
myRenderer.setSize(480,320);
myRenderer.setClearColor('white',1);
//设置为 true 才能看到阴影
myRenderer.shadowMap.enabled = true;
$("#myContainer").append(myRenderer.domElement);
var myScene = new THREE.Scene();
var myCamera = new THREE.PerspectiveCamera(45,480/320,0.1,1000);
myCamera.position.set(4,4,2);
myCamera.position.multiplyScalar(2);
myCamera.lookAt(new THREE.Vector3(0,0,0));
//创建 DirectionalLight 光源
var myLight = new THREE.DirectionalLight('white',1);
//设置为 true 才能看到阴影
myLight.castShadow = true;
myLight.position.set(0,14,0);
myScene.add(myLight);
//创建用于投射阴影的球体
var mySphereGeometry = new THREE.SphereBufferGeometry(2,36,36);
var mySphereMaterial = new THREE.MeshNormalMaterial({wireframe:true,
                                                    transparent:true});
var mySphereMesh = new THREE.Mesh(mySphereGeometry,mySphereMaterial);
mySphereMesh.position.set(0,2.5,0);
//设置为 true 才能看到阴影
mySphereMesh.castShadow = true;
myScene.add(mySphereMesh);
//创建(白色不可见)平面
var myPlaneGeometry = new THREE.PlaneGeometry(120,120,1,1);
var myPlaneMaterial = new THREE.MeshStandardMaterial({color:'white'});
var myPlaneMesh = new THREE.Mesh(myPlaneGeometry,myPlaneMaterial);
myPlaneMesh.rotateX(-Math.PI/2);
myPlaneMesh.rotateZ(-Math.PI/7);
myPlaneMesh.position.set(0,-4.5,0)
//表示平面支持投射阴影
myPlaneMesh.receiveShadow = true;
myScene.add(myPlaneMesh );
//渲染球体和阴影
myRenderer.render(myScene,myCamera);
</script></body>
```

在上面这段代码中，myRenderer.shadowMap.enabled＝true 语句表示渲染器支持阴影。myLight.castShadow＝true 语句表示光源支持阴影。mySphereMesh.castShadow＝true 语句表示三维图形（球体）支持阴影。myPlaneMesh.receiveShadow＝true 语句表示投射平面支持阴影。

此实例的源文件是 MyCode\ChapB\ChapB035.html。

141 模糊 DirectionalLight 光源产生的阴影

此实例主要通过设置 THREE.DirectionalLight 的 shadow 属性的子属性 radius，实现自定义 THREE.DirectionalLight 光源照射球体产生阴影的模糊程度。当浏览器显示页面时，将在网格状的球体下面显示一个黑色的模糊的网格阴影，如图 141-1 所示。

主要代码如下：

```
<body><div id="myContainer"></div>
```

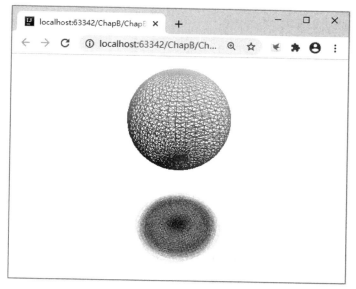

图 141-1

```
<script>
//创建渲染器
 var myRenderer = new THREE.WebGLRenderer();
myRenderer.setPixelRatio(window.devicePixelRatio);
myRenderer.setSize(480,320);
myRenderer.setClearColor('white',1);
//设置为 true 才能看到阴影
myRenderer.shadowMap.enabled = true;
 $("#myContainer").append(myRenderer.domElement);
var myScene = new THREE.Scene();
var myCamera = new THREE.PerspectiveCamera(45,480/320,0.1,1000);
myCamera.position.set(4,4,2);
myCamera.position.multiplyScalar(2);
myCamera.lookAt(new THREE.Vector3(0,0,0));
//创建 DirectionalLight 光源
var myLight = new THREE.DirectionalLight('white',1);
//设置为 true 才能看到阴影
myLight.castShadow = true;
myLight.position.set(0,14,0);
//设置阴影半径以产生模糊效果
myLight.shadow.radius = 16;
myScene.add(myLight);
//创建用于投射阴影的球体
var mySphereGeometry = new THREE.SphereBufferGeometry(2,36,36);
var mySphereMaterial = new THREE.MeshNormalMaterial({wireframe:true,
                                                    transparent:true});
var mySphereMesh = new THREE.Mesh(mySphereGeometry,mySphereMaterial);
mySphereMesh.position.set(0,2.5,0);
//设置为 true 才能看到阴影
mySphereMesh.castShadow = true;
myScene.add(mySphereMesh);
//创建(白色不可见)平面
var myPlaneGeometry = new THREE.PlaneGeometry(120,120,1,1);
var myPlaneMaterial = new THREE.MeshStandardMaterial({color:'white'});
```

```
    var myPlaneMesh = new THREE.Mesh(myPlaneGeometry,myPlaneMaterial);
    myPlaneMesh.rotateX(-Math.PI/2);
    myPlaneMesh.rotateZ(-Math.PI/7);
    myPlaneMesh.position.set(0,-4.5,0)
    //表示平面支持投射阴影
    myPlaneMesh.receiveShadow = true;
    myScene.add(myPlaneMesh);
    //渲染球体和模糊阴影
    myRenderer.render(myScene,myCamera);
</script></body>
```

在上面这段代码中，myLight.shadow.radius＝16 语句用于设置阴影的模糊程度，radius 属性值越大，阴影越模糊；radius 属性值越小，阴影越清晰。

此实例的源文件是 MyCode\ChapB\ChapB037.html。

142　绘制 DirectionalLight 光源的辅助线

此实例主要通过使用 THREE.DirectionalLightHelper，实现在场景中绘制 THREE.DirectionalLight 光源的辅助线（光源本身是不可见的，辅助线的作用就是指示光源的位置）。当浏览器显示页面时，绿色的线框（光源辅助线）表示 DirectionalLight 光源，当旋转的立方体的表面正对 DirectionalLight 光源时，则该立方体表面呈现亮色，否则（其他部分）呈现暗色，如图 142-1 所示。

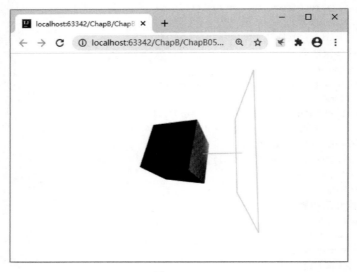

图　142-1

主要代码如下：

```
<body><div id="myContainer"></div>
<script>
    var myRenderer = new THREE.WebGLRenderer({antialias:true});
    myRenderer.setSize(window.innerWidth,window.innerHeight);
    $("#myContainer").append(myRenderer.domElement);
    var myScene = new THREE.Scene();
    myScene.background = new THREE.Color(0xffffff);
    var myCamera = new THREE.PerspectiveCamera(75,
                 window.innerWidth/window.innerHeight,0.1,1000);
```

```
    myCamera.position.set(-116.25,-7.5,83.97);
    myCamera.lookAt(new THREE.Vector3(0,0,0));
    myCamera.updateProjectionMatrix();
    //创建 DirectionalLight 光源
    var myDirectionalLight = new THREE.DirectionalLight();
    myDirectionalLight.position.set(20,0,60);
    myScene.add(myDirectionalLight);
    //创建 DirectionalLight 光源辅助线
    var myDirectionalLightHelper =
        new THREE.DirectionalLightHelper(myDirectionalLight,50,0x00ff00);
    myScene.add(myDirectionalLightHelper);
    //创建立方体
    var myBoxGeometry = new THREE.BoxGeometry(50,50,50);
    var myMap = THREE.ImageUtils.loadTexture("images/img002.jpg");
    var myMaterial = new THREE.MeshPhongMaterial({map:myMap});
    var myMesh = new THREE.Mesh(myBoxGeometry,myMaterial);
    myScene.add(myMesh);
    //渲染立方体及光源辅助线
    animate();
    function animate(){
      requestAnimationFrame(animate);
      myMesh.rotation.x += 0.01;
      myMesh.rotation.y += 0.01;
      myMesh.rotation.z += 0.01;
      myRenderer.render(myScene,myCamera);
    };
</script></body>
```

在上面这段代码中，myDirectionalLightHelper = new THREE.DirectionalLightHelper(myDirectionalLight,50,0x00ff00)语句表示根据光源(myDirectionalLight)绘制指定尺寸(50)和指定颜色(0x00ff00)的光源线框(辅助线)。THREE.DirectionalLightHelper()方法的语法格式如下：

```
THREE.DirectionalLightHelper(light,size,color)
```

其中，参数 light 表示光源；参数 size 表示线框尺寸；参数 color 表示线框颜色。

此实例的源文件是 MyCode\ChapB\ChapB058.html。

143 绘制 PointLight 光源产生的阴影

此实例主要通过使用 THREE.PointLight 创建(点)光源，实现在场景中绘制 THREE.PointLight 光源照射球体产生的阴影。THREE.PointLight 光源是从一个点向各个方向发射的光源，一个常见的例子是模拟一个灯泡发出的光。当浏览器显示页面时，绘制 THREE.PointLight 光源照射球体产生的阴影如图 143-1 所示。

主要代码如下：

```
<body><div id="myContainer"></div>
<script>
//创建渲染器
var myRenderer = new THREE.WebGLRenderer();
myRenderer.setPixelRatio(window.devicePixelRatio);
myRenderer.setSize(480,320);
myRenderer.setClearColor('white',1);
```

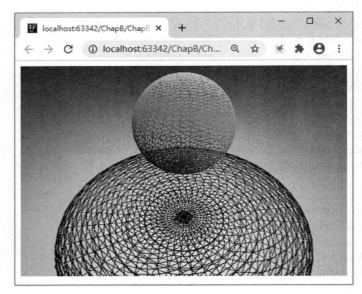

图 143-1

```
//设置为 true 才能看到阴影
myRenderer.shadowMap.enabled = true;
$("#myContainer").append(myRenderer.domElement);
var myScene = new THREE.Scene();
var myCamera = new THREE.PerspectiveCamera(45,480/320,0.1,1000);
myCamera.position.set(4,4,2);
myCamera.position.multiplyScalar(2);
myCamera.lookAt(new THREE.Vector3(0,0,0));
//创建 THREE.PointLight 光源
var myPointLight = new THREE.PointLight('white');
myPointLight.position.set(0,6,0);
myPointLight.distance = 380;
//设置为 true 才能看到阴影
myPointLight.castShadow = true;
myScene.add(myPointLight);
//创建用于投射阴影的球体
var mySphereGeometry = new THREE.SphereBufferGeometry(2,36,36);
var mySphereMaterial = new THREE.MeshNormalMaterial({wireframe:true,
                                                    transparent:true});
var mySphereMesh = new THREE.Mesh(mySphereGeometry,mySphereMaterial);
mySphereMesh.position.set(0,2.5,0);
//设置属性值为 true 才能看到阴影
mySphereMesh.castShadow = true;
myScene.add(mySphereMesh);
//创建投射(白色不可见)平面
var myPlaneGeometry = new THREE.PlaneGeometry(120,120,1,1);
var myPlaneMaterial = new THREE.MeshStandardMaterial({color:'white'});
var myPlaneMesh = new THREE.Mesh(myPlaneGeometry,myPlaneMaterial);
myPlaneMesh.rotateX(-Math.PI/2);
myPlaneMesh.rotateZ(-Math.PI/7);
myPlaneMesh.position.set(0,-3.5,0);
//设置属性值为 true 表示平面支持投射阴影
myPlaneMesh.receiveShadow = true;
myScene.add(myPlaneMesh);
```

```
//渲染球体和阴影
myRenderer.render(myScene,myCamera);
</script></body>
```

在上面这段代码中,myPointLight.position.set(0,6,0)语句用于设置光源在 x 轴、y 轴、z 轴上的位置。myPointLight.distance ＝380 语句用于设置光源的距离,这个距离表示从光源到光照强度为 0 的位置,当设置为 0 时,光永远不会消失(距离无穷大),默认值为 0。

此实例的源文件是 MyCode\ChapB\ChapB039.html。

144 绘制 PointLight 光源的辅助线

此实例主要通过使用 THREE.PointLightHelper,实现在场景中绘制 THREE.PointLight 光源的辅助线。当浏览器显示页面时,绿色的线框表示 THREE.PointLight 光源,当旋转的立方体的表面正对 THREE.PointLight 光源时,则该立方体表面呈现亮色,否则呈现暗色,如图 144-1 所示。

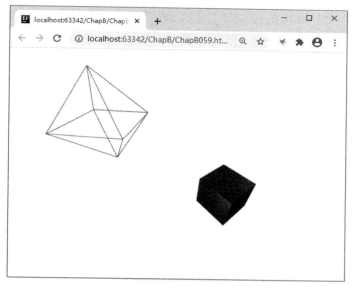

图 144-1

主要代码如下:

```
<body><div id="myContainer"></div>
<script>
  //创建渲染器
  var myRenderer = new THREE.WebGLRenderer({antialias:true});
  myRenderer.setSize(window.innerWidth,window.innerHeight);
  $("#myContainer").append(myRenderer.domElement);
  var myScene = new THREE.Scene();
  myScene.background = new THREE.Color('white');
  var myCamera = new THREE.PerspectiveCamera(75,
           window.innerWidth/window.innerHeight,0.1,1000);
  myCamera.position.set(160.51,158.71,127.6);
  myCamera.lookAt(new THREE.Vector3(0,0,0));
  myCamera.updateProjectionMatrix();
  //创建并添加 THREE.PointLight 光源
  var myPointLight = new THREE.PointLight('lightgreen');
```

```
            myPointLight.position.set(0,100,100);
            myScene.add(myPointLight);
            //绘制 THREE.PointLight 光源辅助线
            var myPointLightHelper = new THREE.PointLightHelper(myPointLight,50,'green');
            myScene.add(myPointLightHelper);
            //创建立方体
            var myBoxGeometry = new THREE.BoxGeometry(50,50,50);
            var myMap = THREE.ImageUtils.loadTexture("images/img002.jpg");
            var myMaterial = new THREE.MeshPhongMaterial({map:myMap});
            var myMesh = new THREE.Mesh(myBoxGeometry,myMaterial);
            myMesh.translateX(100);
            myScene.add(myMesh);
            //渲染立方体
            animate();
            function animate(){
              requestAnimationFrame(animate);
              myMesh.rotation.x += 0.01;
              myMesh.rotation.y += 0.01;
              myMesh.rotation.z += 0.01;
              myRenderer.render(myScene,myCamera);
            };
        </script></body>
```

在上面这段代码中,myPointLightHelper=new THREE.PointLightHelper(myPointLight,50, 'green')语句表示根据 myPointLight 光源绘制指定尺寸(50)和指定颜色(green)的光源线框。THREE.PointLightHelper()方法的语法格式如下:

```
THREE.PointLightHelper(light,sphereSize,color)
```

其中,参数 light 表示 THREE.PointLight 光源;参数 sphereSize 表示线框尺寸;参数 color 表示线框线条的颜色。

此实例的源文件是 MyCode\ChapB\ChapB059.html。

145 绘制 PointLight 光源的光线阴影

此实例主要通过在 THREE.CameraHelper()方法的参数中指定 THREE.PointLight 光源的光线阴影(myPointLight.shadow.camera),实现在场景中绘制 THREE.PointLight 光源的光线阴影。当浏览器显示页面时,圆球表示 THREE.PointLight 光源(该光源原本不可见,此实例使用圆球模拟该光源),射线表示光线(阴影),当圆球处于不同的位置时,立方体将呈现不同大小的阴影,效果分别如图 145-1 和图 145-2 所示。

主要代码如下:

```
<body><div id="myContainer"></div>
<script>
    //创建渲染器
    var myRenderer = new THREE.WebGLRenderer({antialias:true});
    myRenderer.setSize(window.innerWidth,window.innerHeight);
    myRenderer.shadowMap.enabled = true;
    $("#myContainer").append(myRenderer.domElement);
    var myScene = new THREE.Scene();
    var myCamera = new THREE.PerspectiveCamera(45,
```

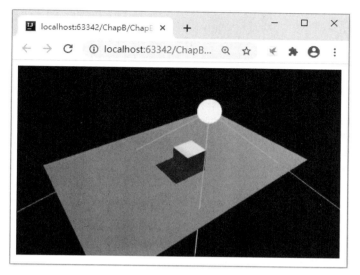

图 145-1

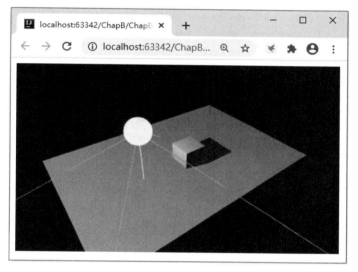

图 145-2

```
                    window.innerWidth/window.innerHeight,0.1,100);
myCamera.position.x = -30;
myCamera.position.y = 40;
myCamera.position.z = 40;
myCamera.lookAt(myScene.position);
myScene.add(myCamera);
//创建 THREE.PointLight 光源
var myPointLight = new THREE.PointLight(0xffffff);
myPointLight.castShadow = true;
myPointLight.shadow.mapSize.set(2048,2048);
myPointLight.decay = 0.1;
myScene.add(myPointLight);
//添加光源图形(被圆球代替)
var myPointLightHelper = new THREE.PointLightHelper(myPointLight);
//var myPointLightHelper = new THREE.PointLightHelper(myPointLight,5,'green');
```

```
myScene.add(myPointLightHelper);
//绘制光线阴影
var myCameraHelper = new THREE.CameraHelper(myPointLight.shadow.camera);
myScene.add(myCameraHelper)
myScene.add(new THREE.AmbientLight(0x353535,1));
//创建圆球模拟光源
var mySphereLight = new THREE.SphereGeometry(3,40,40);
var mySphereLightMaterial = new THREE.MeshBasicMaterial({color:0xffff00});
var mySphereLightMesh = new THREE.Mesh(mySphereLight,mySphereLightMaterial);
mySphereLightMesh.position.set(0,8,2);
myScene.add(mySphereLightMesh);
//创建接收阴影的平面
var myPlaneGeomerty = new THREE.PlaneGeometry(60,40,1,1);
var myPlaneMaterial = new THREE.MeshLambertMaterial({color:0xffffff});
var myPlaneMesh = new THREE.Mesh(myPlaneGeomerty,myPlaneMaterial);
myPlaneMesh.rotation.x = -0.5 * Math.PI;
myPlaneMesh.receiveShadow = true;
myScene.add(myPlaneMesh);
//创建立方体
var myBoxGeometry = new THREE.BoxGeometry(6,6,6);
var myBoxMaterial = new THREE.MeshLambertMaterial({color:0x00ffff});
var myBoxMesh = new THREE.Mesh(myBoxGeometry,myBoxMaterial);
myBoxMesh.castShadow = true;
myBoxMesh.position.x = 2;
myBoxMesh.position.y = 2;
myBoxMesh.position.z = 2;
myScene.add(myBoxMesh);
//渲染所有图形
var step = 0;
animate();
function animate(){
 myPointLightHelper.update();
 myCameraHelper.update();
 step += 0.01;
 mySphereLightMesh.position.x = 20 + (10 * Math.cos(step));
 mySphereLightMesh.position.y = 12 + (10 * Math.abs(Math.sin(step)));
 mySphereLightMesh.translateX(-22);
 //使用圆球的位置作为光源位置
 myPointLight.position.copy(mySphereLightMesh.position);
 requestAnimationFrame(animate);
 myRenderer.render(myScene,myCamera);
}
</script></body>
```

在上面这段代码中，myCameraHelper = new THREE.CameraHelper(myPointLight.shadow.camera)语句表示绘制PointLight的光线阴影，在此实例中，如果没有此代码，是不会出现黄色的光线阴影的。

此实例的源文件是MyCode\ChapB\ChapB106.html。

146 绘制SpotLight光源产生的阴影

此实例主要通过使用THREE.SpotLight()创建聚光灯光源，并设置其angle属性，绘制聚光灯光源照射球体产生的阴影。聚光灯光源的光是从一个方向上的一个点发出的,沿着一个圆锥体发射,离光源越远,尺寸就越大。当浏览器显示页面时,在球体网格阴影周围有一个表示聚光灯照射的光环,里面的网格球体为阴影,如图146-1所示。

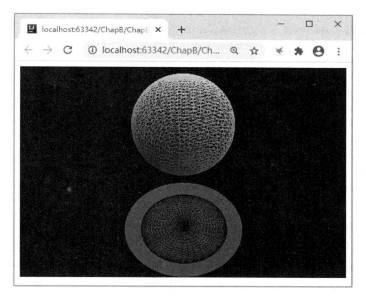

图 146-1

主要代码如下:

```
<body><div id = "myContainer"></div>
<script>
  //创建渲染器
  var myRenderer = new THREE.WebGLRenderer();
  myRenderer.setPixelRatio(window.devicePixelRatio);
  myRenderer.setSize(480,320);
  myRenderer.setClearColor('white',1);
  var myScene = new THREE.Scene();
  var myCamera = new THREE.PerspectiveCamera(45,480/320,0.1,1000);
  myCamera.position.set(4,4,2);
  myCamera.position.multiplyScalar(2);
  myCamera.lookAt(new THREE.Vector3(0,0,0));
  //设置为 true 才能看到阴影
  myRenderer.shadowMap.enabled = true;
  $("#myContainer").append(myRenderer.domElement);
  //创建聚光灯光源
  var mySpotLight = new THREE.SpotLight('white');
  mySpotLight.position.set( - 3,46, - 1);
  mySpotLight.distance = 80;
  mySpotLight.angle = Math.PI/50;
  //设置为 true 才能看到阴影
  mySpotLight.castShadow = true;
  myScene.add(mySpotLight);
  //创建用于投射阴影的球体
  var mySphereGeometry = new THREE.SphereBufferGeometry(2,36,36);
  var mySphereMaterial = new THREE.MeshNormalMaterial({wireframe:true,
                                                      transparent:true});
  var mySphereMesh = new THREE.Mesh(mySphereGeometry,mySphereMaterial);
```

```
    mySphereMesh.position.set(0,2.5,0);
    //设置为 true 才能看到阴影
    mySphereMesh.castShadow = true;
    myScene.add( mySphereMesh );
    //创建投射(白色不可见)平面
    var myPlaneGeometry = new THREE.PlaneGeometry(120,120,1,1);
    var myPlaneMaterial = new THREE.MeshStandardMaterial({color:'white'});
    var myPlaneMesh = new THREE.Mesh(myPlaneGeometry,myPlaneMaterial);
    myPlaneMesh.rotateX( - Math.PI/2);
    myPlaneMesh.rotateZ( - Math.PI/7);
    myPlaneMesh.position.set(0, - 3.5,0);
    //表示平面支持投射阴影
    myPlaneMesh.receiveShadow = true;
    myScene.add(myPlaneMesh);
    //渲染球体和阴影
    myRenderer.render(myScene,myCamera);
</script></body>
```

在上面这段代码中，mySpotLight.angle＝Math.PI/50 语句用于设置聚光灯光源的阴影大小，mySpotLight.angle 属性值(散射角度)越大(超大则看不见阴影)，则聚光灯照射面积(灰白色的圆环)越大；mySpotLight.angle 属性值越小，则聚光灯照射面积(灰白色的圆环)越小。

此实例的源文件是 MyCode\ChapB\ChapB036.html。

147　绘制 SpotLight 光源的辅助线

此实例主要通过使用 THREE.SpotLightHelper，实现根据聚光灯(THREE.SpotLight)光源绘制光源辅助线。当浏览器显示页面时，绿色的线框表示聚光灯光源辅助线，当旋转的立方体的表面正对聚光灯光源时，则该立方体表面呈现亮色，否则呈现暗色，如图 147-1 所示。

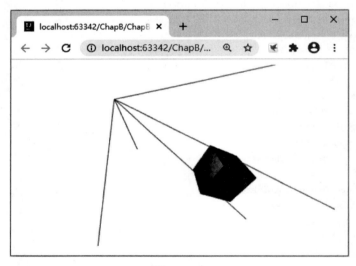

图　147-1

主要代码如下：

```
<body><div id = "myContainer"></div>
<script>
    var myRenderer = new THREE.WebGLRenderer({antialias:true});
```

```
    myRenderer.setSize(window.innerWidth,window.innerHeight);
    $("#myContainer").append(myRenderer.domElement);
    var myScene = new THREE.Scene();
    myScene.background = new THREE.Color('white');
    var myCamera = new THREE.PerspectiveCamera(75,
                    window.innerWidth/window.innerHeight,0.1,1000);
    myCamera.position.set(179.70,84,146);
    myCamera.lookAt(new THREE.Vector3(0,0,0));
    myCamera.updateProjectionMatrix();
    //创建并添加聚光灯光源(THREE.SpotLight)
    var mySpotLight = new THREE.SpotLight('lightgreen');
    mySpotLight.position.set(0,100,100);
    myScene.add(mySpotLight);
    //绘制聚光灯光源辅助线
    var mySpotLightHelper = new THREE.SpotLightHelper(mySpotLight,'green');
    myScene.add(mySpotLightHelper);
    //创建立方体
    var myBoxGeometry = new THREE.BoxGeometry(50,50,50);
    var myMap = THREE.ImageUtils.loadTexture("images/img002.jpg");
    var myMaterial = new THREE.MeshPhongMaterial({map:myMap});
    var myMesh = new THREE.Mesh(myBoxGeometry,myMaterial);
    myMesh.translateX(100);
    myScene.add(myMesh);
    //渲染立方体及光源辅助线
    animate();
    function animate(){
     requestAnimationFrame(animate);
     myMesh.rotation.x += 0.01;
     myMesh.rotation.y += 0.01;
     myMesh.rotation.z += 0.01;
     myRenderer.render(myScene,myCamera);
    };
</script></body>
```

在上面这段代码中,mySpotLightHelper＝new THREE.SpotLightHelper(mySpotLight,'green')语句表示根据聚光灯光源(mySpotLight)绘制指定颜色(green)的光源线框。THREE.SpotLightHelper()方法的语法格式如下：

```
THREE.SpotLightHelper(light,color)
```

其中,参数 light 表示聚光灯光源；参数 color 表示线框的颜色。

此实例的源文件是 MyCode\ChapB\ChapB060.html。

148 绘制 HemisphereLight 光源的辅助线

此实例主要通过使用 THREE.HemisphereLightHelper,实现在场景中根据半球光源(THREE.HemisphereLight)绘制光源的辅助线。当浏览器显示页面时,红色的线框表示(红蓝配置的)半球光源,当旋转的球体的表面正对半球光源时,则该部分表面呈现红色,背着半球光源的那部分球面则呈现蓝色,如图 148-1 所示。

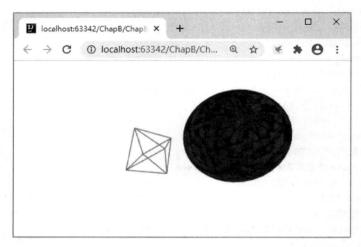

图 148-1

主要代码如下：

```
<body><div id="myContainer"></div>
<script>
  //创建渲染器
  var myRenderer = new THREE.WebGLRenderer({antialias:true});
  myRenderer.setSize(window.innerWidth,window.innerHeight);
  $("#myContainer").append(myRenderer.domElement);
  var myScene = new THREE.Scene();
  myScene.background = new THREE.Color('white');
  var myCamera = new THREE.PerspectiveCamera(75,
           window.innerWidth/window.innerHeight,0.1,1000);
  myCamera.position.set(-131.98,189.53,119.55);
  myCamera.lookAt(new THREE.Vector3(0,0,0));
  //创建并添加红蓝配置的半球光源
  //即指定接收来自天空的颜色,接收来自地面的颜色,及光照强度
  var myHemisphereLight = new THREE.HemisphereLight('red','blue',1);
  myHemisphereLight.position.set(0,-100,-100);
  myScene.add(myHemisphereLight);
  //绘制半球光源辅助线
  var myHemisphereLightHelper =
           new THREE.HemisphereLightHelper(myHemisphereLight,100,'red');
  myScene.add(myHemisphereLightHelper);
  //创建球体
  var myGeometry = new THREE.SphereGeometry(60,40,40);
  var myMap = THREE.ImageUtils.loadTexture("images/img007.jpg");
  var myMaterial = new THREE.MeshPhongMaterial({map:myMap});
  var myMesh = new THREE.Mesh(myGeometry,myMaterial);
  myMesh.position.set(0,90,100);
  myScene.add(myMesh);
  //渲染图形
  animate();
  function animate(){
    requestAnimationFrame(animate);
    myMesh.rotation.x += 0.01;
    myMesh.rotation.y += 0.01;
    myMesh.rotation.z += 0.01;
```

```
          myRenderer.render(myScene,myCamera);
       };
</script></body>
```

在上面这段代码中，myHemisphereLightHelper = new THREE.HemisphereLightHelper(myHemisphereLight,100,'red')语句表示根据半球光源(myHemisphereLight)绘制指定尺寸(100)和指定颜色(red)的光源线框。THREE.HemisphereLightHelper()方法的语法格式如下：

```
THREE.HemisphereLightHelper(light,size,color)
```

其中，参数 light 表示半球光源；参数 size 表示模拟光源的尺寸；参数 color 表示线框的颜色。

此实例的源文件是 MyCode\ChapB\ChapB061.html。

149　绘制 RectAreaLight 光源的辅助图形

此实例主要通过使用 THREE.RectAreaLight 创建矩形区域光源并根据光源的宽度和高度绘制矩形，实现在场景中绘制矩形区域光源(矩形区域光源本身是不可见的)的辅助图形。当浏览器显示页面时，红色的实心矩形表示红色矩形区域光源，白色的实心矩形表示白色矩形区域光源，如图 149-1 所示。

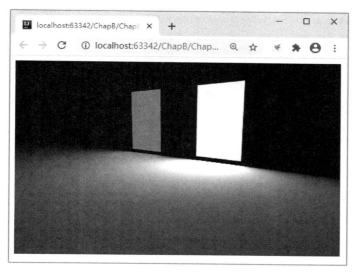

图　149-1

主要代码如下：

```
<body><div id="myContainer"></div>
<script>
   //创建渲染器
   myRenderer = new THREE.WebGLRenderer({antialias:true});
   myRenderer.setPixelRatio(window.devicePixelRatio);
   myRenderer.gammaInput = true;
   myRenderer.gammaOutput = true;
   myRenderer.setSize(window.innerWidth,window.innerHeight);
   $("#myContainer").append(myRenderer.domElement);
   var myScene = new THREE.Scene();
   var myCamera = new THREE.PerspectiveCamera(45,
```

```
                        window.innerWidth/window.innerHeight,1,4000);
        myCamera.position.set(20,5,25);
        myCamera.lookAt(myScene.position);
         //创建红色矩形区域光源(本身不可见)
        var myRectAreaLight1 = new THREE.RectAreaLight(0xff0000,5,6,9);
        myRectAreaLight1.position.set(-6,5,0);
        myRectAreaLight1.rotation.x = -Math.PI;
        myScene.add(myRectAreaLight1);
        //绘制红色矩形区域光源的辅助矩形(即代表红色矩形区域光源)
        var myRectAreaLightMesh1 = new THREE.Mesh(new THREE.PlaneBufferGeometry(),
             new THREE.MeshBasicMaterial({color:0xff0000,side:THREE.BackSide}));
        myRectAreaLightMesh1.scale.x = myRectAreaLight1.width;
        myRectAreaLightMesh1.scale.y = myRectAreaLight1.height;
        myRectAreaLight1.add(myRectAreaLightMesh1);
        //创建白色矩形区域光源(本身不可见)
        var myRectAreaLight2 = new THREE.RectAreaLight(0xffffff,10,6,9);
        myRectAreaLight2.position.set(6,5,0);
        myRectAreaLight2.rotation.x = -Math.PI;
        myScene.add(myRectAreaLight2);
        //绘制白色矩形区域光源的辅助矩形(即代表白色矩形区域光源)
        var myRectAreaLightMesh2 = new THREE.Mesh(new THREE.PlaneBufferGeometry(),
             new THREE.MeshBasicMaterial({color:0xffffff,side:THREE.BackSide}));
        myRectAreaLightMesh2.scale.x = myRectAreaLight2.width;
        myRectAreaLightMesh2.scale.y = myRectAreaLight2.height;
        myRectAreaLight2.add(myRectAreaLightMesh2);
        //绘制接收平面
        var myPlaneMesh = new THREE.Mesh(new THREE.PlaneGeometry(100,60,1,1),
                           new THREE.MeshStandardMaterial());
        myPlaneMesh.rotation.x = -Math.PI/2;
        myScene.add(myPlaneMesh);
        //渲染矩形区域光源图形和平面
        myRenderer.render(myScene,myCamera);
</script></body>
```

在上面这段代码中,myRectAreaLight1＝new THREE.RectAreaLight(0xff0000,5,6,9)语句用于创建一个红色矩形区域光源,该光源从一个矩形平面均匀发射出光线,这种光源可以模拟明亮的窗户或带状照明等光源。THREE.RectAreaLight()方法的语法格式如下:

```
THREE.RectAreaLight(color,intensity,width,height)
```

其中,参数 color 表示光源颜色;参数 intensity 表示光照强度/亮度,默认值为 1,2 为自然光亮度;参数 width 表示光源宽度,默认值为 10;参数 height 表示光源高度,默认值为 10。

此实例的源文件是 MyCode\ChapB\ChapB107.html。

150 绘制多个光源照射球体产生的阴影

此实例主要通过使用 THREE.DirectionalLight 创建两束不同位置的方向光照射球体,实现在场景中绘制多个光源照射球体产生的多个阴影。当浏览器显示页面时,将在网格状的球体下面显示两个灰色的网格阴影,如图 150-1 所示。

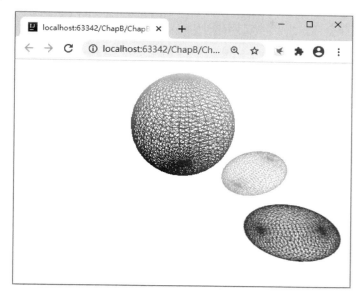

图 150-1

主要代码如下：

```
<body><div id = "myContainer"></div>
<script>
//创建渲染器
var myRenderer = new THREE.WebGLRenderer();
myRenderer.setPixelRatio(window.devicePixelRatio);
myRenderer.setSize(480,320);
myRenderer.setClearColor('white',1);
//设置为true才能看到阴影
myRenderer.shadowMap.enabled = true;
$("#myContainer").append(myRenderer.domElement);
var myScene = new THREE.Scene();
var myCamera = new THREE.PerspectiveCamera(45,480/320,0.1,1000);
myCamera.position.set(4,4,2);
myCamera.position.multiplyScalar(2);
myCamera.lookAt(new THREE.Vector3(0,0,0));
//创建第一束方向光
var myDirectionalLight1 = new THREE.DirectionalLight('white',1);
myDirectionalLight1.castShadow = true;
myDirectionalLight1.position.set(-4,10,8);
// //出现部分阴影
// myDirectionalLight1.shadow.camera.near = 1;
// myDirectionalLight1.shadow.camera.far = 21;
myScene.add(myDirectionalLight1);
//创建第二束方向光
var myDirectionalLight2 = new THREE.DirectionalLight('white',0.5);
//设置为true才能看到阴影
myDirectionalLight2.castShadow = true;
myDirectionalLight2.position.set(4,12,12);
myScene.add(myDirectionalLight2);
//创建用于投射阴影的球体
var mySphereGeometry = new THREE.SphereBufferGeometry(2,36,36);
var mySphereMaterial = new THREE.MeshNormalMaterial({wireframe:true,
```

```
                                                  transparent:true});
var mySphereMesh = new THREE.Mesh(mySphereGeometry,mySphereMaterial);
mySphereMesh.position.set(0,2.5,0);
//设置为 true 才能看到阴影
mySphereMesh.castShadow = true;
myScene.add(mySphereMesh);
//创建投射(白色不可见)平面
var myPlaneGeometry = new THREE.PlaneGeometry(120,120,1,1);
var myPlaneMaterial = new THREE.MeshStandardMaterial({color:'white'});
var myPlaneMesh = new THREE.Mesh(myPlaneGeometry,myPlaneMaterial);
myPlaneMesh.rotateX(-Math.PI/2);
myPlaneMesh.rotateZ(-Math.PI/7);
myPlaneMesh.position.set(0,-4.5,0);
//表示平面支持投射阴影
myPlaneMesh.receiveShadow = true;
myScene.add(myPlaneMesh);
//渲染球体及阴影
myRenderer.render(myScene,myCamera);
</script></body>
```

在上面这段代码中,myDirectionalLight1.position.set(-4,10,8)语句和 myDirectionalLight2.position.set(4,12,12)语句用于设置两束光在 x 轴、y 轴、z 轴的位置,这两束光的位置一定不能相同,否则它们的阴影将会叠加在一起。

此实例的源文件是 MyCode\ChapB\ChapB038.html。

151　在场景中自定义环境光的强度

此实例主要通过在 THREE.AmbientLight 方法中设置 intensity 参数,实现在场景中自定义环境光的强度。当浏览器显示页面时,单击"启用低强度环境光"按钮,则环境光的照射效果如图 151-1 所示;单击"启用高强度环境光"按钮,则环境光的照射效果如图 151-2 所示。

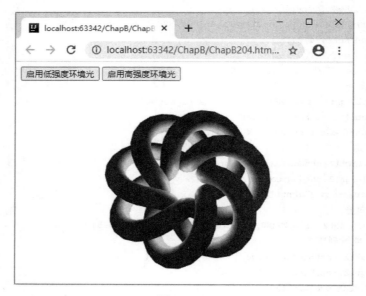

图　151-1

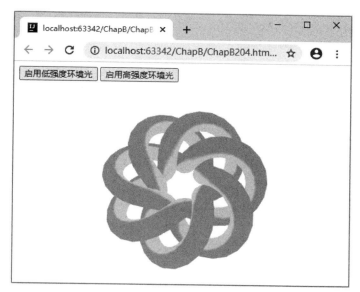

图 151-2

主要代码如下：

```
<html><head><meta charset="UTF-8">
<script src="ThreeJS/three.js"></script>
<script src="ThreeJS/OrbitControls.js"></script>
<script src="ThreeJS/jquery.js"></script>
</head>
<body><p><button id="myButton1">启用低强度环境光</button>
       <button id="myButton2">启用高强度环境光</button></p>
<center id="myContainer"></center>
<script>
//创建渲染器
var myRenderer = new THREE.WebGLRenderer({antialias:true});
myRenderer.setSize(window.innerWidth,window.innerHeight);
$("#myContainer").append(myRenderer.domElement);
var myCamera = new THREE.PerspectiveCamera(45,
                    window.innerWidth/window.innerHeight,1,1000);
myCamera.position.set(28,-46,184);
var myScene = new THREE.Scene();
myScene.background = new THREE.Color('white');
myScene.add(myCamera);
var myAmbientLight = new THREE.AmbientLight(0xffff00,0.2);
myScene.add(myAmbientLight);
var myPointLight = new THREE.PointLight(0xffff00,0.99);
myScene.add(myPointLight);
var myControls = new THREE.OrbitControls(myCamera);
//创建圆环结
var myGeometry = new THREE.TorusKnotBufferGeometry(40,8,150,160,3,7)
//var myMaterial = new THREE.MeshLambertMaterial({color:0x00ff00});
var myMaterial = new THREE.MeshPhongMaterial({color:0x00ff00});
var myMesh = new THREE.Mesh(myGeometry,myMaterial);
myScene.add(myMesh);
//渲染圆环结
animate();
```

```
function animate(){
 myRenderer.render(myScene,myCamera);
 requestAnimationFrame(animate);
}
//响应单击"启用低强度环境光"按钮
$("#myButton1").click(function(){
 myScene.remove(myAmbientLight);
 myAmbientLight = new THREE.AmbientLight(0xffffff,0.2);
 myScene.add(myAmbientLight);
});
//响应单击"启用高强度环境光"按钮
$("#myButton2").click(function(){
 myScene.remove(myAmbientLight);
 myAmbientLight = new THREE.AmbientLight(0xffffff,0.8);
 myScene.add(myAmbientLight);
});
</script></body></html>
```

在上面这段代码中,myAmbientLight=new THREE.AmbientLight(0xffff00,0.2)语句用于创建环境光。THREE.AmbientLight()方法的语法格式如下:

```
THREE.AmbientLight(color,intensity)
```

其中,参数color是十六进制颜色,默认是白色(0xffffff);参数intensity代表强度值,默认是1。环境光与材质密切相关,部分材质无法展示环境光的这种效果。此外需要注意:此实例需要添加OrbitControls.js文件。

此实例的源文件是MyCode\ChapB\ChapB204.html。

152　在场景中实现飘移的特殊光晕镜头

此实例主要通过使用THREE.Lensflare,在场景中实现特殊光晕镜头的效果。当浏览器显示页面时,圆球和特殊光晕飘移互动的效果分别如图152-1和图152-2所示。

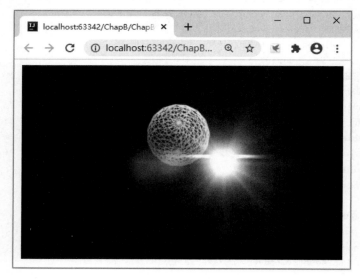

图　152-1

图 152-2

主要代码如下：

```
<!DOCTYPE html><html><head><meta charset="UTF-8">
<script src="ThreeJS/three.js"></script>
<script src="ThreeJS/jquery.js"></script>
<script src="ThreeJS/Lensflare.js"></script>
<script src="ThreeJS/OrbitControls.js"></script>
</head>
<body><center id="myContainer"></center>
<script>
//创建渲染器
var myRenderer = new THREE.WebGLRenderer({antialias:true});
myRenderer.setSize(window.innerWidth,window.innerHeight);
myRenderer.setClearColor('black',1.0);
$("#myContainer").append(myRenderer.domElement);
var myScene = new THREE.Scene();
var myCamera = new THREE.PerspectiveCamera(45,
                   window.innerWidth/window.innerHeight,0.1,1000);
myCamera.position.set(400,-600,100);
myCamera.lookAt(new THREE.Vector3(-400,600,-100));
var myOrbitControls = new THREE.OrbitControls(myCamera);
myOrbitControls.enableDamping = true;
//是否自动旋转
myOrbitControls.autoRotate = true;
myOrbitControls.autoRotateSpeed = 2.5;
//设置相机距离原点的最近距离
myOrbitControls.minDistance = 1;
//设置相机距离原点的最远距离
myOrbitControls.maxDistance = 200;
//是否开启右键拖曳
myOrbitControls.enablePan = true;
var myPointLight = new THREE.PointLight("#ffffff");
myPointLight.position.set(-400,600,-100);
var myTextureLoader = new THREE.TextureLoader();
var myMap1 = myTextureLoader.load("images/lensflare0.png");
```

```
        var myMap2 = myTextureLoader.load("images/lensflare2.png");
        var myMap3 = myTextureLoader.load("images/lensflare3.png");
        var myFlareColor = new THREE.Color(0xffffff);
        myFlareColor.setHSL(0.55,0.9,1.0);
        var myLensFlare = new THREE.Lensflare();
        myLensFlare.addElement(
                new THREE.LensflareElement(myMap1,500,0.0,myFlareColor));
        myLensFlare.addElement(new THREE.LensflareElement(myMap2,512,0.0));
        myLensFlare.addElement(new THREE.LensflareElement(myMap2,512,0.0));
        myLensFlare.addElement(new THREE.LensflareElement(myMap2,512,0.0));
        myLensFlare.addElement(new THREE.LensflareElement(myMap3,60,0.6));
        myLensFlare.addElement(new THREE.LensflareElement(myMap3,70,0.7));
        myLensFlare.addElement(new THREE.LensflareElement(myMap3,120,0.9));
        myLensFlare.addElement(new THREE.LensflareElement(myMap3,70,1.0));
        myLensFlare.position.copy(myPointLight.position);
        myScene.add(myLensFlare);
        //创建不可见的旋转中心
        var myPivot = new THREE.Object3D();
        myScene.add(myPivot);
        //创建圆球
        var mySphereGeometry = new THREE.SphereBufferGeometry(24,16,16);
        var mySphereMaterial = new THREE.MeshNormalMaterial({wireframe:true,
                                                             transparent:true});
        var mySphereMesh = new THREE.Mesh(mySphereGeometry,mySphereMaterial);
        mySphereMesh.translateX(26);
        //将圆球与旋转中心合成一个整体
        myPivot.add(mySphereMesh);
        //渲染圆球与光晕
        animate();
        function animate(){
          myRenderer.render(myScene,myCamera);
          myOrbitControls.update();
          requestAnimationFrame(animate);
        }
    </script></body></html>
```

在上面这段代码中，myLensFlare = new THREE.Lensflare()语句用于创建一个光晕对象。myLensFlare.addElement(new THREE.LensflareElement(myMap1,500,0.0,myFlareColor))语句用于在光晕对象中添加元素，其中，THREE.LensflareElement()方法的语法格式如下：

　　THREE.LensflareElement(texture,size,distance,color)

其中，参数texture是一个THREE.Texture纹理，用来决定光晕的形状及样式；参数size表示光晕尺寸，以像素为单位，如果将它指定为-1，将使用纹理本身的尺寸；参数distance表示从光源到照相机的距离；参数color表示光晕的颜色。

　　此外需要注意：此实例需要添加Lensflare.js和OrbitControls.js文件。

　　此实例的源文件是MyCode\ChapB\ChapB097.html。

第 4 章 材 质

153 使用 MeshBasicMaterial 设置表面颜色

此实例主要通过在 THREE.MeshBasicMaterial()方法的参数中设置 vertexColors 属性为 THREE.FaceColors,实现为立方体的表面自定义颜色。当浏览器显示页面时,立方体将不停地旋转,各个面将呈现不同的颜色,效果分别如图 153-1 和图 153-2 所示。

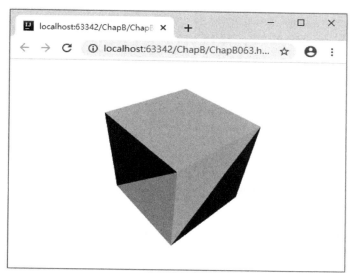

图 153-1

主要代码如下:

```
<!DOCTYPE html><html><head><meta charset="UTF-8">
<script src="ThreeJS/three.js"></script>
<script src="ThreeJS/jquery.js"></script>
<script src="ThreeJS/OrbitControls.js"></script>
</head>
<body><div id="myContainer"></div>
<script>
//创建渲染器
var myRenderer = new THREE.WebGLRenderer({antialias:true});
myRenderer.setSize(window.innerWidth,window.innerHeight);
```

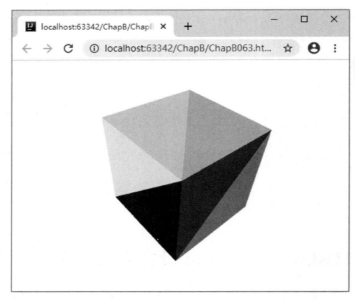

图 153-2

```
$("#myContainer").append(myRenderer.domElement);
var myScene = new THREE.Scene();
myScene.background = new THREE.Color('white');
var myCamera = new THREE.PerspectiveCamera(45,
             window.innerWidth/window.innerHeight,0.1,1000);
myCamera.position.set(209.88,80.3,-97.5);
var myControls = new THREE.OrbitControls(myCamera);
//创建立方体
var myGeometry = new THREE.BoxGeometry(100,100,100);
//var myGeometry = new THREE.TetrahedronGeometry(140,0);
//使用随机数创建立方体的面(有12个面)颜色
for(var i = 0;i < myGeometry.faces.length;i++){
  var myColor = Math.random() * 0xffffff;
  myGeometry.faces[i].color.setHex(myColor);
}
//根据颜色创建材质
var myMaterial = new THREE.MeshBasicMaterial({vertexColors:THREE.FaceColors});
var myMesh = new THREE.Mesh(myGeometry,myMaterial);
myScene.add(myMesh);
//渲染立方体
animate();
function animate(){
  requestAnimationFrame(animate);
  myMesh.rotation.x += 0.01;
  myMesh.rotation.y += 0.01;
  myMesh.rotation.z += 0.01;
  myRenderer.render(myScene,myCamera);
};
</script></body></html>
```

在上面这段代码中,myGeometry.faces[i].color.setHex(myColor)语句用于设置立方体12个面的颜色。myMaterial=new THREE.MeshBasicMaterial({vertexColors:THREE.FaceColors})语句用于根据各个顶点颜色创建材质。如果用 myMaterial=new THREE.MeshBasicMaterial({color:

0xff0000})语句表述,则立方体的所有表面都是红色(0xff0000),即 myGeometry.faces[i].color.setHex(myColor)语句不起作用。此外需要注意:此实例需要添加 OrbitControls.js 文件。

此实例的源文件是 MyCode\ChapB\ChapB063.html。

154　使用 MeshBasicMaterial 创建材质数组

此实例主要通过使用 THREE.MeshBasicMaterial 创建不同颜色材质数组,实现为立方体的各个表面设置不同的颜色。当浏览器显示页面时,立方体将不停地旋转,各个表面将会呈现不同的颜色,效果分别如图 154-1 和图 154-2 所示。

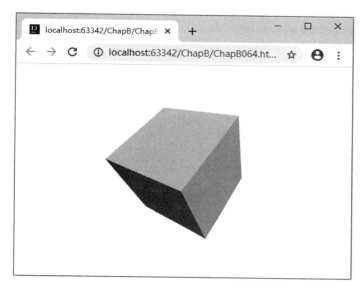

图　154-1

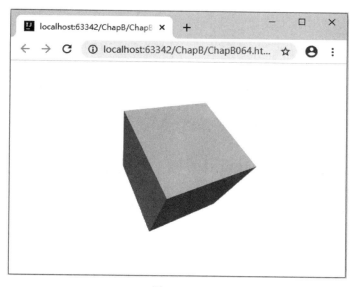

图　154-2

主要代码如下：

```
<body><script>
//创建渲染器
var myRenderer = new THREE.WebGLRenderer({antialias:true});
myRenderer.setSize(window.innerWidth,window.innerHeight);
document.body.append(myRenderer.domElement);
var myScene = new THREE.Scene();
myScene.background = new THREE.Color('white');
var myCamera = new THREE.PerspectiveCamera(60,
                  window.innerWidth/window.innerHeight,0.1,1000);
myCamera.position.z = 64;
//创建立方体
var myGeometry = new THREE.BoxGeometry(30,30,30);
//创建6种颜色的材质
var myMaterials = [];
for(var i = 0;i<6;i++){
 var myMaterial = new THREE.MeshBasicMaterial({
          color:new THREE.Color(Math.random()*0xffffff)});
 myMaterials.push(myMaterial);
}
//使用材质数组设置立方体表面颜色
var myMesh = new THREE.Mesh(myGeometry,myMaterials);
myScene.add(myMesh);
//渲染立方体
animate();
function animate(){
 requestAnimationFrame(animate);
 myMesh.rotation.x += 0.01;
 myMesh.rotation.y += 0.02;
 myMesh.rotation.z += 0.01;
 myRenderer.render(myScene,myCamera);
}
</script></body>
```

在上面这段代码中，myMaterial＝new THREE.MeshBasicMaterial({color:new THREE.Color(Math.random()*0xffffff)})语句用于根据随机数创建不同颜色的 MeshBasicMaterial 材质。myMaterials.push(myMaterial)语句表示将不同颜色的 MeshBasicMaterial 材质添加到材质数组。myMesh＝new THREE.Mesh(myGeometry,myMaterials)语句表示使用材质数组创建立方体（网格）。

此实例的源文件是 MyCode\ChapB\ChapB064.html。

155　在 MeshBasicMaterial 中启用透明度

此实例主要通过在 THREE.MeshBasicMaterial()方法的参数中设置 opacity 属性，实现以半透明效果绘制球体。当浏览器显示页面时，单击"启用半透明效果"按钮，则以半透明效果绘制的球体如图155-1所示；单击"禁用半透明效果"按钮，则以普通效果绘制的球体如图155-2所示。

主要代码如下：

```
<html><head><meta charset = "UTF-8">
<script src = "ThreeJS/three.js"></script>
<script src = "ThreeJS/jquery.js"></script>
<script src = "ThreeJS/OrbitControls.js"></script>
```

图 155-1

图 155-2

```
</head>
<body><p><button id = "myButton1">启用半透明效果</button>
        <button id = "myButton2">禁用半透明效果</button></p>
<center id = "myContainer"></center>
<script>
//创建渲染器
var myRenderer = new THREE.WebGLRenderer({antialias:true});
myRenderer.setSize(window.innerWidth,window.innerHeight);
$("#myContainer").append(myRenderer.domElement);
var myScene = new THREE.Scene();
myScene.background = new THREE.Color('white');
```

```
    var myCamera = new THREE.PerspectiveCamera(45,
                    window.innerWidth/window.innerHeight,0.1,1000);
    myCamera.position.set(209.88,80.3,-97.5);
    myScene.add(myCamera);
    var myControls = new THREE.OrbitControls(myCamera);
    //创建球体
    var myGeometry = new THREE.SphereGeometry(80,80,80);
    var myTexture = THREE.ImageUtils.loadTexture("images/img139.jpg");
    var myMaterial = new THREE.MeshBasicMaterial({map:myTexture});
    var mySphere = new THREE.Mesh(myGeometry,myMaterial);
    myScene.add(mySphere);
    //渲染球体
    animate();
    function animate(){
     myRenderer.render(myScene,myCamera);
     requestAnimationFrame(animate);
    }
    //响应单击"启用半透明效果"按钮
    $("#myButton1").click(function(){
     myScene.remove(mySphere);
     //使用 opacity 参数设置(不)透明度,范围为 0~1
     myMaterial = new THREE.MeshBasicMaterial({
                    map:myTexture,transparent:true,opacity:0.5});
     mySphere = new THREE.Mesh(myGeometry,myMaterial);
     myScene.add(mySphere);
    });
    //响应单击"禁用半透明效果"按钮
    $("#myButton2").click(function(){
     myScene.remove(mySphere);
     myMaterial = new THREE.MeshBasicMaterial({map:myTexture});
     mySphere = new THREE.Mesh(myGeometry,myMaterial);
     myScene.add(mySphere);
    });
</script></body></html>
```

在上面这段代码中,myMaterial = new THREE.MeshBasicMaterial({map:myTexture,transparent:true,opacity:0.5})语句用于设置材质的(不)透明度为 0.5,实际测试表明,设置 opacity 属性,必须设置 transparent:true;如果未设置 transparent 属性,则 opacity 属性值不起作用。此外需要注意:此实例需要添加 OrbitControls.js 文件。

此实例的源文件是 MyCode\ChapB\ChapB220.html。

156 在 MeshBasicMaterial 中使用普通贴图

此实例主要通过在 THREE.MeshBasicMaterial()方法的参数中设置 map 属性,实现使用普通贴图。当浏览器显示页面时,使用普通贴图创建的圆环结将不停地翻转,效果分别如图 156-1 和图 156-2 所示。

主要代码如下:

```
<body><div id="myContainer"></div>
<script>
 //创建渲染器
```

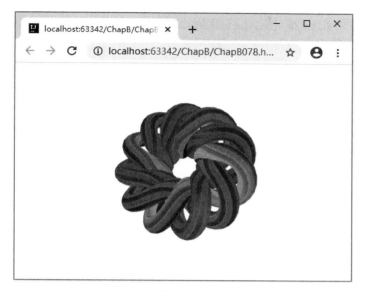

图 156-1

图 156-2

```
var myRenderer = new THREE.WebGLRenderer({antialias:true});
myRenderer.setSize(window.innerWidth,window.innerHeight);
$("#myContainer").append(myRenderer.domElement);
var myScene = new THREE.Scene();
myScene.background = new THREE.Color('white');
var myCamera = new THREE.PerspectiveCamera(45,
                window.innerWidth/window.innerHeight,0.1,1000);
myCamera.position.set(0,90,150);
myCamera.lookAt(myScene.position);
var myMesh;
//创建圆环结
var myTextureLoader = new THREE.TextureLoader();
myTextureLoader.load('images/img002.jpg',function(myTexture){
```

```
    var myMeshBasicMaterial = new THREE.MeshBasicMaterial({map:myTexture});
    var myGeometry = new THREE.TorusKnotBufferGeometry(30,6,300,120,3,11);
    myMesh = new THREE.Mesh(myGeometry,myMeshBasicMaterial);
    myScene.add(myMesh);
 });
 //渲染圆环结
 animate();
 function animate(){
  requestAnimationFrame(animate);
  myMesh.rotation.x += 0.02;
  myMesh.rotation.y += 0.03;
  myMesh.rotation.z += 0.04;
  myRenderer.render(myScene,myCamera);
 }
</script></body>
```

在上面这段代码中，myMeshBasicMaterial＝new THREE.MeshBasicMaterial({map：myTexture})语句用于根据指定的普通贴图（myTexture）创建 MeshBasicMaterial 材质，普通贴图的图像在使用THREE.TextureLoader 加载成功之后即可使用。

此实例的源文件是 MyCode\ChapB\ChapB078.html。

157 在 MeshBasicMaterial 中使用环境贴图

此实例主要通过在 THREE.MeshBasicMaterial()方法的参数中设置 envMap 属性，实现使用环境贴图。当浏览器显示页面时，球体（环境贴图）表面将显示汽车内饰全景图，随着相机不停地滚动，球体的表面（图像）也随着改变，效果分别如图 157-1 和图 157-2 所示。

图 157-1

主要代码如下：

```
<body><div id="myContainer"></div>
<script>
 var myCamera,myScene,myRenderer,myCubeCamera;
 var lon = 0,lat = 0,phi = 0,theta = 0;
```

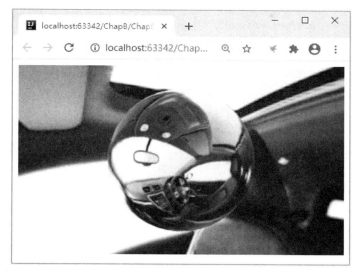

图 157-2

```
var myTextureLoader = new THREE.TextureLoader();
myTextureLoader.load('images/img051.jpg',function(myTexture){
 init(myTexture);
 animate();
});
function init(myTexture){
 myRenderer = new THREE.WebGLRenderer({antialias:true,alpha:true});
 myRenderer.setSize(window.innerWidth,window.innerHeight);
 $("#myContainer").append(myRenderer.domElement);
 myCamera = new THREE.PerspectiveCamera(60,
                    window.innerWidth/window.innerHeight,1,1000);
 myScene = new THREE.Scene();
 //使用全景图设置场景背景
 myScene.background = new THREE.WebGLCubeRenderTarget(1024)
     .fromEquirectangularTexture(myRenderer,myTexture);
 //创建 THREE.CubeCamera 相机
 var myCubeRenderTarget = new THREE.WebGLCubeRenderTarget(256,
     {format:THREE.RGBFormat,generateMipmaps:true,
       minFilter:THREE.LinearMipmapLinearFilter});
 myCubeCamera = new THREE.CubeCamera(1,1000,myCubeRenderTarget);
 //使用环境贴图创建 MeshBasicMaterial
 var myMeshBasicMaterial = new THREE.MeshBasicMaterial({
                     envMap:myCubeRenderTarget.texture});
 var myMesh = new THREE.Mesh(
     new THREE.IcosahedronBufferGeometry(40,3),myMeshBasicMaterial);
 myScene.add(myMesh);
}
function animate(){
 requestAnimationFrame(animate);
 //更新环境贴图(全景照相机不停地拍照)
 myCubeCamera.update(myRenderer,myScene);
 lon += 0.15;
 lat = Math.max(-85,Math.min(85,lat));
 phi = THREE.MathUtils.degToRad(90-lat);
 theta = THREE.MathUtils.degToRad(lon);
```

```
      myCamera.position.x = 100 * Math.sin(phi) * Math.cos(theta);
      myCamera.position.y = 100 * Math.cos(phi);
      myCamera.position.z = 100 * Math.sin(phi) * Math.sin(theta);
      myCamera.lookAt(myScene.position);
      myRenderer.render(myScene,myCamera);
    }
</script></body>
```

在上面这段代码中，myMeshBasicMaterial = new THREE.MeshBasicMaterial({envMap: myCubeRenderTarget.texture})语句表示使用从场景中获取的贴图 myCubeRenderTarget.texture 以环境贴图风格创建 myMeshBasicMaterial 材质。如果用 myMeshBasicMaterial = new THREE.MeshBasicMaterial({map:myCubeRenderTarget.texture })语句表述，则表示使用从场景中获取的贴图 myCubeRenderTarget.texture 以普通贴图风格创建 myMeshBasicMaterial 材质，实际效果就是没有环境贴图的那种纵深感。

此实例的源文件是 MyCode\ChapB\ChapB077.html。

158　自定义 MeshBasicMaterial 的贴图样式

此实例主要通过在 THREE.MeshBasicMaterial()方法的参数中设置 side 属性分别为 THREE.DoubleSide、THREE.FrontSide、THREE.BackSide，实现使用 MeshBasicMaterial 材质创建的图形呈现不同的贴图效果。当浏览器显示页面时，单击"启用双面贴图"按钮，则样条曲线图形的贴图效果如图 158-1 所示；单击"启用外面贴图"按钮，则样条曲线图形的贴图效果如图 158-2 所示；单击"启用里面贴图"按钮，则样条曲线图形的贴图效果如图 158-3 所示。

图　158-1

主要代码如下：

```
<!DOCTYPE html><html><head><meta charset = "UTF-8">
<script src = "ThreeJS/three.js"></script>
<script src = "ThreeJS/jquery.js"></script>
<script src = "ThreeJS/OrbitControls.js"></script>
```

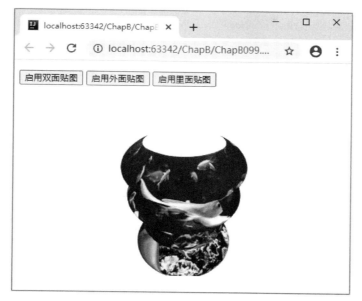

图 158-2

图 158-3

```
</head>
<body><p><button id = "myButton1">启用双面贴图</button>
         <button id = "myButton2">启用外面贴图</button>
         <button id = "myButton3">启用里面贴图</button></p>
<center id = "myContainer"></center>
<script>
 //创建渲染器
 var myRenderer = new THREE.WebGLRenderer({antialias:true});
 myRenderer.setSize(window.innerWidth,window.innerHeight);
 myRenderer.setClearColor('white',1.0);
 $("#myContainer").append(myRenderer.domElement);
 var myScene = new THREE.Scene();
```

```javascript
var myCamera = new THREE.PerspectiveCamera(45,
                window.innerWidth/window.innerHeight,0.1,1000);
myCamera.position.set(170,160,-74);
myScene.add(myCamera);
var myControls = new THREE.OrbitControls(myCamera);
//加载图像生成纹理(贴图)
var myMap = new THREE.TextureLoader().load("images/img140.jpg");
myMap.wrapS = myMap.wrapT = THREE.RepeatWrapping;
myMap.anisotropy = 16;
//根据三角函数设置样条曲线的点
var myPoints = [];
for(var i = 0;i < 90;i++){
 myPoints.push(new THREE.Vector2(Math.sin(i*0.2)
                *Math.sin(i*0.1)*15+50,(i-5)*2));
}
//创建样条曲线图形
var myGeometry = new THREE.LatheGeometry(myPoints,400);
var myMaterial = new THREE.MeshBasicMaterial({
                map:myMap,side:THREE.DoubleSide});
var myMesh = new THREE.Mesh(myGeometry,myMaterial);
myMesh.position.set(0,-100,0);
myScene.add(myMesh);
//渲染样条曲线图形
animate();
function animate(){
 requestAnimationFrame(animate);
 myRenderer.render(myScene,myCamera);
}
//响应单击"启用双面贴图"按钮
 $("#myButton1").click(function(){
 myScene.remove(myMesh);
 myMaterial = new THREE.MeshBasicMaterial({
                 map:myMap,side:THREE.DoubleSide});
 myMesh = new THREE.Mesh(myGeometry,myMaterial);
 myMesh.position.set(0,-100,0);
 myScene.add(myMesh);
});
//响应单击"启用外面贴图"按钮
 $("#myButton2").click(function(){
 myScene.remove(myMesh);
 myMaterial = new THREE.MeshBasicMaterial({
                 map:myMap,side:THREE.FrontSide});
 myMesh = new THREE.Mesh(myGeometry,myMaterial);
 myMesh.position.set(0,-100,0);
 myScene.add(myMesh);
});
//响应单击"启用里面贴图"按钮
 $("#myButton3").click(function(){
 myScene.remove(myMesh);
 myMaterial = new THREE.MeshBasicMaterial({
                 map:myMap,side:THREE.BackSide});
 myMesh = new THREE.Mesh(myGeometry,myMaterial);
 myMesh.position.set(0,-100,0);
 myScene.add(myMesh);
```

```
});
</script></body></html>
```

在上面这段代码中，myMaterial = new THREE.MeshBasicMaterial({map：myMap,side：THREE.DoubleSide})语句表示新建的 myMaterial 材质的里外（前后）两面均有贴图。myMaterial = new THREE.MeshBasicMaterial({map：myMap,side：THREE.FrontSide})语句表示仅允许新建的 myMaterial 材质的外（前）面有贴图。myMaterial = new THREE.MeshBasicMaterial({map：myMap,side：THREE.BackSide})语句表示仅允许新建的 myMaterial 材质的里（后）面有贴图。此外需要注意：此实例需要添加 OrbitControls.js 文件。

此实例的源文件是 MyCode\ChapB\ChapB099.html。

159　创建线框风格的 MeshBasicMaterial

此实例主要通过设置 THREE.MeshBasicMaterial 的 wireframe 属性为 true,实现创建线框风格的 THREE.MeshBasicMaterial 材质。当浏览器显示页面时,单击"启用线框创建模型"按钮,则使用线框创建的头像模型如图 159-1 所示；单击"禁用线框创建模型"按钮,则使用纯灰色创建的头像模型如图 159-2 所示。

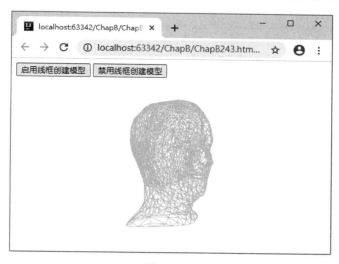

图　159-1

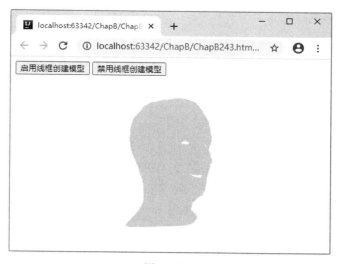

图　159-2

主要代码如下：

```html
<html><head><meta charset = "UTF-8">
<script src = "ThreeJS/three.js"></script>
<script src = "ThreeJS/jquery.js"></script>
<script src = "ThreeJS/OrbitControls.js"></script>
</head>
<body><p><button id = "myButton1">启用线框创建模型</button>
         <button id = "myButton2">禁用线框创建模型</button></p>
<center id = "myContainer"></center>
<script>
 //创建渲染器
 var myRenderer = new THREE.WebGLRenderer({antialias:true});
 myRenderer.setSize(window.innerWidth,window.innerHeight);
 $("#myContainer").append(myRenderer.domElement);
 var myScene = new THREE.Scene();
 myScene.background = new THREE.Color(0xffffff);
 var myCamera = new THREE.PerspectiveCamera(40,
                   window.innerWidth/window.innerHeight,1,500);
 myCamera.position.set(-95.35,-6.88,105.02);
 var myOrbitControls = new THREE.OrbitControls(myCamera);
 //创建头像模型
 var myMaterial = new THREE.MeshBasicMaterial({
                     color:'lightgray',wireframe:true});
 var myLoader = new THREE.BufferGeometryLoader();
 myLoader.load('Data/MyBufferGeometry.json',function(geometry){
   var myMesh = new THREE.Mesh(geometry,myMaterial);
   myMesh.position.y = 10;
   myScene.add(myMesh);
 });
 //渲染头像模型
 animate();
 function animate(){
  requestAnimationFrame(animate);
  myRenderer.render(myScene,myCamera);
 }
 //响应单击"启用线框创建模型"按钮
 $("#myButton1").click(function(){
  myMaterial.wireframe = true;
  myMaterial.needsUpdate = true;
 });
 //响应单击"禁用线框创建模型"按钮
 $("#myButton2").click(function(){
  myMaterial.wireframe = false;
  myMaterial.needsUpdate = true;
 });
</script></body></html>
```

在上面这段代码中，myMaterial = new THREE.MeshBasicMaterial({color:'lightgray'，wireframe:true})语句表示使用灰色线框创建THREE.MeshBasicMaterial材质。在THREE.MeshBasicMaterial中，当设置了wireframe属性为true以后，则可以设置wireframeLinewidth属性和wireframeLinecap属性，但是实际测试结果表明，不论设置wireframeLinewidth属性值为多少，线的宽度都是1。此外需要注意：此实例需要添加OrbitControls.js文件。

此实例的源文件是 MyCode\ChapB\ChapB243.html。

160 使用 MeshBasicMaterial 混合其他材质

此实例主要通过在 THREE.SceneUtils.createMultiMaterialObject()方法的参数中设置 THREE.MeshNormalMaterial 材质和 THREE.MeshBasicMaterial 材质,使创建的三维文字具有两种材质的混合效果。当浏览器显示页面时,使用两种材质创建的三维文字的效果如图 160-1 所示。

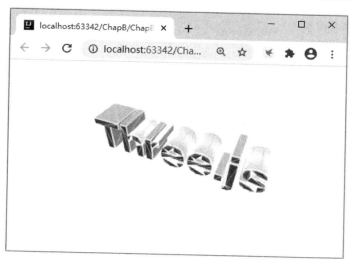

图 160-1

主要代码如下:

```
<!DOCTYPE html><html><head><meta charset="UTF-8">
<script src="ThreeJS/jquery.js"></script>
<script src="ThreeJS/three.js"></script>
<script src="ThreeJS/SceneUtils.js"></script>
<script src="ThreeJS/OrbitControls.js"></script>
</head>
<body><center id="myContainer"></center>
<script type="text/javascript">
var myRenderer,myCamera,myScene,myOrbitControls;
//初始化渲染器
function initRender(){
 myRenderer = new THREE.WebGLRenderer({antialias:true});
 myRenderer.setSize(window.innerWidth,window.innerHeight);
 myRenderer.setClearColor('white',1.0);
 $('#myContainer')[0].appendChild(myRenderer.domElement);
 myCamera = new THREE.PerspectiveCamera(45,
                     window.innerWidth/window.innerHeight,1,10000);
 myCamera.position.set(153.34,364.14,365.9);
 myScene = new THREE.Scene();
 myOrbitControls = new THREE.OrbitControls(myCamera);
}
//创建文字模型
function initModel(){
 var myFontLoader = new THREE.FontLoader();
```

```
   myFontLoader.load('Data/helvetiker_bold.typeface.json',function(response){
    myOptions = {size:90,height:90,weight:'normal',font:response,
             bevelThickness:2,bevelSize:0.5,bevelSegments:3,
             bevelEnabled:true,curveSegments:12,steps:1};
    var myTextMesh = createMesh(new THREE.TextGeometry("Three.js",myOptions));
    myTextMesh.position.z = -100;
    myTextMesh.position.y = 50;
    myScene.add(myTextMesh);
   });
 }
 //使用两种材质创建拉伸文字
 function createMesh(geom){
   geom.applyMatrix(new THREE.Matrix4().makeTranslation(-250,-100,0));
   var myMeshNormalMaterial = new THREE.MeshNormalMaterial({
    flatShading:THREE.FlatShading,transparent:true,opacity:0.9});
   var myMeshBasicMaterial = new THREE.MeshBasicMaterial();
   myMeshBasicMaterial.wireframe = true;
   var myMesh = THREE.SceneUtils.createMultiMaterialObject(geom,
             [myMeshNormalMaterial,myMeshBasicMaterial]);
   return myMesh;
 }
 //渲染文字
 function animate(){
   myRenderer.render(myScene,myCamera);
   requestAnimationFrame(animate);
 }
 initRender();
 initModel();
 animate();
</script></body></html>
```

在上面这段代码中，myMesh = THREE.SceneUtils.createMultiMaterialObject（geom，[myMeshNormalMaterial，myMeshBasicMaterial]）语句用于混合两种材质，在此实例中如果不设置 myMeshBasicMaterial.wireframe = true，则 myMeshBasicMaterial 几乎没有效果；但是即使设置了 myMeshBasicMaterial.wireframe = true，且 myMesh = THREE.SceneUtils.createMultiMaterialObject(geom，[myMeshBasicMaterial])，也不会显示任何内容；不过用 myMesh = THREE.SceneUtils.createMultiMaterialObject(geom，[myMeshNormalMaterial])语句表述能够显示 myMeshNormalMaterial 的效果。存在上述现象的原因在于 myMeshBasicMaterial 没有设置颜色，如果用 myMeshBasicMaterial = new THREE.MeshBasicMaterial({color:0xff0000})语句表述，即可看到分别使用两种材质的效果。此外需要注意：此实例需要添加 SceneUtils.js、OrbitControls.js 文件。

此实例的源文件是 MyCode\ChapB\ChapB133.html。

161 根据视频创建 MeshBasicMaterial 材质

此实例主要通过在 THREE.MeshBasicMaterial()方法的参数中设置 map 属性为视频纹理，实现根据视频创建 MeshBasicMaterial 材质。当浏览器显示页面时，单击"开始播放视频"按钮，则将播放视频（在平面图形的表面上显示视频）；单击"暂停播放视频"按钮，则将暂停播放视频，效果分别如图 161-1 和图 161-2 所示。

图 161-1

图 161-2

主要代码如下：

```
<body><p><button id = "myButton1">开始播放视频</button>
        <button id = "myButton2">暂停播放视频</button></p>
<center id = "myContainer"></center>
<video id = "myVideo" loop muted style = "display:none"
       source src = "images/video01.mp4"></video>
<script>
//创建渲染器
var myRenderer = new THREE.WebGLRenderer({antialias:true});
myRenderer.setSize(window.innerWidth,window.innerHeight);
myRenderer.setClearColor('white',1.0);
$("#myContainer").append(myRenderer.domElement);
```

```
var myScene = new THREE.Scene();
var myCamera = new THREE.PerspectiveCamera(45,
                window.innerWidth/window.innerHeight,0.1,1000);
myCamera.position.set(19.45,4.12,205.95);
myCamera.lookAt(myScene.position);
var myGeometry = new THREE.PlaneBufferGeometry(300,200,5,5);
//根据指定视频创建纹理
var myVideoMap = new THREE.VideoTexture($("#myVideo")[0]);
//在视频加载完成后自动播放
$("#myVideo")[0].play();
//根据视频纹理创建MeshBasicMaterial
var myVideoMaterial = new THREE.MeshBasicMaterial({map:myVideoMap});
//根据视频材质创建平面图形
var myVideoPlane = new THREE.Mesh(myGeometry,myVideoMaterial);
myScene.add(myVideoPlane);
//渲染视频纹理平面图形
animate();
function animate(){
  requestAnimationFrame(animate);
  myRenderer.render(myScene,myCamera);
}
//响应单击"开始播放视频"按钮
$("#myButton1").click(function(){
  $("#myVideo")[0].play();
});
//响应单击"暂停播放视频"按钮
$("#myButton2").click(function(){
  $("#myVideo")[0].pause();
});
</script></body>
```

在上面这段代码中，myVideoMap=new THREE.VideoTexture($("#myVideo")[0])语句用于根据 video 元素（即 myVideo，设置为隐藏状态）创建视频纹理。myVideoMaterial=new THREE.MeshBasicMaterial({map:myVideoMap})语句用于根据视频纹理（myVideoMap）像普通图像那样创建 MeshBasicMaterial 材质。

此实例的源文件是 MyCode\ChapB\ChapB232.html。

162 在 MeshStandardMaterial 中使用 ao 贴图

此实例主要通过设置 THREE.MeshStandardMaterial 的 aoMap 属性和 aoMapIntensity 属性，实现突出显示立方体的表面贴图。当浏览器显示页面时，将呈现两个立方体：左边是 ao 贴图立方体，右边是法向量贴图立方体，如图 162-1 所示。

主要代码如下：

```
<body><div id="myContainer"></div>
<script>
  //创建渲染器
var myRenderer = new THREE.WebGLRenderer({antialias:true});
myRenderer.setSize(window.innerWidth,window.innerHeight);
$("#myContainer").append(myRenderer.domElement);
var myCamera = new THREE.PerspectiveCamera(75,
```

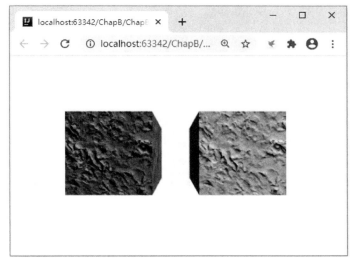

图 162-1

```
                    window.innerWidth/window.innerHeight,0.1,1000);
myCamera.position.set(0,0,-50);
myCamera.lookAt(new THREE.Vector3(0,0,0));
var myScene = new THREE.Scene();
myScene.background = new THREE.Color('white');
var myAmbientLight = new THREE.AmbientLight(0x0c0c0c);
myScene.add(myAmbientLight);
var mySpotLight = new THREE.SpotLight(0xffffff);
mySpotLight.position.set(-400,-400,-400);
myScene.add(mySpotLight);
//创建两个立方体
var myGeometry = new THREE.BoxGeometry(26,26,26);
var myMap = new THREE.TextureLoader().load('images/img008.jpg');
var myAoMap = new THREE.TextureLoader().load('images/img009.jpg');
var myNormalMap = new THREE.TextureLoader().load('images/img009.jpg');
//设置 aoMap 属性
var myMaterial1 = new THREE.MeshStandardMaterial({
                        aoMap:myAoMap,aoMapIntensity:18});
myMaterial1.map = myMap;
myMaterial1.normalMap = myNormalMap;
myMaterial1.normalScale = new THREE.Vector2(0.5,0.5);
var myMesh1 = new THREE.Mesh(myGeometry,myMaterial1);
myMesh1.translateX(20);
myScene.add(myMesh1);
//设置 normalMap 属性
var myMaterial2 = new THREE.MeshStandardMaterial();
myMaterial2.map = myMap;
myMaterial2.normalMap = myNormalMap;
myMaterial2.normalScale = new THREE.Vector2(0.5,0.5);
var myMesh2 = new THREE.Mesh(myGeometry,myMaterial2);
myMesh2.translateX(-20);
myScene.add(myMesh2);
//渲染两个立方体
animate();
function animate(){
```

```
    requestAnimationFrame(animate);
    myRenderer.render(myScene,myCamera);
 };
</script></body>
```

在上面这段代码中，myMaterial1 = new THREE.MeshStandardMaterial({aoMap：myAoMap，aoMapIntensity：18})语句用于根据 ao 贴图创建 MeshStandardMaterial 材质，其中：aoMap 属性用于指定 ao 贴图，aoMapIntensity 属性用于指定效果程度，值越大效果越明显，值越小效果越不明显。

此实例的源文件是 MyCode\ChapB\ChapB112.html。

163　在 MeshStandardMaterial 中使用移位贴图

此实例主要通过设置 THREE.MeshStandardMaterial 的 displacementScale 属性、displacementBias 属性和 displacementMap 属性，实现使用移位贴图。当浏览器显示页面时，单击"启用移位贴图材质"按钮，则使用该材质创建的模型效果如图 163-1 所示；单击"启用法向量贴图材质"按钮，则使用该材质创建的模型效果如图 163-2 所示。

图　163-1

图　163-2

主要代码如下：

```html
<html><head><meta charset = "UTF-8">
<script src = "ThreeJS/three.js"></script>
<script src = "ThreeJS/jquery.js"></script>
<script src = "ThreeJS/OBJLoader.js"></script>
</head>
<body><p><button id = "myButton1">启用移位贴图材质</button>
        <button id = "myButton2">启用法向量贴图材质</button></p>
<div id = "myContainer"></div>
<script>
//创建渲染器
var myRenderer = new THREE.WebGLRenderer({antialias:true});
myRenderer.setSize(window.innerWidth,window.innerHeight);
$("#myContainer").append(myRenderer.domElement);
var myScene = new THREE.Scene();
myScene.background = new THREE.Color(0xffffff);
var myCamera = new THREE.PerspectiveCamera(45,
                window.innerWidth/window.innerHeight,0.1,2000);
myCamera.position.z = 1500;
myScene.add(myCamera);
myScene.add(new THREE.AmbientLight(0xffffff,0.1));
//初始化多个点光源，并设置其光线强度、颜色、所在方位等参数
var myPointLight1 = new THREE.PointLight(0xff0000,0.5);
myPointLight1.position.z = 2500;
myScene.add(myPointLight1);
var myPointLight2 = new THREE.PointLight(0xff6666,1);
myCamera.add(myPointLight2);
var myPointLight3 = new THREE.PointLight(0x0000ff,0.5);
myPointLight3.position.x = -1000;
myPointLight3.position.z = 1000;
myScene.add(myPointLight3);
var myTextureLoader = new THREE.TextureLoader();
var myNormalMap = myTextureLoader.load("images/img121.png");
var myDisplacementMap = myTextureLoader.load("images/img123.jpg");
//创建移位贴图材质
var myDisplaceMaterial = new THREE.MeshStandardMaterial({
    displacementMap:myDisplacementMap,
    displacementScale:2.436143,displacementBias: -0.428408,
    metalness:0.5,roughness:0.6,normalMap:myNormalMap,
    normalScale:new THREE.Vector2(1,-1),side:THREE.DoubleSide});
//创建法向量贴图材质
var myNormalMaterial = new THREE.MeshStandardMaterial({
    metalness:0.5,roughness:0.6,normalMap:myNormalMap,
    normalScale:new THREE.Vector2(1,-1),side:THREE.DoubleSide});
//创建 OBJLoader,用于加载指定 obj 模型
var myOBJLoader = new THREE.OBJLoader();
var myMesh;
myOBJLoader.load("Data/MyNinjaHead.obj",function(group){
    var myGeometry = group.children[0].geometry;
    myGeometry.attributes.uv2 = myGeometry.attributes.uv;
    myGeometry.center();                  //居中显示模型
    myMesh = new THREE.Mesh(myGeometry,myNormalMaterial);
    myMesh.scale.multiplyScalar(25);      //放大显示模型
```

```
   myMesh.material.needsUpdate = true;
   myScene.add(myMesh);
 });
 //渲染 obj 模型
 animate();
 function animate(){
   requestAnimationFrame(animate);
   myRenderer.render(myScene,myCamera);
 }
 //响应单击"启用移位贴图材质"按钮
 $("#myButton1").click(function(){
   myMesh.material = myDisplaceMaterial;
 });
 //响应单击"启用法向量贴图材质"按钮
 $("#myButton2").click(function(){
   myMesh.material = myNormalMaterial;
 });
</script></body></html>
```

在上面这段代码中，myDisplaceMaterial＝new THREE.MeshStandardMaterial（{displacementMap：myDisplacementMap, displacementScale：2.436143, displacementBias：－0.428408, metalness：0.5, roughness：0.6, normalMap：myNormalMap, normalScale：new THREE.Vector2(1,－1), side：THREE.DoubleSide}）语句用于创建移位贴图材质。移位贴图通常包含 normalMap 和 displacementMap，normalMap 用来保存法向量，displacementMap 用来保存顶点的偏移。

此实例的源文件是 MyCode\ChapB\ChapB239.html。

164　在 MeshMatcapMaterial 中设置 matcap

此实例主要通过设置 THREE.MeshMatcapMaterial 的 matcap 属性，实现无须光源即可根据 matcap 属性代表的纹理图像呈现光泽的材质。当浏览器显示页面时，将显示一个由多个模型组成的立方体，且各个模型不停地旋转，材质表面的光泽效果分别如图 164-1 和图 164-2 所示。

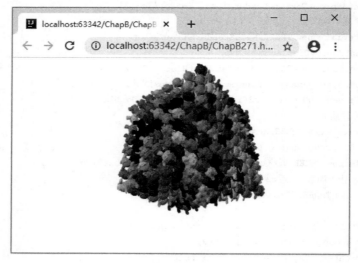

图　164-1

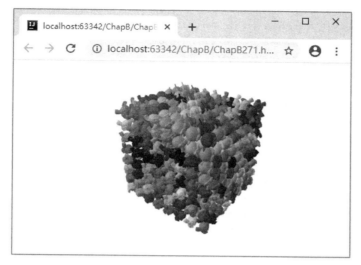

图 164-2

主要代码如下：

```
<body><center id = "myContainer"></center>
<script>
var myMesh;
var myDummy = new THREE.Object3D();
var myCount = Math.pow(8,3);
//创建渲染器
var myRenderer = new THREE.WebGLRenderer({antialias:true});
myRenderer.setSize(window.innerWidth,window.innerHeight);
$("#myContainer").append(myRenderer.domElement);
var myScene = new THREE.Scene();
myScene.background = new THREE.Color(0xffffff);
var myCamera = new THREE.PerspectiveCamera(40,
                    window.innerWidth/window.innerHeight,1,100);
myCamera.position.set(0,0,20);
//根据材质创建多个模型
var myGeometryLoader = new THREE.BufferGeometryLoader();
myGeometryLoader.load('Data/MySuzanne.json',function(geometry){
  var myColor = [];
  for(var i = 0;i < myCount;i ++){
    myColor.push(Math.random());
    myColor.push(Math.random());
    myColor.push(Math.random());
  }
  geometry.setAttribute('myColor',
      new THREE.InstancedBufferAttribute(new Float32Array(myColor),3));
  geometry.computeVertexNormals();
  geometry.scale(0.5,0.5,0.5);
  myTextureLoader = new THREE.TextureLoader();
  myTextureLoader.load('images/img101.jpg',function(texture){
    var myMaterial = new THREE.MeshMatcapMaterial({
                    color:0xffffff,matcap:texture});
    var myVertexChunk = ['attribute vec3 myColor;',
                        'varying vec3 myNewColor;',
```

```
                              '#include <common>'].join('\n');
    var myColorsChunk = [ '#include <begin_vertex>',
                          '\tmyNewColor = myColor;'].join('\n');
    var myFragmentChunk = ['varying vec3 myNewColor;',
                           '#include <common>'].join('\n');
    var myDiffuseColorChunk = [
     'vec4 diffuseColor = vec4(diffuse * myNewColor,opacity);'
    ].join('\n');
    myMaterial.onBeforeCompile = function(shader){
      shader.vertexShader = shader.vertexShader
         .replace('#include <common>',myVertexChunk)
         .replace('#include <begin_vertex>',myColorsChunk);
      shader.fragmentShader = shader.fragmentShader
         .replace('#include <common>',myFragmentChunk)
         .replace('vec4 diffuseColor = vec4( diffuse, opacity );',
              myDiffuseColorChunk);
    };
    myMesh = new THREE.InstancedMesh(geometry,myMaterial,myCount);
    myScene.add(myMesh);
  });
});
//渲染多个模型
animate();
function animate(){
 requestAnimationFrame(animate);
 if(myMesh){
  var myTime = Date.now() * 0.001;
  myMesh.rotation.x = Math.sin(myTime/4);
  myMesh.rotation.y = Math.sin(myTime/2);
  var i = 0;
  for(var x = 0;x < 8;x ++){
   for(var y = 0;y < 8;y ++){
    for(var z = 0;z < 8;z ++){
      myDummy.position.set(4 - x,4 - y,4 - z);
      myDummy.rotation.y = (Math.sin(x/4 + myTime)
                    + Math.sin(y/4 + myTime) + Math.sin(z/4 + myTime));
      myDummy.rotation.z = myDummy.rotation.y * 2;
      myDummy.updateMatrix();
      myMesh.setMatrixAt(i ++,myDummy.matrix);
     }
    }
   }
   myMesh.instanceMatrix.needsUpdate = true;
  }
  myRenderer.render(myScene,myCamera);
 }
</script></body>
```

在上面这段代码中,myMaterial = new THREE.MeshMatcapMaterial({color:0xffffff,matcap:texture})语句用于根据 color 属性值和 matcap 属性值创建 THREE.MeshMatcapMaterial 材质。THREE.MeshMatcapMaterial 由一个材质捕捉(matcap)纹理所定义,其编码了材质的颜色与明暗,可以理解为自带光泽效果的材质。

此实例的源文件是 MyCode\ChapB\ChapB271.html。

165 使用 MeshNormalMaterial 创建多色表面

此实例主要通过使用 THREE.MeshNormalMaterial 创建法向量材质,使三维图形的各个表面呈现不同的颜色。当浏览器显示页面时,三维图形(四面体)的各个表面将会呈现不同的颜色,如图 165-1 所示。

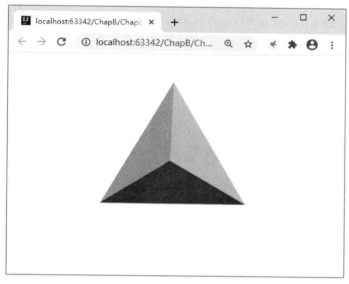

图 165-1

主要代码如下:

```
<body><div id="myContainer"></div>
<script>
  //创建渲染器
  var myRenderer = new THREE.WebGLRenderer({antialias:true});
  myRenderer.setSize(window.innerWidth,window.innerHeight);
  $("#myContainer").append(myRenderer.domElement);
  var myCamera = new THREE.PerspectiveCamera(75,
              window.innerWidth/window.innerHeight,0.1,1000);
  myCamera.position.set(100.23,98.92,99.18);
  myCamera.lookAt(new THREE.Vector3(0,0,0));
  var myScene = new THREE.Scene();
  myScene.background = new THREE.Color('white');
  //创建四面体
  var myGeometry = new THREE.TetrahedronGeometry(140,0);
  var myMaterial = new THREE.MeshNormalMaterial();
  var myMesh = new THREE.Mesh(myGeometry,myMaterial);
  myScene.add(myMesh);
  //渲染四面体
  myRenderer.render(myScene,myCamera);
</script></body>
```

在上面这段代码中,myMaterial=new THREE.MeshNormalMaterial()语句用于创建法向量材质 MeshNormalMaterial。MeshNormalMaterial 可以使三维图形的每一个面的颜色都从该面向外垂直指向的法向量计算得到,即法向量不同,图形表面的颜色就会不同。

此实例的源文件是 MyCode\ChapB\ChapB062.html。

166　使用 MeshNormalMaterial 创建多色字母

此实例主要通过使用 THREE.MeshNormalMaterial 创建法向量材质，使字母呈现不同的颜色。当浏览器显示页面时，每个字母将会呈现不同的颜色，如图 166-1 所示。

图　166-1

主要代码如下：

```
<body><center id="myContainer"></center>
<script type="text/javascript">
//创建渲染器
var myRenderer = new THREE.WebGLRenderer({antialias:true});
myRenderer.setSize(window.innerWidth,window.innerHeight);
myRenderer.setClearColor("white");
$("#myContainer").append(myRenderer.domElement);
var myScene = new THREE.Scene();
var myCamera = new THREE.PerspectiveCamera(45,
                window.innerWidth/window.innerHeight,1,10000);
myCamera.position.set(-24.39,85.19,384.14);
myScene.add(myCamera);
//创建字母
var myFontLoader = new THREE.FontLoader();
myFontLoader.load("Data/gentilis_regular.typeface.json",function(myfont){
  var myGeometry = new THREE.TextBufferGeometry("luobin",
                                 {font:myfont,size:100,height:60});
  myGeometry.center();
  var myMaterial = new THREE.MeshNormalMaterial();
  var myMesh = new THREE.Mesh(myGeometry,myMaterial);
  myMesh.position.y = 100;
  myScene.add(myMesh);
});
//渲染字母
animate();
function animate(){
  requestAnimationFrame(animate);
  myRenderer.render(myScene,myCamera);
```

```
}
</script></body>
```

在上面这段代码中，myMaterial = new THREE.MeshNormalMaterial()语句用于创建法向量材质 MeshNormalMaterial。由于法向量网格材质的颜色与当前表面的角度相关，因此处于不同角度的平面就会呈现不同的颜色。

此实例的源文件是 MyCode\ChapB\ChapB137.html。

167　使用 MeshNormalMaterial 绘制法向量

此实例主要通过使用 THREE.ArrowHelper，实现在 MeshNormalMaterial 材质创建的图形（多面体）表面上绘制法向量。当浏览器显示页面时，在二十面体的各个表面上都将有一个红色的箭头表示该表面的法向量，如图 167-1 所示。

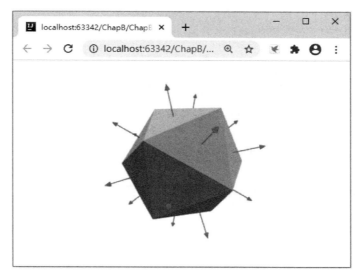

图　167-1

主要代码如下：

```
<body><div id="myContainer"></div>
<script>
//创建渲染器
var myRenderer = new THREE.WebGLRenderer({antialias:true});
myRenderer.setSize(window.innerWidth,window.innerHeight);
$("#myContainer").append(myRenderer.domElement);
var myCamera = new THREE.PerspectiveCamera(75,
                window.innerWidth/window.innerHeight,0.1,1000);
myCamera.position.set(100.23,98.92,99.18);
myCamera.lookAt(new THREE.Vector3(0,0,0));
var myScene = new THREE.Scene();
myScene.background = new THREE.Color('white');
//创建二十面体
var myGeometry = new THREE.IcosahedronGeometry(80);
//创建法向量材质
var myMaterial = new THREE.MeshNormalMaterial();
var myMesh = new THREE.Mesh(myGeometry,myMaterial);
```

```
//在每个面上显示法向量
for(var i = 0; i < myGeometry.faces.length; i ++){
 var myFace = myGeometry.faces[i];
 //创建 THREE.Vector3,以找到每个面的中心
 var myVector = new THREE.Vector3();
 //将该面的三个顶点索引传给 vertices 以找到其顶点的坐标
 myVector.add(myGeometry.vertices[myFace.a]);
 myVector.add(myGeometry.vertices[myFace.b]);
 myVector.add(myGeometry.vertices[myFace.c]);
 myVector.divideScalar(3);
 //箭头辅助线,相当于把法向量用箭头表示出来
 var myArrowHelper = new THREE.ArrowHelper(myFace.normal,
                                    myVector,30,0xff0000,5,6);
 myMesh.add(myArrowHelper);
}
myScene.add(myMesh);
//渲染二十面体及箭头
myRenderer.render(myScene,myCamera);
</script></body>
```

在上面这段代码中,myArrowHelper = new THREE.ArrowHelper(myFace.normal,myVector,30,0xff0000,5,6)语句表示根据指定的参数绘制箭头(法向量),其中,myFace.normal 表示每个面的法向量,myVector 表示原点坐标,30 表示箭头的长度,0xff0000 表示箭头颜色(红色),5 表示箭头头部的长度,6 表示箭头头部的宽度。

此实例的源文件是 MyCode\ChapB\ChapB083.html。

168 在 MeshNormalMaterial 中设置着色器

此实例主要通过自定义 THREE.MeshNormalMaterial 的 onBeforeCompile 方法,实现在 THREE.MeshNormalMaterial 材质上添加自定义顶点着色器扭曲头像模型。当浏览器显示页面时,头像模型将不停地左右扭动,效果分别如图 168-1 和图 168-2 所示。

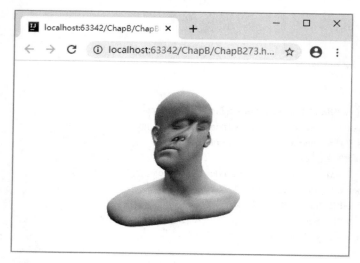

图 168-1

图 168-2

主要代码如下：

```html
<html><head><meta charset="UTF-8">
<script src="ThreeJS/three.js"></script>
<script src="ThreeJS/jquery.js"></script>
<script src="ThreeJS/OrbitControls.js"></script>
<script src="ThreeJS/GLTFLoader.js"></script>
</head>
<body><center id="myContainer"></center>
<script>
//创建渲染器
var myRenderer = new THREE.WebGLRenderer({antialias:true});
myRenderer.setSize(window.innerWidth,window.innerHeight);
$("#myContainer").append(myRenderer.domElement);
var myCamera = new THREE.PerspectiveCamera(45,
                    window.innerWidth/window.innerHeight,0.1,1000);
myCamera.position.z = 20;
var myScene = new THREE.Scene();
myScene.background = new THREE.Color(0xffffff);
var myOrbitControls = new THREE.OrbitControls(myCamera);
//加载头像模型
var myGLTFLoader = new THREE.GLTFLoader();
myGLTFLoader.load('Data/MyLeePerrySmith.glb',function(gltf){
  var myGeometry = gltf.scene.children[0].geometry;
  var myMaterial = new THREE.MeshNormalMaterial();
  myMaterial.onBeforeCompile = function(shader){
    shader.uniforms.time = {value:0};
    shader.vertexShader = 'uniform float time;\n' + shader.vertexShader;
    shader.vertexShader = shader.vertexShader.replace(
        '#include <begin_vertex>',
        ['float theta = cos(time + position.y)/2.0;',
         'float c = cos(theta);',
         'float s = sin(theta);',
         'mat3 m = mat3(c,0,s,0,1,0,-s,0,c);',
         'vec3 transformed = vec3(position) * m;'].join('\n') );
    myMaterial.userData.shader = shader;
```

```
    };
    var myMesh = new THREE.Mesh(myGeometry,myMaterial);
    myMesh.scale.set(1.5,1.5,1.5);
    myScene.add(myMesh);
});
//渲染头像模型
animate();
function animate(){
  requestAnimationFrame(animate);
  myScene.traverse(function(child){
    if(child.isMesh){
      var myShader = child.material.userData.shader;
      if(myShader){
        myShader.uniforms.time.value = performance.now()/1000;
      }
    }
  });
  myRenderer.render(myScene,myCamera);
}
</script></body></html>
```

在上面这段代码中,myMaterial.onBeforeCompile=function(shader){ }语句用于在自定义方法中自定义顶点着色器实现扭曲功能,onBeforeCompile()方法将在渲染图形网格(mesh)前执行。

此实例的源文件是 MyCode\ChapB\ChapB200.html。

169　扁平化 MeshNormalMaterial 创建的球体

此实例主要通过设置 THREE.MeshNormalMaterial 的 flatShading 属性为 true,实现以扁平化风格显示球体。当浏览器显示页面时,单击"扁平化显示球体"按钮,则球体的显示效果如图 169-1 所示;单击"正常显示球体"按钮,则球体的显示效果如图 169-2 所示。

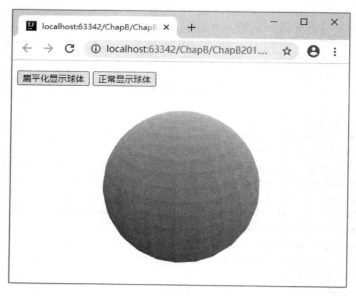

图 169-1

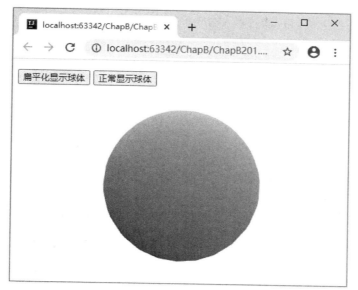

图 169-2

主要代码如下：

```
<body><p><button id = "myButton1">扁平化显示球体</button>
        <button id = "myButton2">正常显示球体</button></p>
<div id = "myContainer"></div>
<script>
//创建渲染器
var myRenderer = new THREE.WebGLRenderer({antialias:true});
myRenderer.setSize(window.innerWidth,window.innerHeight);
$("#myContainer").append(myRenderer.domElement);
var myScene = new THREE.Scene();
myScene.background = new THREE.Color('white');
var myCamera = new THREE.PerspectiveCamera(75,
                window.innerWidth/window.innerHeight,0.1,1000);
myCamera.position.set(100.23,98.92,39.18);
myCamera.lookAt(new THREE.Vector3(0,0,0));
//渲染球体
animate();
function animate(){
    requestAnimationFrame(animate);
    myRenderer.render(myScene,myCamera);
}
//响应单击"扁平化显示球体"按钮
$("#myButton1").click(function(){
    myScene.remove(myScene.getObjectByName('flatShadingFalse'));
    var myGeometry = new THREE.SphereGeometry(80,30,30);
    //创建法向量材质
    var myMaterial = new THREE.MeshNormalMaterial();
    //扁平化球面
    myMaterial.flatShading = true;
    var myMesh = new THREE.Mesh(myGeometry,myMaterial);
    myMesh.name = 'flatShadingTrue';
    myScene.add(myMesh);
});
```

```
//响应单击"正常显示球体"按钮
$("#myButton2").click(function(){
  myScene.remove(myScene.getObjectByName('flatShadingTrue'));
  var myGeometry = new THREE.SphereGeometry(80,30,30);
  var myMaterial = new THREE.MeshNormalMaterial();
  var myMesh = new THREE.Mesh(myGeometry,myMaterial);
  myMesh.name = 'flatShadingFalse';
  myScene.add(myMesh);
});
</script></body>
```

在上面这段代码中，myMaterial.flatShading = true 语句表示以扁平化风格显示使用 THREE.MeshNormalMaterial 材质创建的几何体（球体）。扁平化风格与几何体（球体）的切片数量密切相关，如果切片数量过大，则几乎看不到扁平化效果。例如，如果将 myGeometry = new THREE.SphereGeometry(80,30,30) 语句修改为 myGeometry = new THREE.SphereGeometry(80, 300, 300) 语句，其他代码不变，就几乎感觉不到扁平化效果。

此实例的源文件是 MyCode\ChapB\ChapB201.html。

170 使用 MeshDepthMaterial 淡化多个图形

此实例主要通过使用 THREE.MeshDepthMaterial 创建深度材质，使多个立方体呈现逐渐淡化（变暗）的效果。当浏览器显示页面时，将显示多个（100个）立方体，距离照相机越近的立方体越亮，距离照相机越远的立方体越暗，如图 170-1 所示。

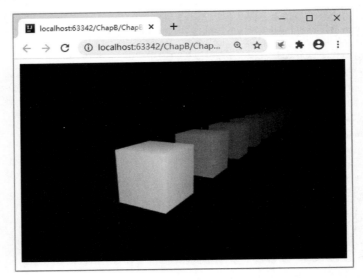

图 170-1

主要代码如下：

```
<body><center id = "myContainer"></center>
<script type = "text/javascript">
  //创建渲染器
  var myRenderer = new THREE.WebGLRenderer({antialias:true});
  myRenderer.setSize(window.innerWidth,window.innerHeight);
  myRenderer.setClearColor('black',1.0);
```

```
    $('#myContainer')[0].appendChild(myRenderer.domElement);
var myCamera = new THREE.PerspectiveCamera(45,
                window.innerWidth/window.innerHeight,30,1000);
myCamera.position.set(-40.91020281125894,
                12.522960007309857,22.79661391601931);
myCamera.lookAt(new THREE.Vector3(0,0,0));
var myScene = new THREE.Scene();
//创建100个立方体
var mySize = 9;
var myGeometry = new THREE.BoxGeometry(mySize,mySize,mySize);
var myMaterial = new THREE.MeshDepthMaterial();
var myGroupMesh = new THREE.Mesh();
for(var x = 0;x<100;x++){
    var myMesh = new THREE.Mesh(myGeometry,myMaterial);
    myMesh.position.set(x*mySize*2-mySize,0,0);
    myGroupMesh.add(myMesh);
}
myScene.add(myGroupMesh);
//渲染100个立方体
myRenderer.render(myScene,myCamera);
</script></body>
```

在上面这段代码中，myMaterial=new THREE.MeshDepthMaterial()语句用于创建深度材质，深度材质有一个特性：即其亮度不是由光源决定的，而是由图形网格（mesh）到照相机的距离决定的，即距离照相机越近的图形越亮，距离照相机越远的图形越暗。

此实例的源文件是 MyCode\ChapB\ChapB046.html。

171　使用 MeshDepthMaterial 绘制随机图形

此实例主要通过使用 THREE.MeshDepthMaterial 材质绘制随机立方体，使不同的立方体呈现不同程度的灰度感。当浏览器显示页面时，距离照相机越近的立方体越亮，距离照相机越远的立方体越暗，如图 171-1 所示。

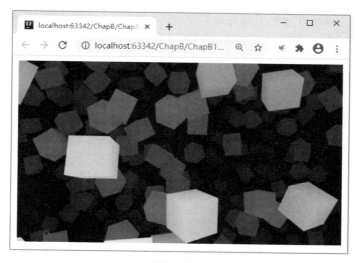

图　171-1

主要代码如下:

```
<body><center id = "myContainer"></center>
<script>
//创建渲染器
var myRenderer = new THREE.WebGLRenderer({antialias:true});
myRenderer.setSize(window.innerWidth,window.innerHeight);
myRenderer.setClearColor('black',1.0);
$("#myContainer").append(myRenderer.domElement);
var myScene = new THREE.Scene();
var myCamera = new THREE.PerspectiveCamera(45,
               window.innerWidth/window.innerHeight,0.1,1000);
myCamera.near = 120;
myCamera.updateProjectionMatrix();
myCamera.aspect = window.innerWidth/window.innerHeight;
myCamera.position.set(-20,8.4,37.6);
myCamera.lookAt(new THREE.Vector3(0,0,0));
//绘制随机立方体
var myGeometry = new THREE.BoxGeometry(32,32,32);
var myMaterial = new THREE.MeshDepthMaterial();
for(var i = 0;i < 3000;i ++){
  var myMesh = new THREE.Mesh(myGeometry,myMaterial);
   myMesh.position.x = 800 * (2.0 * Math.random() - 1.0);
   myMesh.position.y = 800 * (2.0 * Math.random() - 1.0);
   myMesh.position.z = 800 * (2.0 * Math.random() - 1.0);
   myMesh.rotation.x = Math.random() * Math.PI;
   myMesh.rotation.y = Math.random() * Math.PI;
   myMesh.rotation.z = Math.random() * Math.PI;
   myScene.add(myMesh);
}
//渲染随机立方体
myRenderer.render(myScene,myCamera);
</script></body>
```

在上面这段代码中,myCamera.near=120 语句表示照相机的近距截面值,在此实例中是发生颜色深(灰)度变化的起始值,立方体距离此截面越近,颜色越亮,立方体距离此截面越远,颜色越暗。

此实例的源文件是 MyCode\ChapB\ChapB109.html。

172 使用 MeshDepthMaterial 绘制圆环结

此实例主要通过使用 THREE.MeshDepthMaterial 材质绘制圆环结,使圆环结的不同部分呈现不同程度的灰度感。当浏览器显示页面时,圆环结距离照相机越近的部分越亮,距离照相机越远的部分越暗,如图 172-1 所示。

主要代码如下:

```
<body><center id = "myContainer"></center>
<script>
//创建渲染器
var myRenderer = new THREE.WebGLRenderer({antialias:true});
myRenderer.setSize(window.innerWidth,window.innerHeight);
myRenderer.setClearColor('white',1.0);
$("#myContainer").append(myRenderer.domElement);
```

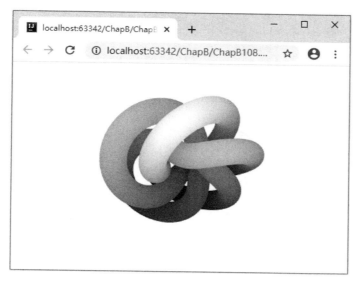

图 172-1

```
var myCamera = new THREE.PerspectiveCamera(45,
                    window.innerWidth/window.innerHeight,0.1,1000);
myCamera.near = 30;
myCamera.far = 60;
myCamera.updateProjectionMatrix();
myCamera.position.set(-4,31,28);
myCamera.lookAt(new THREE.Vector3(0,0,0));
var myScene = new THREE.Scene();
//创建圆环结
var myGeometry = new THREE.TorusKnotGeometry(8,2,300,60,3,5);
var myMaterial = new THREE.MeshDepthMaterial();
var myMesh = new THREE.Mesh(myGeometry,myMaterial);
myScene.add(myMesh);
//渲染圆环结
myRenderer.render(myScene,myCamera);
</script></body>
```

在上面这段代码中，myCamera.near＝30 语句表示照相机的近距截面值，myCamera.far＝60 语句表示照相机的远距截面值，在此实例中即是灰度的变化范围，THREE.MeshDepthMaterial 将根据不同的取值呈现不同的灰度效果。myGeometry＝new THREE.TorusKnotGeometry(8,2，300,60，3,5)语句用于创建一个圆环结。

此实例的源文件是 MyCode\ChapB\ChapB108.html。

173 使用 MeshDepthMaterial 混合其他材质

此实例主要通过使用 THREE.MeshDepthMaterial、THREE.MeshBasicMaterial 和 THREE.SceneUtils.createMultiMaterialObject，实现混合两种材质使圆环结的不同部分呈现不同程度的绿色。当浏览器显示页面时，圆环结距离照相机越近的部分绿色越浅，距离照相机越远的部分绿色越深，如图 173-1 所示。

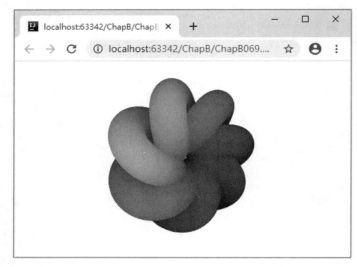

图 173-1

主要代码如下：

```html
<!DOCTYPE html><html><head><meta charset="UTF-8">
<script src="ThreeJS/three.js"></script>
<script src="ThreeJS/jquery.js"></script>
<script src="ThreeJS/SceneUtils.js"></script></head>
<body><center id="myContainer"></center>
<script>
//创建渲染器
var myRenderer = new THREE.WebGLRenderer({antialias:true});
myRenderer.setSize(window.innerWidth,window.innerHeight);
myRenderer.setClearColor('white',1.0);
$("#myContainer").append(myRenderer.domElement);
var myScene = new THREE.Scene();
var myCamera = new THREE.PerspectiveCamera(45,
            window.innerWidth/window.innerHeight,0.1,1000);
myCamera.near = 30;
myCamera.far = 50;
myCamera.updateProjectionMatrix();
myCamera.position.set(-20,8.4,37.6);
myCamera.lookAt(new THREE.Vector3(0,0,0));
//创建圆环结
var myGeometry = new THREE.TorusKnotGeometry(8,3,500,60,2,7);
//创建深度材质
var myMeshDepthMaterial = new THREE.MeshDepthMaterial();
//创建绿色材质
var myMeshBasicMaterial = new THREE.MeshBasicMaterial({
    color:0x00ff00,transparent:true,blending:THREE.MultiplyBlending});
//混合两种材质
var myMesh = new THREE.SceneUtils.createMultiMaterialObject(
            myGeometry,[myMeshDepthMaterial,myMeshBasicMaterial]);
myScene.add(myMesh);
//渲染圆环结
myRenderer.render(myScene,myCamera);
</script></body></html>
```

在上面这段代码中，myMeshDepthMaterial＝new THREE. MeshDepthMaterial()语句用于创建深度材质。myMeshBasicMaterial＝new THREE. MeshBasicMaterial({color:0x00ff00,transparent:true,blending:THREE. MultiplyBlending})语句用于创建绿色材质，并指定该材质与其他材质的混合方式为 THREE. MultiplyBlending。如果改为 myMeshBasicMaterial＝ new THREE. MeshBasicMaterial({color:0x00ff00,transparent:true,blending:THREE. AdditiveBlending})语句，则颜色将呈现另一种混合效果。myMesh＝new THREE. SceneUtils. createMultiMaterialObject(myGeometry,[myMeshDepthMaterial,myMeshBasicMaterial])语句表示根据深度材质、绿色材质和几何体（圆环结）创建颜色逐渐变暗的圆环结。此外需要注意：此实例需要添加 SceneUtils. js 文件。

此实例的源文件是 MyCode\ChapB\ChapB069. html。

174　在场景属性中设置 MeshDepthMaterial

此实例主要通过设置 THREE. Scene 的 overrideMaterial 属性为 MeshDepthMaterial，实现在场景中的所有图形呈现逐渐变暗的效果。当浏览器显示页面时，在场景中的圆环结、立方体、球体呈现的变暗效果如图 174-1 所示。

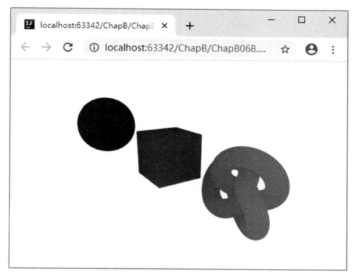

图　174-1

主要代码如下：

```
<body><center id = "myContainer"></center>
<script type = "text/javascript">
//创建渲染器
var myRenderer = new THREE.WebGLRenderer({antialias:true});
myRenderer.setSize(window.innerWidth,window.innerHeight);
myRenderer.setClearColor('white',1.0);
 $('#myContainer')[0].appendChild(myRenderer.domElement);
var myCamera = new THREE.PerspectiveCamera(45,
                    window.innerWidth/window.innerHeight,30,1000);
myCamera.position.set( - 76.03,30.40, - 48.87);
myCamera.lookAt(new THREE.Vector3(0,0,0));
var myScene = new THREE.Scene();
myScene.overrideMaterial = new THREE.MeshDepthMaterial();
```

```
myScene.translateX(30);
//创建法向量材质
var myMaterial = new THREE.MeshNormalMaterial();
//创建圆环结
var myTorusKnotGeometry = new THREE.TorusKnotGeometry(8,3,200,60);
var myTorusKnotMesh = new THREE.Mesh(myTorusKnotGeometry,myMaterial);
myTorusKnotMesh.translateX(-62);
myScene.add(myTorusKnotMesh);
//创建立方体
var myBoxGeometry = new THREE.BoxGeometry(20,20,20);
var myBoxMesh = new THREE.Mesh(myBoxGeometry,myMaterial);
myBoxMesh.translateX(-20);
myScene.add(myBoxMesh);
//创建球体
var mySphereGeometry = new THREE.SphereGeometry(20,60,60);
var mySphereMesh = new THREE.Mesh(mySphereGeometry,myMaterial);
mySphereMesh.translateX(70);
myScene.add(mySphereMesh);
//渲染圆环结、立方体、球体
myRenderer.render(myScene,myCamera);
</script></body>
```

在上面这段代码中,myScene.overrideMaterial = new THREE.MeshDepthMaterial()语句用于创建深度材质设置场景的 overrideMaterial 属性,使在整个场景中的所有图形的亮度根据照相机的距离而变化,即距离照相机越近的图形越亮,距离照相机越远的图形越暗。如果在此实例中去掉此行代码,则渲染效果如图 174-2 所示。

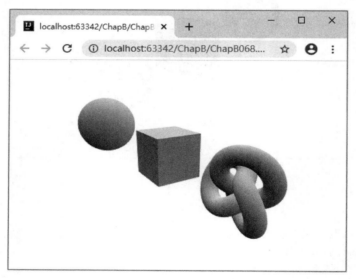

图 174-2

此实例的源文件是 MyCode\ChapB\ChapB068.html。

175 在 MeshPhongMaterial 中使用普通贴图

此实例主要通过在 THREE.MeshPhongMaterial 方法的参数中设置 map 属性,在 MeshPhongMaterial 材质上实现普通贴图的效果。当浏览器显示页面时,使用普通贴图创建的球体如图 175-1 所示。

图 175-1

主要代码如下：

```
<body><center id = "myContainer"></center>
<script>
//创建渲染器
var myRenderer = new THREE.WebGLRenderer({antialias:true});
myRenderer.setPixelRatio(window.devicePixelRatio);
myRenderer.setSize(window.innerWidth,window.innerHeight);
$("#myContainer").append(myRenderer.domElement);
var myCamera = new THREE.PerspectiveCamera(45,
                    window.innerWidth/window.innerHeight,1,1000);
myCamera.position.set(0,260,300);
myCamera.lookAt(new THREE.Vector3(0,0,0));
var myScene = new THREE.Scene();
myScene.background = new THREE.Color('white');
myScene.add(new THREE.AmbientLight(0xffffff));
//创建球体(地球)
var myGeometry = new THREE.SphereBufferGeometry(120,64,64);
//创建材质(普通贴图)
var myMap = new THREE.TextureLoader().load("images/img007.png");
var myMaterial = new THREE.MeshPhongMaterial({map:myMap});
var myMesh = new THREE.Mesh(myGeometry,myMaterial);
myScene.add(myMesh);
//渲染球体(地球)
animate();
function animate(){
    requestAnimationFrame(animate);
    myRenderer.render(myScene,myCamera);
}
</script></body>
```

在上面这段代码中，myMaterial＝new THREE.MeshPhongMaterial(｛map：myMap｝)语句表示根据指定的贴图(myMap)创建 MeshPhongMaterial 材质。除了 map 属性之外，MeshPhongMaterial

材质还具有下列特殊属性。

(1) ambient 是材质的环境色,该颜色与环境光提供的颜色相乘,默认值为白色。

(2) emissive 是该材质发射的颜色,它其实并不像一个光源,只是一种纯粹的、不受其他光照影响的颜色,默认值为黑色。

(3) specular 属性指定材质的光亮程度及高光部分的颜色。如果将它设置成与 color 属性相同的颜色,将会得到一个更加类似金属的材质,如果将它设置成灰色,材质将变得更像塑料。

(4) shininess 属性指定镜面高光部分的亮度,默认值是 30。

(5) metal,如果此属性设置为 true,Three.js 将会使用稍微不同的方式计算像素的颜色,以使物体看起来更像金属。需要注意：这个效果不明显。

(6) wrapAround,如果这个属性设置为 true,则启动半 lambert 光照技术。如果网格有粗糙、黑暗的部分,启用此属性阴影将变得柔和并且分布更加均匀。

此实例的源文件是 MyCode\ChapB\ChapB047.html。

176　在 MeshPhongMaterial 中使用高光贴图

此实例主要通过设置 THREE.MeshPhongMaterial 的 shininess 属性、specularMap 属性和 specular 属性,在旋转的地球表面上实现高光贴图的效果。当浏览器显示页面时,地球将不停地旋转,高光贴图效果分别如图 176-1 和图 176-2 所示。

图　176-1

主要代码如下：

```
<body><center id="myContainer"></center>
<script>
 var myClock = new THREE.Clock();
 //创建渲染器
 var myRenderer = new THREE.WebGLRenderer({antialias:true});
 myRenderer.setPixelRatio(window.devicePixelRatio);
 myRenderer.setSize(window.innerWidth,window.innerHeight);
  $("#myContainer").append(myRenderer.domElement);
 var myCamera = new THREE.PerspectiveCamera(60,
```

图 176-2

```
                           window.innerWidth/window.innerHeight,1,1000);
myCamera.position.set(0,260,300);
myCamera.lookAt(new THREE.Vector3(0,0,0));
var myScene = new THREE.Scene();
myScene.background = new THREE.Color('white');
var myDirectionalLight = new THREE.DirectionalLight(0xffffff);
myDirectionalLight.position.set(0,20,20);
myScene.add(myDirectionalLight);
myScene.add(new THREE.AmbientLight(0x444444));
//创建球体(地球)
var myGeometry = new THREE.SphereBufferGeometry(160,64,64);
var myMaterial = new THREE.MeshPhongMaterial({color:'black'});
//添加高光贴图
myMaterial.specularMap = new THREE.TextureLoader().load("images/img080.jpg");
//设置高光颜色
myMaterial.specular = new THREE.Color(0x00ff00);
//设置高光的平滑度,默认为30,值越高对比越强烈
myMaterial.shininess = 13;
var myMesh = new THREE.Mesh(myGeometry,myMaterial);
myScene.add(myMesh);
//渲染(旋转)球体(地球)
animate();
function animate(){
 requestAnimationFrame(animate);
 var delta = myClock.getDelta();
 myRenderer.render(myScene,myCamera);
 //按照设置的角度(弧度)围绕y轴旋转地球
 myMesh.rotation.y += delta/5;
}
</script></body>
```

在上面这段代码中,myMaterial.specularMap=new THREE.TextureLoader().load("images/img080.jpg")语句用于设置 THREE.MeshPhongMaterial 材质的高光贴图(图像)。myMaterial.specular=new THREE.Color(0x00ff00)语句用于设置高光的颜色为绿色。myMaterial.shininess=13 语

句用于设置高光的平滑度,默认为 30,值越高对比越强烈,值越小越发散。

此实例的源文件是 MyCode\ChapB\ChapB110.html。

177 在 MeshPhongMaterial 中使用法向量贴图

此实例主要通过设置 THREE.MeshPhongMaterial 的 normalMap 属性和 normalScale 属性,使立方体的表面贴图呈现更加细致的立体特效。法向量贴图通过使用一幅图像保存另一幅图像的法向量信息,然后再将这两幅图像的信息组合在一起,以形成一个细节丰富的立体纹理。当浏览器显示页面时,左边是使用法向量贴图创建的立体效果比较明显的立方体,右边是使用普通贴图创建的立方体,如图 177-1 所示。

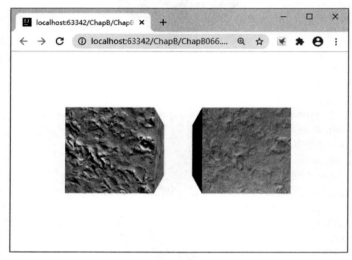

图 177-1

主要代码如下:

```
<body><div id="myContainer"></div>
<script>
//创建渲染器
var myRenderer = new THREE.WebGLRenderer({antialias:true});
myRenderer.setSize(window.innerWidth,window.innerHeight);
$("#myContainer").append(myRenderer.domElement);
var myCamera = new THREE.PerspectiveCamera(75,
                window.innerWidth/window.innerHeight,0.1,1000);
myCamera.position.set(0,0,-50);
myCamera.lookAt(new THREE.Vector3(0,0,0));
var myScene = new THREE.Scene();
myScene.background = new THREE.Color('white');
var myAmbientLight = new THREE.AmbientLight(0x0c0c0c);
myScene.add(myAmbientLight);
var mySpotLight = new THREE.SpotLight(0xffffff);
mySpotLight.position.set(-400,-400,-400);
myScene.add(mySpotLight);
//创建两个立方体
var myGeometry = new THREE.BoxGeometry(26,26,26);
var myMap = new THREE.TextureLoader().load('images/img008.jpg');
```

```
var myNormalMap = new THREE.TextureLoader().load('images/img009.jpg');
//设置法向贴图 normalMap,以创建更加细致的立体效果
var myMaterial1 = new THREE.MeshPhongMaterial();
myMaterial1.map = myMap;
//myMaterial1.normalMap = myMap;
myMaterial1.normalMap = myNormalMap;
myMaterial1.normalScale = new THREE.Vector2(0.5,0.5)
var myMesh1 = new THREE.Mesh(myGeometry,myMaterial1);
myMesh1.translateX(20);
myScene.add(myMesh1);
//使用普通贴图
var myMaterial2 = new THREE.MeshPhongMaterial();
myMaterial2.map = myMap;
var myMesh2 = new THREE.Mesh(myGeometry,myMaterial2);
myMesh2.translateX(-20);
myScene.add(myMesh2);
//渲染两个立方体
animate();
function animate(){
  requestAnimationFrame(animate);
  myRenderer.render(myScene,myCamera);
};
</script></body>
```

在上面这段代码中,myMaterial1.map＝myMap 语句用于在 THREE.MeshPhongMaterial 材质上设置普通贴图。myMaterial1.normalMap＝myNormalMap 语句用于在 THREE.MeshPhongMaterial 材质上设置法向量贴图。myMaterial1.normalScale＝new THREE. Vector2(0.5,0.5)语句用于设置法向量贴图的立体化级别。普通贴图和法向量贴图通常为两幅不同的图像,但是即使是相同的两幅图像,经过 normalScale 属性值的放大,也能获得较好的立体效果。

此实例的源文件是 MyCode\ChapB\ChapB066.html。

178 在 MeshPhongMaterial 中使用凹凸贴图

此实例主要通过设置 THREE.MeshPhongMaterial 的 bumpMap 属性和 bumpScale 属性,使立方体的表面呈现更加细致的凹凸特效。当浏览器显示页面时,左边是使用凹凸贴图创建的凹凸效果比较明显的立方体,右边是使用普通贴图创建的立方体,如图 178-1 所示。

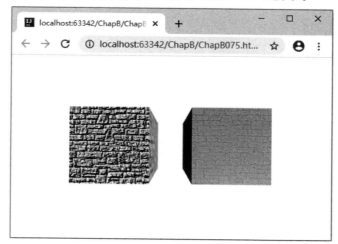

图 178-1

主要代码如下：

```
<body><div id="myContainer"></div>
<script>
 //创建渲染器
 var myRenderer = new THREE.WebGLRenderer({antialias:true});
 myRenderer.setSize(window.innerWidth,window.innerHeight);
 $("#myContainer").append(myRenderer.domElement);
 var myCamera = new THREE.PerspectiveCamera(75,
                 window.innerWidth/window.innerHeight,0.1,1000);
 myCamera.position.set(0,0,-50);
 myCamera.lookAt(new THREE.Vector3(0,0,0));
 var myScene = new THREE.Scene();
 myScene.background = new THREE.Color('white');
 var myAmbientLight = new THREE.AmbientLight(0x0c0c0c);
 myScene.add(myAmbientLight);
 var mySpotLight = new THREE.SpotLight(0xffffff);
 mySpotLight.position.set(-400,-400,-400);
 myScene.add(mySpotLight);
//创建两个立方体
 var myGeometry = new THREE.BoxGeometry(26,26,26);
 var myMap = new THREE.TextureLoader().load('images/img087.jpg');
 var myBumpMap = new THREE.TextureLoader().load('images/img088.jpg');
 //根据凹凸贴图 bumpMap 创建 THREE.MeshPhongMaterial 材质
 var myMaterial1 = new THREE.MeshPhongMaterial();
 myMaterial1.map = myMap;
 //myMaterial1.normalMap = myBumpMap;
 myMaterial1.bumpMap = myBumpMap;
 myMaterial1.bumpScale = 2.2;
 var myMesh1 = new THREE.Mesh(myGeometry,myMaterial1);
 myMesh1.translateX(20);
 myScene.add(myMesh1);
 //根据普通贴图创建 THREE.MeshPhongMaterial 材质
 var myMaterial2 = new THREE.MeshPhongMaterial();
 myMaterial2.map = myMap;
 var myMesh2 = new THREE.Mesh(myGeometry,myMaterial2);
 myMesh2.translateX(-20);
 myScene.add(myMesh2);
//渲染两个立方体
 animate();
 function animate(){
  requestAnimationFrame(animate);
  myRenderer.render(myScene,myCamera);
 };
</script></body>
```

在上面这段代码中，myMaterial1.map=myMap 语句用于在 THREE.MeshPhongMaterial 材质上设置普通贴图。myMaterial1.bumpMap=myBumpMap 语句用于在 THREE.MeshPhongMaterial 材质上设置凹凸贴图，凹凸贴图一般使用一幅灰度图。myMaterial1.bumpScale=2.2 语句用于设置凹凸贴图的凹凸级别。

此实例的源文件是 MyCode\ChapB\ChapB075.html。

179 在 MeshPhongMaterial 中镜像平铺贴图

此实例主要通过设置 Texture（纹理图像）的 wrapS 属性和 wrapT 属性均为 THREE.MirroredRepeatWrapping，在 THREE.MeshPhongMaterial 材质（或其他材质）中实现以镜像平铺的方式设置贴图。当浏览器显示页面时，单击"设置 2 ∗ 2 镜像平铺"按钮，则平面图形的贴图效果如图 179-1 所示；单击"设置 3 ∗ 3 镜像平铺"按钮，则平面图形的贴图效果如图 179-2 所示。

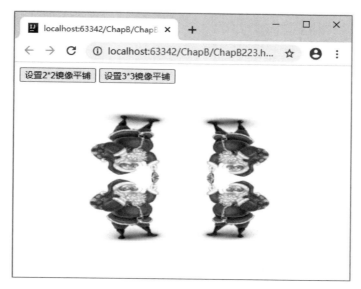

图　179-1

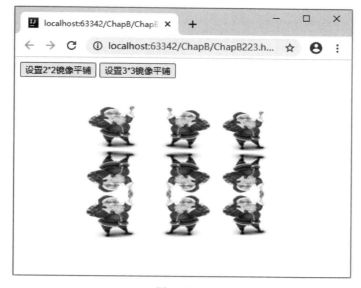

图　179-2

主要代码如下：

```
<body><p><button id = "myButton1">设置 2 ∗ 2 镜像平铺</button>
       <button id = "myButton2">设置 3 ∗ 3 镜像平铺</button></p>
```

```
<center id = "myContainer"></center>
<script>
//创建渲染器
var myRenderer = new THREE.WebGLRenderer({antialias:true});
myRenderer.setSize(window.innerWidth,window.innerHeight);
$("#myContainer").append(myRenderer.domElement);
var myScene = new THREE.Scene();
myScene.background = new THREE.Color('white');
var myCamera = new THREE.PerspectiveCamera(45,
                 window.innerWidth/window.innerHeight,0.01,1000);
myScene.add(new THREE.AmbientLight(0xffffff));
myCamera.position.set(-28.03,-10.96,311.75);
myCamera.lookAt(myScene.position);
$("#myContainer").append(myRenderer.domElement);
//创建平面图形
var myTextureLoader = new THREE.TextureLoader();
var myMap = myTextureLoader.load('images/img056.png');
 //设置纹理图像(贴图)在水平方向和垂直方向上的平铺模式为镜像平铺
myMap.wrapS = THREE.MirroredRepeatWrapping;
myMap.wrapT = THREE.MirroredRepeatWrapping;
myMap.matrixAutoUpdate = false;
var myMaterial = new THREE.MeshPhongMaterial({map:myMap,transparent:true});
var myGeometry = new THREE.PlaneBufferGeometry(300,200,5,5);
var myPlaneMesh = new THREE.Mesh(myGeometry,myMaterial);
var myMatrix = myPlaneMesh.material.map.matrix;
myMatrix.identity().scale(1,1);
myScene.add(myPlaneMesh);
//渲染平面图形
animate();
function animate(){
 requestAnimationFrame(animate);
 myRenderer.render(myScene,myCamera);
}
//响应单击"设置2*2镜像平铺"按钮
$("#myButton1").click(function(){
 //获取平面贴图所对应的矩阵
 myMatrix = myPlaneMesh.material.map.matrix;
 //通过矩阵设置水平方向和垂直方向的镜像重复次数
 myMatrix.identity().scale(2,2);
});
//响应单击"设置3*3镜像平铺"按钮
$("#myButton2").click(function(){
 //获取平面贴图所对应的矩阵
 myMatrix = myPlaneMesh.material.map.matrix;
 //通过矩阵设置水平方向和垂直方向的镜像重复次数
 myMatrix.identity().scale(3,3);
});
</script></body>
```

在上面这段代码中，myMap.wrapS = THREE.MirroredRepeatWrapping 语句和 myMap.wrapT = THREE.MirroredRepeatWrapping 语句用于设置贴图(纹理图像)的平铺方式为镜像平铺。wrapS 属性和 wrapT 属性的默认值为 THREE.ClampToEdgeWrapping，表示贴图(纹理图像)边缘被拉伸到纹理单元的外边界，即贴图适应(平面)图形的大小。其他两个选项分别是：

(1) THREE.MirroredRepeatWrapping,即镜像平铺贴图;
(2) THREE.RepeatWrapping,即重复平铺贴图。
此实例的源文件是 MyCode\ChapB\ChapB223.html。

180 在 MeshPhongMaterial 中重复平铺贴图

此实例主要通过设置 Texture(纹理图像)的 wrapS 属性和 wrapT 属性均为 THREE.RepeatWrapping,在 THREE.MeshPhongMaterial 材质(或其他材质)中实现以重复平铺的方式设置贴图。当浏览器显示页面时,单击"设置 2*2 重复平铺"按钮,则平面图形的贴图效果如图 180-1 所示;单击"设置 3*3 重复平铺"按钮,则平面图形的贴图效果如图 180-2 所示。

图　180-1

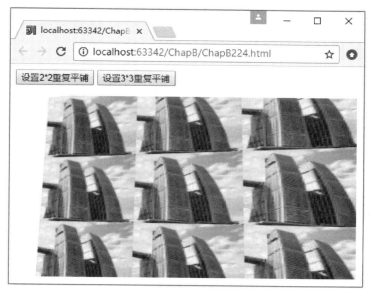

图　180-2

主要代码如下：

```html
<body><p><button id="myButton1">设置2*2重复平铺</button>
        <button id="myButton2">设置3*3重复平铺</button></p>
<center id="myContainer"></center>
<script>
 //创建渲染器
 var myRenderer = new THREE.WebGLRenderer({antialias:true});
 myRenderer.setSize(window.innerWidth,window.innerHeight);
 $("#myContainer").append(myRenderer.domElement);
 var myScene = new THREE.Scene();
 myScene.background = new THREE.Color('white');
 var myCamera = new THREE.PerspectiveCamera(45,
              window.innerWidth/window.innerHeight,0.01,1000);
 myScene.add(new THREE.AmbientLight(0xffffff));
 myCamera.position.set(34.99,-20.49,200.27);
 myCamera.lookAt(myScene.position);
 $("#myContainer").append(myRenderer.domElement);
 //创建平面图形
 var myTextureLoader = new THREE.TextureLoader();
 var myMap = myTextureLoader.load('images/img137.jpg');
 //设置纹理图像在水平方向和垂直方向上的平铺模式为重复平铺
 myMap.wrapS = THREE.RepeatWrapping;
 myMap.wrapT = THREE.RepeatWrapping;
 var myMaterial = new THREE.MeshPhongMaterial({map:myMap,transparent:true});
 var myGeometry = new THREE.PlaneBufferGeometry(300,200,5,5);
 var myPlaneMesh = new THREE.Mesh(myGeometry,myMaterial);
 myScene.add(myPlaneMesh);
 //渲染平面图形
 animate();
 function animate(){
  requestAnimationFrame(animate);
  myRenderer.render(myScene,myCamera);
 }
 //响应单击"设置2*2重复平铺"按钮
 $("#myButton1").click(function(){
   // myMap.matrixAutoUpdate = false;
   // myMatrix = myPlaneMesh.material.map.matrix;
   // myMatrix.identity().scale(2,2);
   myPlaneMesh.material.map.repeat.set(2,2);
 });
 //响应单击"设置3*3重复平铺"按钮
 $("#myButton2").click(function(){
   // myMap.matrixAutoUpdate = false;
   // myMatrix = myPlaneMesh.material.map.matrix;
   // myMatrix.identity().scale(3,3);
   myPlaneMesh.material.map.repeat.set(3,3);
 });
</script></body>
```

在上面这段代码中，myMap.wrapS = THREE.RepeatWrapping 语句和 myMap.wrapT = THREE.RepeatWrapping 语句用于设置贴图（纹理图像）的平铺方式为重复平铺。wrapS 属性和 wrapT 属性的默认值为 THREE.ClampToEdgeWrapping，表示贴图（纹理图像）边缘被拉伸到纹理单元的外边界,即贴图适应图形大小。myPlaneMesh. material. map. repeat. set(2,2)语句表示贴图在 x 方向上重复 2 次,在 y 方向上重复 2 次。myPlaneMesh. material. map. repeat. set(3,3)语句表示贴图在 x 方向上重复 3 次,在 y 方向上重复 3 次。

此实例的源文件是 MyCode\ChapB\ChapB224. html。

181 在 MeshPhongMaterial 中使用剪裁平面

此实例主要通过设置 THREE. WebGLRenderer 的 localClippingEnabled 属性和 THREE. MeshPhongMaterial 的 clippingPlanes 属性,实现在创建的 THREE. MeshPhongMaterial 材质中启用剪裁平面。当浏览器显示页面时,单击"启用剪裁平面"按钮,则使用 THREE. MeshPhongMaterial 材质创建的圆环结如图 181-1 所示;单击"禁用剪裁平面"按钮,则使用 THREE. MeshPhongMaterial 材质创建的圆环结如图 181-2 所示。

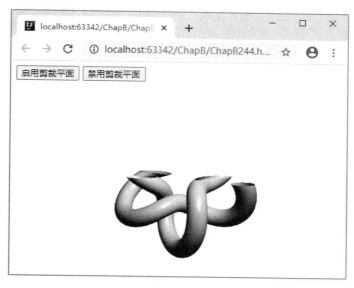

图　181-1

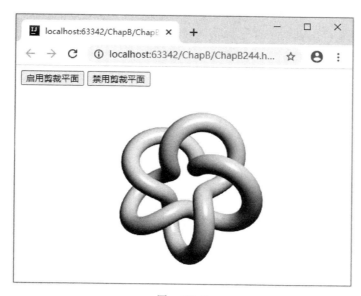

图　181-2

主要代码如下：

```html
<html><head><meta charset="UTF-8">
<script src="ThreeJS/three.js"></script>
<script src="ThreeJS/jquery.js"></script>
<script src="ThreeJS/OrbitControls.js"></script>
</head>
<body><p><button id="myButton1">启用剪裁平面</button>
         <button id="myButton2">禁用剪裁平面</button></p>
<center id="myContainer"></center>
<script>
//创建渲染器
var myRenderer = new THREE.WebGLRenderer({antialias:true});
myRenderer.setSize(window.innerWidth,window.innerHeight);
myRenderer.localClippingEnabled = true;
$("#myContainer").append(myRenderer.domElement);
var myCamera = new THREE.PerspectiveCamera(36,
                  window.innerWidth/window.innerHeight,0.1,1000);
myCamera.position.set(10,10,60);
var myScene = new THREE.Scene();
myScene.background = new THREE.Color(0xffffff);
var mySpotLight = new THREE.SpotLight(0xffffff);
mySpotLight.angle = Math.PI/5;
mySpotLight.position.set(20,30,30);
myScene.add(mySpotLight);
//创建圆环结
var myGeometry = new THREE.TorusKnotBufferGeometry(10,2,200,80,2,5);
//创建剪裁平面
var myClippingPlane = new THREE.Plane(new THREE.Vector3(0,-1,0),0.8);
var myMaterial = new THREE.MeshPhongMaterial({color:0x80ee10,
    shininess:100,side:THREE.DoubleSide,clippingPlanes:[myClippingPlane]});
myMesh = new THREE.Mesh(myGeometry,myMaterial);
myScene.add(myMesh);
var myControls = new THREE.OrbitControls(myCamera,myContainer);
//渲染圆环结
animate();
function animate(){
  requestAnimationFrame(animate);
  myMesh.rotation.x += 0.01;
  myMesh.rotation.y += 0.01;
  myMesh.rotation.z += 0.01;
  myRenderer.render(myScene,myCamera);
}
//响应单击"启用剪裁平面"按钮
$("#myButton1").click(function(){
  myRenderer.localClippingEnabled = true;
});
//响应单击"禁用剪裁平面"按钮
$("#myButton2").click(function(){
  myRenderer.localClippingEnabled = false;
});
</script></body></html>
```

在上面这段代码中，myMaterial = new THREE.MeshPhongMaterial({color:0x80ee10, shininess:100,side:THREE.DoubleSide,clippingPlanes:[myClippingPlane] })语句表示使用myClippingPlane 剪裁平面创建 THREE.MeshPhongMaterial 材质,但仅此不够,还应该设置myRenderer.localClippingEnabled=true。此外需要注意：此实例需要添加 OrbitControls.js 文件。

此实例的源文件是 MyCode\ChapB\ChapB244.html。

182　使用 MeshLambertMaterial 呈现局部照射

此实例主要通过使用 THREE.MeshLambertMaterial 和 THREE.SpotLight,在球体上实现照射半球的效果。当浏览器显示页面时,整个球体一半光亮、一半阴暗,如图 182-1 所示。

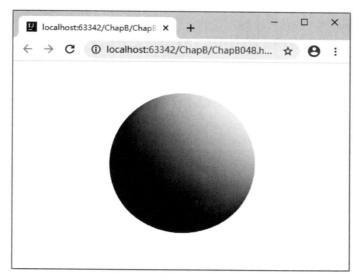

图　182-1

主要代码如下：

```
<body><center id = "myContainer"></center>
<script type = "text/javascript">
//创建渲染器
var myRenderer = new THREE.WebGLRenderer({antialias:true});
myRenderer.setSize(window.innerWidth,window.innerHeight);
myRenderer.setClearColor('white',1.0);
$('#myContainer')[0].appendChild(myRenderer.domElement);
var myCamera = new THREE.PerspectiveCamera(45,
                    window.innerWidth/window.innerHeight,30,1000);
myCamera.position.set( - 47,2,11);
myCamera.lookAt(new THREE.Vector3(0,0,0));
var myScene = new THREE.Scene();
//创建聚光灯光源
var mySpotLight = new THREE.SpotLight('white');
mySpotLight.position.set( - 120,460,460);
myScene.add(mySpotLight);
//创建球体
var myGeometry = new THREE.SphereGeometry(14,100,100);
var myMaterial = new THREE.MeshLambertMaterial({color:0x00ff00});
//var myMaterial = new THREE.MeshBasicMaterial({color:0x00ff00});
var myMesh = new THREE.Mesh(myGeometry,myMaterial);
```

```
myScene.add(myMesh);
//渲染球体
myRenderer.render(myScene,myCamera);
</script></body>
```

在上面这段代码中,myMaterial=new THREE.MeshLambertMaterial({color:0x00ff00})语句用于创建绿色材质,mySpotLight=new THREE.SpotLight('white')语句用于创建聚光灯光源,如果没有光源,球体将呈现为黑色。需要注意:球体的阴暗(光亮)范围与光源的位置密切相关,即mySpotLight.position.set(-120,460,460),可以通过调整此位置(或myCamera.position.set(-47,2,11))任意调节球体的阴暗(光亮)范围。

此实例的源文件是 MyCode\ChapB\ChapB048.html。

183 在 MeshLambertMaterial 中使用普通贴图

此实例主要通过在 THREE.MeshLambertMaterial 方法的参数中设置 map 属性,实现使用普通贴图创建立方体的表面材质。当浏览器显示页面时,使用普通贴图创建的立方体表面如图 183-1 所示。

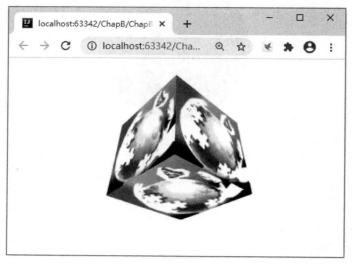

图 183-1

主要代码如下:

```
<body><center id="myContainer"></center>
<script>
//创建渲染器
var myRenderer = new THREE.WebGLRenderer({antialias:true});
myRenderer.setSize(window.innerWidth,window.innerHeight);
myRenderer.setClearColor('white',1.0);
$("#myContainer").append(myRenderer.domElement);
var myCamera = new THREE.PerspectiveCamera(45,
                window.innerWidth/window.innerHeight,0.1,1000);
myCamera.position.set(35.9,-35.58,32.97);
myCamera.lookAt(new THREE.Vector3(0,0,0));
var myScene = new THREE.Scene();
myScene.add(new THREE.AmbientLight('white'));
//创建立方体
```

```
var myTextureLoader = new THREE.TextureLoader();
myTextureLoader.load('images/img053.jpg',function(myTexture){
 var myMeshLambertMaterial = new THREE.MeshLambertMaterial({map:myTexture});
 var myGeometry = new THREE.BoxGeometry(24,24,24);
 myMesh = new THREE.Mesh(myGeometry,myMeshLambertMaterial);
 myScene.add(myMesh);
});
//渲染立方体
animate();
function animate(){
 requestAnimationFrame(animate);
 myRenderer.render(myScene,myCamera);
};
</script></body>
```

在上面这段代码中，myMeshLambertMaterial = new THREE.MeshLambertMaterial({map: myTexture})语句用于根据指定的普通贴图（myTexture）创建 MeshLambertMaterial 材质。普通贴图在使用 THREE.TextureLoader 加载成功之后即可使用，由于加载图像操作是异步的，因此可能需要使用 requestAnimationFrame 来渲染。

此实例的源文件是 MyCode\ChapB\ChapB093.html。

184　在 MeshLambertMaterial 中使用环境贴图

此实例主要通过在 THREE.MeshLambertMaterial 方法的参数中设置 envMap 属性，实现使用环境贴图动态设置球体表面的材质。当浏览器显示页面时，随着相机不停地滚动，球体的表面图像也随着所处的（室内）环境位置和方向的变化而改变，效果分别如图 184-1 和图 184-2 所示。

图　184-1

主要代码如下：

```
<body><center id = "myContainer"></center>
<script>
 var myCubeCamera,myCamera,myScene,myRenderer;
 var lon = 0,lat = 0,phi = 0,theta = 0;
```

图 184-2

```
var myTextureLoader = new THREE.TextureLoader();
myTextureLoader.load('images/img054.jpg',function(myTexture){
 init(myTexture);
 animate();
});
function init(myTexture){
 //创建渲染器
 myRenderer = new THREE.WebGLRenderer({antialias:true});
 myRenderer.setSize(window.innerWidth,window.innerHeight);
 $("#myContainer").append(myRenderer.domElement);
 myCamera = new THREE.PerspectiveCamera(60,
             window.innerWidth/window.innerHeight,1,1000);
 myScene = new THREE.Scene();
 //使用全景图设置场景背景
 myScene.background = new THREE.WebGLCubeRenderTarget(1024)
       .fromEquirectangularTexture(myRenderer,myTexture);
 //创建环境光
 var myAmbientLight = new THREE.AmbientLight('white');
 myScene.add(myAmbientLight);
 //创建两个聚光灯光源
 var mySpotLight1 = new THREE.SpotLight('white');
 mySpotLight1.position.set(600,600,600);
 myScene.add(mySpotLight1);
 var mySpotLight2 = new THREE.SpotLight('white');
 mySpotLight2.position.set(-600,-600,-600);
 myScene.add(mySpotLight2);
 var myCubeRenderTarget = new THREE.WebGLCubeRenderTarget(256,
     {format:THREE.RGBFormat,generateMipmaps:true,
      minFilter:THREE.LinearMipmapLinearFilter});
 //创建 THREE.CubeCamera 全景照相机
 myCubeCamera = new THREE.CubeCamera(1,400,myCubeRenderTarget);
 //使用全景照相机拍摄的环境贴图创建 MeshLambertMaterial
 var myMeshLambertMaterial = new THREE.MeshLambertMaterial({
                    envMap:myCubeRenderTarget.texture});
 var myMesh = new THREE.Mesh(new THREE.SphereGeometry(34,100,100),
```

```
                    myMeshLambertMaterial);
    myScene.add(myMesh);
}
function animate(){
    requestAnimationFrame(animate);
    //更新环境贴图(全景照相机不停地拍照)
    myCubeCamera.update(myRenderer,myScene);
    lon += 0.35;
    lat = Math.max(-85,Math.min(85,lat));
    phi = THREE.MathUtils.degToRad(90 - lat);
    theta = THREE.MathUtils.degToRad(lon);
    myCamera.position.x = 100 * Math.sin(phi) * Math.cos(theta);
    myCamera.position.y = 100 * Math.cos(phi);
    myCamera.position.z = 100 * Math.sin(phi) * Math.sin(theta);
    myCamera.lookAt(myScene.position);
    myRenderer.render( myScene,myCamera);
}
</script></body>
```

在上面这段代码中,myMeshLambertMaterial = new THREE.MeshLambertMaterial({envMap:myCubeRenderTarget.texture})语句表示使用从场景中获取(全景照相机拍摄的)的贴图 myCubeRenderTarget.texture 以环境贴图风格创建 myMeshLambertMaterial 材质。当使用环境贴图创建 MeshLambertMaterial 材质时,需要在场景中添加光源,最好是从不同角度添加多个光源,否则圆球的表面(环境贴图)将是一片黑暗。

此实例的源文件是 MyCode\ChapB\ChapB092.html。

185 在 MeshLambertMaterial 中使用光照贴图

此实例主要通过在 THREE.MeshLambertMaterial 方法的参数中设置 lightMap 属性,实现使用光照贴图创建 MeshLambertMaterial 材质。当浏览器显示页面时,两幅图像在经过光照贴图处理之后的效果如图 185-1 所示。

图 185-1

主要代码如下：

```
<body><center id="myContainer"></center>
<script>
//创建渲染器
var myRenderer = new THREE.WebGLRenderer({antialias:true});
myRenderer.setPixelRatio(window.devicePixelRatio);
myRenderer.setSize(window.innerWidth,window.innerHeight);
$("#myContainer").append(myRenderer.domElement);
var myCamera = new THREE.PerspectiveCamera(60,
                    window.innerWidth/window.innerHeight,1,1000);
myCamera.position.set(0,12,15);
myCamera.lookAt(new THREE.Vector3(0,0,0));
var myScene = new THREE.Scene();
myScene.background = new THREE.Color('white');
myScene.add(new THREE.AmbientLight(0x444444));
//根据光照贴图创建平面图形
var myPlaneGeometry = new THREE.PlaneGeometry(40,30,1,1);
var myLightMap = new THREE.TextureLoader().load('images/img040.png');
var myMap = new THREE.TextureLoader().load('images/img007.jpg');
var myMaterial = new THREE.MeshLambertMaterial({
                    color:0x777777,lightMap:myLightMap,map:myMap});
//为了保证光照贴图能够正常显示,使用正常纹理的 UV 映射值
myPlaneGeometry.faceVertexUvs[1] = myPlaneGeometry.faceVertexUvs[0];
var myMesh = new THREE.Mesh(myPlaneGeometry,myMaterial);
myMesh.rotation.x = -Math.PI/4.6;
myScene.add(myMesh);
//渲染平面图形
animate();
function animate(){
  requestAnimationFrame(animate);
  myRenderer.render(myScene,myCamera);
}
</script></body>
```

在上面这段代码中，myMaterial = new THREE.MeshLambertMaterial({color:0x777777, lightMap:myLightMap,map:myMap})语句用于根据指定的图像创建光照贴图材质。光照贴图是使用预先渲染好的阴影来模拟真实的阴影，这种光照贴图的好处是在不损害渲染性能的同时，还能够模拟出真实的阴影效果。

此实例的源文件是 MyCode\ChapB\ChapB111.html。

186 设置 MeshLambertMaterial 贴图重复方式

此实例主要通过设置 wrapS 属性和 wrapT 属性规定 MeshLambertMaterial 材质（或其他材质）贴图的重复方式，并使用 repeat.set(repeatX,repeatY) 方法规定贴图的重复次数，实现自定义 MeshLambertMaterial 材质贴图的平铺方式。当浏览器显示页面时，单击"在 x 方向重复 2 次"按钮，则球体的贴图效果如图 186-1 所示；单击"在 x 方向重复 10 次"按钮，则球体的贴图效果如图 186-2 所示。

主要代码如下：

```
<body><p><button id="myButton1">在 X 方向重复 2 次</button>
        <button id="myButton2">在 X 方向重复 10 次</button></p>
```

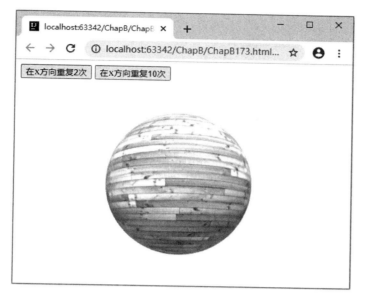

图 186-1

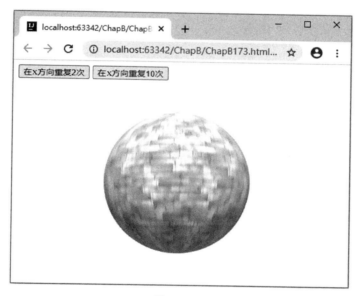

图 186-2

```
<div id="myContainer"></div>
<script>
//创建渲染器
var myRenderer = new THREE.WebGLRenderer({antialias:true});
myRenderer.setClearColor(new THREE.Color(0xffffff,1.0));
myRenderer.setSize(window.innerWidth,window.innerHeight);
$("#myContainer").append(myRenderer.domElement);
var myCamera = new THREE.PerspectiveCamera(45,
              window.innerWidth/window.innerHeight,0.1,1000);
myCamera.position.x = 00;
myCamera.position.y = 12;
myCamera.position.z = 200;
myCamera.lookAt(new THREE.Vector3(0,0,0));
```

```
var myScene = new THREE.Scene();
myScene.background = new THREE.Color(0xffffff);
myScene.add(new THREE.AmbientLight(0xffffff));
var myLight = new THREE.DirectionalLight();
myLight.position.set(0,30,20);
myScene.add(myLight);
//根据贴图创建球体
var myTexture = THREE.ImageUtils.loadTexture("images/img089.jpg");
myTexture.wrapS = THREE.RepeatWrapping;
myTexture.wrapT = THREE.RepeatWrapping;
//设置在x方向上重复2次、在y方向上重复1次的贴图
myTexture.repeat.set(2,1);
var myMaterial = new THREE.MeshLambertMaterial();
myMaterial.map = myTexture;
var myGeometry = new THREE.SphereGeometry(60,50,50);
var myMesh = new THREE.Mesh(myGeometry,myMaterial);
myMesh.position.x = 1;
myScene.add(myMesh);
//渲染球体
animate();
var step = 0;
function animate(){
 step += 0.01;
 myMesh.rotation.y = step;
 myMesh.rotation.x = step;
 requestAnimationFrame(animate);
 myRenderer.render(myScene,myCamera);
}
//响应单击"在x方向重复2次"按钮
$("#myButton1").click(function(){
 myMaterial.map.repeat.set(2,1);
});
//响应单击"在x方向重复10次"按钮
$("#myButton2").click(function(){
 myMaterial.map.repeat.set(10,1);
});
</script></body>
```

在上面这段代码中，myTexture.wrapS = THREE.RepeatWrapping，myTexture.wrapT = THREE.RepeatWrapping 语句用于规定材质贴图的重复方式，wrapS 属性规定 x 轴方向的行为，wrapT 属性规定 y 轴方向的行为，属性值 THREE.RepeatWrapping 表示允许重复自己，属性值 THREE.ClampToEdgeWrapping 是（wrapS 属性或 wrapT 属性的）默认值，纹理的边缘会被拉伸。myTexture.repeat.set(2,1) 语句表示在 x 方向重复 2 次贴图，在 y 方向重复 1 次贴图。

此实例的源文件是 MyCode\ChapB\ChapB173.html。

187　在 MeshLambertMaterial 中实现发光的效果

此实例主要通过设置 THREE.MeshLambertMaterial 的 emissive 属性，实现在使用 MeshLambertMaterial 材质创建的立方体上实现表面发光的效果。当浏览器显示页面时，立方体表面的（发光）颜色将一闪一闪地不停变换，效果分别如图 187-1 和图 187-2 所示。

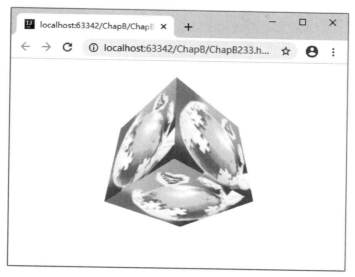

图　187-1

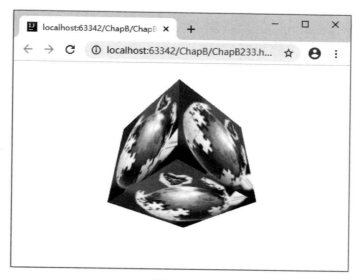

图　187-2

主要代码如下：

```
<body><center id="myContainer"></center>
<script>
//创建渲染器
var myRenderer = new THREE.WebGLRenderer({antialias:true});
myRenderer.setSize(window.innerWidth,window.innerHeight);
myRenderer.setClearColor('white',1.0);
$("#myContainer").append(myRenderer.domElement);
var myCamera = new THREE.PerspectiveCamera(45,
                    window.innerWidth/window.innerHeight,0.1,1000);
myCamera.position.set(35.9,-35.58,32.97);
myCamera.lookAt(new THREE.Vector3(0,0,0));
var myScene = new THREE.Scene();
myScene.add(new THREE.AmbientLight('white'));
```

```
    var myMesh;
    //创建立方体
    var myTextureLoader = new THREE.TextureLoader();
    myTextureLoader.load('images/img053.jpg',function(myTexture){
     var myMeshLambertMaterial = new THREE.MeshLambertMaterial({map:myTexture});
     var myGeometry = new THREE.BoxGeometry(24,24,24);
     myMesh = new THREE.Mesh(myGeometry,myMeshLambertMaterial);
     myScene.add(myMesh);
    });
    //渲染立方体
    animate();
    function animate(){
     requestAnimationFrame(animate);
     //动态设置立方体的发光颜色,实现发光效果
     myMesh.material.emissive.setHSL(0.54,
                    1,0.35 * (0.5 + 0.5 * Math.sin(35 * 0.0001 * Date.now())));
     //myMesh.material.emissive.setRGB(255,0,0);
     myRenderer.render(myScene,myCamera);
    };
</script></body>
```

在上面这段代码中,myMesh.material.emissive.setHSL(0.54,1,0.35 * (0.5 + 0.5 * Math.sin(35 * 0.0001 * Date.now()))))语句用于动态设置发光颜色,如果用myMesh.material.emissive.setRGB(255,0,0)语句表述,则将在立方体的表面蒙上一层发光的红色(不闪烁)。

此实例的源文件是 MyCode\ChapB\ChapB233.html。

188　在 MeshLambertMaterial 中实现形变动画

此实例主要通过设置 THREE.MeshLambertMaterial 的 morphTargets 和 flatShading 属性均为 true,在使用 THREE.MeshLambertMaterial 材质创建的立方体上实现形变动画。当浏览器显示页面时,单击"在 z 轴方向上压缩图形"按钮,则立方体在经过压缩之后的效果如图 188-1 所示;单击"在 z 轴方向上拉伸图形"按钮,则立方体在经过拉伸之后的效果如图 188-2 所示。

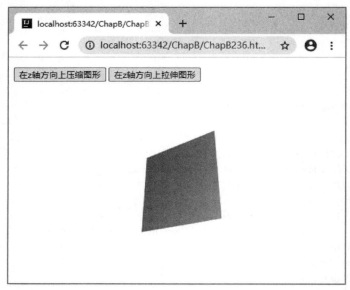

图　188-1

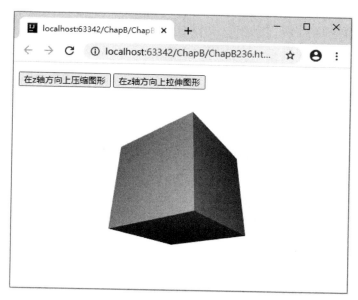

图 188-2

主要代码如下：

```
<!DOCTYPE html><html><head><meta charset = "UTF-8">
<script src = "ThreeJS/three.js"></script>
<script src = "ThreeJS/jquery.js"></script>
<script src = "ThreeJS/OrbitControls.js"></script>
</head>
<body><p><button id = "myButton1">在 z 轴方向上压缩图形</button>
         <button id = "myButton2">在 z 轴方向上拉伸图形</button></p>
<center id = "myContainer"></center>
<script>
  var isReversed, myStep = 0;
  //创建渲染器
  var myRenderer = new THREE.WebGLRenderer({antialias:true});
  myRenderer.setSize(window.innerWidth,window.innerHeight);
  $("#myContainer").append(myRenderer.domElement);
  var myScene = new THREE.Scene();
  myScene.background = new THREE.Color(0xffffff);
  var myCamera = new THREE.PerspectiveCamera(45,
                  window.innerWidth/window.innerHeight,0.1,1000);
  myCamera.position.x = 3.25;
  myCamera.position.y = -2.52;
  myCamera.position.z = 4.41;
  myScene.add(myCamera);
  myCamera.add(new THREE.PointLight(0xffffff,1));
  var myControls = new THREE.OrbitControls(myCamera);
  //创建立方体
  var myGeometry = new THREE.BoxBufferGeometry(2.4,2.4,2.4,32,32,32);
  //自定义立方体在压缩(或拉伸)前后的顶点位置(形变属性)
  myGeometry.morphAttributes.position = [];
  var myOldPosition = myGeometry.attributes.position.array;
  var myNewPosition = [];
  for(var i = 0;i < myOldPosition.length;i += 3){
```

```
    var x = myOldPosition[i];
    var y = myOldPosition[i + 1];
    var z = myOldPosition[i + 2];
    myNewPosition.push(x,y,0);
}
myGeometry.morphAttributes.position[0] =
        new THREE.Float32BufferAttribute(myNewPosition,3);
var myMaterial = new THREE.MeshLambertMaterial({
        color:0x00ff00,flatShading:true,morphTargets:true});
var myBoxMesh = new THREE.Mesh(myGeometry,myMaterial);
myScene.add(myBoxMesh);
//动态拉伸或压缩立方体
myRenderer.setAnimationLoop(function(){
    if(myStep < 1){if(!isReversed)myStep += 0.02;}
    if(myStep > 0){if(isReversed)myStep -= 0.02;}
    myBoxMesh.morphTargetInfluences[0] = myStep;
    myRenderer.render(myScene,myCamera);
});
//响应单击"在 z 轴方向上压缩图形"按钮
$("#myButton1").click(function(){
    isReversed = false;
    myStep = 0;
});
//响应单击"在 z 轴方向上拉伸图形"按钮
$("#myButton2").click(function(){
    isReversed = true;
    myStep = 1;
});
</script></body></html>
```

在上面这段代码中，myNewPosition.push(x,y,0)语句表示在形变之后的顶点 z 坐标为 0，即图形在 z 轴上发生形变；如果用 myNewPosition.push(x,0,z)语句表述，则表示图形在 y 轴上发生形变；如果用 myNewPosition.push(0,y,z)语句表述，则表示图形在 x 轴上发生形变。myMaterial = new THREE.MeshLambertMaterial({color:0x00ff00,flatShading:true,morphTargets:true})语句用于创建支持形变的 THREE.MeshLambertMaterial 材质，如果用 myMaterial = new THREE.MeshLambertMaterial({color:0x00ff00,flatShading:false,morphTargets:false})语句或 myMaterial = new THREE.MeshLambertMaterial({color:0x00ff00})语句表述，则均无法实现图形的形变动画。此外需要注意：此实例需要添加 OrbitControls.js 文件。

此实例的源文件是 MyCode\ChapB\ChapB236.html。

189　在 MeshLambertMaterial 中启用反射特效

此实例主要通过设置 THREE.MeshLambertMaterial 的 reflectivity 属性，实现在使用 THREE.MeshLambertMaterial 材质创建的模型上实现反射特效。当浏览器显示页面时，单击"启用反射特效"按钮，则两个头像模型（注意右边那个头像）如图 189-1 所示；单击"禁用反射特效"按钮，则两个头像模型如图 189-2 所示。

主要代码如下：

```
<html><head><meta charset = "UTF-8">
<script src = "ThreeJS/three.js"></script>
```

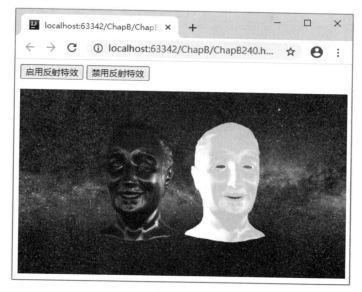

图 189-1

图 189-2

```
<script src = "ThreeJS/jquery.js"></script>
<script src = "ThreeJS/OBJLoader.js"></script>
</head>
<body><p><button id = "myButton1">启用反射特效</button>
       <button id = "myButton2">禁用反射特效</button></p>
<center id = "myContainer"></center>
<script>
//设置天空盒的6幅图像
var myImageUrls = ['images/img081right.jpg','images/img082left.jpg',
                   'images/img083top.jpg','images/img084bottom.jpg',
                   'images/img085front.jpg','images/img086back.jpg'];
//创建渲染器
var myRenderer = new THREE.WebGLRenderer({antialias:true});
```

```
myRenderer.setSize(window.innerWidth,window.innerHeight);
$("#myContainer").append(myRenderer.domElement);
var myScene = new THREE.Scene();
//使用天空盒设置场景背景
var myCubeTexture = new THREE.CubeTextureLoader().load(myImageUrls);
myScene.background = myCubeTexture;
var myCamera = new THREE.PerspectiveCamera(50,
                     window.innerWidth/window.innerHeight,1,5000);
myCamera.position.z = 2000;
myScene.add(new THREE.AmbientLight(0xffffff));
var myPointLight = new THREE.PointLight(0x00ff00,2);
myScene.add(myPointLight);
var myMaterial1 = new THREE.MeshLambertMaterial({envMap:myCubeTexture});
//创建反射材质
var myMaterial2 = new THREE.MeshLambertMaterial({
                     envMap:myCubeTexture,reflectivity:0.5});
//加载头像模型
var myLoader = new THREE.OBJLoader();
var myHead2;
myLoader.load("Data/MyWaltHead.obj",function(object){
  var myHead1 = object.children[0];
  myHead1.scale.multiplyScalar(15);
  myHead1.position.y = -500;
  myHead1.position.x = -450;
  myHead1.material = myMaterial1;
  myHead2 = myHead1.clone();
  myHead2.position.x = 450;
  myHead2.material = myMaterial1;
  myScene.add(myHead1,myHead2);
});
//渲染头像模型
animate();
function animate(){
  requestAnimationFrame(animate);
  myRenderer.render(myScene,myCamera);
}
//响应单击"启用反射特效"按钮
$("#myButton1").click(function(){
  myHead2.material = myMaterial2;
});
//响应单击"禁用反射特效"按钮
$("#myButton2").click(function(){
  myHead2.material = myMaterial1;
});
</script></body></html>
```

在上面这段代码中，myMaterial2 = new THREE.MeshLambertMaterial({envMap：myCubeTexture,reflectivity:0.5})语句用于创建支持反射的 THREE.MeshLambertMaterial 材质，reflectivity 属性表示反射值，值越小（最小为 0），反射越强烈，如果为 1，则几乎看不出效果。此外需要注意：此实例需要添加 OBJLoader.js 文件。

此实例的源文件是 MyCode\ChapB\ChapB240.html。

190　使用 SpriteMaterial 绘制平面粒子

此实例主要通过使用 THREE.Sprite 和 THREE.SpriteMaterial 创建多个粒子，并设置每个粒子的 z 属性为 0，实现在 xOy 平面上绘制多个粒子。当浏览器显示页面时，在 xOy 平面上绘制的多个粒子如图 190-1 所示。

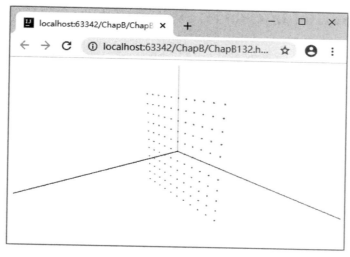

图　190-1

主要代码如下：

```
<body><center id = "myContainer"></center>
<script type = "text/javascript">
 //创建渲染器
 var myRenderer = new THREE.WebGLRenderer({antialias:true});
 myRenderer.setSize(window.innerWidth,window.innerHeight);
 myRenderer.setClearColor('white',1.0);
 $('#myContainer')[0].appendChild(myRenderer.domElement);
 var myCamera = new THREE.PerspectiveCamera(45,
                    window.innerWidth/window.innerHeight,1,10000);
 myCamera.position.set(144.35,68.22,120.45);
 myCamera.lookAt(new THREE.Vector3(0,0,0));
 var myScene = new THREE.Scene();
 //绘制三维坐标轴线
 var object = new THREE.AxesHelper(500);
 myScene.add(object);
 //在 xOy 平面上添加多个粒子
 var mySpriteMaterial = new THREE.SpriteMaterial({color:0xff0000});
 for(var x = - 5;x <= 5;x ++ ){
  for(var y = - 5;y <= 5;y ++ ){
    var mySprite = new THREE.Sprite(mySpriteMaterial);
    mySprite.position.set(x * 10,y * 10,0);
    myScene.add(mySprite);
  }
 }
 //渲染在 xOy 平面上的多个粒子
 myRenderer.render(myScene,myCamera);
</script></body>
```

在上面这段代码中,mySpriteMaterial = new THREE.SpriteMaterial({color:0xff0000})语句用于创建红色的粒子材质。mySprite = new THREE.Sprite(mySpriteMaterial)语句表示根据粒子(精灵)材质创建粒子(精灵)。mySprite.position.set(x*10,y*10,0)语句表示每个粒子的z属性为0,即在xOy平面上绘制粒子。

此实例的源文件是MyCode\ChapB\ChapB132.html。

191 使用SpriteMaterial随机绘制粒子

此实例主要通过使用随机颜色创建THREE.SpriteMaterial,并随机设置THREE.Sprite的position属性,实现在场景中随机绘制粒子。当浏览器显示页面时,在场景中随机绘制的粒子如图191-1所示。

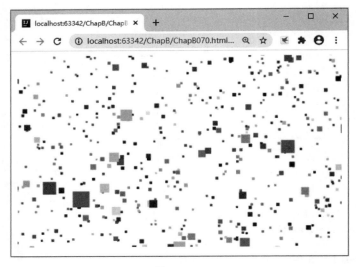

图 191-1

主要代码如下:

```
<body><center id="myContainer"></center>
<script type="text/javascript">
//创建渲染器
var myRenderer = new THREE.WebGLRenderer({antialias:true});
myRenderer.setSize(window.innerWidth,window.innerHeight);
myRenderer.setClearColor('white',1.0);
$('#myContainer')[0].appendChild(myRenderer.domElement);
var myCamera = new THREE.PerspectiveCamera(45,
            window.innerWidth/window.innerHeight,1,1000);
var myScene = new THREE.Scene();
//使用THREE.Sprite和THREE.SpriteMaterial绘制多个随机粒子
var myGroup = new THREE.Group();
myScene.add(myGroup);
for(var i = 0;i<10000;i++){
  var mySpriteMaterial = new THREE.SpriteMaterial({
              color:new THREE.Color( + SetRandomColor())});
  var mySprite = new THREE.Sprite(mySpriteMaterial);
  mySprite.position.x = THREE.Math.randFloatSpread(2000);
  mySprite.position.y = THREE.Math.randFloatSpread(2000);
```

```
        mySprite.position.z = THREE.Math.randFloatSpread(2000);
        mySprite.scale.set(8,8,8);
        myGroup.add(mySprite);
    }
    //渲染多个随机粒子
    myRenderer.render(myScene,myCamera);
    //随机生成颜色
    function SetRandomColor(){
        var arrHex = ["0","1","2","3","4","5","6",
                    "7","8","9","a","b","c","d","e","f"],
            strHex = "0x",
            index;
        for(var i = 0;i < 6;i ++){
         index = Math.round(Math.random() * 15);
         strHex += arrHex[index];
        }
        return strHex;
    }
</script></body>
```

在上面这段代码中，mySpriteMaterial = new THREE.SpriteMaterial({color：new THREE.Color(+SetRandomColor())})语句用于根据随机生成的颜色创建 THREE.SpriteMaterial 材质。mySprite.position.x=THREE.Math.randFloatSpread(2000)语句用于根据随机数来设置 THREE.Sprite 的 position.x 属性。THREE.Sprite 是一个永远面向相机的平面，通常用来加载纹理，并且 THREE.Sprite 不接受阴影。

此实例的源文件是 MyCode\ChapB\ChapB070.html。

192　根据画布内容创建 SpriteMaterial

此实例主要通过在 THREE.SpriteMaterial()方法的参数中设置 map 属性为画布，并在画布上绘制文本和图形等内容，实现根据画布的内容创建 SpriteMaterial 材质。当浏览器显示页面时，将在 SpriteMaterial 材质上显示在画布中绘制的文本和实心圆，如图 192-1 所示。

图　192-1

主要代码如下：

```
<body><center id="myContainer"></center>
<script type="text/javascript">
//创建渲染器
    var myRenderer = new THREE.WebGLRenderer({antialias:true});
    myRenderer.setSize(window.innerWidth,window.innerHeight);
    myRenderer.setClearColor('white',1.0);
    $('#myContainer')[0].appendChild(myRenderer.domElement);
    var myCamera = new THREE.PerspectiveCamera(45,
                    window.innerWidth/window.innerHeight,1,1000);
    myCamera.position.set(0,0,150);
    var myScene = new THREE.Scene();
//创建画布,并设置画布的宽高
    var myCanvas = document.createElement("canvas");
    myCanvas.width = 200;
    myCanvas.height = 200;
//在画布上绘制实心圆
    var myContext = myCanvas.getContext("2d");
    myContext.fillStyle = "#0000ff";
    myContext.arc(100,100,60,0,2 * Math.PI);
//在画布上绘制文本
    myContext.fillText('超实用代码集锦',10,10);
    myContext.fill();
//根据画布创建纹理贴图
    var myTexture = new THREE.Texture(myCanvas);
    myTexture.needsUpdate = true;
//根据纹理贴图创建 THREE.SpriteMaterial 材质
    var mySpriteMaterial = new THREE.SpriteMaterial({map:myTexture});
//根据 THREE.SpriteMaterial 材质创建 THREE.Sprite(粒子)
    var mySprite = new THREE.Sprite(mySpriteMaterial);
//放大粒子,粒子默认都是很小的,如果不放大,基本是看不到的
    mySprite.scale.set(100,100,1);
    myScene.add(mySprite);
//渲染粒子(显示在画布上绘制的实心圆和文本)
    myRenderer.render(myScene,myCamera);
</script></body>
```

在上面这段代码中，myTexture.needsUpdate=true 语句表示刷新在画布贴图中绘制的内容，否则在场景中可能不显示任何内容。

此实例的源文件是 MyCode\ChapB\ChapB071.html。

193 使用普通贴图创建 SpriteMaterial

此实例主要通过在 THREE.SpriteMaterial() 方法的参数中设置 map 属性为贴图（图像），并据此创建粒子，实现在场景中使用图像代替默认的粒子。当浏览器显示页面时，使用图像（鱼）创建的粒子效果如图 193-1 所示。

主要代码如下：

```
<body><center id="myContainer"></center>
<script type="text/javascript">
//创建渲染器
```

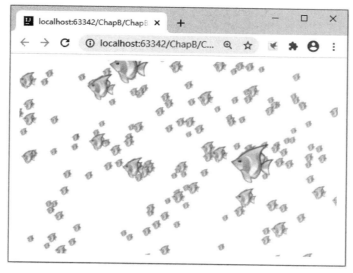

图 193-1

```
var myRenderer = new THREE.WebGLRenderer({antialias:true});
myRenderer.setSize(window.innerWidth,window.innerHeight);
myRenderer.setClearColor('white',1.0);
$('#myContainer')[0].appendChild(myRenderer.domElement);
var myCamera = new THREE.PerspectiveCamera(45,
                    window.innerWidth/window.innerHeight,1,1000);
var myScene = new THREE.Scene();
//使用 THREE.Sprite 和 THREE.SpriteMaterial 创建大小不一的多个粒子
var myGroup = new THREE.Group();
myScene.add(myGroup);
//加载纹理图像
var myMap = new THREE.TextureLoader().load('images/img040.png');
//根据纹理图像创建 THREE.SpriteMaterial 材质
var mySpriteMaterial = new THREE.SpriteMaterial({map:myMap});
//根据 THREE.SpriteMaterial 材质创建 THREE.Sprite(粒子)
for(var i = 0;i < 3000;i ++){
  var mySprite = new THREE.Sprite(mySpriteMaterial);
  mySprite.position.x = THREE.Math.randFloatSpread(2000);
  mySprite.position.y = THREE.Math.randFloatSpread(2000);
  mySprite.position.z = THREE.Math.randFloatSpread(2000);
  mySprite.scale.set(30,30,1);
  myGroup.add(mySprite);
}
myScene.add(myGroup);
//渲染多个使用普通贴图创建的粒子
animate();
function animate(){
  requestAnimationFrame(animate);
  myGroup.rotation.x += 0.006;
  myGroup.rotation.y += 0.006;
  myGroup.rotation.z += 0.006;
  myRenderer.render(myScene,myCamera);
}
</script></body>
```

在上面这段代码中,myMap＝new THREE.TextureLoader().load('images/img040.png')语句用于加载图像文件创建贴图。mySpriteMaterial＝new THREE.SpriteMaterial({map：myMap})语句用于根据指定的贴图 myMap 创建 SpriteMaterial 材质。mySprite＝new THREE.Sprite(mySpriteMaterial)语句用于根据 SpriteMaterial 材质创建 THREE.Sprite(粒子)。

此实例的源文件是 MyCode\ChapB\ChapB074.html。

194　根据颜色和尺寸创建 PointsMaterial

此实例主要通过使用 THREE.Points 和 THREE.PointsMaterial,并设置 THREE.PointsMaterial 的 size 属性和 color 属性,实现在场景中创建指定大小和颜色的多个粒子。当浏览器显示页面时,随机创建的指定大小和颜色的多个粒子如图 194-1 所示。

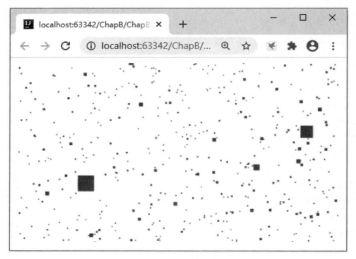

图　194-1

主要代码如下:

```
<body><center id = "myContainer"></center>
<script type = "text/javascript">
//创建渲染器
var myRenderer = new THREE.WebGLRenderer({antialias:true});
myRenderer.setSize(window.innerWidth,window.innerHeight);
myRenderer.setClearColor('white',1.0);
 $('#myContainer')[0].appendChild(myRenderer.domElement);
var myCamera = new THREE.PerspectiveCamera(45,
                 window.innerWidth/window.innerHeight,30,1000);
var myScene = new THREE.Scene();
//创建多个粒子
var myGeometry = new THREE.Geometry();
for(var i = 0;i < 10000;i ++){
 var myPoint = new THREE.Vector3();
 myPoint.x = THREE.Math.randFloatSpread(2000);
 myPoint.y = THREE.Math.randFloatSpread(2000);
 myPoint.z = THREE.Math.randFloatSpread(2000);
 myGeometry.vertices.push(myPoint);
}
```

```
var myPointsMaterial = new THREE.PointsMaterial({size:10,color:'darkgreen'});
var myPoints = new THREE.Points(myGeometry,myPointsMaterial);
myScene.add(myPoints);
//渲染多个粒子
animate();
function animate(){
 requestAnimationFrame(animate);
 myPoints.rotation.x += 0.01;
 myPoints.rotation.y += 0.01;
 myPoints.rotation.z += 0.01;
 myRenderer.render(myScene,myCamera);
};
</script></body>
```

在上面这段代码中，myPointsMaterial＝new THREE.PointsMaterial({size：10，color：'darkgreen'})语句用于根据参数（size 属性和 color 属性）创建绿色的粒子材质。myPoints＝new THREE.Points (myGeometry,myPointsMaterial)语句用于批量管理多个粒子，一般情况下，myGeometry 参数用来设置粒子的位置坐标，myPointsMaterial 参数用来设置粒子的样式。

此实例的源文件是 MyCode\ChapB\ChapB072.html。

195　在 PointsMaterial 中自定义粒子形状

此实例主要通过在画布上绘制实心圆，然后使用画布创建纹理贴图，再使用纹理贴图创建 THREE.PointsMaterial 材质，实现根据画布内容（实心圆）自定义 THREE.PointsMaterial 材质的粒子形状。当浏览器显示页面时，在场景中绘制的多个圆形（默认是方形）随机粒子如图 195-1 所示。

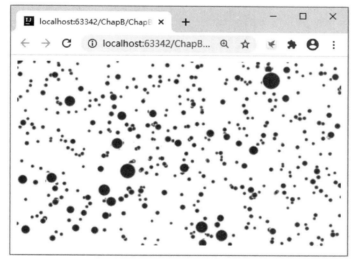

图　195-1

主要代码如下：

```
<body><center id="myContainer"></center>
<script type="text/javascript">
 //创建渲染器
 var myRenderer = new THREE.WebGLRenderer({antialias:true,alpha:true});
 myRenderer.setSize(window.innerWidth,window.innerHeight);
```

```
myRenderer.setClearColor('white',1.0);
$('#myContainer')[0].appendChild(myRenderer.domElement);
var myCamera = new THREE.PerspectiveCamera(45,
                window.innerWidth/window.innerHeight,30,1000);
var myScene = new THREE.Scene();
//创建多个粒子
var myGeometry = new THREE.Geometry();
for(var i = 0;i < 10000;i++){
 var myPoint = new THREE.Vector3();
 myPoint.x = THREE.Math.randFloatSpread(2000);
 myPoint.y = THREE.Math.randFloatSpread(2000);
 myPoint.z = THREE.Math.randFloatSpread(2000);
 myGeometry.vertices.push(myPoint);
}
//在画布上绘制实心圆
var myCanvas = document.createElement("canvas");
myCanvas.width = 100;
myCanvas.height = 100;
var myContext = myCanvas.getContext("2d");
myContext.fillStyle = "#ffff00";
myContext.arc(50,50,45,0,2 * Math.PI);
myContext.fill();
var myTexture = new THREE.Texture(myCanvas);
myTexture.needsUpdate = true;
//使用在画布上绘制的实心圆(贴图)创建 PointsMaterial
var myPointsMaterial = new THREE.PointsMaterial({
                size:30,color:'darkgreen',map:myTexture});
var myPoints = new THREE.Points(myGeometry,myPointsMaterial);
myScene.add(myPoints);
//渲染多个实心圆粒子
animate();
function animate(){
 requestAnimationFrame(animate);
 myPoints.rotation.x += 0.01;
 myPoints.rotation.y += 0.01;
 myPoints.rotation.z += 0.01;
 myRenderer.render(myScene,myCamera);
};
</script></body>
```

在上面这段代码中，myCanvas＝document.createElement("canvas")语句表示根据当前环境（document）创建画布。myTexture＝new THREE.Texture(myCanvas)语句表示根据在画布上绘制的内容（实心圆）创建纹理贴图。myPointsMaterial＝new THREE.PointsMaterial（{size：30，color：'darkgreen'，map：myTexture}）语句表示根据画布贴图（实心圆）创建 THREE.PointsMaterial 材质。myRenderer＝new THREE.WebGLRenderer（{antialias：true，alpha：true}）语句中的 alpha：true 用于过滤掉画布贴图的非实心圆部分，否则将在实心圆的周围出现黑色的矩形框。此外需要注意：使用画布贴图创建 THREE.PointsMaterial 需要设置 myTexture.needsUpdate＝true，否则可能不显示。

此实例的源文件是 MyCode\ChapB\ChapB094.html。

196　使用普通贴图创建 PointsMaterial

此实例主要通过在 THREE.PointsMaterial()方法的参数中设置 map 属性，实现使用普通贴图

（图像）创建粒子图形。当浏览器显示页面时，使用普通贴图创建的多个随机粒子（飞机模型）如图 196-1 所示。

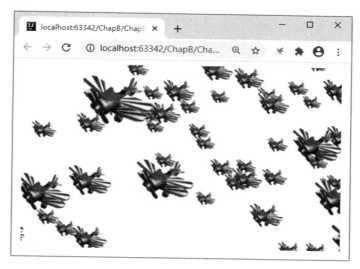

图 196-1

主要代码如下：

```
<body><center id = "myContainer"></center>
<script type = "text/javascript">
//创建渲染器
 var myRenderer = new THREE.WebGLRenderer({antialias:true});
 myRenderer.setSize(window.innerWidth,window.innerHeight);
 myRenderer.setClearColor('white',1.0);
  $('#myContainer')[0].appendChild(myRenderer.domElement);
 var myCamera = new THREE.PerspectiveCamera(45,
                    window.innerWidth/window.innerHeight,30,1000);
 var myScene = new THREE.Scene();
//使用普通贴图材质创建多个粒子
 var myMap = new THREE.TextureLoader().load('images/img041.png');
 var myGeometry = new THREE.Geometry();
 for(var i = 0;i < 1000;i ++){
  var myPoint = new THREE.Vector3();
  myPoint.x = THREE.Math.randFloatSpread(2000);
  myPoint.y = THREE.Math.randFloatSpread(2000);
  myPoint.z = THREE.Math.randFloatSpread(2000);
  myGeometry.vertices.push(myPoint);
 }
 var myPointsMaterial = new THREE.PointsMaterial({
                   size:200,alphaTest:0.5,map:myMap});
 var myPoints = new THREE.Points(myGeometry,myPointsMaterial);
 myScene.add(myPoints);
//渲染多个粒子
 myRenderer.render(myScene,myCamera);
 animate();
 function animate(){
  requestAnimationFrame(animate);
  myPoints.rotation.x += 0.006;
  myPoints.rotation.y += 0.006;
```

```
        myPoints.rotation.z += 0.006;
        myRenderer.render(myScene,myCamera);
    };
</script></body>
```

在上面这段代码中,myMap=new THREE.TextureLoader().load('images/img041.png')语句用于根据图像创建普通贴图。myPointsMaterial = new THREE.PointsMaterial({size:200,alphaTest:0.5,map:myMap})语句表示使用普通贴图 myMap 创建 PointsMaterial 材质。需要注意:在使用普通贴图创建 PointsMaterial 材质时,通常需要设置 alphaTest 属性,否则普通贴图(通常为 PNG 格式)的非图像部分将显示为黑色的矩形框。

此实例的源文件是 MyCode\ChapB\ChapB073.html。

197　使用渐变纹理贴图创建 PointsMaterial

此实例主要通过在 THREE.PointsMaterial()方法的参数中使用在画布中创建的径向(放射状)渐变纹理贴图设置 map 属性,并使用 THREE.TorusKnotGeometry(常用的是 THREE.Geometry)作为图形的几何体,从而在圆环结上实现渐变的粒子效果。当浏览器显示页面时,使用该 THREE.PointsMaterial 材质创建的圆环结如图 197-1 所示。

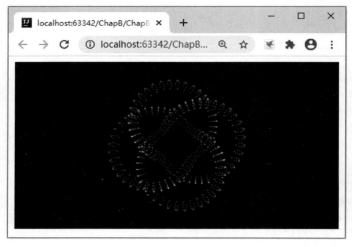

图　197-1

主要代码如下:

```
<body><center id="myContainer"></center>
<script>
//创建渲染器
var myRenderer = new THREE.WebGLRenderer({antialias:true});
myRenderer.setPixelRatio(window.devicePixelRatio);
myRenderer.setSize(window.innerWidth,window.innerHeight);
myRenderer.setClearColor('black');
$("#myContainer").append(myRenderer.domElement);
var myScene = new THREE.Scene();
var myCamera = new THREE.PerspectiveCamera(45,
                window.innerWidth/window.innerHeight,0.1,200);
myCamera.position.set(0,0,80);
```

```
    //创建圆环结
    var myTorusKnotGeometry =
                new THREE.TorusKnotGeometry(16,1.7,156,12,3,4,3.5);
    //var myTorusKnotGeometry = new THREE.SphereGeometry(16,16,16);
    var myPointsMaterial = new THREE.PointsMaterial({color:0x00ff00,
          size:3,blending:THREE.AdditiveBlending,map:generateSprite()});
    var myPoints = new THREE.Points(myTorusKnotGeometry,myPointsMaterial);
    myScene.add(myPoints);
    //在画布上创建径向渐变贴图
    function generateSprite(){
      var myCanvas = document.createElement('canvas');
      myCanvas.width = 16;
      myCanvas.height = 16;
      var myContext = myCanvas.getContext('2d');
      var myGradient = myContext.createRadialGradient(
          myCanvas.width/2,myCanvas.height/2,0,myCanvas.width/2,
          myCanvas.height/2,myCanvas.width/2);
      myGradient.addColorStop(0, 'rgba(255,255,255,1)');
      myGradient.addColorStop(0.2, 'rgba(0,255,255,1)');
      myGradient.addColorStop(0.4, 'rgba(0,0,64,1)');
      myGradient.addColorStop(1, 'rgba(0,0,0,1)');
      myContext.fillStyle = myGradient;
      myContext.fillRect(0,0,myCanvas.width,myCanvas.height);
      var myTexture = new THREE.Texture(myCanvas);
      myTexture.needsUpdate = true;
      return myTexture;
    }
    //渲染圆环结
    myRenderer.render(myScene,myCamera);
</script></body>
```

在上面这段代码中，myPointsMaterial=new THREE.PointsMaterial({color：0x00ff00，size:3，blending：THREE.AdditiveBlending,map:generateSprite()})语句表示使用map属性指定的渐变画布贴图（generateSprite()方法的返回值）创建 THREE.PointsMaterial。myGradient=myContext.createRadialGradient(myCanvas.width/2，myCanvas.height/2,0，myCanvas.width/2，myCanvas.height/2,myCanvas.width/2)语句用于根据参数确定两个圆的坐标，绘制径向（放射状）渐变，createRadialGradient()方法的语法格式如下：

```
createRadialGradient(x0,y0,r0,x1,y1,r1)
```

其中，参数 x0 表示开始圆的 x 轴坐标。参数 y0 表示开始圆的 y 轴坐标。参数 r0 表示开始圆的半径。参数 x1 表示结束圆的 x 轴坐标。参数 y1 表示结束圆的 y 轴坐标。参数 r1 表示结束圆的半径。该方法的返回值是由两个指定的圆初始化的 CanvasGradient 对象。

此实例的源文件是 MyCode\ChapB\ChapB130.html。

198 使用 PointsMaterial 创建雨滴下落动画

此实例主要通过使用 THREE.Points 和 THREE.PointsMaterial，实现在场景中创建雨滴下落动画。当浏览器显示页面时，雨滴下落动画的效果如图 198-1 所示。

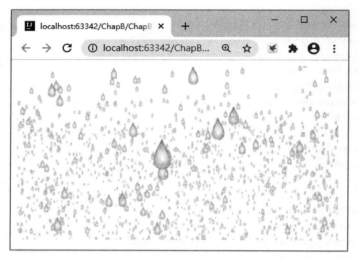

图 198-1

主要代码如下：

```
<body><script>
var myRenderer,myCamera,myScene,myPoints;
//创建渲染器
function initRender(){
  myRenderer = new THREE.WebGLRenderer({antialias:true});
  myRenderer.setClearColor(new THREE.Color(0xffffff));
  myRenderer.setSize(window.innerWidth,window.innerHeight);
  document.body.appendChild(myRenderer.domElement);
  myCamera = new THREE.PerspectiveCamera(45,
              window.innerWidth/window.innerHeight,1,200);
  myCamera.position.set(0,20,100);
  myCamera.lookAt(new THREE.Vector3(0,30,0));
  myScene = new THREE.Scene();
}
//创建粒子(雨滴)
function createParticles(size,transparent,opacity,
                         vertexColors,sizeAttenuation,color){
  var myTexture = new THREE.TextureLoader().load("images/img057.png");
  var myGeometry = new THREE.Geometry();
  var myMaterial = new THREE.PointsMaterial({
    size:size,transparent:transparent,opacity:opacity,
    vertexColors:vertexColors,sizeAttenuation:sizeAttenuation,
    color:color,map:myTexture,depthTest:false});
  var myRange = 120 * 3;
  for(var i = 0;i < 9500;i++){
    var myPoint = new THREE.Vector3(Math.random() * myRange - myRange/2,
        Math.random() * myRange - myRange/2,Math.random() * myRange - myRange/2);
    myPoint.velocityY = 0.1 + Math.random()/5;
    myPoint.velocityX = (Math.random() - 0.5)/3;
    myGeometry.vertices.push(myPoint);
    var myColor = new THREE.Color(0xffffff);
    myGeometry.colors.push(myColor);
  }
  myPoints = new THREE.Points(myGeometry,myMaterial);
```

```
    myScene.add(myPoints);
  }
  //渲染粒子(雨滴)
  function animate(){
   var myVertices = myPoints.geometry.vertices;
   //实现雨滴下落动画
   myVertices.forEach(function(v){
    v.y = v.y - (v.velocityY) * 3;
    v.x = v.x - (v.velocityX) * .5;
    if(v.y <= - 60)v.y = 60;
    if(v.x <= - 120||v.x >= 120)v.velocityX = v.velocityX * - 1;
   });
   //实时更新雨滴位置信息
   myPoints.geometry.verticesNeedUpdate = true;
   myRenderer.render(myScene,myCamera);
   requestAnimationFrame(animate);
  }
  initRender();
  createParticles(6,true,0.8,true,true,0xffffff);
  animate();
</script></body>
```

在上面这段代码中，myMaterial 代表使用雨滴图像创建的材质。myPoint 表示每个雨滴。myVertices＝myPoints.geometry.vertices 语句用于获取雨滴的顶点(位置)信息。myVertices.forEach(function(v){v.y＝v.y-(v.velocityY)*3;v.x＝v.x-(v.velocityX)*.5;})语句则用于改变雨滴的顶点位置，如果用 myVertices.forEach(function(v){v.y＝v.y＋(v.velocityY)*3;v.x＝v.x＋(v.velocityX)*.5;})语句表述，则雨滴将呈现上升效果。此外，如果需要动态渲染雨滴的下落过程，则应该设置 myPoints.geometry.verticesNeedUpdate＝true，刷新雨滴的顶点位置。

此实例的源文件是 MyCode\ChapB\ChapB131.html。

199　使用 PointsMaterial 创建雪花飘舞动画

此实例主要通过使用 THREE.Points 和 THREE.PointsMaterial，实现在场景中创建雪花飘舞动画。当浏览器显示页面时，雪花飘舞的动态效果如图 199-1 所示。

图　199-1

主要代码如下：

```
<body><center id="myContainer"></center>
<script>
  //创建渲染器
  var myRenderer = new THREE.WebGLRenderer({antialias:true});
  myRenderer.setSize(window.innerWidth,window.innerHeight);
  $("#myContainer").append(myRenderer.domElement);
  var myScene = new THREE.Scene();
  var myCamera = new THREE.PerspectiveCamera(45,
                      window.innerWidth/window.innerHeight,2,500);
  myCamera.position.set(0,0,40);
  myScene.add(myCamera);
  myScene.background = new THREE.TextureLoader().load('images/img004.jpg');
  //创建多个雪花
  var myMap = new THREE.TextureLoader().load('images/img109.png');
  var myPointsMaterials = [];
  for(var i = 0;i < 2;i ++){
   var myPointsMaterial = new THREE.PointsMaterial({
                      size:2,map:myMap,blending:THREE.AdditiveBlending});
   myPointsMaterial.map.offset = new THREE.Vector2(1/2 * i,0);
   myPointsMaterial.map.repeat = new THREE.Vector2(1/2,1);
   myPointsMaterials.push(myPointsMaterial);
  }
  var myGeometries = [];
  for(var k = 0;k < 2;k ++){
   var myGeometry = new THREE.Geometry();
   for(var i = 0;i < 100;i ++){
    var myVector = new THREE.Vector3(Math.random() * 50 - 25,
                      Math.random() * 50 - 25,Math.random() * 50 - 25);
    myVector.velocityY = 0.1 + Math.random()/5;
    myVector.velocityX = (Math.random() - 0.5)/3;
    myVector.velocityZ = (Math.random() - 0.5)/3;
    myGeometry.vertices.push(myVector);
   }
   myGeometries.push(myGeometry);
  }
  var myGroup = [];
  for(var i = 0;i < 2;i ++){
   var myPoints = new THREE.Points(myGeometries[i],myPointsMaterials[i]);
   myGroup.push(myPoints);
   myScene.add(myPoints);
  }
  //渲染多个雪花
  animate();
  function animate(){
   myGroup.forEach(function(points,i){
    var myVertices = points.geometry.vertices;
    myVertices.forEach(function(v,idx){
     v.y = v.y - (v.velocityY);
     v.x = v.x - (v.velocityX);
     v.z = v.z - (v.velocityZ);
     if(v.y <= -25) v.y = 25;
     if(v.x <= -25||v.x >= 25)v.x = -v.x;
```

```
        if(v.z<=-25||v.z>=25)v.velocityZ=-v.velocityZ;
      });
      points.geometry.verticesNeedUpdate=true;
    });
    myRenderer.render(myScene,myCamera);
    requestAnimationFrame(animate);
  }
</script></body>
```

在上面这段代码中,myPointsMaterial=new THREE.PointsMaterial({size:2,map:myMap,blending:THREE.AdditiveBlending})语句中的 blending:THREE.AdditiveBlending 用于以半透明方式获取 PNG 格式的图像(在此实例是雪花图形),否则在雪花图形的周围将会出现黑色的填充颜色。points.geometry.verticesNeedUpdate=true 语句表示适时更新顶点数据,否则图形(雪花)是静止的,而不是飘舞的。

此实例的源文件是 MyCode\ChapB\ChapB202.html。

200　使用 PointsMaterial 创建粒子波动动画

此实例主要通过使用 THREE.Points 和 THREE.PointsMaterial 创建粒子,并通过正弦、余弦等三角函数动态改变粒子的顶点坐标,实现在场景中创建粒子波动动画。当浏览器显示页面时,单击"执行粒子波动动画"按钮,则粒子群的多个粒子将从中心向边缘波动扩散,并周而复始地循环;单击"暂停粒子波动动画"按钮,则粒子群的多个粒子将处于静止状态,效果如图 200-1 所示。

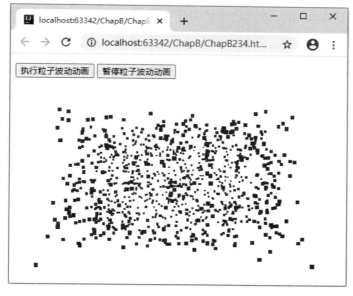

图　200-1

主要代码如下:

```
<body><p><button id="myButton1">执行粒子波动动画</button>
         <button id="myButton2">暂停粒子波动动画</button></p>
<canvas id="myCanvas" style="position:fixed;left:0px;top:0px;
                  width:100%;height:100%;z-index:-1;"></canvas>
<div id="myView" style="width:500px;height:300px"></div>
<script>
```

```javascript
//判断是否执行粒子波动动画
var isAnimate = true, mySize = 10;
//创建渲染器
var myRenderer = new THREE.WebGLRenderer({canvas: $("#myCanvas")[0]});
myRenderer.setSize( $("#myCanvas").width(), $("#myCanvas").height());
var myRect = $("#myView")[0].getBoundingClientRect();
var myWidth = myRect.right - myRect.left;
var myHeight = myRect.bottom - myRect.top;
var myLeft = myRect.left;
var myBottom = myRenderer.domElement.clientHeight - myRect.bottom;
myRenderer.setViewport(myLeft, myBottom, myWidth, myHeight);
myRenderer.setScissor(myLeft, myBottom, myWidth, myHeight);
var myCamera = new THREE.PerspectiveCamera(75, 1, 0.1, 100);
myCamera.position.set(0, 0, 1.2 * mySize);
var myScene = new THREE.Scene();
myScene.background = new THREE.Color(0xffffff);
//设置粒子群的每个粒子的坐标
var myVertices = [];
for(var i = 0; i < Math.pow(mySize, 3); i++){
 var x = mySize * Math.random() - mySize/2;
 var y = mySize * Math.random() - mySize/2;
 var z = mySize * Math.random() - mySize/2;
 myVertices.push(x, y, z);
}
//创建粒子群
var myGeometry = new THREE.BufferGeometry();
var myCopyGeometry = new THREE.BufferGeometry();
myGeometry.setAttribute('position',
    new THREE.Float32BufferAttribute(myVertices, 3));
myCopyGeometry.setAttribute('position',
    new THREE.Float32BufferAttribute(myVertices, 3));
var myMaterial = new THREE.PointsMaterial({size:0.25, color:0x0000ff});
var myPoints = new THREE.Points(myGeometry, myMaterial);
myScene.add(myPoints);
//渲染粒子群
var myTime = 0;
animate();
function animate(){
 myRenderer.render(myScene, myCamera);
 //var myPoints = myScene.children[0];
 var myPosition = myPoints.geometry.attributes.position;
 var myPoint = new THREE.Vector3();
 var myOffset = new THREE.Vector3();
 for(var i = 0; i < myPosition.count; i++){
  myPoint.fromBufferAttribute(myCopyGeometry.attributes.position, i);
  var myRadius = Math.sqrt(myPoint.x * myPoint.x
      + myPoint.y * myPoint.y + myPoint.z * myPoint.z);
  var myTheta = Math.acos(myPoint.z/myRadius);
  var myPhi = Math.atan2(myPoint.y, myPoint.x);
  var myNewX = 3 * Math.cos(myPhi) * Math.sin(myTheta)
      * Math.sin(myRadius - myTime/5)/myRadius;
  var myNewY = 3 * Math.sin(myPhi) * Math.sin(myTheta)
      * Math.sin(myRadius - myTime/5)/myRadius;
  var myNewZ = 3 * Math.cos(myTheta) * Math.sin(myRadius - myTime/5)/myRadius;
```

```
        myOffset.set(myNewX,myNewY,myNewZ);
        //重新设置粒子顶点坐标,实现波动效果
        myPosition.setXYZ(i,myPoint.x + myOffset.x,
            myPoint.y + myOffset.y,myPoint.z + myOffset.z);
        // var myX = mySize * Math.random() - mySize/2;
        // var myY = mySize * Math.random() - mySize/2;
        // var myZ = mySize * Math.random() - mySize/2;
        // myPosition.setXYZ(i,myX + myOffset.x,myY + myOffset.y,myZ + myOffset.z);
    }
    myPosition.needsUpdate = true;
    if(isAnimate)myTime ++;
    requestAnimationFrame(animate);
}
//响应单击"执行粒子波动动画"按钮
$("#myButton1").click(function(){isAnimate = true;});
//响应单击"暂停粒子波动动画"按钮
$("#myButton2").click(function(){isAnimate = false;});
</script></body>
```

在上面这段代码中,myPosition=myPoints.geometry.attributes.position 语句用于获取粒子的顶点坐标。myPosition.setXYZ(i,myPoint.x+myOffset.x,myPoint.y+ myOffset.y,myPoint.z+myOffset.z)语句用于根据三角函数的计算结果重置粒子的顶点坐标。

此实例的源文件是 MyCode\ChapB\ChapB234.html。

201 使用 ShaderMaterial 创建自定义着色器

此实例主要通过在 THREE.ShaderMaterial 方法的参数中自定义顶点着色器和片元着色器,实现使用自定义着色器材质设置立方体的表面。当浏览器显示页面时,立方体将不停地旋转,使用自定义着色器材质设置的立方体表面分别如图 201-1 和图 201-2 所示。

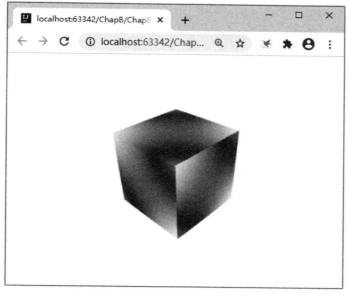

图 201-1

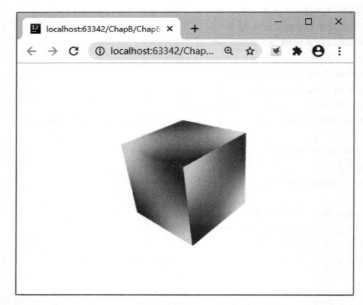

图 201-2

主要代码如下：

```html
<body><div id="myContainer"></div>
<script id="myVertexShader" type="x-shader/x-vertex">
    //创建顶点着色器
    varying vec2 vUv;
    void main(){
      vUv = uv;
      vec4 mvPosition = modelViewMatrix * vec4(position,1.0);
      gl_Position = projectionMatrix * mvPosition;
    }
</script>
<script id="myFragmentShader" type="x-shader/x-fragment">
    //创建片元着色器
    uniform float time;
    uniform vec2 resolution;
    varying vec2 vUv;
    void main(void){
      vec2 position = -1.0 + 2.0 * vUv;
      float red = abs(sin(position.x * position.y + time/5.0));
      float green = abs(sin(position.x * position.y + time/4.0));
      float blue = abs(sin(position.x * position.y + time/3.0));
      gl_FragColor = vec4(red,green,blue,1.0);
    }
</script>
<script type="text/javascript">
  //创建渲染器
  var myRenderer = new THREE.WebGLRenderer({antialias:true});
  myRenderer.setSize(window.innerWidth,window.innerHeight);
  myRenderer.setClearColor('white',1.0);
  $('#myContainer')[0].appendChild(myRenderer.domElement);
  var myScene = new THREE.Scene();
  var myCamera = new THREE.PerspectiveCamera(45,
```

```
                     window.innerWidth/window.innerHeight,10,130);
  myCamera.position.x = 30;
  myCamera.position.y = 30;
  myCamera.position.z = 30;
  myCamera.lookAt(new THREE.Vector3(0,0,0));
  //创建 THREE.ShaderMaterial
  var myShaderMaterial = new THREE.ShaderMaterial({
    uniforms:{time:{type:"f",value:1.0},
    resolution:{type:"v2",value:new THREE.Vector2()}},
    vertexShader: $('#myVertexShader')[0].textContent,
    fragmentShader: $('#myFragmentShader')[0].textContent});
  //使用 THREE.ShaderMaterial 创建立方体
  var myBoxGeometry = new THREE.BoxGeometry(16,16,16);
  var myMesh = new THREE.Mesh(myBoxGeometry,myShaderMaterial);
  myScene.add(myMesh);
  var myStep = 0;
  //渲染(旋转)立方体
  animate();
  function animate(){
    myMesh.rotation.y = myStep += 0.01;
    myMesh.rotation.x = myStep;
    myMesh.rotation.z = myStep;
    myMesh.material.uniforms.time.value += 0.1;
    requestAnimationFrame(animate);
    myRenderer.render(myScene,myCamera);
  }
</script></body>
```

在上面这段代码中，vertexShader：$('#myVertexShader')[0].textContent 语句表示设置 THREE.ShaderMaterial 的顶点着色器，顶点着色器将在几何体的每个顶点上执行，可以使用该着色器通过改变顶点的位置对几何体进行变换；顶点着色器通常是独立的文件，在此实例中，由于所有内容共存于一个文件中，因此在此实例中，$('#myVertexShader') 的 myVertexShader 对应于 <script id="myVertexShader" type="x-shader/x-vertex"> 的 myVertexShader。fragmentShader：$('#myFragmentShader')[0].textContent 语句表示设置 THREE.ShaderMaterial 的片元着色器，片元着色器通常也是一个独立的文件。通过自定义着色器创建的材质，可以明确地指定图形(几何体)如何渲染，以及如何覆盖或修改 Three.js 库的默认值。

此实例的源文件是 MyCode\ChapB\ChapB049.html。

202　使用 ShaderMaterial 自定义颜色饱和度

此实例主要通过在 THREE.ShaderMaterial 方法的参数中自定义顶点着色器和片元着色器，实现通过自定义着色器材质动态调节立方体表面图像的颜色饱和度。当浏览器显示页面时，立方体将不停地转动，如果向左移动滑块，则立方体表面图像的颜色变浅(由于饱和度减小)，如图 202-1 所示；如果向右移动滑块，则立方体表面图像的颜色变深(由于饱和度增大)，如图 202-2 所示。

主要代码如下：

```
<body><p style = "margin:10px">调节饱和度：
  <input type = "range" value = "100" min = "0.01" max = "199.9"></p>
<div id = "myContainer"></div>
<script type = "x-shader/x-fragment" id = "myFragmentShader">
```

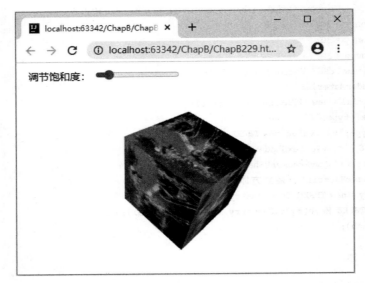

图 202-1

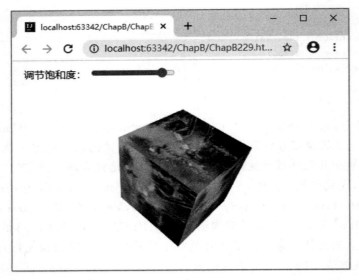

图 202-2

```
//创建片元着色器
uniform sampler2D myTexture;
uniform float saturation;
varying vec2 vUv;
void main(){
 //获取原始图像像素值
 vec4 myColor = texture2D(myTexture,vUv);
 //根据饱和度参数重新计算RGB分量值
 float myR = 0.213 * (1.0 - saturation);
 float myG = 0.715 * (1.0 - saturation);
 float myB = 0.072 * (1.0 - saturation);
 //根据RGB分量值和饱和度参数值生成对应的颜色矩阵
 mat4 myColorMatrix = mat4(myR + saturation,myG,myB,0.0,
                           myR,myG + saturation,myB,0.0,
```

```
                        myR,myG,myB + saturation,0.0,
                        0.0,0.0,0.0,1.0);
    //根据颜色矩阵计算最终颜色值
    gl_FragColor = myColor * myColorMatrix;
  }
</script>
<script type = "x-shader/x-vertex" id = "myVertexShader">
  //创建顶点着色器
  varying vec2 vUv;
  void main(){
    vUv = uv;
    vec4 mvPosition = modelViewMatrix * vec4(position,1.0);
    gl_Position = projectionMatrix * mvPosition;
  }
</script>
<script type = "text/javascript">
//创建渲染器
var myRenderer = new THREE.WebGLRenderer({antialias:true});
myRenderer.setSize(window.innerWidth,window.innerHeight);
myRenderer.setClearColor('white',1.0);
 $('#myContainer')[0].appendChild(myRenderer.domElement);
var myScene = new THREE.Scene();
var myCamera = new THREE.PerspectiveCamera(45,
                  window.innerWidth/window.innerHeight,0.1,1000);
myCamera.position.set(100,100,400);
myCamera.lookAt(myScene.position);
var myTextureLoader = new THREE.TextureLoader();
var myTexture = myTextureLoader.load('images/img004.jpg');
//封装片元着色器所使用的参数
var myUniforms = {myTexture:{value:myTexture},saturation:{value:1}};
//根据着色器及其参数创建 THREE.ShaderMaterial
var myShaderMaterial = new THREE.ShaderMaterial({ uniforms:myUniforms,
  vertexShader: $('#myVertexShader').text(),
  fragmentShader: $('#myFragmentShader').text()});
//使用 THREE.ShaderMaterial 创建立方体
var myBoxGeometry = new THREE.BoxGeometry(160,160,160);
var myMesh = new THREE.Mesh(myBoxGeometry,myShaderMaterial);
myScene.add(myMesh);
var myStep = 0;
//渲染(旋转)立方体
animate();
function animate(){
  myMesh.rotation.y = myStep += 0.01;
  myMesh.rotation.x = myStep;
  myMesh.rotation.z = myStep;
  requestAnimationFrame(animate);
  myRenderer.render(myScene,myCamera);
}
//为滑块元素添加拖曳事件监听器
 $("input").on("input",function(){
  //获取滑块当前值
  var mySaturation = parseFloat( $(this).val()/100);
  //动态设置片元着色器的饱和度参数,同时更新材质对象
  myMesh.material.uniforms.saturation = {value:mySaturation};
```

```
    myMesh.material.needsUpdate = true;
 });
</script></body>
```

在上面这段代码中,myMesh.material.uniforms.saturation＝{value:mySaturation}语句用于将当前的滑块值(饱和度)传递给立方体表面的THREE.ShaderMaterial材质。myMesh.material.needsUpdate＝true表示在THREE.ShaderMaterial材质的属性(饱和度)发生改变时立即执行更新操作。

此实例的源文件是 MyCode\ChapB\ChapB228.html。

203　使用 ShaderMaterial 将彩色转换为灰度

此实例主要通过在THREE.ShaderMaterial材质中使用能够将彩色图像转换为灰度图像的自定义片元着色器,实现将立方体表面的彩色图像转换为灰度图像。当浏览器显示页面时,立方体将不停地转动,单击"显示灰度图像"按钮,则立方体表面图像的灰度显示效果如图203-1所示;单击"显示彩色图像"按钮,则立方体表面图像显示彩色(原始)。

图　203-1

主要代码如下:

```
<body><p><button id = "myButton1">显示灰度图像</button>
        <button id = "myButton2">显示彩色图像</button></p>
<div id = "myContainer"></div>
<script type = "x-shader/x-fragment" id = "myFragmentShader">
  //创建片元着色器
  uniform sampler2D myTexture;
  varying vec2 vUv;
  void main(){gl_FragColor = texture2D(myTexture,vUv);}
</script>
<script type = "x-shader/x-vertex" id = "myVertexShader">
  //创建顶点着色器
  varying vec2 vUv;
```

```
    void main(){
      vUv = uv;
      vec4 mvPosition = modelViewMatrix * vec4(position,1.0);
      gl_Position = projectionMatrix * mvPosition;
    }
</script>
<script type="text/javascript">
//创建渲染器
var myRenderer = new THREE.WebGLRenderer({antialias:true});
myRenderer.setSize(window.innerWidth,window.innerHeight);
myRenderer.setClearColor('white',1.0);
$('#myContainer')[0].appendChild(myRenderer.domElement);
var myScene = new THREE.Scene();
var myCamera = new THREE.PerspectiveCamera(45,
                      window.innerWidth/window.innerHeight,0.1,1000);
myCamera.position.set(100,100,400);
myCamera.lookAt(myScene.position);
var myTextureLoader = new THREE.TextureLoader();
var myTexture = myTextureLoader.load('images/img004.jpg');
//封装片元着色器所使用的参数
var myUniforms = {myTexture:{value:myTexture}};
//根据着色器及其参数创建THREE.ShaderMaterial
var myShaderMaterial = new THREE.ShaderMaterial({ uniforms:myUniforms,
  vertexShader: $('#myVertexShader').text(),
  fragmentShader: $('#myFragmentShader').text()});
//使用THREE.ShaderMaterial创建立方体
var myBoxGeometry = new THREE.BoxGeometry(160,160,160);
var myMesh = new THREE.Mesh(myBoxGeometry,myShaderMaterial);
myScene.add(myMesh);
var myStep = 0;
//渲染(旋转)立方体
animate();
function animate(){
 myMesh.rotation.y = myStep += 0.01;
 myMesh.rotation.x = myStep;
 myMesh.rotation.z = myStep;
 requestAnimationFrame(animate);
 myRenderer.render(myScene,myCamera);
}
//响应单击"显示灰度图像"按钮
$("#myButton1").click(function(){
 myMesh.material.fragmentShader = "uniform sampler2D myTexture;" +
   "varying vec2 vUv;" +
   "void main(){" +
   " vec4 myColor = texture2D(myTexture, vUv);" +
   "gl_FragColor.rgb = vec3(myColor.r * 0.299 + myColor.g * 0.587 + myColor.b * 0.114);" +
   "}";;
 myMesh.material.needsUpdate = true;
});
//响应单击"显示彩色图像"按钮
$("#myButton2").click(function(){
 myMesh.material.fragmentShader = "uniform sampler2D myTexture;" +
      "varying vec2 vUv;" +
      "void main(){" +
```

```
        " gl_FragColor = texture2D(myTexture,vUv);" +
        "}";
   myMesh.material.needsUpdate = true;
});
</script></body>
```

在上面这段代码中,THREE.ShaderMaterial 的 fragmentShader 属性用于设置自定义的片元着色器,在该片元着色器中,gl_FragColor.rgb = vec3(myColor.r * 0.299 + myColor.g * 0.587 + myColor.b * 0.114)语句能够将图像的原始颜色转换为灰度效果,gl_FragColor = texture2D(myTexture,vUv)语句则表示不改变图像的原始颜色。myMesh.material.needsUpdate = true 表示在 THREE.ShaderMaterial 材质的属性(fragmentShader)发生改变时立即执行更新操作。

此实例的源文件是 MyCode\ChapB\ChapB229.html。

204　使用 ShaderMaterial 高亮显示凹面和凸面

此实例主要通过在 THREE.ShaderMaterial 材质中使用自定义顶点着色器和片元着色器,实现高亮显示头像模型的凹面、凸面或同时高亮显示两者。当浏览器显示页面时,单击"高亮显示凸面"按钮,则高亮显示头像凸面(如鼻尖)的效果如图 204-1 所示;单击"高亮显示凹面"按钮,则高亮显示头像凹面(如眼窝)的效果如图 204-2 所示;单击"高亮显示凹凸面"按钮,则高亮显示头像凹面和凸面(如眼窝和鼻尖)的效果如图 204-3 所示。

图　204-1

主要代码如下:

```
<html><head><meta charset = "UTF-8">
 <script src = "ThreeJS/three.js"></script>
 <script src = "ThreeJS/jquery.js"></script>
 <script src = "ThreeJS/OrbitControls.js"></script>
 <script src = "ThreeJS/OBJLoader.js"></script>
</head>
<body><p><button id = "myButton1">高亮显示凸面</button>
         <button id = "myButton2">高亮显示凹面</button>
```

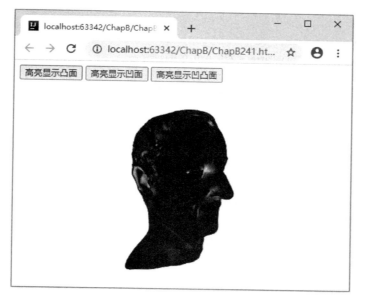

图 204-2

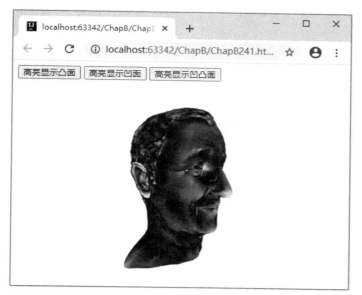

图 204-3

```
          < button id = "myButton3">高亮显示凹凸面</button></p>
< center id = "myContainer"></center>
< script id = "myVertexShader" type = "x - shader/x - vertex">
attribute float curvature;
varying float myCurvature;
void main(){
  vec4 myModelViewPosition = modelViewMatrix * vec4(position,1.0);
  gl_Position = projectionMatrix * myModelViewPosition;
  myCurvature = curvature;
}
</script>
< script id = "myFragmentShader" type = "x - shader/x - fragment">
```

```glsl
varying float myCurvature;
void main(){
  //高亮颜色为绿色
  gl_FragColor = vec4(0.0,myCurvature * 2.0,0.0,0.0);
  //高亮颜色为红色
  //gl_FragColor = vec4(myCurvature * 2.0,0.0,0.0,0.0);
}
</script>
<script>
 function average(dictionary){
  var mySum = 0;
  var myLength = 0;
  Object.keys(dictionary).forEach(function(key){
   mySum += dictionary[key];
   myLength++;
  });
  return mySum/myLength;
 }
 //过滤(选择)凹面
 function filterConcave(curvature){
  for(var i = 0;i<curvature.length;i++){
   curvature[i] = Math.abs(Math.max(-1,Math.min(curvature[i],0)));
  }
  return curvature;
 }
 //过滤(选择)凸面
 function filterConvex(curvature){
  for(var i = 0;i<curvature.length;i++){
   curvature[i] = Math.max(0,Math.min(curvature[i],1));
  }
  return curvature;
 }
 //过滤(选择)凹面和凸面
 function filterBoth(curvature){
  for(var i = 0;i<curvature.length;i++){
   curvature[i] = Math.abs(curvature[i]);
  }
  return curvature;
 }
 //创建渲染器
 var myRenderer = new THREE.WebGLRenderer({antialias:true});
 myRenderer.setSize(window.innerWidth,window.innerHeight);
 $("#myContainer").append(myRenderer.domElement);
 var myScene = new THREE.Scene();
 myScene.background = new THREE.Color(0xffffff);
 var myCamera = new THREE.PerspectiveCamera(75,
                    window.innerWidth/window.innerHeight,0.1,1000);
 myCamera.position.x = -47.16;
 myCamera.position.y = 4.1;
 myCamera.position.z = 49.21;
 var myOrbitControls = new THREE.OrbitControls(myCamera);
 //加载头像模型
 var myLoader = new THREE.OBJLoader();
 myLoader.load("Data/MyWaltHead.obj",function(object){
```

```javascript
object.traverse(function(child){
  if(child.isMesh){
    myGeometry = child.geometry;
    myGeometry.center();
    var myDictionary = {};
    for(var i = 0;i < myGeometry.attributes.position.count;i += 3){
      var myPositions = myGeometry.attributes.position.array;
      var myNormals = myGeometry.attributes.normal.array;
      var myPositionA = new THREE.Vector3(myPositions[3 * i],
        myPositions[3 * i + 1],myPositions[3 * i + 2]);
      var myPositionB = new THREE.Vector3(myPositions[3 * (i + 1)],
        myPositions[3 * (i + 1) + 1],myPositions[3 * (i + 1) + 2]);
      var myPositionC = new THREE.Vector3(myPositions[3 * (i + 2)],
        myPositions[3 * (i + 2) + 1],myPositions[3 * (i + 2) + 2]);
      var myNormalA = new THREE.Vector3(myNormals[3 * i],
        myNormals[3 * i + 1],myNormals[3 * i + 2]).normalize();
      var myNormalB = new THREE.Vector3(myNormals[3 * (i + 1)],
        myNormals[3 * (i + 1) + 1],myNormals[3 * (i + 1) + 2]).normalize();
      var myNormalC = new THREE.Vector3(myNormals[3 * (i + 2)],
        myNormals[3 * (i + 2) + 1],myNormals[3 * (i + 2) + 2]).normalize();
      var myStringA = myPositionA.toArray().toString();
      var myStringB = myPositionB.toArray().toString();
      var myStringC = myPositionC.toArray().toString();
      var myPositionB2A = new THREE.Vector3().subVectors(myPositionB,myPositionA);
      var myPositionB2C = new THREE.Vector3().subVectors(myPositionB,myPositionC);
      var myPositionC2A = new THREE.Vector3().subVectors(myPositionC,myPositionA);
      var myDotB2A = myNormalB.dot(myPositionB2A.normalize());
      var myDotB2C = myNormalB.dot(myPositionB2C.normalize());
      var myDotC2A = myNormalC.dot(myPositionC2A.normalize());
      var myDotA2B = - myNormalA.dot(myPositionB2A.normalize());
      var myDotC2B = - myNormalC.dot(myPositionB2C.normalize());
      var myDotA2C = - myNormalA.dot(myPositionC2A.normalize());
      if(!myDictionary[myStringA])myDictionary[myStringA] = {};
      if(!myDictionary[myStringB])myDictionary[myStringB] = {};
      if(!myDictionary[myStringC])myDictionary[myStringC] = {};
      myDictionary[myStringA][myStringB] = myDotA2B;
      myDictionary[myStringA][myStringC] = myDotA2C;
      myDictionary[myStringB][myStringA] = myDotB2A;
      myDictionary[myStringB][myStringC] = myDotB2C;
      myDictionary[myStringC][myStringA] = myDotC2A;
      myDictionary[myStringC][myStringB] = myDotC2B;
    }
    var myCurvatureDictionary = { };
    Object.keys(myDictionary).forEach(function(key){
      myCurvatureDictionary[key] = average(myDictionary[key]);
    });
    var mySmoothCurvatureDictionary = Object.create(myCurvatureDictionary);
    Object.keys(myDictionary).forEach(function(key1){
      var myCount = 0;
      var mySum = 0;
      Object.keys(myDictionary[key1]).forEach(function(key2){
        mySum += mySmoothCurvatureDictionary[key2];
        myCount++;
      });
```

```javascript
      mySmoothCurvatureDictionary[key1] = mySum/myCount;
    });
    myCurvatureDictionary = mySmoothCurvatureDictionary;
    var myMin = 10,myMax = 0;
    Object.keys(myCurvatureDictionary).forEach(function(key){
      var myValue = Math.abs(myCurvatureDictionary[key]);
      if(myValue < myMin)myMin = myValue;
      if(myValue > myMax)myMax = myValue;
    });
    var myRange = (myMax - myMin);
    Object.keys(myCurvatureDictionary).forEach(function(key){
      var myValue = Math.abs(myCurvatureDictionary[key]);
      if(myCurvatureDictionary[key]< 0){
        myCurvatureDictionary[key] = (myMin - myValue)/myRange;
      }else{
        myCurvatureDictionary[key] = (myValue - myMin)/myRange;
      }
    });
    myCurvatureAttribute =
        new Float32Array(myGeometry.attributes.position.count);
    for(var i = 0;i < myGeometry.attributes.position.count;i++){
      myPositions = myGeometry.attributes.position.array;
      var myPosition = new THREE.Vector3(myPositions[3 * i],
                       myPositions[3 * i + 1],myPositions[3 * i + 2]);
      var myString = myPosition.toArray().toString();
      myCurvatureAttribute[i] = myCurvatureDictionary[myString];
    }
    myGeometry.setAttribute('curvature',
        new THREE.BufferAttribute(myCurvatureAttribute,1));
    filterBoth(new Float32Array(myCurvatureAttribute));
    var myMaterial = new THREE.ShaderMaterial({
      vertexShader: $("#myVertexShader")[0].text,
      fragmentShader: $("#myFragmentShader")[0].text
      //vertexShader: $("#myVertexShader")[0].textContent,
      //fragmentShader: $("#myFragmentShader")[0].textContent
      //vertexShader:document.getElementById('myVertexShader').textContent,

      //fragmentShader:document.getElementById('myFragmentShader').textContent
    });
    myMaterial.side = THREE.DoubleSide;
    myMesh = new THREE.Mesh(myGeometry, myMaterial);
  }
});
myScene.add(myMesh);
});
//渲染obj头像模型
animate();
function animate(){
  requestAnimationFrame(animate);
  myRenderer.render(myScene,myCamera);
}
//响应单击"高亮显示凸面"按钮
$("#myButton1").click(function(){
  var myFiltedCurvature = filterConvex(new Float32Array(myCurvatureAttribute));
```

```
        myGeometry.attributes.curvature.array = myFiltedCurvature;
        myGeometry.attributes.curvature.needsUpdate = true;
    });
    //响应单击"高亮显示凹面"按钮
    $("#myButton2").click(function(){
        var myFiltedCurvature = filterConcave(new Float32Array(myCurvatureAttribute));
        myGeometry.attributes.curvature.array = myFiltedCurvature;
        myGeometry.attributes.curvature.needsUpdate = true;
    });
    //响应单击"高亮显示凹凸面"按钮
    $("#myButton3").click(function(){
        var myFiltedCurvature = filterBoth(new Float32Array(myCurvatureAttribute));
        myGeometry.attributes.curvature.array = myFiltedCurvature;
        myGeometry.attributes.curvature.needsUpdate = true;
    });
</script></body></html>
```

在上面这段代码中，myMaterial = new THREE.ShaderMaterial({vertexShader：$("#myVertexShader")[0].text,fragmentShader：$("#myFragmentShader")[0].text})语句用于根据自定义顶点着色器(myVertexShader)和自定义片元着色器(myFragmentShader)创建 THREE.ShaderMaterial 材质。在自定义顶点着色器(myVertexShader)中，通过 curvature 属性指定当前高亮显示头像模型的部分(凸面、凹面、凹凸面)。在自定义片元着色器(myFragmentShader)中，通过使用 vec4()方法设置高亮显示的颜色(绿色或红色等)。

此实例的源文件是 MyCode\ChapB\ChapB241.html。

205　使用 ShaderMaterial 自定义字母线条颜色

此实例主要通过在 THREE.ShaderMaterial 材质中使用自定义顶点着色器和片元着色器，实现自定义字母线条的颜色。当浏览器显示页面时，将以随机颜色呈现字母的线条(一根线条被细分为若干小块，每个小块又用不同的随机颜色填充)，效果如图 205-1 所示。

图　205-1

主要代码如下：

```
<!DOCTYPE html><html><head><meta charset = "UTF-8">
<script src = "ThreeJS/three.js"></script>
```

```html
<script src = "ThreeJS/jquery.js"></script>
<script src = "ThreeJS/TrackballControls.js"></script>
<script src = "ThreeJS/TessellateModifier.js"></script>
<script type = "x-shader/x-vertex" id = "myVertexShader">
  attribute vec3 color;
  varying vec3 myNormal;
  varying vec3 myColor;
  void main(){
    myNormal = normal;
    myColor = color;
    vec3 myPosition = position;
    gl_Position = projectionMatrix * modelViewMatrix * vec4(myPosition,1.0);
  }
</script>
<script type = "x-shader/x-fragment" id = "myFragmentShader">
  varying vec3 myNormal;
  varying vec3 myColor;
  void main(){
    float myAmbient = 0.2;
    vec3 myLight = vec3(1.0);
    myLight = normalize(myLight);
    float myNewLight = max(dot(myNormal,myLight),0.0);
    gl_FragColor = vec4((myNewLight + myAmbient) * myColor,1.0);
  }
</script>
</head>
<body><center id = "myContainer"></center>
<script>
//创建渲染器
var myRenderer = new THREE.WebGLRenderer({antialias:true});
myRenderer.setPixelRatio(window.devicePixelRatio);
myRenderer.setSize(window.innerWidth,window.innerHeight);
$("#myContainer").append(myRenderer.domElement);
var myCamera = new THREE.PerspectiveCamera(40,
                    window.innerWidth/window.innerHeight,1,10000);
myCamera.position.set(0,0,300);
var myScene = new THREE.Scene();
myScene.background = new THREE.Color(0xffffff);
var myTrackballControls =
           new THREE.TrackballControls(myCamera,myRenderer.domElement);
//创建线条呈现多种颜色的字母
var myFontLoader = new THREE.FontLoader();
myFontLoader.load('Data/MyFontX.json',function(font){
  var myTextGeometry = new THREE.TextGeometry("luoshuai",
                              {font:font,size:60,height:5});
  myTextGeometry.center();
  var myTessellateModifier = new THREE.TessellateModifier(6);
  for(var i = 0;i < 6;i++){
    myTessellateModifier.modify(myTextGeometry);
  }
  var myGeometry = new THREE.BufferGeometry().fromGeometry(myTextGeometry);
  var myCount = myGeometry.attributes.position.count/3;
  var myColors = new Float32Array(myCount * 3 * 3);
  var myColor = new THREE.Color();
```

```
        for(var f = 0; f < myCount; f ++){
         var myH = 0.2 * Math.random();
         var myS = 0.5 + 0.5 * Math.random();
         var myL = 0.5 + 0.5 * Math.random();
         myColor.setHSL(myH,myS,myL);
         //myColor.setHSL(0.5,0.5,0.5); //纯色
         for(var i = 0; i < 3; i ++){
          myColors[9 * f + (3 * i)] = myColor.r;
          myColors[9 * f + (3 * i) + 1] = myColor.g;
          myColors[9 * f + (3 * i) + 2] = myColor.b;
         }
        }
        myGeometry.setAttribute('color',new THREE.BufferAttribute(myColors,3));
        var myShaderMaterial = new THREE.ShaderMaterial({
         vertexShader: $("#myVertexShader")[0].text,
         fragmentShader: $("#myFragmentShader")[0].text });
        var myMesh = new THREE.Mesh(myGeometry,myShaderMaterial);
        myScene.add(myMesh);
       });
       //渲染线条呈现多种颜色的字母
       animate();
       function animate(){
        requestAnimationFrame(animate);
        myTrackballControls.update();
        myRenderer.render(myScene,myCamera);
       }
      </script></body></html>
```

在上面这段代码中，myShaderMaterial＝new THREE.ShaderMaterial({vertexShader：$("#myVertexShader")[0].text,fragmentShader：$("#myFragmentShader")[0].text})语句用于根据自定义顶点着色器（myVertexShader）和自定义片元着色器（myFragmentShader）创建 THREE.ShaderMaterial 材质，即自定义各个块（位置）的颜色。此外需要注意：此实例需要添加 TessellateModifier.js、TrackballControls.js 文件。

此实例的源文件是 MyCode\ChapB\ChapB262.html。

206 使用 ShaderMaterial 动态改变贴图的颜色

此实例主要通过在 THREE.ShaderMaterial 材质中使用自定义顶点着色器和片元着色器，实现动态改变材质贴图的颜色。当浏览器显示页面时，立方体表面的贴图颜色将从深色逐渐淡化为浅色，且周而复始地循环，效果分别如图 206-1 和图 206-2 所示。

主要代码如下：

```
<!DOCTYPE html><html><head><meta charset = "UTF-8">
 <script src = "ThreeJS/three.js"></script>
 <script src = "ThreeJS/jquery.js"></script>
 <script src = "ThreeJS/OrbitControls.js"></script>
</head>
<body><center id = "myContainer"></center>
<script id = "myFragmentShader" type = "x-shader/x-fragment">
 uniform float myTime;
 uniform sampler2D myTexture;
```

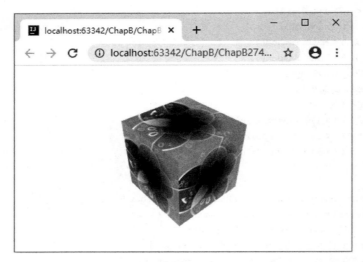

图 206-1

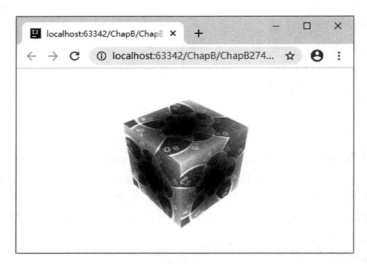

图 206-2

```
    varying vec2 myUV;
    void main(){
      vec2 position = -1.0 + 2.0 * myUV;
      float a = atan(position.y,position.x);
      float r = sqrt(dot(position,position));
      vec2 myNewUV;
      myNewUV.x = cos(a)/r;
      myNewUV.y = sin(a)/r;
      myNewUV/ = 10.0;
      myNewUV += myTime * 0.05;
      vec3 myColor = texture2D(myTexture,myNewUV).rgb;
      gl_FragColor = vec4(myColor * r * 1.5,1.0);
    }
</script>
<script id = "myVertexShader" type = "x-shader/x-vertex">
  varying vec2 myUV;
  void main(){
```

```
            myUV = uv;
            vec4 myPosition = modelViewMatrix * vec4(position,1.0);
            gl_Position = projectionMatrix * myPosition;
        }
</script>
<script>
    //创建渲染器
    var myRenderer = new THREE.WebGLRenderer({antialias:true});
    myRenderer.setSize(window.innerWidth,window.innerHeight);
    $("#myContainer").append(myRenderer.domElement);
    var myCamera = new THREE.PerspectiveCamera(40,
                    window.innerWidth/window.innerHeight,1,10000);
    myCamera.position.set(170,180,150);
    var myScene = new THREE.Scene();
    myScene.background = new THREE.Color(0xffffff);
    var myClock = new THREE.Clock();
    var myOrbitControls = new THREE.OrbitControls(myCamera);
    //创建立方体
    var myGeometry = new THREE.BoxBufferGeometry(90,90,90);
    var myTexture = new THREE.TextureLoader().load('images/img002.jpg');
    myTexture.wrapS = myTexture.wrapT = THREE.RepeatWrapping;
    myUniforms = {"myTime":{value:1.0},"myTexture":{value:myTexture}};
    var myMaterial = new THREE.ShaderMaterial({uniforms:myUniforms,
                    vertexShader: $("#myVertexShader")[0].text,
                    fragmentShader: $("#myFragmentShader")[0].text });
    var myMesh = new THREE.Mesh(myGeometry,myMaterial);
    myScene.add(myMesh);
    //渲染立方体
    animate();
    function animate(){
        requestAnimationFrame(animate);
        var myDelta = myClock.getDelta();
        myUniforms["myTime"].value = myClock.elapsedTime;
        myRenderer.render(myScene,myCamera);
    }
</script></body></html>
```

在上面这段代码中，myMaterial = new THREE.ShaderMaterial({uniforms：myUniforms，vertexShader：\$("#myVertexShader")[0].text,fragmentShader：\$("#myFragmentShader")[0].text})语句用于根据自定义顶点着色器（myVertexShader）和自定义片元着色器（myFragmentShader）创建 THREE.ShaderMaterial 材质，即根据传入的参数 myUniforms = {"myTime":{value:1.0},"myTexture":{value:myTexture}}动态改变材质的颜色。此外需要注意：此实例需要添加 OrbitControls.js 文件。

此实例的源文件是 MyCode\ChapB\ChapB274.html。

207　使用 ShaderMaterial 实现持续燃烧的大火

此实例主要通过在 THREE.ShaderMaterial 材质中使用自定义顶点着色器和片元着色器，实现动态持续燃烧的森林大火效果。当浏览器显示页面时，在球体表面上呈现的动态持续燃烧的森林大火效果如图 207-1 所示。

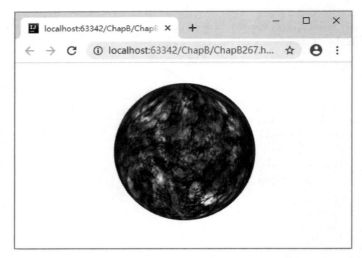

图 207-1

主要代码如下：

```
<!DOCTYPE html><html><head><meta charset="UTF-8">
<script src="ThreeJS/three.js"></script>
<script src="ThreeJS/jquery.js"></script>
<script id="myFragmentShader" type="x-shader/x-fragment">
uniform float myTime;
uniform sampler2D myTexture1;
uniform sampler2D myTexture2;
varying vec2 myUv;
void main(){
    vec2 position = -1.0 + 2.0 * myUv;
    vec4 noise = texture2D(myTexture1,myUv);
    vec2 T1 = myUv + vec2(1.5,-1.5) * myTime * 0.02;
    vec2 T2 = myUv + vec2(-0.5,2.0) * myTime * 0.01;
    T1.x += noise.x * 2.0;
    T1.y += noise.y * 2.0;
    T2.x -= noise.y * 0.2;
    T2.y += noise.z * 0.2;
    float p = texture2D(myTexture1,T1 * 2.0).a;
    vec4 color = texture2D(myTexture2,T2 * 2.0);
    vec4 temp = color * (vec4(p,p,p,p) * 2.0) + (color * color - 0.1);
    if(temp.r > 1.0){temp.bg += clamp(temp.r - 2.0,0.0,100.0);}
    if(temp.g > 1.0){temp.rb += temp.g - 1.0;}
    if(temp.b > 1.0){temp.rg += temp.b - 1.0;}
    gl_FragColor = temp;
    float depth = gl_FragCoord.z/gl_FragCoord.w;
    const float LOG2 = 1.442695;
    float fogFactor = exp2(-0.45 * 0.45 * depth * depth * LOG2);
    fogFactor = 1.0 - clamp(fogFactor,0.0,1.0);
    gl_FragColor = mix(gl_FragColor,vec4(vec3(0.0),gl_FragColor.w),fogFactor);
}
</script>
<script id="myVertexShader" type="x-shader/x-vertex">
varying vec2 myUv;
void main(){
```

```
          myUv = vec2(3.0,1.0) * uv;
          vec4 myPosition = modelViewMatrix * vec4(position,1.0);
          gl_Position = projectionMatrix * myPosition;
      }
  </script>
</head>
<body><center id = "myContainer"></center>
<script>
    //创建渲染器
    var myRenderer = new THREE.WebGLRenderer({antialias:true});
    myRenderer.setSize(window.innerWidth,window.innerHeight);
    $("#myContainer").append(myRenderer.domElement);
    var myCamera = new THREE.PerspectiveCamera(35,
                      window.innerWidth/window.innerHeight,1,3000);
    myCamera.position.z = 4;
    var myScene = new THREE.Scene();
    myScene.background = new THREE.Color(0xffffff);
    var myClock = new THREE.Clock();
    //创建球体(表面呈现持续燃烧的森林大火)
    var myTextureLoader = new THREE.TextureLoader();
    var myImage1 = myTextureLoader.load('images/img105.png');
    var myImage2 = myTextureLoader.load('images/img104.jpg');
    myImage1.wrapS = myImage1.wrapT = THREE.RepeatWrapping;
    myImage2.wrapS = myImage2.wrapT = THREE.RepeatWrapping;
    var myShaderMaterial = new THREE.ShaderMaterial({
      uniforms:{"myTime":{value:1.0},
                "myTexture1":{value:myImage1},
                "myTexture2":{value:myImage2}},
      vertexShader: $("#myVertexShader")[0].text,
      fragmentShader: $("#myFragmentShader")[0].text});
    var myMesh = new THREE.Mesh(
          new THREE.SphereBufferGeometry(1,64,64),myShaderMaterial);
    myScene.add(myMesh);
    //渲染球体(表面呈现持续燃烧的森林大火)
    animate();
    function animate(){
      requestAnimationFrame(animate);
      myShaderMaterial.uniforms["myTime"].value += myClock.getDelta() * 6;
      myRenderer.render(myScene,myCamera);
    }
</script></body></html>
```

其中,myShaderMaterial = new THREE.ShaderMaterial({uniforms:{"myTime":{value:1.0},"myTexture1":{value:myImage1},"myTexture2":{value:myImage2}},vertexShader:$("#myVertexShader")[0].text,fragmentShader:$("#myFragmentShader")[0].text})语句用于根据自定义顶点着色器(myVertexShader)和自定义片元着色器(myFragmentShader)创建THREE.ShaderMaterial材质,以实现动态持续燃烧的森林大火;燃烧的森林大火与myTexture1和myTexture2所使用的图像密切相关,因此在使用时请注意这两幅图像的选择。

此实例的源文件是 MyCode\ChapB\ChapB267.html。

208 使用 ShaderMaterial 实现变换的时空漩涡

此实例主要通过在 THREE.ShaderMaterial 材质中使用自定义顶点着色器和片元着色器,实现变换的时空漩涡。当浏览器显示页面时,动态变换的时空漩涡效果分别如图208-1和图208-2所示。

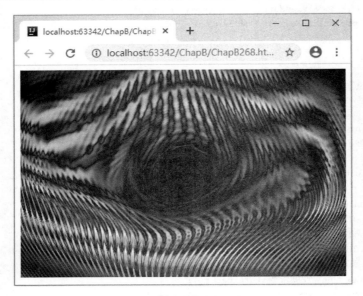

图 208-1

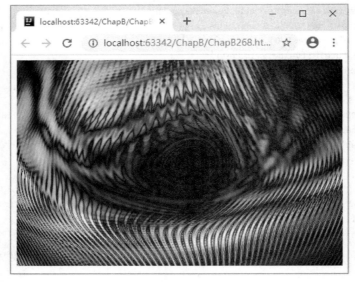

图 208-2

主要代码如下:

```
<!DOCTYPE html><html><head><meta charset="UTF-8">
<script src="ThreeJS/three.js"></script>
<script src="ThreeJS/jquery.js"></script>
<script id="myVertexShader" type="x-shader/x-vertex">
  varying vec2 myUv;
  void main(){
    myUv = uv;
    gl_Position = vec4(position,1.0);
  }
</script>
```

```html
    <script id="myFragmentShader" type="x-shader/x-fragment">
      varying vec2 myUv;
      uniform float myTime;
      void main(){
        vec2 p = -1.0 + 2.0 * myUv;
        float a = myTime * 40.0;
        float d,e,f,g = 1.0/40.0,h,i,r,q;
        e = 400.0 * (p.x * 0.5 + 0.5);
        f = 400.0 * (p.y * 0.5 + 0.5);
        i = 200.0 + sin(e * g + a/150.0) * 20.0;
        d = 200.0 + cos(f * g/2.0) * 18.0 + cos(e * g) * 7.0;
        r = sqrt(pow(abs(i - e),2.0) + pow(abs(d - f),2.0));
        q = f/r;
        e = (r * cos(q)) - a/2.0;
        f = (r * sin(q)) - a/2.0;
        d = sin(e * g) * 176.0 + sin(e * g) * 164.0 + r;
        h = ((f + d) + a/2.0) * g;
        i = cos(h + r * p.x/1.3) * (e + e + a) + cos(q * g * 6.0) * (r + h/3.0);
        h = sin(f * g) * 144.0 - sin(e * g) * 212.0 * p.x;
        h = (h + (f - e) * q + sin(r - (a + h)/7.0) * 10.0 + i/4.0) * g;
        i += cos(h * 2.3 * sin(a/350.0 - q)) * 184.0 * sin(q - (r * 4.3 + a/12.0) * g) +
          tan(r * g + h) * 184.0 * cos(r * g + h);
        i = mod(i/5.6,256.0)/64.0;
        if(i < 0.0)i += 4.0;
        if(i >= 2.0)i = 4.0 - i;
        d = r/350.0;
        d += sin(d * d * 8.0) * 0.52;
        f = (sin(a * g) + 1.0)/2.0;
        gl_FragColor = vec4(vec3(f * i/1.6,i/2.0 + d/13.0,i) * d * p.x
           + vec3(i/1.3 + d/8.0,i/2.0 + d/18.0,i) * d * (1.0 - p.x),1.0);
      }
    </script>
</head>
<body><center id="myContainer"></center>
<script>
//创建渲染器
var myRenderer = new THREE.WebGLRenderer({antialias:true});
myRenderer.setSize(window.innerWidth,window.innerHeight);
 $("#myContainer").append(myRenderer.domElement);
var myCamera = new THREE.OrthographicCamera(-1,1,1,-1,0,1);
var myScene = new THREE.Scene();
//创建时空漩涡
var myPlaneGeometry = new THREE.PlaneBufferGeometry(2,2);
var myShaderMaterial = new THREE.ShaderMaterial({
 uniforms:{"myTime":{value:1.0}},
 vertexShader: $("#myVertexShader")[0].text,
 fragmentShader: $("#myFragmentShader")[0].text});
var myMesh = new THREE.Mesh(myPlaneGeometry,myShaderMaterial);
myScene.add(myMesh);
//渲染时空漩涡
animate();
function animate(){
 requestAnimationFrame(animate);
 myShaderMaterial.uniforms["myTime"].value = performance.now()/100;
```

```
        myRenderer.render(myScene,myCamera);
    }
</script></body></html>
```

在上面这段代码中,myShaderMaterial=new THREE.ShaderMaterial({uniforms:{"myTime":{value:1.0}},vertexShader:$("#myVertexShader")[0].text,fragmentShader:$("#myFragmentShader")[0].text})语句用于根据自定义顶点着色器(myVertexShader)和自定义片元着色器(myFragmentShader)创建 THREE.ShaderMaterial 材质,以实现动态变换的时空漩涡;产生这种漩涡效果的关键在自定义片元着色器(myFragmentShader)中应用三角函数改变相关参数。

此实例的源文件是 MyCode\ChapB\ChapB268.html。

209　使用外部着色器自定义 ShaderMaterial

此实例主要通过使用 THREE.SubsurfaceScatteringShader 的 vertexShader 属性和 fragmentShader 属性设置 THREE.ShaderMaterial 的 vertexShader 属性和 fragmentShader 属性,实现使用外部类的着色器创建 THREE.ShaderMaterial 材质。当浏览器显示页面时,使用自定义 THREE.ShaderMaterial 材质创建的 FBX 模型如图 209-1 所示。

图　209-1

主要代码如下:

```
<html><head><meta charset="UTF-8">
<script src="ThreeJS/three.js"></script>
<script src="ThreeJS/jquery.js"></script>
<script src="ThreeJS/OrbitControls.js"></script>
<script src="ThreeJS/SubsurfaceScatteringShader.js"></script>
<script src="ThreeJS/FBXLoader.js"></script>
</head>
<body><center id="myContainer"></center>
<script>
//创建渲染器
var myRenderer = new THREE.WebGLRenderer({antialias:true});
myRenderer.setPixelRatio(window.devicePixelRatio);
myRenderer.setSize(window.innerWidth,window.innerHeight);
```

```
myRenderer.outputEncoding = THREE.sRGBEncoding;
$("#myContainer").append(myRenderer.domElement);
var myScene = new THREE.Scene();
myScene.background = new THREE.Color(0xffffff);
var myCamera = new THREE.PerspectiveCamera(40,
                    window.innerWidth/window.innerHeight,1,5000);
myCamera.position.set(0,300,1000);
var myOrbitControls = new THREE.OrbitControls(myCamera);
myScene.add(new THREE.AmbientLight(0x888888));
var myPointLight1 = new THREE.PointLight(0x888888,7,300);
myScene.add(myPointLight1);
myPointLight1.position.x = 0;
myPointLight1.position.y = -50;
myPointLight1.position.z = 350;
var myPointLight2 = new THREE.PointLight(0x888800,1,500);
myPointLight2.position.x = -100;
myPointLight2.position.y = 20;
myPointLight2.position.z = -260;
myScene.add(myPointLight2);
//加载 FBX 模型
var myTextureLoader = new THREE.TextureLoader();
var myThicknessTexture = myTextureLoader.load('images/img125.jpg');
var myUniforms = THREE.UniformsUtils.clone(
                    THREE.SubsurfaceScatteringShader.uniforms);
myUniforms['diffuse'].value = new THREE.Vector3(1.0,0.2,0.2);
myUniforms['shininess'].value = 500;
myUniforms['thicknessMap'].value = myThicknessTexture;
myUniforms['thicknessColor'].value = new THREE.Vector3(0.5,0.3,0.0);
myUniforms['thicknessDistortion'].value = 0.1;
myUniforms['thicknessAmbient'].value = 0.4;
myUniforms['thicknessAttenuation'].value = 0.8;
myUniforms['thicknessPower'].value = 2.0;
myUniforms['thicknessScale'].value = 16.0;
var myShaderMaterial = new THREE.ShaderMaterial({
    uniforms:myUniforms,lights:true,
    vertexShader:THREE.SubsurfaceScatteringShader.vertexShader,
    fragmentShader:THREE.SubsurfaceScatteringShader.fragmentShader});
var myFBXLoader = new THREE.FBXLoader();
myFBXLoader.load('Data/MyStanfordBunny.fbx',function(object){
    myModel = object.children[0];
    myModel.position.set(0,0,10);
    myModel.scale.setScalar(1);
    myModel.material = myShaderMaterial;
    myScene.add(myModel);
});
//渲染 FBX 模型
animate();
function animate(){
    requestAnimationFrame(animate);
    myRenderer.render(myScene,myCamera);
}
</script></body></html>
```

在前面这段代码中，myShaderMaterial = new THREE.ShaderMaterial({uniforms：myUniforms，lights：true，vertexShader：THREE.SubsurfaceScatteringShader.vertexShader，fragmentShader：THREE.SubsurfaceScatteringShader.fragmentShader})语句表示使用 THREE.SubsurfaceScatteringShader 着色器的 vertexShader 属性和 fragmentShader 属性自定义 THREE.ShaderMaterial 的 vertexShader 属性和 fragmentShader 属性，THREE.SubsurfaceScatteringShader 的完整内容在 SubsurfaceScatteringShader.js 文件中。此外需要注意：此实例需要添加 OrbitControls.js、SubsurfaceScatteringShader.js、FBXLoader.js 等文件。

此实例的源文件是 MyCode\ChapB\ChapB242.html。

210 使用 LineDashedMaterial 绘制高斯帕曲线

此实例主要通过在 THREE.LineDashedMaterial()方法的参数中设置 vertexColors 属性为 true，实现以渐变色方式绘制高斯帕曲线。当浏览器显示页面时，高斯帕曲线将随机飘移，效果分别如图 210-1 和图 210-2 所示。

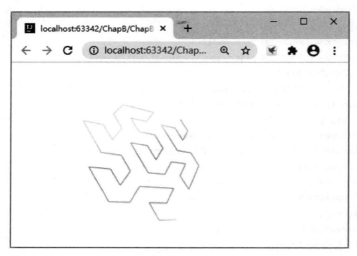

图　210-1

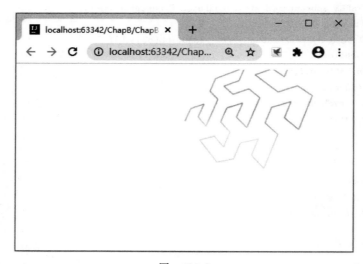

图　210-2

主要代码如下:

```
<body><center id="myContainer"></center>
<script>
//创建渲染器
var myRenderer = new THREE.WebGLRenderer({antialias:true});
myRenderer.setSize(window.innerWidth,window.innerHeight);
myRenderer.setClearColor('white',1.0);
$("#myContainer").append(myRenderer.domElement);
var myScene = new THREE.Scene();
var myCamera = new THREE.PerspectiveCamera(45,
                window.innerWidth/window.innerHeight,0.1,1000);
myCamera.position.set(0,50,100);
myCamera.lookAt(new THREE.Vector3(0,0,0));
//绘制高斯帕曲线
var myPoints = gosper(2,80);//获取高斯帕曲线的多个顶点
var myGeometry = new THREE.Geometry();
var myColors = [];
for(var i = 0,len = myPoints.length;i < len;i ++){
  var myPoint = myPoints[i];
  //获取所有顶点的位置
  myGeometry.vertices.push(new THREE.Vector3(myPoint.x,myPoint.z,myPoint.y));
  //根据顶点位置生成相应的颜色
  myColors[i] = new THREE.Color(0xffffff);
  myColors[i].setHSL(myPoint.x/100 + 0.5,(myPoint.y * 20)/300,0.8);
}
//设置几何图形每个顶点的颜色
myGeometry.colors = myColors;
var myLineDashedMaterial = new THREE.LineDashedMaterial({vertexColors:true});
var myLine = new THREE.Line(myGeometry,myLineDashedMaterial);
myLine.position.set(0,0,-60);
myScene.add(myLine);
//渲染高斯帕曲线
animate();
function animate(){
  myLine.rotation.z += 0.01;
  myLine.rotation.y += 0.01;
  myRenderer.render(myScene,myCamera);
  requestAnimationFrame(animate);
}
//高斯帕曲线生成函数 gosper,它是一种空间填充曲线,是一个与龙曲线和希尔伯特曲线相似的分形曲线
function gosper(a,b){
  var turtle = [0,0,0];
  var points = [];
  var count = 0;
  rg(a,b,turtle);
  return points;
  function rt(x){turtle[2] += x;}
  function lt(x){turtle[2] -= x;}
  function fd(dist){
    points.push({x:turtle[0],y:turtle[1],z:Math.sin(count) * 5});
    var dir = turtle[2] * (Math.PI/180);
    turtle[0] += Math.cos(dir) * dist;
    turtle[1] += Math.sin(dir) * dist;
```

```
          points.push({x:turtle[0],y:turtle[1],z:Math.sin(count)*5});
        }
        function rg(st,ln,turtle){
          st--;
          ln=ln/2.6457;
          if(st>0){
            rg(st,ln,turtle);rt(60);gl(st,ln,turtle);
            rt(120);gl(st,ln,turtle);lt(60);
            rg(st,ln,turtle);lt(120);rg(st,ln,turtle);rg(st,ln,turtle);
            lt(60);gl(st,ln,turtle);rt(60);
          }
          if(st==0){
            fd(ln);rt(60);fd(ln);rt(120);fd(ln);lt(60);
            fd(ln);lt(120);fd(ln);fd(ln);lt(60);
            fd(ln);rt(60)
          }
        }
        function gl(st,ln,turtle){
          st--;
          ln=ln/2.6457;
          if(st>0){
            lt(60);rg(st,ln,turtle);
            rt(60);gl(st,ln,turtle);gl(st,ln,turtle);
            rt(120);gl(st,ln,turtle);rt(60);rg(st,ln,turtle);
            lt(120);rg(st,ln,turtle);lt(60);gl(st,ln,turtle);
          }
          if(st==0){
            lt(60);fd(ln);rt(60);fd(ln);fd(ln);rt(120);fd(ln);
            rt(60);fd(ln);lt(120);fd(ln);lt(60); fd(ln);
          }}}
      </script></body>
```

在上面这段代码中，myLineDashedMaterial = new THREE.LineDashedMaterial({vertexColors：true})语句表示使用顶点的颜色设置线条的颜色，在此实例中，即 myGeometry.colors = myColors。如果用 myLineDashedMaterial = new THREE.LineDashedMaterial({color：0xff0000})语句表述，则此实例的高斯帕曲线将显示为红色，而不是每两个顶点之间的渐变色。

此实例的源文件是 MyCode\ChapB\ChapB135.html。

第5章 后期特效

211 在场景中的三维图形上添加马赛克

此实例主要通过在 THREE.EffectComposer 中添加 THREE.PixelShader，并设置 THREE.PixelShader 的 resolution 属性和 pixelSize 属性，实现在场景中的三维图形上添加马赛克特效。当浏览器显示页面时，单击"添加马赛克特效"按钮，则所有三维图形（球体和圆环结）在添加马赛克特效之后的效果如图 211-1 所示；单击"保持原状"按钮，则未改变的所有三维图形如图 211-2 所示。

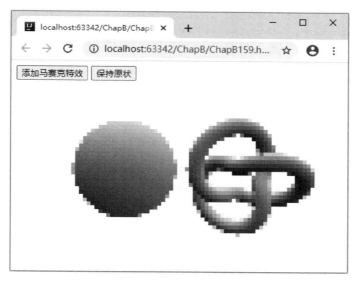

图 211-1

主要代码如下：

```
<html><head><meta charset = "UTF-8">
 <script src = "ThreeJS/three.js"></script>
 <script src = "ThreeJS/jquery.js"></script>
 <script src = "ThreeJS/PixelShader.js"></script>
 <script src = "ThreeJS/EffectComposer.js"></script>
 <script src = "ThreeJS/RenderPass.js"></script>
 <script src = "ThreeJS/ShaderPass.js"></script>
</head>
<body><p><button id = "myButton1">添加马赛克特效</button>
```

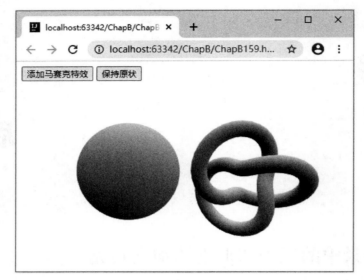

图 211-2

```
            <button id="myButton2">保持原状</button></p>
<div id="myContainer"></div>
<script>
    //创建渲染器
    var myRenderer = new THREE.WebGLRenderer({antialias:true});
    myRenderer.setSize(window.innerWidth,window.innerHeight);
    myRenderer.setClearColor('white',1.0);
    $("#myContainer").append(myRenderer.domElement);
    var myCamera = new THREE.PerspectiveCamera(45,
                      window.innerWidth/window.innerHeight,0.1,1000);
    myCamera.position.set(10,30,50);
    myCamera.lookAt(new THREE.Vector3(0,0,0));
    var myScene = new THREE.Scene();
    //创建球体
    var mySphereGeometry = new THREE.SphereGeometry(14,120,120);
    var mySphereMaterial = new THREE.MeshNormalMaterial();
    var mySphereMesh = new THREE.Mesh(mySphereGeometry,mySphereMaterial);
    mySphereMesh.position.x = -16;
    myScene.add(mySphereMesh);
    //创建圆环结
    var myKnotGeometry = new THREE.TorusKnotGeometry(10,2,100,18);
    var myKnotMaterial = new THREE.MeshNormalMaterial();
    var myKnotMesh = new THREE.Mesh(myKnotGeometry,myKnotMaterial);
    myKnotMesh.position.x = 16;
    myScene.add(myKnotMesh);
    //在场景中实现后期特效(在所有三维图形上添加马赛克特效)
    var myEffectComposer = new THREE.EffectComposer(myRenderer);
    myEffectComposer.addPass(new THREE.RenderPass(myScene,myCamera));
    var myShaderPass = new THREE.ShaderPass(THREE.PixelShader);
    myShaderPass.uniforms.resolution.value =
                 new THREE.Vector2(window.innerWidth,window.innerHeight);
    //设置马赛克像素块大小
    myShaderPass.uniforms.pixelSize.value = 6;
    myEffectComposer.addPass(myShaderPass);
```

```
//动态渲染在添加马赛克特效之后的球体和圆环结
animate();
function animate(){
 myEffectComposer.render();
 requestAnimationFrame(animate);
}
//响应单击"添加马赛克特效"按钮
 $("#myButton1").click(function(){
 myEffectComposer.addPass(myShaderPass);
});
//响应单击"保持原状"按钮
 $("#myButton2").click(function(){
 myEffectComposer.addPass(new THREE.RenderPass(myScene,myCamera));
});
</script></body></html>
```

在上面这段代码中,myShaderPass=new THREE.ShaderPass(THREE.PixelShader)语句用于根据像素着色器创建着色器通道。myShaderPass.uniforms.pixelSize.value=6语句用于设置马赛克像素块的大小。一般情况下,在Three.js中进行后期处理需要下列步骤。

(1) 创建EffectComposer对象,然后在该对象上添加后期处理通道。

(2) 配置EffectComposer对象,以渲染场景,如myEffectComposer.addPass(new THREE.RenderPass(myScene,myCamera)),RenderPass通道会渲染场景,但不会将渲染结果输出到屏幕上。

(3) 在EffectComposer对象上添加特效(后期处理)通道,如myEffectComposer.addPass(myShaderPass)。

(4) 使用EffectComposer的render()方法输出结果,如myEffectComposer.render()。

此外需要注意:此实例需要添加PixelShader.js、EffectComposer.js、RenderPass.js、ShaderPass.js等文件。

此实例的源文件是MyCode\ChapB\ChapB159.html。

212 在场景中的三维图形上添加小灰点

此实例主要通过在THREE.EffectComposer中添加THREE.DotScreenShader,并设置THREE.DotScreenShader的scale属性,实现在场景中的三维图形上添加小灰点特效。当浏览器显示页面时,单击"添加小灰点特效"按钮,则所有三维图形(球体和圆环结)在添加小灰点特效之后的效果如图212-1所示;单击"保持原状"按钮,则未改变的所有三维图形如图212-2所示。

主要代码如下:

```
<html><head><meta charset="UTF-8">
 <script src="ThreeJS/three.js"></script>
 <script src="ThreeJS/jquery.js"></script>
 <script src="ThreeJS/DotScreenShader.js"></script>
 <script src="ThreeJS/EffectComposer.js"></script>
 <script src="ThreeJS/RenderPass.js"></script>
 <script src="ThreeJS/ShaderPass.js"></script>
</head>
<body><p><button id="myButton1">添加小灰点特效</button>
         <button id="myButton2">保持原状</button></p>
<div id="myContainer"></div>
<script>
```

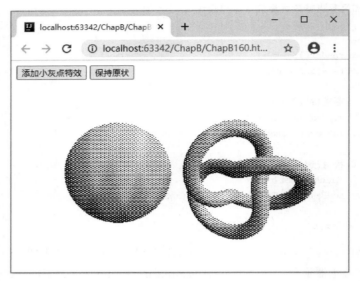

图 212-1

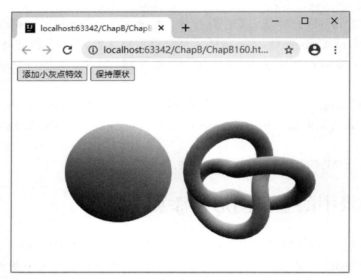

图 212-2

```
//创建渲染器
var myRenderer = new THREE.WebGLRenderer({antialias:true});
myRenderer.setSize(window.innerWidth,window.innerHeight);
myRenderer.setClearColor('white',1.0);
$("#myContainer").append(myRenderer.domElement);
var myCamera = new THREE.PerspectiveCamera(45,
                window.innerWidth/window.innerHeight,0.1,1000);
myCamera.position.set(10,30,50);
myCamera.lookAt(new THREE.Vector3(0,0,0));
var myScene = new THREE.Scene();
//创建球体
var mySphereGeometry = new THREE.SphereGeometry(14,120,120);
var mySphereMaterial = new THREE.MeshNormalMaterial();
var mySphereMesh = new THREE.Mesh(mySphereGeometry,mySphereMaterial);
```

```
mySphereMesh.position.x = -16;
myScene.add(mySphereMesh);
//创建圆环结
var myKnotGeometry = new THREE.TorusKnotGeometry(10,2,100,18);
var myKnotMaterial = new THREE.MeshNormalMaterial();
var myKnotMesh = new THREE.Mesh(myKnotGeometry,myKnotMaterial);
myKnotMesh.position.x = 16;
myScene.add(myKnotMesh);
//在场景中实现后期特效(在所有三维图形上添加小灰点)
var myEffectComposer = new THREE.EffectComposer(myRenderer);
myEffectComposer.addPass(new THREE.RenderPass(myScene,myCamera));
var myShaderPass = new THREE.ShaderPass(THREE.DotScreenShader);
myShaderPass.uniforms['scale'].value = 2;
myEffectComposer.addPass(myShaderPass);
//动态渲染在添加小灰点特效之后的球体和圆环结
animate();
function animate(){
 myEffectComposer.render();
 requestAnimationFrame(animate);
}
//响应单击"添加小灰点特效"按钮
$("#myButton1").click(function(){
 myEffectComposer.addPass(myShaderPass);
});
//响应单击"保持原状"按钮
$("#myButton2").click(function(){
 myEffectComposer.addPass(new THREE.RenderPass(myScene,myCamera));
});
</script></body></html>
```

在上面这段代码中,myShaderPass=new THREE.ShaderPass(THREE.DotScreenShader)语句用于根据灰点着色器创建着色器通道。myShaderPass.uniforms['scale'].value=2语句用于设置灰点的大小。此外需要注意:此实例需要添加 EffectComposer.js、RenderPass.js、DotScreenShader.js、ShaderPass.js 等文件。

此实例的源文件是 MyCode\ChapB\ChapB160.html。

213 在场景中的三维图形上添加怀旧特效

此实例主要通过在 THREE.EffectComposer 中添加 THREE.SepiaShader,并设置 THREE.SepiaShader 的 amount 属性,实现在场景中的三维图形上添加怀旧特效。当浏览器显示页面时,单击"添加怀旧特效"按钮,则立方体在添加怀旧特效之后的效果如图 213-1 所示;单击"保持原状"按钮,则未改变的立方体如图 213-2 所示。

主要代码如下:

```
<html><head><meta charset = "UTF-8">
<script src = "ThreeJS/three.js"></script>
<script src = "ThreeJS/jquery.js"></script>
<script src = "ThreeJS/EffectComposer.js"></script>
<script src = "ThreeJS/RenderPass.js"></script>
<script src = "ThreeJS/ShaderPass.js"></script>
<script src = "ThreeJS/SepiaShader.js"></script>
```

图 213-1

图 213-2

```
</head>
<body><p><button id = "myButton1">添加怀旧特效</button>
       <button id = "myButton2">保持原状</button></p>
<div id = "myContainer"></div>
<script>
 //创建渲染器
 var myRenderer = new THREE.WebGLRenderer({antialias:true});
 myRenderer.setSize(window.innerWidth,window.innerHeight);
 myRenderer.setClearColor('black',1.0);
 $("#myContainer").append(myRenderer.domElement);
```

```
    var myCamera = new THREE.PerspectiveCamera(45,
                   window.innerWidth/window.innerHeight,0.1,1000);
    myCamera.position.set(71,121,44);
    myCamera.lookAt(new THREE.Vector3(0,0,0));
    var myScene = new THREE.Scene();
    //创建立方体
    var myGeometry = new THREE.BoxBufferGeometry(50,50,50);
    var myMap = THREE.ImageUtils.loadTexture("images/img073.jpg");
    var myMaterial = new THREE.MeshBasicMaterial({map:myMap});
    var myMesh = new THREE.Mesh(myGeometry,myMaterial);
    myMesh.position.y = 4;
    myScene.add(myMesh);
    //在场景中实现后期特效(添加怀旧特效)
    var myEffectComposer = new THREE.EffectComposer(myRenderer);
    myEffectComposer.addPass(new THREE.RenderPass(myScene,myCamera));
    var myShaderPass = new THREE.ShaderPass(THREE.SepiaShader);
    myShaderPass.uniforms['amount'].value = 1.7;
    myEffectComposer.addPass(myShaderPass);
    //渲染添加怀旧特效之后的立方体
    animate();
    function animate(){
     requestAnimationFrame(animate);
     myEffectComposer.render();
    }
    //响应单击"添加怀旧特效"按钮
    $("#myButton1").click(function(){
     myEffectComposer.addPass(myShaderPass);
    });
    //响应单击"保持原状"按钮
    $("#myButton2").click(function(){
     myEffectComposer.addPass(new THREE.RenderPass(myScene,myCamera));
    });
</script></body></html>
```

在上面这段代码中，myShaderPass=new THREE.ShaderPass(THREE.SepiaShader)语句用于根据褐色(怀旧)着色器创建着色器通道，myShaderPass.uniforms['amount'].value=1.7语句表示褐色着色器根据amount属性值重置图形的(怀旧)颜色。myEffectComposer.addPass(myShaderPass)语句用于添加褐色着色器，可以多次使用myEffectComposer.addPass(myShaderPass)语句，每一次都在前次的基础上改变颜色。此外需要注意：此实例需要添加RenderPass.js、EffectComposer.js、ShaderPass.js、SepiaShader.js等文件。

此实例的源文件是MyCode\ChapB\ChapB169.html。

214 在场景中的三维图形上添加重影特效

此实例主要通过在THREE.EffectComposer中添加THREE.RGBShiftShader，并设置THREE.RGBShiftShader的amount属性，实现在场景中的三维图形上添加重影特效。当浏览器显示页面时，单击"添加重影特效"按钮，则立方体在添加重影特效之后的效果如图214-1所示；单击"保持原状"按钮，则未改变的立方体如图214-2所示。

主要代码如下：

```
<html><head><meta charset="UTF-8">
```

图 214-1

图 214-2

```
<script src = "ThreeJS/three.js"></script>
<script src = "ThreeJS/jquery.js"></script>
<script src = "ThreeJS/EffectComposer.js"></script>
<script src = "ThreeJS/RenderPass.js"></script>
<script src = "ThreeJS/ShaderPass.js"></script>
<script src = "ThreeJS/RGBShiftShader.js"></script>
</head>
<body><p><button id = "myButton1">添加重影特效</button>
        <button id = "myButton2">保持原状</button></p>
<div id = "myContainer"></div>
```

```
<script>
//创建渲染器
var myRenderer = new THREE.WebGLRenderer({antialias:true});
myRenderer.setSize(window.innerWidth,window.innerHeight);
myRenderer.setClearColor('white',1.0);
$("#myContainer").append(myRenderer.domElement);
var myCamera = new THREE.PerspectiveCamera(45,
                  window.innerWidth/window.innerHeight,0.1,1000);
myCamera.position.set(71,121,44);
myCamera.lookAt(new THREE.Vector3(0,0,0));
var myScene = new THREE.Scene();
//创建立方体
var myGeometry = new THREE.BoxBufferGeometry(50,50,50);
var myMap = THREE.ImageUtils.loadTexture("images/img073.jpg");
var myMaterial = new THREE.MeshBasicMaterial({map: myMap});
var myMesh = new THREE.Mesh(myGeometry,myMaterial);
myMesh.position.y = 2;
myScene.add(myMesh);
//在场景中实现后期特效(添加重影特效)
var myEffectComposer = new THREE.EffectComposer(myRenderer);
myEffectComposer.addPass(new THREE.RenderPass(myScene,myCamera));
var myShaderPass = new THREE.ShaderPass(THREE.RGBShiftShader);
myShaderPass.uniforms['amount'].value = 0.005;
myEffectComposer.addPass(myShaderPass);
//渲染添加重影特效之后的立方体
animate();
function animate(){
 requestAnimationFrame(animate);
 myEffectComposer.render();
}
//响应单击"添加重影特效"按钮
$("#myButton1").click(function(){
 myEffectComposer.addPass(myShaderPass);
});
//响应单击"保持原状"按钮
$("#myButton2").click(function(){
 myEffectComposer.addPass(new THREE.RenderPass(myScene,myCamera));
});
</script></body></html>
```

在上面这段代码中,myShaderPass=new THREE.ShaderPass(THREE.RGBShiftShader)语句用于根据RGB着色器创建着色器通道。myShaderPass.uniforms['amount'].value=0.005语句用于设置分离值,值越大效果越明显。myEffectComposer.addPass(myShaderPass)语句用于添加RGB着色器,可以多次使用myEffectComposer.addPass(myShaderPass)语句,每一次都在前次的基础上改变。此外需要注意:此实例需要添加EffectComposer.js、RenderPass.js、RGBShiftShader.js、ShaderPass.js等文件。

此实例的源文件是MyCode\ChapB\ChapB161.html。

215 在场景中的三维图形上添加特艺彩色

此实例主要通过在THREE.EffectComposer中添加THREE.TechnicolorShader,实现在场景中的三维图形上添加特艺彩色。当浏览器显示页面时,单击"添加特艺彩色"按钮,则立方体在添加特艺彩色之后的效果如图 215-1 所示；单击"保持原状"按钮，则立方体恢复原样。

图 215-1

主要代码如下：

```
<html><head><meta charset="UTF-8">
<script src="ThreeJS/three.js"></script>
<script src="ThreeJS/jquery.js"></script>
<script src="ThreeJS/EffectComposer.js"></script>
<script src="ThreeJS/RenderPass.js"></script>
<script src="ThreeJS/ShaderPass.js"></script>
<script src="ThreeJS/TechnicolorShader.js"></script>
</head>
<body><p><button id="myButton1">添加特艺彩色</button>
        <button id="myButton2">保持原状</button></p>
<div id="myContainer"></div>
<script>
//创建渲染器
var myRenderer = new THREE.WebGLRenderer({antialias:true});
myRenderer.setSize(window.innerWidth,window.innerHeight);
myRenderer.setClearColor('white',1.0);
$("#myContainer").append(myRenderer.domElement);
var myCamera = new THREE.PerspectiveCamera(45,
                window.innerWidth/window.innerHeight,0.1,1000);
myCamera.position.set(71,121,44);
myCamera.lookAt(new THREE.Vector3(0,0,0));
var myScene = new THREE.Scene();
//创建立方体
var myGeometry = new THREE.BoxBufferGeometry(50,50,50);
var myMap = THREE.ImageUtils.loadTexture("images/img073.jpg");
var myMaterial = new THREE.MeshBasicMaterial({map:myMap});
var myMesh = new THREE.Mesh(myGeometry,myMaterial);
myMesh.position.y = 10;
myScene.add(myMesh);
//在场景中实现后期特效(添加特艺彩色)
```

```
var myEffectComposer = new THREE.EffectComposer(myRenderer);
myEffectComposer.addPass(new THREE.RenderPass(myScene,myCamera));
var myShaderPass = new THREE.ShaderPass(THREE.TechnicolorShader);
myEffectComposer.addPass(myShaderPass);
//渲染添加特艺彩色之后的立方体
animate();
function animate(){
  requestAnimationFrame(animate);
  myEffectComposer.render();
}
//响应单击"添加特艺彩色"按钮
$("#myButton1").click(function(){
  myEffectComposer.addPass(myShaderPass);
});
//响应单击"保持原状"按钮
$("#myButton2").click(function(){
  myEffectComposer.addPass(new THREE.RenderPass(myScene,myCamera));
});
</script></body></html>
```

其中，myShaderPass=new THREE.ShaderPass(THREE.TechnicolorShader)语句用于根据特艺彩色着色器创建着色器通道。myEffectComposer.addPass(myShaderPass)语句用于添加特艺彩色着色器。此外需要注意：此实例需要添加 RenderPass.js、EffectComposer.js、ShaderPass.js、TechnicolorShader.js 等文件。

此实例的源文件是 MyCode\ChapB\ChapB189.html。

216　在场景中的三维图形上添加锯齿特效

此实例主要通过在 THREE.EffectComposer 中添加 FXAAShader，并设置 FXAAShader 的 resolution 属性，实现在场景中的三维图形上添加锯齿特效。当浏览器显示页面时，单击"添加锯齿特效"按钮，则立方体在添加锯齿特效之后的效果如图 216-1 所示；单击"保持原状"按钮，则原始的立方体如图 216-2 所示。

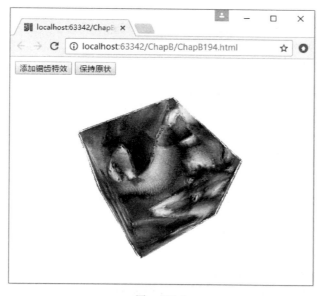

图　216-1

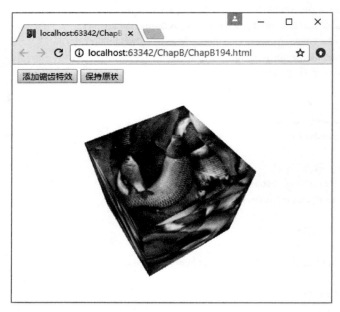

图 216-2

主要代码如下：

```
<html><head><meta charset="UTF-8">
<script src="ThreeJS/three.js"></script>
<script src="ThreeJS/jquery.js"></script>
<script src="ThreeJS/EffectComposer.js"></script>
<script src="ThreeJS/RenderPass.js"></script>
<script src="ThreeJS/ShaderPass.js"></script>
<script src="ThreeJS/FXAAShader.js"></script>
</head>
<body><p><button id="myButton1">添加锯齿特效</button>
          <button id="myButton2">保持原状</button></p>
<div id="myContainer"></div>
<script>
    //创建渲染器
    var myRenderer = new THREE.WebGL1Renderer({antialias:true});
    myRenderer.setSize(window.innerWidth,window.innerHeight);
    myRenderer.setClearColor('white',1.0);
    $("#myContainer").append(myRenderer.domElement);
    var myCamera = new THREE.PerspectiveCamera(45,
                   window.innerWidth/window.innerHeight,0.1,1000);
    myCamera.position.set(71,121,44);
    myCamera.lookAt(new THREE.Vector3(0,0,0));
    var myScene = new THREE.Scene();
    //创建立方体
    var myGeometry = new THREE.BoxBufferGeometry(60,60,60);
    var myMap = THREE.ImageUtils.loadTexture("images/img076.jpg");
    var myMaterial = new THREE.MeshBasicMaterial({map:myMap});
    var myMesh = new THREE.Mesh(myGeometry,myMaterial);
    myMesh.position.y = 2;
    myScene.add(myMesh);
    //在场景中实现后期特效(添加锯齿特效)
    var myEffectComposer = new THREE.EffectComposer(myRenderer);
```

```
myEffectComposer.addPass(new THREE.RenderPass(myScene,myCamera));
var myShaderPass = new THREE.ShaderPass(THREE.FXAAShader);
myShaderPass.uniforms['resolution'].value = new THREE.Vector2(1/64,1/64);
myEffectComposer.addPass(myShaderPass);
//渲染在添加锯齿特效之后的立方体
animate();
function animate(){
  requestAnimationFrame(animate);
  myEffectComposer.render();
}
//响应单击"添加锯齿特效"按钮
$("#myButton1").click(function(){
  myEffectComposer.addPass(myShaderPass);
});
//响应单击"保持原状"按钮
$("#myButton2").click(function(){
  myEffectComposer.addPass(new THREE.RenderPass(myScene,myCamera));
});
</script></body></html>
```

其中，myShaderPass＝new THREE.ShaderPass(THREE.FXAAShader)语句用于根据锯齿着色器创建着色器通道。myShaderPass.uniforms['resolution'].value＝new THREE.Vector2(1/64,1/64)语句用于设置锯齿着色器的分辨率，分辨率的值越小锯齿越小，默认值为 THREE.Vector2(1/1024,1/512)。此外需要注意：此实例需要添加 RenderPass.js、EffectComposer.js、ShaderPass.js、FXAAShader.js 等文件。

此实例的源文件是 MyCode\ChapB\ChapB194.html。

217　在场景中的三维图形上添加泛光特效

此实例主要通过在 THREE.EffectComposer 中添加 THREE.BloomPass，实现在场景中的三维图形上添加泛光特效。当浏览器显示页面时，单击"添加泛光特效"按钮，则立方体在添加泛光特效之后的效果如图 217-1 所示；单击"保持原状"按钮，则未改变的立方体如图 217-2 所示。

图　217-1

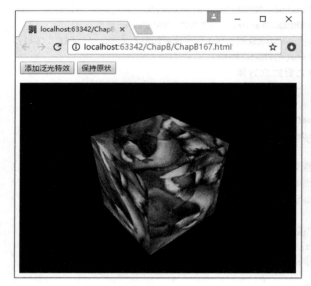

图 217-2

主要代码如下：

```html
<html><head><meta charset="UTF-8">
<script src="ThreeJS/three.js"></script>
<script src="ThreeJS/jquery.js"></script>
<script src="ThreeJS/EffectComposer.js"></script>
<script src="ThreeJS/CopyShader.js"></script>
<script src="ThreeJS/RenderPass.js"></script>
<script src="ThreeJS/ShaderPass.js"></script>
<script src="ThreeJS/BloomPass.js"></script>
<script src="ThreeJS/ConvolutionShader.js"></script>
</head>
<body><p><button id="myButton1">添加泛光特效</button>
        <button id="myButton2">保持原状</button></p>
<div id="myContainer"></div>
<script>
//创建渲染器
var myScene,myCamera,myRenderer;
var myWidth = window.innerWidth,myHeight = window.innerHeight;
var myAsp = myWidth/myHeight;
myRenderer = new THREE.WebGLRenderer({antialias:true});
myRenderer.setSize(myWidth,myHeight);
 $("#myContainer").append(myRenderer.domElement);
myRenderer.setClearColor('black');
myScene = new THREE.Scene();
myCamera = new THREE.PerspectiveCamera(45,myAsp,1,10000);
myCamera.position.set(50,50,40);
myCamera.lookAt(0,0,0);
myScene.add(myCamera);
myScene.add(new THREE.AmbientLight('#ffffff',0.9));
//创建立方体
var myGeometry = new THREE.BoxBufferGeometry(30,30,30);
var myMap = THREE.ImageUtils.loadTexture("images/img076.jpg");
var myMaterial = new THREE.MeshPhongMaterial({map:myMap});
```

```
var myMesh = new THREE.Mesh(myGeometry,myMaterial);
myScene.add(myMesh);
//在场景中实现后期特效(添加泛光特效)
var myEffectComposer = new THREE.EffectComposer(myRenderer);
myEffectComposer.addPass(new THREE.RenderPass(myScene,myCamera));
myEffectComposer.addPass(new THREE.BloomPass(3,17,2.0,256));
myEffectComposer.addPass(new THREE.ShaderPass(THREE.CopyShader));
//渲染添加泛光特效之后的立方体
animate();
function animate(){
 requestAnimationFrame(animate);
 myEffectComposer.render();
}
//响应单击"添加泛光特效"按钮
$("#myButton1").click(function(){
myEffectComposer.addPass(new THREE.BloomPass(3,17,2.0,256));
myEffectComposer.addPass(new THREE.ShaderPass(THREE.CopyShader));
});
//响应单击"保持原状"按钮
$("#myButton2").click(function(){
myEffectComposer.addPass(new THREE.RenderPass(myScene,myCamera));
});
</script></body></html>
```

在上面这段代码中，myEffectComposer.addPass(new THREE.BloomPass(3,17,2.0,256))语句用于在立方体上添加泛光特效，THREE.BloomPass()方法的语法格式如下：

THREE.BloomPass(strength,kernelSize,sigma,resolution)

其中，参数 strength 用于定义泛光强度，其值越大，则明亮的区域越明亮，而且渗入较暗区域也越多；参数 kernelSize 用于控制泛光效果的偏移量；参数 sigma 用于控制泛光效果的锐利程度，其值越大，泛光越模糊；参数 resolution 用于定义泛光效果的解析度，如果该值太低，则方块化比较严重。

myEffectComposer.addPass(new THREE.ShaderPass(THREE.CopyShader))语句不会添加任何特殊效果，只是将最后一个通道的结果复制到屏幕上，之所以要添加此语句，是因为 BloomPass 不能直接将渲染结果输出到屏幕上。

myRenderer.setClearColor('#000')语句用于设置渲染器的背景为黑色，如果 myRenderer.setClearColor('#fff')，即设置渲染器的背景为白色，则看不到效果。

此外需要注意：此实例需要添加 RenderPass.js、EffectComposer.js、CopyShader.js、BloomPass.js、ShaderPass.js、ConvolutionShader.js 等文件。

此实例的源文件是 MyCode\ChapB\ChapB167.html。

218 在场景中的三维图形上添加辉光特效

此实例主要通过在 THREE.EffectComposer 中添加 THREE.UnrealBloomPass，实现在场景中的三维图形上添加辉光特效。当浏览器显示页面时，单击"添加辉光特效"按钮，则立方体在添加辉光特效之后的效果如图 218-1 所示；单击"保持原状"按钮，则立方体在未改变之前的效果如图 218-2 所示。

主要代码如下：

```
<html><head><meta charset="UTF-8">
 <script src="ThreeJS/three.js"></script>
```

图 218-1

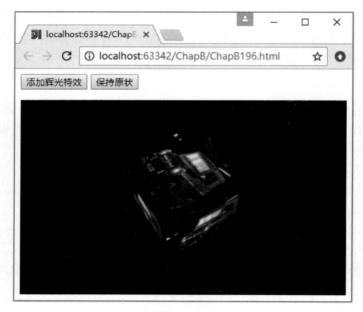

图 218-2

```
< script src = "ThreeJS/jquery.js"></script >
< script src = "ThreeJS/EffectComposer.js"></script >
< script src = "ThreeJS/RenderPass.js"></script >
< script src = "ThreeJS/ShaderPass.js"></script >
< script src = "ThreeJS/CopyShader.js"></script >
< script src = "ThreeJS/UnrealBloomPass.js"></script >
< script src = "ThreeJS/LuminosityHighPassShader.js"></script >
</head >
< body >< p >< button id = "myButton1">添加辉光特效</button >
        < button id = "myButton2">保持原状</button ></p>
```

```
<div id = "myContainer"></div>
<script>
//创建渲染器
var myRenderer = new THREE.WebGLRenderer({antialias:true});
myRenderer.setSize(window.innerWidth,window.innerHeight);
myRenderer.setClearColor('black',1.0);
$("#myContainer").append(myRenderer.domElement);
var myCamera = new THREE.PerspectiveCamera(45,
                window.innerWidth/window.innerHeight,0.1,1000);
myCamera.position.set(71,121,44);
myCamera.lookAt(new THREE.Vector3(0,0,0));
var myScene = new THREE.Scene();
//创建立方体
var myGeometry = new THREE.BoxBufferGeometry(50,50,50);
var myMap = THREE.ImageUtils.loadTexture("images/img096.jpg");
var myMaterial = new THREE.MeshBasicMaterial({map:myMap});
var myMesh = new THREE.Mesh(myGeometry,myMaterial);
myMesh.position.y = 2;
myScene.add(myMesh);
//在场景中实现后期特效(添加辉光特效)
var myEffectComposer = new THREE.EffectComposer(myRenderer);
myEffectComposer.addPass(new THREE.RenderPass(myScene,myCamera));
var myUnrealBloomPass = new THREE.UnrealBloomPass(
     new THREE.Vector2(window.innerWidth,window.innerHeight),1.5,0.4,0.6);
myEffectComposer.addPass(myUnrealBloomPass);
//渲染在添加辉光特效之后的立方体
animate();
function animate(){
 requestAnimationFrame(animate);
 myEffectComposer.render();
}
//响应单击"添加辉光特效"按钮
$("#myButton1").click(function(){
 myEffectComposer.addPass(myUnrealBloomPass);
});
//响应单击"保持原状"按钮
$("#myButton2").click(function(){
 myEffectComposer.addPass(new THREE.RenderPass(myScene,myCamera));
});
</script></body></html>
```

在上面这段代码中,myUnrealBloomPass = new THREE.UnrealBloomPass(new THREE.Vector2(window.innerWidth,window.innerHeight),1.5,0.4,0.6)语句用于在图形上创建辉光特效。THREE.UnrealBloomPass()方法的语法格式如下:

```
THREE.UnrealBloomPass(resolution,strength,radius,threshold)
```

其中,参数 resolution 表示分辨率;参数 strength 指定光照强度;参数 radius 指定照射半径;参数 threshold 指定阈值。

此外需要注意:此实例需要添加 CopyShader.js、RenderPass.js、ShaderPass.js、EffectComposer.js、UnrealBloomPass.js、LuminosityHighPassShader.js 等文件。

此实例的源文件是 MyCode\ChapB\ChapB196.html。

219　在场景中的三维图形上添加老电影特效

此实例主要通过在 THREE.EffectComposer 中添加 THREE.FilmPass，实现在场景中的三维图形上添加在老电影中经常出现的雪花扫描线特效。当浏览器显示页面时，单击"添加老电影特效"按钮，则立方体在添加老电影特效之后的效果如图 219-1 所示；单击"保持原状"按钮，则未改变的立方体如图 219-2 所示。

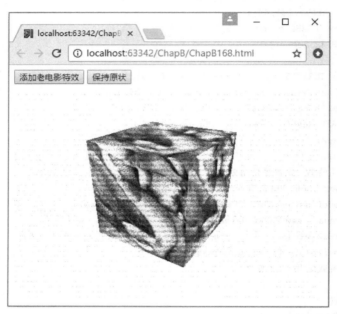

图　219-1

图　219-2

主要代码如下：

```html
<html><head><meta charset="UTF-8">
<script src="ThreeJS/three.js"></script>
<script src="ThreeJS/jquery.js"></script>
<script src="ThreeJS/EffectComposer.js"></script>
<script src="ThreeJS/RenderPass.js"></script>
<script src="ThreeJS/ShaderPass.js"></script>
<script src="ThreeJS/FilmPass.js"></script>
<script src="ThreeJS/FilmShader.js"></script>
</head>
<body><p><button id="myButton1">添加老电影特效</button>
          <button id="myButton2">保持原状</button></p>
<div id="myContainer"></div>
<script>
//创建渲染器
var myScene,myCamera,myRenderer;
var myWidth = window.innerWidth,myHeight = window.innerHeight;
var myAsp = myWidth/myHeight;
myRenderer = new THREE.WebGLRenderer({antialias:true});
myRenderer.setSize(myWidth,myHeight);
$("#myContainer").append(myRenderer.domElement);
myRenderer.setClearColor('#fff');
myScene = new THREE.Scene();
myCamera = new THREE.PerspectiveCamera(45,myAsp,1,10000);
myCamera.position.set(50,50,80);
myCamera.lookAt(0,0,0);
myScene.add(myCamera);
myScene.add(new THREE.AmbientLight('#fff',0.9));
//创建立方体
var myGeometry = new THREE.BoxBufferGeometry(40,40,40);
var myMap = THREE.ImageUtils.loadTexture("images/img076.jpg");
var myMaterial = new THREE.MeshPhongMaterial({map:myMap});
var myMesh = new THREE.Mesh(myGeometry,myMaterial);
myMesh.position.y = 6;
myScene.add( myMesh);
//在场景中实现后期特效(在立方体上添加老电影雪花扫描线特效)
var myEffectComposer = new THREE.EffectComposer(myRenderer);
myEffectComposer.addPass(new THREE.RenderPass(myScene,myCamera));
myEffectComposer.addPass(new THREE.FilmPass(3.1,0.325,256,true));
//动态渲染在添加老电影雪花扫描线特效之后的立方体
animate();
function animate(){
 myEffectComposer.render();
 requestAnimationFrame(animate);
}
//响应单击"添加老电影特效"按钮
$("#myButton1").click(function(){
 myEffectComposer.addPass(new THREE.FilmPass(3.1,0.325,256,true));
});
//响应单击"保持原状"按钮
$("#myButton2").click(function(){
 myEffectComposer.addPass(new THREE.RenderPass(myScene,myCamera));
});
</script></body></html>
```

在上面这段代码中，myEffectComposer.addPass(new THREE.FilmPass(3.1,0.325,256,true))语句用于在立方体上添加老电影雪花扫描线特效，THREE.FilmPass()方法的语法格式如下：

THREE.FilmPass(noiseIntensity,scanlinesIntensity,scanlinesCount,grayscale)

其中，参数noiseIntensity用于控制雪花的颗粒大小；参数scanlinesIntensity用于控制雪花扫描线的强度；参数scanlinesCount用于设置雪花扫描线的数量；参数grayscale如果设置为true，则图形显示为灰度图，如果该参数设置为false，则图形显示为彩色。

此外需要注意：此实例需要添加RenderPass.js、ShaderPass.js、FilmPass.js、FilmShader.js、EffectComposer.js等文件。

此实例的源文件是MyCode\ChapB\ChapB168.html。

220　在场景中的三维图形上添加电脉冲特效

此实例主要通过在THREE.EffectComposer中添加THREE.GlitchPass，实现在场景中的三维图形上添加在老式无线电视中经常出现的信号被干扰的电脉冲花屏特效。当浏览器显示页面时，单击"添加电脉冲特效"按钮，则立方体（整个场景）在添加电脉冲特效之后的效果如图220-1所示；单击"保持原状"按钮，则未添加电脉冲特效的立方体如图220-2所示。

图　220-1

主要代码如下：

```html
<html><head><meta charset="UTF-8">
<script src="ThreeJS/three.js"></script>
<script src="ThreeJS/jquery.js"></script>
<script src="ThreeJS/EffectComposer.js"></script>
<script src="ThreeJS/RenderPass.js"></script>
<script src="ThreeJS/ShaderPass.js"></script>
<script src="ThreeJS/GlitchPass.js"></script>
<script src="ThreeJS/DigitalGlitch.js"></script>
<script src="ThreeJS/CopyShader.js"></script>
<script src="ThreeJS/OrbitControls.js"></script>
```

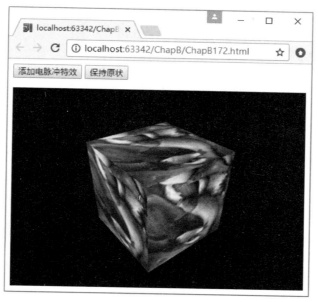

图 220-2

```
</head>
<body><p><button id="myButton1">添加电脉冲特效</button>
        <button id="myButton2">保持原状</button></p>
<div id="myContainer"></div>
<script>
 //创建渲染器
 var myRenderer = new THREE.WebGLRenderer({antialias:true});
 myRenderer.setSize(window.innerWidth,window.innerHeight);
 myRenderer.setClearColor(0x000);
 $("#myContainer").append(myRenderer.domElement);
 var myCamera = new THREE.PerspectiveCamera(45,
                 window.innerWidth/window.innerHeight,0.1,1000);
 myCamera.position.set(-80,90,100);
 var myScene = new THREE.Scene();
 myScene.add(new THREE.AmbientLight(0xffffff,1));
 //创建立方体
 var myGeometry = new THREE.BoxGeometry(60,60,60);
 var myMap = THREE.ImageUtils.loadTexture("images/img076.jpg");
 var myMaterial = new THREE.MeshPhongMaterial({map:myMap});
 var myMesh = new THREE.Mesh(myGeometry,myMaterial);
 myScene.add(myMesh);
 //在场景中实现后期特效(在立方体上产生电脉冲花屏特效)
 var myEffectComposer = new THREE.EffectComposer(myRenderer);
 myEffectComposer.addPass(new THREE.RenderPass(myScene,myCamera));
 myEffectComposer.addPass(new THREE.GlitchPass());
 //动态渲染在添加电脉冲特效之后的立方体
 animate();
 function animate(){
  myEffectComposer.render();
  requestAnimationFrame(animate);
 }
 //响应单击"添加电脉冲特效"按钮
 $("#myButton1").click(function(){
```

```
            myEffectComposer.addPass(new THREE.RenderPass(myScene,myCamera));
            myEffectComposer.addPass(new THREE.GlitchPass());
        });
        //响应单击"保持原状"按钮
        $("#myButton2").click(function(){
            myEffectComposer.addPass(new THREE.RenderPass(myScene,myCamera));
        });
        var myOrbitControls = new THREE.OrbitControls(myCamera);
</script></body></html>
```

在上面这段代码中,myEffectComposer.addPass(new THREE.GlitchPass())语句用于在立方体上添加在老影片中出现的电脉冲花屏特效。此外需要注意:此实例需要添加 RenderPass.js、ShaderPass.js、GlitchPass.js、DigitalGlitch.js、EffectComposer.js、CopyShader.js、OrbitControls.js等文件。

此实例的源文件是 MyCode\ChapB\ChapB172.html。

221 在场景中的三维图形上添加漂白特效

此实例主要通过在 THREE.EffectComposer 中添加 THREE.BleachBypassShader,并且设置 THREE.BleachBypassShader 的 opacity 属性,实现场景中三维图形的漂白特效。当浏览器显示页面时,单击"轻微漂白图形"按钮,则立方体的颜色如图 221-1 所示;单击"强力漂白图形"按钮,则立方体的颜色如图 221-2 所示。

图 221-1

主要代码如下:

```
<html><head><meta charset="UTF-8">
<script src="ThreeJS/three.js"></script>
<script src="ThreeJS/jquery.js"></script>
<script src="ThreeJS/EffectComposer.js"></script>
<script src="ThreeJS/RenderPass.js"></script>
<script src="ThreeJS/ShaderPass.js"></script>
```

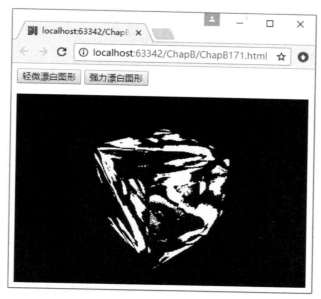

图 221-2

```
<script src="ThreeJS/BleachBypassShader.js"></script>
<script src="ThreeJS/OrbitControls.js"></script>
</head>
<body><p><button id="myButton1">轻微漂白图形</button>
         <button id="myButton2">强力漂白图形</button></p>
<div id="myContainer"></div>
<script>
//创建渲染器
var myRenderer = new THREE.WebGLRenderer({antialias:true});
myRenderer.setSize(window.innerWidth,window.innerHeight);
myRenderer.setClearColor(0x000);
$("#myContainer").append(myRenderer.domElement);
var myCamera = new THREE.PerspectiveCamera(45,
             window.innerWidth/window.innerHeight,0.1,1000);
myCamera.position.set(-80,90,100);
var myScene = new THREE.Scene();
myScene.add(new THREE.AmbientLight(0xffffff,1));
//创建立方体
var myGeometry = new THREE.BoxGeometry(60,60,60);
var myMap = THREE.ImageUtils.loadTexture("images/img076.jpg");
var myMaterial = new THREE.MeshPhongMaterial({map:myMap});
var myMesh = new THREE.Mesh(myGeometry,myMaterial);
myScene.add(myMesh);
//在场景中实现后期特效(为立方体添加漂白特效)
var myEffectComposer = new THREE.EffectComposer(myRenderer);
myEffectComposer.addPass(new THREE.RenderPass(myScene,myCamera));
var myShaderPass = new THREE.ShaderPass(THREE.BleachBypassShader);
myShaderPass.uniforms['opacity'].value = 2.9;
myEffectComposer.addPass(myShaderPass);
//渲染经过漂白的立方体
animate();
function animate(){
  myEffectComposer.render();
```

```
        requestAnimationFrame(animate);
    }
    var myOrbitControls = new THREE.OrbitControls(myCamera);
    //响应单击"轻微漂白图形"按钮
    $("#myButton1").click(function(){
        myShaderPass.uniforms['opacity'].value = 2.9;
    });
    //响应单击"强力漂白图形"按钮
    $("#myButton2").click(function(){
        myShaderPass.uniforms['opacity'].value = 100.9;
    });
</script></body></html>
```

在上面这段代码中，myShaderPass = new THREE.ShaderPass(THREE.BleachBypassShader)语句用于根据漂白着色器创建着色器通道，myShaderPass.uniforms['opacity'].value=2.9语句表示漂白着色器使用指定的属性值重置图形的颜色。此外需要注意：此实例需要添加RenderPass.js、ShaderPass.js、EffectComposer.js、BleachBypassShader.js、OrbitControls.js等文件。

此实例的源文件是MyCode\ChapB\ChapB171.html。

222 在场景中的三维图形上添加光晕特效

此实例主要通过在THREE.EffectComposer中添加THREE.VignetteShader，并且设置THREE.VignetteShader的darkness属性和offset属性，实现在场景中的三维图形周围添加光晕特效。当浏览器显示页面时，单击"添加光晕"按钮，则球体在添加光晕之后的效果如图222-1所示；单击"保持原状"按钮，则未添加光晕的球体如图222-2所示。

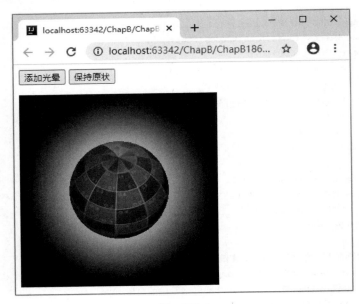

图 222-1

主要代码如下：

```
<html><head><meta charset="UTF-8">
<script src="ThreeJS/three.js"></script>
<script src="ThreeJS/jquery.js"></script>
```

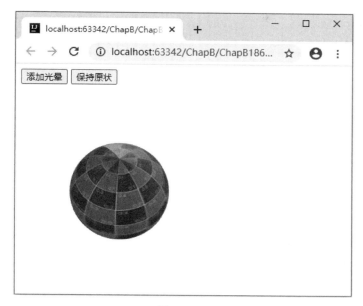

图 222-2

```
<script src="ThreeJS/EffectComposer.js"></script>
<script src="ThreeJS/RenderPass.js"></script>
<script src="ThreeJS/ShaderPass.js"></script>
<script src="ThreeJS/VignetteShader.js"></script>
</head>
<body><p><button id="myButton1">添加光晕</button>
        <button id="myButton2">保持原状</button></p>
<div id="myContainer"></div>
<script>
//创建渲染器
var myRenderer = new THREE.WebGLRenderer({antialias:true});
myRenderer.setSize(window.innerHeight,window.innerHeight);
myRenderer.setClearColor('white',1.0);
$("#myContainer").append(myRenderer.domElement);
var myCamera = new THREE.PerspectiveCamera(45,
            window.innerHeight/window.innerHeight,0.1,1000);
myCamera.position.set(71,121,44);
myCamera.lookAt(new THREE.Vector3(0,0,0));
var myScene = new THREE.Scene();
//创建球体
var myGeometry = new THREE.SphereBufferGeometry(30,150,150);
var myMap = THREE.ImageUtils.loadTexture("images/img002.jpg");
var myMaterial = new THREE.MeshBasicMaterial({map:myMap});
var myMesh = new THREE.Mesh(myGeometry,myMaterial);
myScene.add(myMesh);
//在场景中实现后期特效(在球体周围添加光晕特效)
var myEffectComposer = new THREE.EffectComposer(myRenderer);
myEffectComposer.addPass(new THREE.RenderPass(myScene,myCamera));
var myShaderPass = new THREE.ShaderPass(THREE.VignetteShader);
myShaderPass.uniforms['darkness'].value = 4;
myShaderPass.uniforms['offset'].value = 1;
myEffectComposer.addPass(myShaderPass);
//渲染添加光晕之后的球体
```

```
animate();
function animate(){
 requestAnimationFrame(animate);
 myEffectComposer.render();
}
//响应单击"添加光晕"按钮
 $("#myButton1").click(function(){
   myEffectComposer.addPass(myShaderPass);
});
//响应单击"保持原状"按钮
 $("#myButton2").click(function(){
   myEffectComposer.addPass(new THREE.RenderPass(myScene,myCamera));
});
</script></body></html>
```

在上面这段代码中,myShaderPass＝new THREE.ShaderPass(THREE.VignetteShader)语句用于根据光晕着色器创建着色器通道,myShaderPass.uniforms['darkness'].value＝4语句用于设置光晕着色器的暗色(黑色)值(程度)。myShaderPass.uniforms['offset'].value＝1语句用于设置光晕着色器的偏移值。myEffectComposer.addPass(myShaderPass)语句用于添加光晕着色器,可以多次使用myEffectComposer.addPass(myShaderPass)语句,每一次都在前次的基础上添加光晕特效。此外需要注意:此实例需要添加RenderPass.js、ShaderPass.js、EffectComposer.js、VignetteShader.js等文件。

此实例的源文件是MyCode\ChapB\ChapB186.html。

223　在场景中的三维图形上添加聚焦特效

此实例主要通过在THREE.EffectComposer中添加THREE.FocusShader,并设置THREE.FocusShader的screenWidth、screenHeight、sampleDistance、waveFactor等属性,实现在场景中的三维图形上添加聚焦特效。当浏览器显示页面时,单击"添加聚焦特效"按钮,则球体在添加聚焦特效之后的效果如图223-1所示;单击"保持原状"按钮,则未改变的球体如图223-2所示。

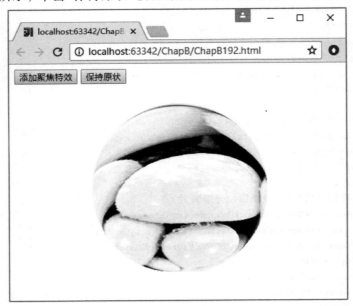

图　223-1

图 223-2

主要代码如下：

```
<html><head><meta charset = "UTF-8">
<script src = "ThreeJS/three.js"></script>
<script src = "ThreeJS/jquery.js"></script>
<script src = "ThreeJS/EffectComposer.js"></script>
<script src = "ThreeJS/RenderPass.js"></script>
<script src = "ThreeJS/ShaderPass.js"></script>
<script src = "ThreeJS/FocusShader.js"></script>
</head>
<body><p><button id = "myButton1">添加聚焦特效</button>
       <button id = "myButton2">保持原状</button></p>
<div id = "myContainer"></div>
<script>
//创建渲染器
var myRenderer = new THREE.WebGLRenderer({antialias:true});
myRenderer.setSize(window.innerWidth,window.innerHeight);
myRenderer.setClearColor('white',1.0);
$("#myContainer").append(myRenderer.domElement);
var myCamera = new THREE.PerspectiveCamera(45,
            window.innerWidth/window.innerHeight,0.1,1000);
myCamera.position.set(33.84, -76.92,120.64);
myCamera.lookAt(new THREE.Vector3(0,0,0));
var myScene = new THREE.Scene();
//创建球体
var myGeometry = new THREE.SphereBufferGeometry(50,150,150);
var myMap = THREE.ImageUtils.loadTexture("images/img092.jpg");
var myMaterial = new THREE.MeshBasicMaterial({map:myMap});
var myMesh = new THREE.Mesh(myGeometry,myMaterial);
myMesh.position.y = 2;
myScene.add(myMesh);
//在场景中实现后期特效(添加聚焦特效)
var myEffectComposer = new THREE.EffectComposer(myRenderer);
```

```
myEffectComposer.addPass(new THREE.RenderPass(myScene,myCamera));
var myShaderPass = new THREE.ShaderPass(THREE.FocusShader);
myShaderPass.uniforms['screenWidth'].value = window.innerWidth;
myShaderPass.uniforms['screenHeight'].value = window.innerHeight;
myShaderPass.uniforms['sampleDistance'].value = 0.000094;
myShaderPass.uniforms['waveFactor'].value = 0.00125;
myEffectComposer.addPass(myShaderPass);
//渲染添加聚焦特效之后的球体
animate();
function animate(){
 requestAnimationFrame(animate);
 myEffectComposer.render();
}
//响应单击"添加聚焦特效"按钮
 $("#myButton1").click(function(){
 myEffectComposer.addPass(myShaderPass);
});
//响应单击"保持原状"按钮
 $("#myButton2").click(function(){
 myEffectComposer.addPass(new THREE.RenderPass(myScene,myCamera));
});
</script></body></html>
```

在上面这段代码中,myShaderPass=new THREE.ShaderPass(THREE.FocusShader)语句用于根据聚焦着色器创建着色器通道,myShaderPass.uniforms['sampleDistance'].value= 0.000094 语句用于设置聚焦着色器的(边缘)模糊距离,值越大,边缘越模糊。myShaderPass.uniforms['waveFactor'].value= 0.00125 语句用于设置模糊波纹因子,值越大,影响越大。myEffectComposer.addPass(myShaderPass)语句用于添加聚焦着色器,可以多次使用 myEffectComposer.addPass(myShaderPass)语句,每一次都在前次的基础上添加聚焦特效。此外需要注意:此实例需要添加 RenderPass.js、ShaderPass.js、EffectComposer.js、FocusShader.js 等文件。

此实例的源文件是 MyCode\ChapB\ChapB192.html。

224　在场景中的三维图形上添加模糊特效

此实例主要通过在 THREE.EffectComposer 中添加 THREE.HorizontalBlurShader 和 THREE.VerticalBlurShader,实现在水平方向和(或)垂直方向上模糊在场景中的多个立方体。当浏览器显示页面时,单击"在水平方向上模糊图形"按钮,则模糊之后的立方体如图 224-1 所示;单击"在垂直方向上模糊图形"按钮,则模糊之后的立方体如图 224-2 所示。

主要代码如下:

```
<html><head><meta charset = "UTF-8">
 <script src = "ThreeJS/three.js"></script>
 <script src = "ThreeJS/jquery.js"></script>
 <script src = "ThreeJS/EffectComposer.js"></script>
 <script src = "ThreeJS/ShaderPass.js"></script>
 <script src = "ThreeJS/RenderPass.js"></script>
 <script src = "ThreeJS/HorizontalBlurShader.js"></script>
 <script src = "ThreeJS/VerticalBlurShader.js"></script>
</head>
<body><p><button id = "myButton1">在水平方向上模糊图形</button>
```

图 224-1

图 224-2

```
           <button id = "myButton2">在垂直方向上模糊图形</button></p>
<div id = "myContainer"></div>
<script>
   //创建渲染器
   var myRenderer = new THREE.WebGLRenderer({antialias:true});
   myRenderer.setClearColor(new THREE.Color(0xaaaaff,1.0));
   myRenderer.setSize(window.innerWidth,window.innerHeight);
   myRenderer.shadowMapEnabled = true;
   $("#myContainer").append(myRenderer.domElement);
```

```javascript
var myCamera = new THREE.PerspectiveCamera(45,
                    window.innerWidth/window.innerHeight,0.1,1000);
myCamera.position.x = 30;
myCamera.position.y = 30;
myCamera.position.z = 30;
myCamera.lookAt(new THREE.Vector3(0,0,0));
var myScene = new THREE.Scene();
var myDirectionalLight = new THREE.DirectionalLight(0xffffff);
myDirectionalLight.position.set(30,30,30);
myDirectionalLight.intensity = 0.8;
myScene.add(myDirectionalLight);
var mySpotLight = new THREE.SpotLight(0xffffff);
mySpotLight.castShadow = true;
mySpotLight.position.set(-30,30,-100);
mySpotLight.target.position.x = -10;
mySpotLight.target.position.z = -10;
mySpotLight.intensity = 0.6;
mySpotLight.shadowMapWidth = 4096;
mySpotLight.shadowMapHeight = 4096;
mySpotLight.shadowCameraFov = 120;
mySpotLight.shadowCameraNear = 1;
mySpotLight.shadowCameraFar = 200;
myScene.add(mySpotLight);
var myPlaneGeometry = new THREE.BoxGeometry(1600,1600,0.1,40,40);
var myPlaneMesh = new THREE.Mesh(myPlaneGeometry,
    new THREE.MeshPhongMaterial({color:0xffffff,
        //map:THREE.ImageUtils.loadTexture("images/img090.jpg"),
        }));
//myPlaneMesh.material.map.wrapS = THREE.RepeatWrapping;
//myPlaneMesh.material.map.wrapT = THREE.RepeatWrapping;
//myPlaneMesh.material.map.repeat.set(80,80);
myPlaneMesh.rotation.x = Math.PI/2;
myPlaneMesh.receiveShadow = true;
myPlaneMesh.position.z = -180;
myPlaneMesh.position.x = -150;
myScene.add(myPlaneMesh);
var range = 3, stepX = 8, stepZ = 8;
for(var i = -6;i<9;i++){
 for(var j = -6;j<9;j++){
    var myCubeMesh = new THREE.Mesh(new THREE.BoxGeometry(3,6,3),
        new THREE.MeshPhongMaterial({opacity:0.8,transparent:true,
            color:parseInt(Math.random() * 0xffffff)}));
    myCubeMesh.position.x = i * stepX + (Math.random() - 0.5) * range;
    myCubeMesh.position.z = j * stepZ + (Math.random() - 0.5) * range;
    myCubeMesh.position.y = (Math.random() - 0.5) * 2;
    myCubeMesh.castShadow = true;
    myScene.add(myCubeMesh);
 }
}
//在场景中实现后期特效(模糊立方体)
var myHorizontalBlurShader = new THREE.ShaderPass(THREE.HorizontalBlurShader);
myHorizontalBlurShader.enabled = false;
myHorizontalBlurShader.uniforms.h.value = 1/(window.innerHeight * 0.8);
var myVerticalBlurShader = new THREE.ShaderPass(THREE.VerticalBlurShader);
```

```
myVerticalBlurShader.enabled = false;
myVerticalBlurShader.uniforms.v.value = 1/( window.innerWidth * 0.3);
var myRenderPass = new THREE.RenderPass(myScene,myCamera);
var myEffectComposer = new THREE.EffectComposer(myRenderer);
myEffectComposer.addPass(myRenderPass);
myEffectComposer.addPass(myHorizontalBlurShader);
myEffectComposer.addPass(myVerticalBlurShader);
//渲染模糊之后的立方体
animate();
function animate(){
 requestAnimationFrame(animate);
 myEffectComposer.render();
}
//响应单击"在水平方向上模糊图形"按钮
$("#myButton1").click(function(){
 myHorizontalBlurShader.enabled = true;
});
//响应单击"在垂直方向上模糊图形"按钮
$("#myButton2").click(function(){
 myVerticalBlurShader.enabled = true;
});
</script></body></html>
```

在上面这段代码中，myHorizontalBlurShader = new THREE.ShaderPass（THREE.HorizontalBlurShader）语句用于根据水平模糊着色器创建着色器通道。myHorizontalBlurShader.uniforms.h.value=1/(window.innerHeight * 0.8)语句用于设置水平模糊度（值越大，模糊度越大）。myVerticalBlurShader＝new THREE.ShaderPass(THREE.VerticalBlurShader)语句用于根据垂直模糊着色器创建着色器通道。myVerticalBlurShader.uniforms.v.value＝1/(window.innerWidth * 0.3)语句用于设置垂直模糊度（值越大，模糊度越大）。此外需要注意：此实例需要添加 RenderPass.js、EffectComposer.js、ShaderPass.js、HorizontalBlurShader.js、VerticalBlurShader.js 等文件。

此实例的源文件是 MyCode\ChapB\ChapB174.html。

225　在场景中的三维图形上添加三角形模糊

此实例主要通过在 THREE.EffectComposer 中添加 THREE.TriangleBlurShader，实现在场景中的多个三维图形上添加三角形模糊特效。当浏览器显示页面时，单击"在图形上添加三角形模糊特效"按钮，则模糊之后的立方体如图 225-1 所示；单击"取消图形的三角形模糊特效"按钮，则未模糊的立方体如图 225-2 所示。

主要代码如下：

```
<html><head><meta charset = "UTF-8">
 <script src = "ThreeJS/three.js"></script>
 <script src = "ThreeJS/jquery.js"></script>
 <script src = "ThreeJS/EffectComposer.js"></script>
 <script src = "ThreeJS/ShaderPass.js"></script>
 <script src = "ThreeJS/RenderPass.js"></script>
 <script src = "ThreeJS/TriangleBlurShader.js"></script>
</head>
<body><p><button id = "myButton1">在图形上添加三角形模糊特效</button>
     <button id = "myButton2">取消图形的三角形模糊特效</button></p>
```

图 225-1

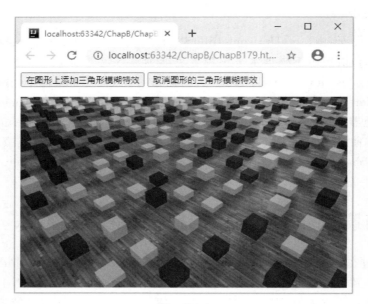

图 225-2

```
<div id="myContainer"></div>
<script>
    //创建渲染器
    var myRenderer = new THREE.WebGL1Renderer({antialias:true});
    myRenderer.setClearColor(new THREE.Color(0xaaaaff,1.0));
    myRenderer.setSize(window.innerWidth,window.innerHeight);
    myRenderer.shadowMap.enabled = true;
    $("#myContainer").append(myRenderer.domElement);
    var myScale = [0xffffff,0x0000ff];
    var myScene = new THREE.Scene();
    var myCamera = new THREE.PerspectiveCamera(45,
        window.innerWidth/window.innerHeight,0.1,1000);
```

```javascript
myCamera.position.x = 30;
myCamera.position.y = 30;
myCamera.position.z = 30;
myCamera.lookAt(new THREE.Vector3(0,0,0));
var myDirectionalLight = new THREE.DirectionalLight(0xffffff);
myDirectionalLight.position.set(30,30,30);
myDirectionalLight.intensity = 0.8;
myScene.add(myDirectionalLight);
var mySpotLight = new THREE.SpotLight(0xffffff);
mySpotLight.castShadow = true;
mySpotLight.position.set(-30,30,-100);
mySpotLight.target.position.x = -10;
mySpotLight.target.position.z = -10;
mySpotLight.intensity = 0.6;
mySpotLight.shadow.mapSize.Width = 4096;
mySpotLight.shadow.mapSize.Height = 4096;
mySpotLight.shadow.camera.fov = 120;
mySpotLight.shadow.camera.near = 1;
mySpotLight.shadow.camera.far = 200;
myScene.add(mySpotLight);
//创建放置立方体的地板
var myPlaneGeometry = new THREE.BoxGeometry(1600,1600,0.1,40,40);
var myPlaneMaterial = new THREE.Mesh(myPlaneGeometry,
     new THREE.MeshPhongMaterial({color:0xffffff,
       map:new THREE.TextureLoader().load("images/img090.jpg"),
       normalScale:new THREE.Vector2(0.6,0.6)}));
myPlaneMaterial.material.map.wrapS = THREE.RepeatWrapping;
myPlaneMaterial.material.map.wrapT = THREE.RepeatWrapping;
myPlaneMaterial.rotation.x = Math.PI/2;
myPlaneMaterial.material.map.repeat.set(80,80);
myPlaneMaterial.receiveShadow = true;
myPlaneMaterial.position.z = -150;
myPlaneMaterial.position.x = -150;
myScene.add(myPlaneMaterial);
//创建立方体
var range = 3, stepX = 8, stepZ = 8;
for(var i = -25;i<5;i++){
 for(var j = -15;j<15;j++){
   var myBoxMesh = new THREE.Mesh(new THREE.BoxGeometry(3,4,3),
      new THREE.MeshPhongMaterial({opacity:0.8,
           color:myScale[parseInt(Math.random()*2)],
           transparent:true}));
   myBoxMesh.position.x = i*stepX + (Math.random()-0.5)*range;
   myBoxMesh.position.z = j*stepZ + (Math.random()-0.5)*range;
   myBoxMesh.position.y = (Math.random()-0.5)*2;
   myBoxMesh.castShadow = true;
   myScene.add(myBoxMesh);
 }
}
//在立方体上添加三角形模糊特效
var myTriangleBlurPass =
           new THREE.ShaderPass(THREE.TriangleBlurShader,'texture');
myTriangleBlurPass.enabled = false;
myTriangleBlurPass.uniforms.delta.value = new THREE.Vector2(0.05,0.05);
```

```
        var myRenderPass = new THREE.RenderPass(myScene,myCamera);
        var myEffectComposer = new THREE.EffectComposer(myRenderer);
        myEffectComposer.addPass(myRenderPass);
        myEffectComposer.addPass(myTriangleBlurPass);
        //渲染在立方体上的三角形模糊特效
        animate();
        function animate(){
          requestAnimationFrame(animate);
          myEffectComposer.render();
        }
        //响应单击"在图形上添加三角形模糊特效"按钮
        $("#myButton1").click(function(){
          myTriangleBlurPass.enabled = true;
        });
        //响应单击"取消图形的三角形模糊特效"按钮
        $("#myButton2").click(function(){
          myTriangleBlurPass.enabled = false;
        });
    </script></body></html>
```

在上面这段代码中，myTriangleBlurPass = new THREE.ShaderPass（THREE.TriangleBlurShader，'texture'）语句用于根据三角形模糊着色器创建着色器通道。myTriangleBlurPass.uniforms.delta.value = new THREE.Vector2(0.05,0.05)语句用于设置模糊度（值越大，模糊度越大）。实际测试表明：THREE.TriangleBlurShader 支持 Three.js 的 r117 及之前的版本，如果需要在 Three.js 的 r118 及之后的版本中使用 THREE.TriangleBlurShader，则应该修改渲染器，即将 myRenderer = new THREE.WebGLRenderer({antialias：true})语句修改为 myRenderer = new THREE.WebGL1Renderer({antialias：true})语句。此外需要注意：此实例需要添加 TriangleBlurShader.js、RenderPass.js、EffectComposer.js、ShaderPass.js 等文件。

此实例的源文件是 MyCode\ChapB\ChapB179.html。

226　在场景中的三维图形上添加拖尾特效

此实例主要通过在 THREE.EffectComposer 中添加 THREE.AfterimagePass，实现在场景中旋转的立方体上添加彗星拖尾特效。当浏览器显示页面时，单击"添加拖尾特效"按钮，则立方体在添加拖尾特效之后的旋转效果如图 226-1 所示；单击"保持原状"按钮，则未添加拖尾特效的立方体在旋转时的效果如图 226-2 所示。

主要代码如下：

```
<html><head><meta charset = "UTF-8">
 <script src = "ThreeJS/three.js"></script>
 <script src = "ThreeJS/jquery.js"></script>
 <script src = "ThreeJS/EffectComposer.js"></script>
 <script src = "ThreeJS/RenderPass.js"></script>
 <script src = "ThreeJS/ShaderPass.js"></script>
 <script src = "ThreeJS/AfterimagePass.js"></script>
 <script src = "ThreeJS/AfterimageShader.js"></script>
</head>
<body><p><button id = "myButton1">添加拖尾特效</button>
         <button id = "myButton2">保持原状</button></p>
<div id = "myContainer"></div>
```

图　226-1

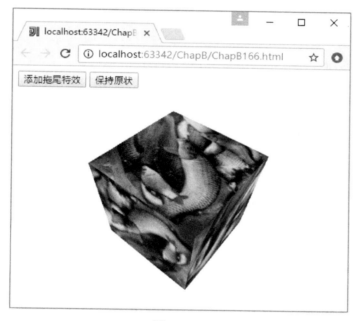

图　226-2

```
<script>
//创建渲染器
var myScene,myCamera,myRenderer;
var myWidth = window.innerWidth,myHeight = window.innerHeight;
var myAsp = myWidth/myHeight;
myRenderer = new THREE.WebGLRenderer({antialias:true});
myRenderer.setSize(myWidth,myHeight);
 $("#myContainer").append(myRenderer.domElement);
myRenderer.setClearColor('#ffffff');
```

```
myScene = new THREE.Scene();
myCamera = new THREE.PerspectiveCamera(45,myAsp,1,10000);
myCamera.position.set(50,50,60);
myCamera.lookAt(0,0,0);
myScene.add(myCamera);
myScene.add(new THREE.AmbientLight('#fff',0.9));
//创建立方体
var myGeometry = new THREE.BoxBufferGeometry(40,40,40);
var myMap = THREE.ImageUtils.loadTexture("images/img076.jpg");
var myMaterial = new THREE.MeshPhongMaterial({map:myMap});
var myMesh = new THREE.Mesh(myGeometry,myMaterial);
myScene.add( myMesh);
//在场景中实现后期特效(在转动(动态)的立方体上添加彗星拖尾特效)
var myEffectComposer = new THREE.EffectComposer(myRenderer);
myEffectComposer.addPass(new THREE.RenderPass(myScene,myCamera));
myEffectComposer.addPass(new THREE.AfterimagePass());
//动态渲染旋转立方体的彗星拖尾特效
animate();
function animate(){
  myMesh.rotation.x += 0.03;
  myMesh.rotation.y += 0.03;
  myEffectComposer.render();
  requestAnimationFrame(animate);
}
//响应单击"添加拖尾特效"按钮
$("#myButton1").click(function(){
  myEffectComposer.addPass(new THREE.AfterimagePass());
});
//响应单击"保持原状"按钮
$("#myButton2").click(function(){
  myEffectComposer.addPass(new THREE.RenderPass(myScene,myCamera));
});
</script></body></html>
```

在上面这段代码中，myEffectComposer.addPass(new THREE.AfterimagePass())语句用于在myEffectComposer中添加THREE.AfterimagePass的彗星拖尾特效。实际测试表明：如果立方体是静止的，将看不到效果，因此必须让立方体转动起来。此外需要注意：此实例需要添加RenderPass.js、EffectComposer.js、AfterimagePass.js、AfterimageShader.js、ShaderPass.js等文件。

此实例的源文件是MyCode\ChapB\ChapB166.html。

227 根据在场景中的三维图形添加水平镜像

此实例主要通过在THREE.EffectComposer中添加THREE.MirrorShader，实现为场景中的所有三维图形添加水平镜像。当浏览器显示页面时，单击"添加水平镜像"按钮，则所有三维图形（圆环结和球体）在添加水平镜像之后的效果如图227-1所示；单击"保持原状"按钮，则未添加水平镜像的所有三维图形（圆环结和球体）如图227-2所示。

主要代码如下：

```
<html><head><meta charset = "UTF-8">
<script src = "ThreeJS/three.js"></script>
<script src = "ThreeJS/jquery.js"></script>
```

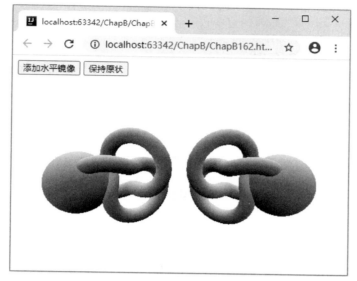

图　227-1

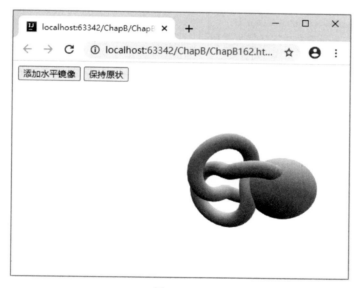

图　227-2

```
< script src = "ThreeJS/EffectComposer.js"></script>
< script src = "ThreeJS/RenderPass.js"></script>
< script src = "ThreeJS/ShaderPass.js"></script>
< script src = "ThreeJS/MirrorShader.js"></script>
</head>
< body >< p >< button id = "myButton1">添加水平镜像</button>
         < button id = "myButton2">保持原状</button></p>
< div id = "myContainer"></div>
< script >
//创建渲染器
var myRenderer = new THREE.WebGLRenderer({antialias:true});
myRenderer.setSize(window.innerWidth,window.innerHeight);
myRenderer.setClearColor('white',1.0);
 $("#myContainer").append(myRenderer.domElement);
```

```
var myCamera = new THREE.PerspectiveCamera(45,
                    window.innerWidth/window.innerHeight,0.1,1000);
myCamera.position.set(10,30,50);
myCamera.lookAt(new THREE.Vector3(0,0,0));
var myScene = new THREE.Scene();
//创建圆环结
var myKnotGeometry = new THREE.TorusKnotGeometry(8,2,100,18);
var myKnotMaterial = new THREE.MeshNormalMaterial();
var myKnotMesh = new THREE.Mesh(myKnotGeometry,myKnotMaterial);
myKnotMesh.position.x = 14;
myScene.add(myKnotMesh);
//创建球体
var mySphereGeometry = new THREE.SphereGeometry(8,120,120);
var mySphereMaterial = new THREE.MeshNormalMaterial();
var mySphereMesh = new THREE.Mesh(mySphereGeometry,mySphereMaterial);
mySphereMesh.position.x = 26;
myScene.add(mySphereMesh);
//在场景中实现后期特效(为所有三维图形添加水平镜像)
var myEffectComposer = new THREE.EffectComposer(myRenderer);
myEffectComposer.addPass(new THREE.RenderPass(myScene,myCamera));
var myShaderPass = new THREE.ShaderPass(THREE.MirrorShader);
myEffectComposer.addPass(myShaderPass);
//动态渲染在添加水平镜像之后的球体和圆环结
animate();
function animate(){
 myEffectComposer.render();
 requestAnimationFrame(animate);
}
//响应单击"添加水平镜像"按钮
 $("#myButton1").click(function(){
 myEffectComposer.addPass(myShaderPass);
});
//响应单击"保持原状"按钮
 $("#myButton2").click(function(){
 myEffectComposer.addPass(new THREE.RenderPass(myScene,myCamera));
});
</script></body></html>
```

在上面这段代码中，myShaderPass = new THREE.ShaderPass(THREE.MirrorShader)语句用于根据镜像着色器创建着色器通道，在添加 myEffectComposer.addPass(myShaderPass)语句之后即可对场景中的所有三维图形执行水平镜像。此外需要注意：此实例需要添加 EffectComposer.js、RenderPass.js、MirrorShader.js、ShaderPass.js 等文件。

此实例的源文件是 MyCode\ChapB\ChapB162.html。

228 根据在场景中的三维图形添加垂直镜像

此实例主要通过在 THREE.EffectComposer 中添加 THREE.MirrorShader，并设置 THREE.MirrorShader 的 side 属性为 2，实现为在场景中的所有三维图形（圆环结和球体）添加垂直镜像。当浏览器显示页面时，单击"添加垂直镜像"按钮，则所有三维图形（圆环结和球体）在添加垂直镜像之后的效果如图 228-1 所示；单击"保持原状"按钮，则未添加垂直镜像的所有三维图形（圆环结和球体）如图 228-2 所示。

第 5 章 后期特效

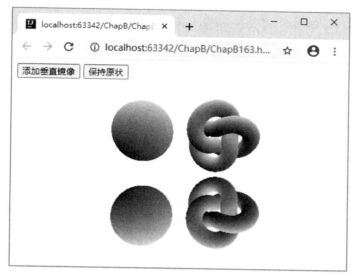

图　228-1

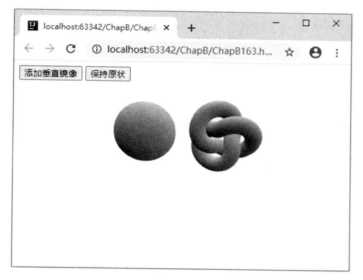

图　228-2

主要代码如下：

```html
<html><head><meta charset="UTF-8">
<script src="ThreeJS/three.js"></script>
<script src="ThreeJS/jquery.js"></script>
<script src="ThreeJS/EffectComposer.js"></script>
<script src="ThreeJS/RenderPass.js"></script>
<script src="ThreeJS/ShaderPass.js"></script>
<script src="ThreeJS/MirrorShader.js"></script>
</head>
<body><p><button id="myButton1">添加垂直镜像</button>
       <button id="myButton2">保持原状</button></p>
<div id="myContainer"></div>
<script>
//创建渲染器
```

```
var myRenderer = new THREE.WebGLRenderer({antialias:true});
myRenderer.setSize(window.innerWidth,window.innerHeight);
myRenderer.setClearColor('white',1.0);
 $("#myContainer").append(myRenderer.domElement);
var myCamera = new THREE.PerspectiveCamera(45,
                window.innerWidth/window.innerHeight,0.1,1000);
myCamera.position.set(10,30,50);
myCamera.lookAt(new THREE.Vector3(0,0,0));
var myScene = new THREE.Scene();
//创建球体
var mySphereGeometry = new THREE.SphereGeometry(8,120,120);
var mySphereMaterial = new THREE.MeshNormalMaterial();
var mySphereMesh = new THREE.Mesh(mySphereGeometry,mySphereMaterial);
mySphereMesh.position.x = -10;
mySphereMesh.position.y = 12;
myScene.add(mySphereMesh);
//创建圆环结
var myKnotGeometry = new THREE.TorusKnotGeometry(5,2,100,28);
var myKnotMaterial = new THREE.MeshNormalMaterial();
var myKnotMesh = new THREE.Mesh(myKnotGeometry,myKnotMaterial);
myKnotMesh.position.x = 10;
myKnotMesh.position.y = 12;
myScene.add(myKnotMesh);
//在场景中实现后期特效(为所有三维图形添加垂直镜像)
var myEffectComposer = new THREE.EffectComposer(myRenderer);
myEffectComposer.addPass(new THREE.RenderPass(myScene,myCamera));
var myShaderPass = new THREE.ShaderPass(THREE.MirrorShader);
myShaderPass.uniforms['side'].value = 2;
myEffectComposer.addPass(myShaderPass);
//动态渲染在添加垂直镜像之后的球体和圆环结
animate();
function animate(){
  myEffectComposer.render();
  requestAnimationFrame(animate);
}
//响应单击"添加垂直镜像"按钮
 $("#myButton1").click(function(){
   myEffectComposer.addPass(myShaderPass);
});
//响应单击"保持原状"按钮
 $("#myButton2").click(function(){
   myEffectComposer.addPass(new THREE.RenderPass(myScene,myCamera));
});
</script></body></html>
```

在上面这段代码中,myShaderPass＝new THREE.ShaderPass(THREE.MirrorShader)语句用于根据镜像着色器创建着色器通道,myShaderPass.uniforms['side'].value＝2 语句表示镜像着色器执行垂直镜像,如果用 myShaderPass.uniforms['side'].value＝1 语句表述,则表示镜像着色器执行水平镜像。此外需要注意:此实例需要添加 EffectComposer.js、RenderPass.js、MirrorShader.js、ShaderPass.js 等文件。

此实例的源文件是 MyCode\ChapB\ChapB163.html。

229　对在场景中的三维图形进行水平移轴

此实例主要通过在 THREE.EffectComposer 中添加 THREE.HorizontalTiltShiftShader，并设置 THREE.HorizontalTiltShiftShader 的 h 属性和 r 属性，从而实现为场景中的立方体进行水平移轴。当浏览器显示页面时，单击"添加水平移轴特效"按钮，则立方体在添加水平移轴特效之后的效果如图 229-1 所示；单击"保持原状"按钮，则未改变的立方体如图 229-2 所示。

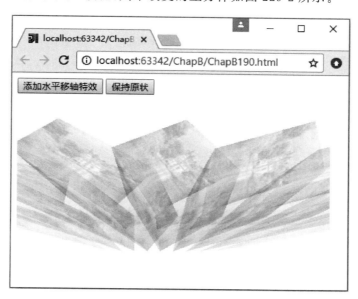

图　229-1

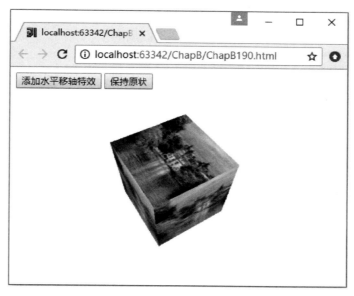

图　229-2

主要代码如下：

```
<html><head><meta charset = "UTF-8">
<script src = "ThreeJS/three.js"></script>
```

```
        <script src = "ThreeJS/jquery.js"></script>
        <script src = "ThreeJS/EffectComposer.js"></script>
        <script src = "ThreeJS/RenderPass.js"></script>
        <script src = "ThreeJS/ShaderPass.js"></script>
        <script src = "ThreeJS/HorizontalTiltShiftShader.js"></script>
    </head>
    <body><p><button id = "myButton1">添加水平移轴特效</button>
              <button id = "myButton2">保持原状</button></p>
    <div id = "myContainer"></div>
    <script>
    //创建渲染器
    var myRenderer = new THREE.WebGLRenderer({antialias:true});
    myRenderer.setSize(window.innerWidth,window.innerHeight);
    myRenderer.setClearColor('white',1.0);
    $("#myContainer").append(myRenderer.domElement);
    var myCamera = new THREE.PerspectiveCamera(45,
                    window.innerWidth/window.innerHeight,0.1,1000);
    myCamera.position.set(71,121,44);
    myCamera.lookAt(new THREE.Vector3(0,0,0));
    var myScene = new THREE.Scene();
    //创建立方体
    var myGeometry = new THREE.BoxBufferGeometry(50,50,50);
    var myMap = THREE.ImageUtils.loadTexture("images/img073.jpg");
    var myMaterial = new THREE.MeshBasicMaterial({map:myMap});
    var myMesh = new THREE.Mesh(myGeometry,myMaterial);
    myMesh.position.y = 10;
    myScene.add(myMesh);
    //在场景中实现后期特效(添加水平移轴特效)
    var myEffectComposer = new THREE.EffectComposer(myRenderer);
    myEffectComposer.addPass(new THREE.RenderPass(myScene,myCamera));
    var myShaderPass = new THREE.ShaderPass(THREE.HorizontalTiltShiftShader);
    myShaderPass.uniforms['h'].value = 0.5;
    myShaderPass.uniforms['r'].value = 0.1;
    myEffectComposer.addPass(myShaderPass);
    //渲染添加水平移轴特效之后的立方体
    render();
    function render(){
      requestAnimationFrame(render);
      myEffectComposer.render();
    }
    //响应单击"添加水平移轴特效"按钮
    $("#myButton1").click(function(){
      myEffectComposer.addPass(myShaderPass);
    });
    //响应单击"保持原状"按钮
    $("#myButton2").click(function(){
      myEffectComposer.addPass(new THREE.RenderPass(myScene,myCamera));
    });
    </script></body></html>
```

其中,myShaderPass = new THREE.ShaderPass(THREE.HorizontalTiltShiftShader)语句用于根据水平移轴着色器创建着色器通道。myEffectComposer.addPass(myShaderPass)语句用于添加水平移轴着色器,可以多次使用 myEffectComposer.addPass(myShaderPass)语句,每一次都在前次的基础上执行水平移轴。此外需要注意：此实例需要添加 EffectComposer.js、RenderPass.js、ShaderPass.js、

HorizontalTiltShiftShader.js 等文件。

此实例的源文件是 MyCode\ChapB\ChapB190.html。

230　对在场景中的三维图形进行垂直移轴

此实例主要通过在 THREE.EffectComposer 中添加 THREE.VerticalTiltShiftShader，且设置 THREE.VerticalTiltShiftShader 的 v 属性和 r 属性，实现为场景中的立方体进行垂直移轴。当浏览器显示页面时，单击"添加垂直移轴特效"按钮，则立方体在添加垂直移轴特效之后的效果如图 230-1 所示；单击"保持原状"按钮，则未改变的立方体如图 230-2 所示。

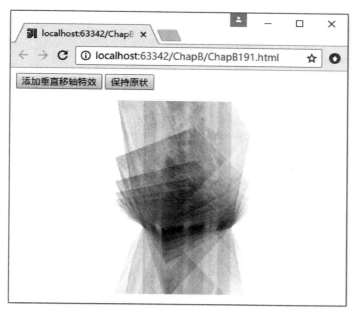

图　230-1

图　230-2

主要代码如下：

```html
<html><head><meta charset="UTF-8">
<script src="ThreeJS/three.js"></script>
<script src="ThreeJS/jquery.js"></script>
<script src="ThreeJS/EffectComposer.js"></script>
<script src="ThreeJS/RenderPass.js"></script>
<script src="ThreeJS/ShaderPass.js"></script>
<script src="ThreeJS/VerticalTiltShiftShader.js"></script>
</head>
<body><p><button id="myButton1">添加垂直移轴特效</button>
        <button id="myButton2">保持原状</button></p>
<div id="myContainer"></div>
<script>
//创建渲染器
var myRenderer = new THREE.WebGLRenderer({antialias:true});
myRenderer.setSize(window.innerWidth,window.innerHeight);
myRenderer.setClearColor('white',1.0);
$("#myContainer").append(myRenderer.domElement);
var myCamera = new THREE.PerspectiveCamera(45,
                window.innerWidth/window.innerHeight,0.1,1000);
myCamera.position.set(71,121,44);
myCamera.lookAt(new THREE.Vector3(0,0,0));
var myScene = new THREE.Scene();
//创建立方体
var myGeometry = new THREE.BoxBufferGeometry(50,50,50);
var myMap = THREE.ImageUtils.loadTexture("images/img073.jpg");
var myMaterial = new THREE.MeshBasicMaterial({map:myMap});
var myMesh = new THREE.Mesh(myGeometry,myMaterial);
myMesh.position.y = 2;
myScene.add(myMesh);
//在场景中实现后期特效(添加垂直移轴特效)
var myEffectComposer = new THREE.EffectComposer(myRenderer);
myEffectComposer.addPass(new THREE.RenderPass(myScene,myCamera));
var myShaderPass = new THREE.ShaderPass(THREE.VerticalTiltShiftShader);
myShaderPass.uniforms['v'].value = 0.5;
myShaderPass.uniforms['r'].value = 0.35;
myEffectComposer.addPass(myShaderPass);
//渲染添加垂直移轴特效之后的立方体
render();
function render(){
 requestAnimationFrame(render);
 myEffectComposer.render();
}
//响应单击"添加垂直移轴特效"按钮
$("#myButton1").click(function(){
 myEffectComposer.addPass(myShaderPass);
});
//响应单击"保持原状"按钮
$("#myButton2").click(function(){
 myEffectComposer.addPass(new THREE.RenderPass(myScene,myCamera));
});
</script></body></html>
```

其中，myShaderPass＝new THREE.ShaderPass(THREE.VerticalTiltShiftShader)语句用于根

据垂直移轴着色器创建着色器通道。myEffectComposer.addPass(myShaderPass)语句用于添加垂直移轴着色器,可以多次使用 myEffectComposer.addPass(myShaderPass)语句,每一次都在前次的基础上执行垂直移轴。此外需要注意:此实例需要添加 EffectComposer.js、RenderPass.js、ShaderPass.js、VerticalTiltShiftShader.js 等文件。

此实例的源文件是 MyCode\ChapB\ChapB191.html。

231　对在场景中的三维图形进行伽马校正

此实例主要通过在 THREE.EffectComposer 中添加 THREE.GammaCorrectionShader,实现为场景中的立方体进行 Gamma(伽马)校正。Gamma 校正是指更改 Gamma 值以匹配监视器的中间灰度,Gamma 校正补偿了不同输出设备存在的颜色显示差异,从而使图像在不同的监视器上呈现出相同的效果。当浏览器显示页面时,单击"Gamma 校正"按钮,则立方体在 Gamma 校正之后的效果如图 231-1 所示;单击"保持原状"按钮,则未改变的立方体如图 231-2 所示。

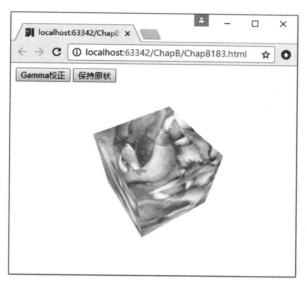

图　231-1

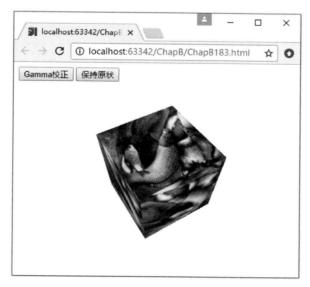

图　231-2

主要代码如下：

```
<html><head><meta charset = "UTF-8">
<script src = "ThreeJS/three.js"></script>
<script src = "ThreeJS/jquery.js"></script>
<script src = "ThreeJS/EffectComposer.js"></script>
<script src = "ThreeJS/RenderPass.js"></script>
<script src = "ThreeJS/ShaderPass.js"></script>
<script src = "ThreeJS/GammaCorrectionShader.js"></script>
</head>
<body><p><button id = "myButton1">Gamma 校正</button>
         <button id = "myButton2">保持原状</button></p>
<div id = "myContainer"></div>
<script>
//创建渲染器
var myRenderer = new THREE.WebGLRenderer({antialias:true});
myRenderer.setSize(window.innerWidth,window.innerHeight);
myRenderer.setClearColor('white',1.0);
 $("#myContainer").append(myRenderer.domElement);
var myCamera = new THREE.PerspectiveCamera(45,
         window.innerWidth/window.innerHeight,0.1,1000);
myCamera.position.set(71,121,44);
myCamera.lookAt(new THREE.Vector3(0,0,0));
var myScene = new THREE.Scene();
//创建立方体
var myGeometry = new THREE.BoxGeometry(50,50,50);
var myMap = THREE.ImageUtils.loadTexture("images/img076.jpg");
var myMaterial = new THREE.MeshBasicMaterial({map:myMap});
var myMesh = new THREE.Mesh(myGeometry,myMaterial);
myMesh.position.y = 10;
myScene.add(myMesh);
//在场景中实现后期特效(对所有三维图形进行 Gamma 校正)
var myEffectComposer = new THREE.EffectComposer(myRenderer);
myEffectComposer.addPass(new THREE.RenderPass(myScene,myCamera));
var myShaderPass = new THREE.ShaderPass(THREE.GammaCorrectionShader);
//渲染 Gamma 校正之后的立方体
animate();
function animate(){
 requestAnimationFrame(animate);
 myEffectComposer.render();
}
//响应单击"Gamma 校正"按钮
 $("#myButton1").click(function(){
 myEffectComposer.addPass(myShaderPass);
});
//响应单击"保持原状"按钮
 $("#myButton2").click(function(){
 myEffectComposer.addPass(new THREE.RenderPass(myScene,myCamera));
});
</script></body></html>
```

其中，myShaderPass = new THREE.ShaderPass(THREE.GammaCorrectionShader)语句用于根据 Gamma 校正着色器创建着色器通道，myEffectComposer.addPass(myShaderPass)语句用于添加 Gamma 校正着色器，可以多次使用 myEffectComposer.addPass(myShaderPass)语句，每一次都在

前次的基础上改变图形。此外需要注意：此实例需要添加 RenderPass.js、EffectComposer.js、ShaderPass.js、GammaCorrectionShader.js 等文件。

此实例的源文件是 MyCode\ChapB\ChapB183.html。

232　对在场景中的三维图形进行颜色校正

此实例主要通过在 THREE.EffectComposer 中添加 THREE.ColorCorrectionShader，并设置 THREE.ColorCorrectionShader 的 powRGB 属性，实现为场景中的立方体进行颜色校正。当浏览器显示页面时，单击"校正颜色"按钮，则立方体在校正颜色之后的效果如图 232-1 所示；单击"保持原状"按钮，则未改变的立方体如图 232-2 所示。

图　232-1

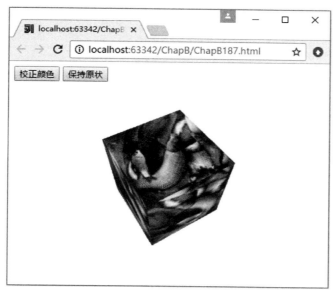

图　232-2

主要代码如下：

```html
<html><head><meta charset = "UTF-8">
<script src = "ThreeJS/three.js"></script>
<script src = "ThreeJS/jquery.js"></script>
<script src = "ThreeJS/EffectComposer.js"></script>
<script src = "ThreeJS/RenderPass.js"></script>
<script src = "ThreeJS/ShaderPass.js"></script>
<script src = "ThreeJS/ColorCorrectionShader.js"></script>
</head>
<body><p><button id = "myButton1">校正颜色</button>
         <button id = "myButton2">保持原状</button></p>
<div id = "myContainer"></div>
<script>
//创建渲染器
var myRenderer = new THREE.WebGLRenderer({antialias:true});
myRenderer.setSize(window.innerWidth,window.innerHeight);
myRenderer.setClearColor('white',1.0);
 $("#myContainer").append(myRenderer.domElement);
var myCamera = new THREE.PerspectiveCamera(45,
                  window.innerWidth/window.innerHeight,0.1,1000);
myCamera.position.set(71,121,44);
myCamera.lookAt(new THREE.Vector3(0,0,0));
var myScene = new THREE.Scene();
//创建立方体
var myGeometry = new THREE.BoxGeometry(50,50,50);
var myMap = THREE.ImageUtils.loadTexture("images/img076.jpg");
var myMaterial = new THREE.MeshBasicMaterial({map:myMap});
var myMesh = new THREE.Mesh(myGeometry,myMaterial);
myMesh.position.y = 8;
myScene.add(myMesh);
//在场景中实现后期特效(校正图形图像的颜色)
var myEffectComposer = new THREE.EffectComposer(myRenderer);
myEffectComposer.addPass(new THREE.RenderPass(myScene,myCamera));
var myShaderPass = new THREE.ShaderPass(THREE.ColorCorrectionShader);
myShaderPass.uniforms['powRGB'].value = new THREE.Vector3(2,2,2);
//myShaderPass.uniforms['mulRGB'].value = new THREE.Vector3(1,1,1);
//myShaderPass.uniforms['addRGB'].value = new THREE.Vector3(0,0,0);
myEffectComposer.addPass(myShaderPass);
//渲染在校正颜色之后的立方体
animate();
function animate(){
 requestAnimationFrame(animate);
 myEffectComposer.render();
}
//响应单击"校正颜色"按钮
 $("#myButton1").click(function(){
 myEffectComposer.addPass(myShaderPass);
});
//响应单击"保持原状"按钮
 $("#myButton2").click(function(){
 myEffectComposer.addPass(new THREE.RenderPass(myScene,myCamera));
});
</script></body></html>
```

其中，myShaderPass＝new THREE.ShaderPass(THREE.ColorCorrectionShader)语句用于根据颜色校正着色器创建着色器通道，myShaderPass.uniforms['powRGB'].value＝new THREE. Vector3(2,2,2)

语句用于设置颜色校正着色器改变(图形或图像的)颜色阵列(指数运算)的值,因此如果设置 myShaderPass.uniforms['powRGB'].value=new THREE.Vector3(1,1,1)语句,则不会改变图形图像的颜色。myEffectComposer.addPass(myShaderPass)语句用于添加颜色校正着色器,可以多次使用 myEffectComposer.addPass(myShaderPass)语句,每一次都在前次的基础上改变颜色。此外需要注意:此实例需要添加 RenderPass.js、EffectComposer.js、ShaderPass.js、ColorCorrectionShader.js 等文件。

此实例的源文件是 MyCode\ChapB\ChapB187.html。

233 对在场景中的三维图形使用颜色过滤

此实例主要通过在 THREE.ShaderPass 方法中使用 THREE.ColorifyShader 作为参数,并设置 THREE.ColorifyShader 的 color 属性,实现使用不同的颜色过滤场景中的立方体。当浏览器显示页面时,单击"使用红色过滤图形"按钮,则立方体的表面颜色如图 233-1 所示;单击"使用绿色过滤图形"按钮,则立方体的表面颜色如图 233-2 所示;单击其他按钮将实现类似的功能。

图 233-1

图 233-2

主要代码如下：

```html
<html><head><meta charset="UTF-8">
<script src="ThreeJS/three.js"></script>
<script src="ThreeJS/jquery.js"></script>
<script src="ThreeJS/EffectComposer.js"></script>
<script src="ThreeJS/RenderPass.js"></script>
<script src="ThreeJS/ShaderPass.js"></script>
<script src="ThreeJS/ColorifyShader.js"></script>
<script src="ThreeJS/OrbitControls.js"></script>
</head>
<body><p><button id="myButton1">使用红色过滤图形</button>
          <button id="myButton2">使用绿色过滤图形</button>
          <button id="myButton3">使用蓝色过滤图形</button></p>
<div id="myContainer"></div>
<script>
//创建渲染器
var myRenderer = new THREE.WebGLRenderer({antialias:true});
myRenderer.setSize(window.innerWidth,window.innerHeight);
myRenderer.setClearColor(0x000);
$("#myContainer").append(myRenderer.domElement);
var myCamera = new THREE.PerspectiveCamera(45,
                 window.innerWidth/window.innerHeight,0.1,1000);
myCamera.position.set(-80,90,100);
var myScene = new THREE.Scene();
myScene.add(new THREE.AmbientLight(0xffffff,1));
//创建立方体
var myGeometry = new THREE.BoxGeometry(60,60,60);
var myMap = THREE.ImageUtils.loadTexture("images/img076.jpg");
var myMaterial = new THREE.MeshPhongMaterial({map:myMap});
var myMesh = new THREE.Mesh(myGeometry,myMaterial);
myScene.add(myMesh);
//在场景中实现后期特效(使用不同颜色过滤立方体)
var myEffectComposer = new THREE.EffectComposer(myRenderer);
myEffectComposer.addPass(new THREE.RenderPass(myScene,myCamera));
var myShaderPass = new THREE.ShaderPass(THREE.ColorifyShader);
myShaderPass.uniforms['color'].value.setRGB(0,1,0);
myEffectComposer.addPass(myShaderPass);
//渲染使用不同颜色过滤的立方体
animate();
function animate(){
 myEffectComposer.render();
 requestAnimationFrame(animate);
}
var myOrbitControls = new THREE.OrbitControls(myCamera);
//响应单击"使用红色过滤图形"按钮
$("#myButton1").click(function(){
 myShaderPass.uniforms['color'].value.setRGB(1,0,0);
});
//响应单击"使用绿色过滤图形"按钮
$("#myButton2").click(function(){
 myShaderPass.uniforms['color'].value.setRGB(0,1,0);
});
//响应单击"使用蓝色过滤图形"按钮
```

```
    $("#myButton3").click(function(){
    myShaderPass.uniforms['color'].value.setRGB(0,0,1);
    });
</script></body></html>
```

在上面这段代码中,myShaderPass=new THREE.ShaderPass(THREE.ColorifyShader)语句用于根据颜色着色器创建着色器通道,myShaderPass.uniforms['color'].value.setRGB(0,1,0)语句表示颜色着色器使用绿色重置图形的颜色。此外需要注意:此实例需要添加 RenderPass.js、ShaderPass.js、EffectComposer.js、ColorifyShader.js、OrbitControls.js 等文件。

此实例的源文件是 MyCode\ChapB\ChapB170.html。

234　自定义在场景中的三维图形颜色色调

此实例主要通过在 THREE.EffectComposer 中添加 THREE.HueSaturationShader,并设置 THREE.HueSaturationShader 的 hue 属性,实现自定义场景中的立方体的颜色色调(色度)。当浏览器显示页面时,单击"改变色调"按钮,则立方体在改变色调之后的效果如图 234-1 所示。

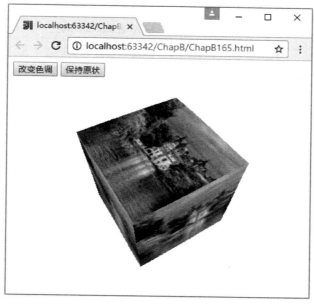

图　234-1

主要代码如下:

```
<html><head><meta charset="UTF-8">
<script src="ThreeJS/three.js"></script>
<script src="ThreeJS/jquery.js"></script>
<script src="ThreeJS/EffectComposer.js"></script>
<script src="ThreeJS/RenderPass.js"></script>
<script src="ThreeJS/ShaderPass.js"></script>
<script src="ThreeJS/HueSaturationShader.js"></script>
</head>
<body><p><button id="myButton1">改变色调</button>
         <button id="myButton2">保持原状</button></p>
<div id="myContainer"></div>
```

```
<script>
//创建渲染器
var myRenderer = new THREE.WebGLRenderer({antialias:true});
myRenderer.setSize(window.innerWidth,window.innerHeight);
myRenderer.setClearColor('white',1.0);
$("#myContainer").append(myRenderer.domElement);
var myCamera = new THREE.PerspectiveCamera(45,
            window.innerWidth/window.innerHeight,0.1,1000);
myCamera.position.set(71,121,44);
myCamera.lookAt(new THREE.Vector3(0,0,0));
var myScene = new THREE.Scene();
//创建立方体
var myGeometry = new THREE.BoxBufferGeometry(60,60,60);
var myMap = THREE.ImageUtils.loadTexture("images/img073.jpg");
var myMaterial = new THREE.MeshBasicMaterial({map:myMap});
var myMesh = new THREE.Mesh(myGeometry,myMaterial);
myMesh.position.y = 4;
myScene.add(myMesh);
//在场景中实现后期特效(改变色调)
var myEffectComposer = new THREE.EffectComposer(myRenderer);
myEffectComposer.addPass(new THREE.RenderPass(myScene,myCamera));
var myShaderPass = new THREE.ShaderPass(THREE.HueSaturationShader);
myShaderPass.uniforms['hue'].value = 0.5;
myEffectComposer.addPass(myShaderPass);
//渲染改变色调之后的立方体
animate();
function animate(){
  requestAnimationFrame(animate);
  myEffectComposer.render();
}
//响应单击"改变色调"按钮
$("#myButton1").click(function(){
  myEffectComposer.addPass(myShaderPass);
});
//响应单击"保持原状"按钮
$("#myButton2").click(function(){
  myEffectComposer.addPass(new THREE.RenderPass(myScene,myCamera));
});
</script></body></html>
```

其中，myShaderPass＝new THREE.ShaderPass(THREE.HueSaturationShader)语句用于根据色调饱和度着色器创建着色器通道，myShaderPass.uniforms['hue'].value＝0.5语句用于设置hue属性值，hue属性值的取值范围为-1～1，-1为最小值，表示颜色在负方向上旋转180度，0为原始状态，1是最大值。myEffectComposer.addPass(myShaderPass)语句用于添加色调饱和度着色器，可以多次使用myEffectComposer.addPass(myShaderPass)语句，每一次都在前次的基础上改变图形的颜色色调。此外需要注意：此实例需要添加EffectComposer.js、RenderPass.js、ShaderPass.js、HueSaturationShader.js等文件。

此实例的源文件是MyCode\ChapB\ChapB165.html。

235 自定义在场景中的三维图形颜色饱和度

此实例主要通过在THREE.EffectComposer中添加THREE.HueSaturationShader，并设置

THREE.HueSaturationShader 的 saturation 属性,实现自定义场景中的立方体的颜色饱和度。当浏览器显示页面时,单击"改变饱和度"按钮,则立方体在改变颜色饱和度之后的效果如图 235-1 所示。

图　235-1

主要代码如下:

```
<html><head><meta charset = "UTF - 8">
<script src = "ThreeJS/three.js"></script>
<script src = "ThreeJS/jquery.js"></script>
<script src = "ThreeJS/EffectComposer.js"></script>
<script src = "ThreeJS/RenderPass.js"></script>
<script src = "ThreeJS/ShaderPass.js"></script>
<script src = "ThreeJS/HueSaturationShader.js"></script>
</head>
<body><p><button id = "myButton1">改变饱和度</button>
          <button id = "myButton2">保持原状</button></p>
<div id = "myContainer"></div>
<script>
//创建渲染器
var myRenderer = new THREE.WebGLRenderer({antialias:true});
myRenderer.setSize(window.innerWidth,window.innerHeight);
myRenderer.setClearColor('white',1.0);
$("#myContainer").append(myRenderer.domElement);
var myCamera = new THREE.PerspectiveCamera(45,
                    window.innerWidth/window.innerHeight,0.1,1000);
myCamera.position.set(71,121,44);
myCamera.lookAt(new THREE.Vector3(0,0,0));
var myScene = new THREE.Scene();
//创建立方体
var myGeometry = new THREE.BoxBufferGeometry(50,50,50);
var myMap = THREE.ImageUtils.loadTexture("images/img073.jpg");
var myMaterial = new THREE.MeshBasicMaterial({map:myMap});
var myMesh = new THREE.Mesh(myGeometry,myMaterial);
```

```
myMesh.position.y = 10;
myScene.add(myMesh);
//在场景中实现后期特效(改变饱和度)
var myEffectComposer = new THREE.EffectComposer(myRenderer);
myEffectComposer.addPass(new THREE.RenderPass(myScene,myCamera));
var myShaderPass = new THREE.ShaderPass(THREE.HueSaturationShader);
//saturation 取值：-1 为最小值(灰色)，0 为原状，1 是最大值
myShaderPass.uniforms['saturation'].value = 0.69;
myEffectComposer.addPass(myShaderPass);
//渲染改变饱和度之后的立方体
animate();
function animate(){
 requestAnimationFrame(animate);
 myEffectComposer.render();
}
//响应单击"改变饱和度"按钮
$("#myButton1").click(function(){
 myEffectComposer.addPass(myShaderPass);
});
//响应单击"保持原状"按钮
$("#myButton2").click(function(){
 myEffectComposer.addPass(new THREE.RenderPass(myScene,myCamera));
});
</script></body></html>
```

其中，myShaderPass=new THREE.ShaderPass(THREE.HueSaturationShader)语句用于根据色调饱和度着色器创建着色器通道，myShaderPass.uniforms['saturation'].value=0.69 语句用于设置 saturation 属性值，saturation 属性值的取值范围为-1～1，-1 为最小值(灰色)，0 为原始状态，1 是最大值(完全饱和状态)。myEffectComposer.addPass(myShaderPass)语句用于添加饱和度着色器，可以多次使用 myEffectComposer.addPass（myShaderPass)语句，每一次都在前次的基础上改变图形的颜色饱和度。此外需要注意：此实例需要添加 EffectComposer.js、RenderPass.js、HueSaturationShader.js、ShaderPass.js 等文件。

此实例的源文件是 MyCode\ChapB\ChapB164.html。

236 自定义在场景中的三维图形颜色对比度

此实例主要通过在 THREE.EffectComposer 中添加 THREE.BrightnessContrastShader，并设置 THREE.BrightnessContrastShader 的 contrast 属性值，实现自定义场景中的立方体的颜色对比度。当浏览器显示页面时，单击"增大对比度"按钮，则立方体在颜色对比度增大之后的效果如图 236-1 所示；单击"保持原状"按钮，则颜色对比度未改变的立方体如图 236-2 所示。

主要代码如下：

```
<html><head><meta charset = "UTF-8">
<script src = "ThreeJS/three.js"></script>
<script src = "ThreeJS/jquery.js"></script>
<script src = "ThreeJS/EffectComposer.js"></script>
<script src = "ThreeJS/RenderPass.js"></script>
<script src = "ThreeJS/ShaderPass.js"></script>
<script src = "ThreeJS/CopyShader.js"></script>
<script src = "ThreeJS/BrightnessContrastShader.js"></script>
```

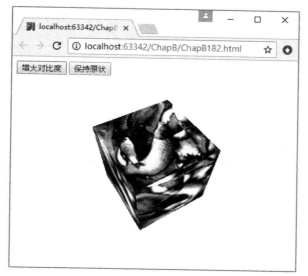

图 236-1

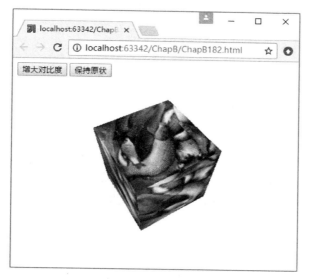

图 236-2

```
</head>
<body><p><button id = "myButton1">增大对比度</button>
        <button id = "myButton2">保持原状</button></p>
<div id = "myContainer"></div>
<script>
//创建渲染器
var myRenderer = new THREE.WebGLRenderer({antialias:true});
myRenderer.setSize(window.innerWidth,window.innerHeight);
myRenderer.setClearColor('white',1.0);
 $("#myContainer").append(myRenderer.domElement);
var myCamera = new THREE.PerspectiveCamera(45,
                    window.innerWidth/window.innerHeight,0.1,1000);
myCamera.position.set(71,121,44);
myCamera.lookAt(new THREE.Vector3(0,0,0));
```

```
var myScene = new THREE.Scene();
//创建立方体
var myGeometry = new THREE.BoxGeometry(50,50,50);
var myMap = THREE.ImageUtils.loadTexture("images/img076.jpg");
var myMaterial = new THREE.MeshBasicMaterial({map:myMap});
var myMesh = new THREE.Mesh(myGeometry,myMaterial);
myMesh.position.y = 10;
myScene.add(myMesh);
//在场景中实现后期特效(改变所有三维图形的对比度)
var myEffectComposer = new THREE.EffectComposer(myRenderer);
myEffectComposer.addPass(new THREE.RenderPass(myScene,myCamera));
var myShaderPass = new THREE.ShaderPass(THREE.BrightnessContrastShader);
myShaderPass.uniforms['contrast'].value = 0;
myEffectComposer.addPass(myShaderPass);
//渲染对比度改变之后的立方体
animate();
function animate(){
  requestAnimationFrame(animate);
  myEffectComposer.render();
}
//响应单击"增大对比度"按钮
$("#myButton1").click(function(){
  myShaderPass.uniforms['contrast'].value = 0.5;
});
//响应单击"保持原状"按钮
$("#myButton2").click(function(){
  myShaderPass.uniforms['contrast'].value = 0;
});
</script></body></html>
```

其中,myShaderPass=new THREE.ShaderPass(THREE.BrightnessContrastShader)语句用于根据亮度对比度着色器创建着色器通道。myShaderPass.uniforms['contrast'].value=0.5语句用于设置颜色对比度(-1是灰色,0表示未改变,1是最大对比度)。此外需要注意:此实例需要添加RenderPass.js、EffectComposer.js、ShaderPass.js、CopyShader.js、BrightnessContrastShader.js等文件。

此实例的源文件是MyCode\ChapB\ChapB182.html。

237 自定义在场景中的三维图形颜色亮度

此实例主要通过在THREE.EffectComposer中添加THREE.BrightnessContrastShader,并设置THREE.BrightnessContrastShader的brightness属性值,实现自定义场景中的所有三维图形(圆环结和球体)表面的颜色亮度。当浏览器显示页面时,单击"增大亮度"按钮,则亮度增大之后的圆环结和球体如图237-1所示;单击"保持原状"按钮,则亮度未改变的圆环结和球体如图237-2所示。

主要代码如下:

```
<html><head><meta charset = "UTF-8">
<script src = "ThreeJS/three.js"></script>
<script src = "ThreeJS/jquery.js"></script>
<script src = "ThreeJS/EffectComposer.js"></script>
<script src = "ThreeJS/RenderPass.js"></script>
<script src = "ThreeJS/ShaderPass.js"></script>
<script src = "ThreeJS/CopyShader.js"></script>
```

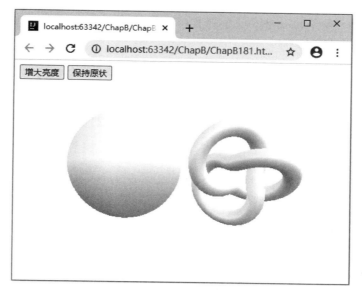

图　237-1

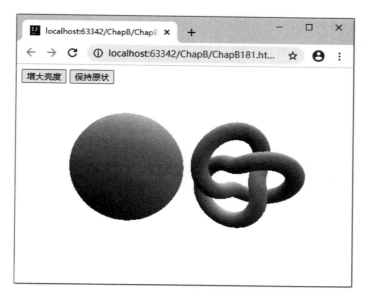

图　237-2

```
< script src = "ThreeJS/BrightnessContrastShader.js"></script >
</head >
< body >< p >< button id = "myButton1">增大亮度</button >
            < button id = "myButton2">保持原状</button ></p >
< div id = "myContainer"></div >
< script >
//创建渲染器
var myRenderer = new THREE.WebGLRenderer({antialias:true});
myRenderer.setSize(window.innerWidth,window.innerHeight);
myRenderer.setClearColor('white',1.0);
 $ (" # myContainer").append(myRenderer.domElement);
var myCamera = new THREE.PerspectiveCamera(45,
                window.innerWidth/window.innerHeight,0.1,1000);
```

```
myCamera.position.set(10,30,50);
myCamera.lookAt(new THREE.Vector3(0,0,0));
var myScene = new THREE.Scene();
//创建球体
var mySphereGeometry = new THREE.SphereGeometry(14,120,120);
var mySphereMaterial = new THREE.MeshNormalMaterial();
var mySphereMesh = new THREE.Mesh(mySphereGeometry,mySphereMaterial);
mySphereMesh.position.x = -14;
mySphereMesh.position.y = 4;
myScene.add(mySphereMesh);
//创建圆环结
var myKnotGeometry = new THREE.TorusKnotGeometry(8,2,100,28);
var myKnotMaterial = new THREE.MeshNormalMaterial();
var myKnotMesh = new THREE.Mesh(myKnotGeometry,myKnotMaterial);
myKnotMesh.position.x = 14;
myKnotMesh.position.y = 4;
myScene.add(myKnotMesh);
//在场景中实现后期特效(改变所有三维图形的亮度)
var myEffectComposer = new THREE.EffectComposer(myRenderer);
myEffectComposer.addPass(new THREE.RenderPass(myScene,myCamera));
var myShaderPass = new THREE.ShaderPass(THREE.BrightnessContrastShader);
myShaderPass.uniforms['brightness'].value = 0;
myEffectComposer.addPass(myShaderPass);
//渲染亮度改变之后的球体和圆环结
animate();
function animate(){
 requestAnimationFrame(animate);
 myEffectComposer.render();
}
//响应单击"增大亮度"按钮
 $("#myButton1").click(function(){
  myShaderPass.uniforms['brightness'].value = 0.5;
});
//响应单击"保持原状"按钮
 $("#myButton2").click(function(){
  myShaderPass.uniforms['brightness'].value = 0;
});
</script></body></html>
```

其中,myShaderPass=new THREE.ShaderPass(THREE.BrightnessContrastShader)语句用于根据亮度对比度着色器创建着色器通道。myShaderPass.uniforms['brightness'].value= 0.5语句用于设置亮度(-1是黑色,0表示未改变,1是白色)。此外需要注意:此实例需要添加RenderPass.js、EffectComposer.js、ShaderPass.js、BrightnessContrastShader.js、CopyShader.js等文件。

此实例的源文件是MyCode\ChapB\ChapB181.html。

238 自定义在场景中的三维图形光亮度

此实例主要通过在THREE.EffectComposer中添加THREE.LuminosityShader,实现自定义场景中的立方体表面的光亮度(Luminosity)。当浏览器显示页面时,单击"改变光亮度"按钮,则光亮度改变之后的立方体如图238-1所示。

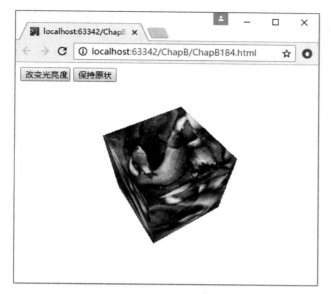

图 238-1

主要代码如下：

```
<html><head><meta charset = "UTF - 8">
<script src = "ThreeJS/three.js"></script>
<script src = "ThreeJS/jquery.js"></script>
<script src = "ThreeJS/EffectComposer.js"></script>
<script src = "ThreeJS/RenderPass.js"></script>
<script src = "ThreeJS/ShaderPass.js"></script>
<script src = "ThreeJS/LuminosityShader.js"></script>
</head>
<body><p><button id = "myButton1">改变光亮度</button>
          <button id = "myButton2">保持原状</button></p>
<div id = "myContainer"></div>
<script>
//创建渲染器
var myRenderer = new THREE.WebGLRenderer({antialias:true});
myRenderer.setSize(window.innerWidth,window.innerHeight);
myRenderer.setClearColor('white',1.0);
$("#myContainer").append(myRenderer.domElement);
var myCamera = new THREE.PerspectiveCamera(45,
                    window.innerWidth/window.innerHeight,0.1,1000);
myCamera.position.set(71,121,44);
myCamera.lookAt(new THREE.Vector3(0,0,0));
var myScene = new THREE.Scene();
//创建立方体
var myGeometry = new THREE.BoxGeometry(50,50,50);
var myMap = THREE.ImageUtils.loadTexture("images/img076.jpg");
var myMaterial = new THREE.MeshBasicMaterial({map:myMap});
var myMesh = new THREE.Mesh(myGeometry,myMaterial);
myMesh.position.y = 10;
myScene.add(myMesh);
//在场景中实现后期特效(改变所有三维图形的光亮度)
var myEffectComposer = new THREE.EffectComposer(myRenderer);
myEffectComposer.addPass(new THREE.RenderPass(myScene,myCamera));
```

```
var myShaderPass = new THREE.ShaderPass(THREE.LuminosityShader);
myEffectComposer.addPass(myShaderPass);
//渲染光亮改变之后的立方体
animate();
function animate(){
  requestAnimationFrame(animate);
  myEffectComposer.render();
}
//响应单击"改变光亮度"按钮
$("#myButton1").click(function(){
  myEffectComposer.addPass(myShaderPass);
});
//响应单击"保持原状"按钮
$("#myButton2").click(function(){
  myEffectComposer.addPass(new THREE.RenderPass(myScene,myCamera));
});
</script></body></html>
```

在上面这段代码中，myShaderPass=new THREE.ShaderPass(THREE.LuminosityShader)语句用于根据光亮度着色器创建着色器通道。myEffectComposer.addPass(myShaderPass)语句用于添加光亮度着色器。此外需要注意：此实例需要添加RenderPass.js、EffectComposer.js、ShaderPass.js、LuminosityShader.js等文件。

此实例的源文件是MyCode\ChapB\ChapB184.html。

239 使用Sobel算子检测三维图形边缘

此实例主要通过在THREE.EffectComposer中添加THREE.SobelOperatorShader，并设置THREE.SobelOperatorShader的resolution属性，实现根据Sobel算子检测场景中的所有三维图形图像的轮廓边缘。Sobel算子也叫Sobel滤波，是两个3×3的矩阵，主要用来计算图像某一点在横向或纵向上的梯度。当浏览器显示页面时，单击"检测边缘"按钮，则在立方体中检测到的轮廓边缘如图239-1所示；单击"保持原状"按钮，则未检测的立方体如图239-2所示。

图 239-1

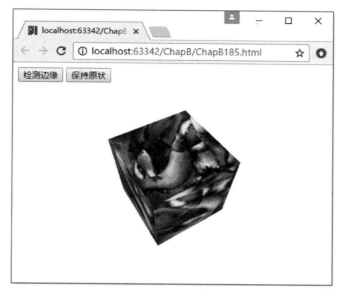

图 239-2

主要代码如下：

```html
<html><head><meta charset="UTF-8">
<script src="ThreeJS/three.js"></script>
<script src="ThreeJS/jquery.js"></script>
<script src="ThreeJS/EffectComposer.js"></script>
<script src="ThreeJS/RenderPass.js"></script>
<script src="ThreeJS/ShaderPass.js"></script>
<script src="ThreeJS/SobelOperatorShader.js"></script>
</head>
<body><p><button id="myButton1">检测边缘</button>
          <button id="myButton2">保持原状</button></p>
<div id="myContainer"></div>
<script>
//创建渲染器
var myRenderer = new THREE.WebGLRenderer({antialias:true});
myRenderer.setSize(window.innerWidth,window.innerHeight);
myRenderer.setClearColor('white',1.0);
$("#myContainer").append(myRenderer.domElement);
var myCamera = new THREE.PerspectiveCamera(45,
                    window.innerWidth/window.innerHeight,0.1,1000);
myCamera.position.set(71,121,44);
myCamera.lookAt(new THREE.Vector3(0,0,0));
var myScene = new THREE.Scene();
//创建立方体
var myGeometry = new THREE.BoxGeometry(50,50,50);
var myMap = THREE.ImageUtils.loadTexture("images/img076.jpg");
var myMaterial = new THREE.MeshBasicMaterial({map:myMap});
var myMesh = new THREE.Mesh(myGeometry,myMaterial);
myMesh.position.y = 8;
myScene.add(myMesh);
//在场景中实现后期特效(使用Sobel算子检测图形图像的轮廓边缘)
var myEffectComposer = new THREE.EffectComposer(myRenderer);
myEffectComposer.addPass(new THREE.RenderPass(myScene,myCamera));
```

```
var myShaderPass = new THREE.ShaderPass(THREE.SobelOperatorShader);
myShaderPass.uniforms['resolution'].value =
            new THREE.Vector2(window.innerWidth,window.innerHeight);
myEffectComposer.addPass(myShaderPass);
//渲染立方体(图形图像)边缘
animate();
function animate(){
 requestAnimationFrame(animate);
 myEffectComposer.render();
}
//响应单击"检测边缘"按钮
 $("#myButton1").click(function(){
 myEffectComposer.addPass(myShaderPass);
});
//响应单击"保持原状"按钮
 $("#myButton2").click(function(){
 myEffectComposer.addPass(new THREE.RenderPass(myScene,myCamera));
});
</script></body></html>
```

其中，myShaderPass＝new THREE.ShaderPass(THREE.SobelOperatorShader)语句用于根据 Sobel 算子着色器创建着色器通道。myShaderPass.uniforms['resolution'].value＝new THREE.Vector2 (window.innerWidth,window.innerHeight)语句用于设置 Sobel 算子着色器的分辨率。此外需要注意：此实例需要添加 RenderPass.js、EffectComposer.js、ShaderPass.js、SobelOperatorShader.js 等文件。

此实例的源文件是 MyCode\ChapB\ChapB185.html。

240　使用 FreiChenShader 检测三维图形边缘

此实例主要通过在 THREE.EffectComposer 中添加 THREE.FreiChenShader，并设置 THREE.FreiChenShader 的 aspect 属性，实现根据 FreiChen 算法检测场景中的三维图形图像的轮廓边缘。当浏览器显示页面时，单击"检测边缘"按钮，则在立方体中检测到的轮廓边缘如图 240-1 所示；单击"保持原状"按钮，则未检测的立方体如图 240-2 所示。

图　240-1

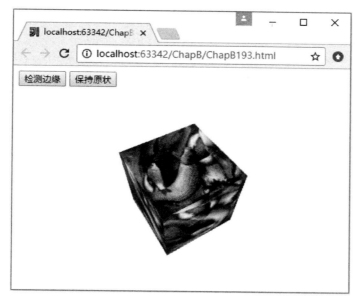

图 240-2

主要代码如下：

```html
<html><head><meta charset="UTF-8">
<script src="ThreeJS/three.js"></script>
<script src="ThreeJS/jquery.js"></script>
<script src="ThreeJS/FreiChenShader.js"></script>
<script src="ThreeJS/EffectComposer.js"></script>
<script src="ThreeJS/RenderPass.js"></script>
<script src="ThreeJS/ShaderPass.js"></script>
</head>
<body><p><button id="myButton1">检测边缘</button>
         <button id="myButton2">保持原状</button></p>
<div id="myContainer"></div>
<script>
//创建渲染器
var myRenderer = new THREE.WebGL1Renderer({antialias:true});
myRenderer.setSize(window.innerWidth,window.innerHeight);
myRenderer.setClearColor('white',1.0);
$("#myContainer").append(myRenderer.domElement);
var myCamera = new THREE.PerspectiveCamera(45,
                 window.innerWidth/window.innerHeight,0.1,1000);
myCamera.position.set(71,121,44);
myCamera.lookAt(new THREE.Vector3(0,0,0));
var myScene = new THREE.Scene();
//创建立方体
var myGeometry = new THREE.BoxBufferGeometry(50,50,50);
var myMap = THREE.ImageUtils.loadTexture("images/img076.jpg");
var myMaterial = new THREE.MeshBasicMaterial({map:myMap});
var myMesh = new THREE.Mesh(myGeometry,myMaterial);
myMesh.position.y = 2;
myScene.add(myMesh);
//在场景中实现后期特效(检测边缘)
var myEffectComposer = new THREE.EffectComposer(myRenderer);
```

```
myEffectComposer.addPass(new THREE.RenderPass(myScene,myCamera));
var myShaderPass = new THREE.ShaderPass(THREE.FreiChenShader);
myShaderPass.uniforms['aspect'].value =
                new THREE.Vector2( window.innerWidth,window.innerHeight );
myEffectComposer.addPass(myShaderPass);
//渲染检测边缘之后的立方体(表面)
animate();
function animate(){
 requestAnimationFrame(animate);
 myEffectComposer.render();
}
//响应单击"检测边缘"按钮
$("#myButton1").click(function(){
 myEffectComposer.addPass(myShaderPass);
});
//响应单击"保持原状"按钮
$("#myButton2").click(function(){
 myEffectComposer.addPass(new THREE.RenderPass(myScene,myCamera));
});
</script></body></html>
```

其中，myShaderPass = new THREE.ShaderPass(THREE.FreiChenShader)语句用于根据 FreiChen 着色器创建着色器通道。myShaderPass.uniforms['aspect'].value=new THREE.Vector2(window.innerWidth,window.innerHeight)语句用于设置 FreiChen 着色器的分辨率,值越小越模糊,默认值为 THREE.Vector2(512,512)。此外需要注意：此实例需要添加 RenderPass.js、EffectComposer.js、ShaderPass.js、FreiChenShader.js 等文件。

此实例的源文件是 MyCode\ChapB\ChapB193.html。

241　在场景中的三维图形上添加轮廓边线

此实例主要通过在 THREE.EffectComposer 中添加 THREE.OutlinePass,实现在场景中指定的三维图形上添加轮廓边线。当浏览器显示页面时,单击"添加轮廓边线"按钮,则圆球和圆环结在添加轮廓边线之后的效果如图 241-1 所示；单击"保持原状"按钮,则圆球和圆环结在未改变之前的效果如图 241-2 所示。

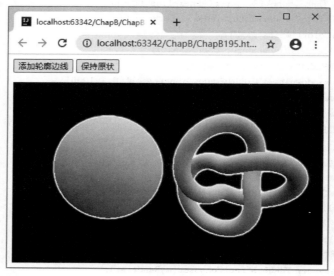

图　241-1

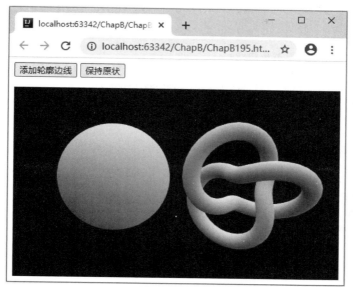

图 241-2

主要代码如下：

```
<html><head><meta charset="UTF-8">
<script src="ThreeJS/three.js"></script>
<script src="ThreeJS/jquery.js"></script>
<script src="ThreeJS/CopyShader.js"></script>
<script src="ThreeJS/EffectComposer.js"></script>
<script src="ThreeJS/RenderPass.js"></script>
<script src="ThreeJS/ShaderPass.js"></script>
<script src="ThreeJS/OutlinePass.js"></script>
</head>
<body><p><button id="myButton1">添加轮廓边线</button>
        <button id="myButton2">保持原状</button></p>
<div id="myContainer"></div>
<script>
//创建渲染器
var myRenderer = new THREE.WebGLRenderer({antialias:true});
myRenderer.setSize(window.innerWidth,window.innerHeight);
myRenderer.setClearColor('black',1.0);
 $("#myContainer").append(myRenderer.domElement);
var myCamera = new THREE.PerspectiveCamera(45,
            window.innerWidth/window.innerHeight,0.1,1000);
myCamera.position.set(10,30,50);
myCamera.lookAt(new THREE.Vector3(0,0,0));
var myScene = new THREE.Scene();
//创建球体
var mySphereGeometry = new THREE.SphereGeometry(14,120,120);
var mySphereMaterial = new THREE.MeshNormalMaterial();
var mySphereMesh = new THREE.Mesh(mySphereGeometry,mySphereMaterial);
mySphereMesh.position.x = -16;
myScene.add(mySphereMesh);
//创建圆环结
var myKnotGeometry = new THREE.TorusKnotGeometry(10,2,100,18);
var myKnotMaterial = new THREE.MeshNormalMaterial();
```

```
        var myKnotMesh = new THREE.Mesh(myKnotGeometry,myKnotMaterial);
        myKnotMesh.position.x = 16;
        myScene.add(myKnotMesh);
        //在场景中实现后期特效(添加轮廓边线)
        var myEffectComposer = new THREE.EffectComposer(myRenderer);
        myEffectComposer.addPass(new THREE.RenderPass(myScene,myCamera));
        var myOutlinePass = new THREE.OutlinePass(new THREE.Vector2(window.innerWidth,
            window.innerHeight),myScene,myCamera,[mySphereMesh,myKnotMesh]);
        myEffectComposer.addPass(myOutlinePass);
        //渲染在添加轮廓边线之后的球体和圆环结
        var isOutline = true;
        function animate(){
         requestAnimationFrame(animate);
         if(isOutline)myEffectComposer.render();
         else myRenderer.render(myScene,myCamera);
        }
        animate();
        //响应单击"添加轮廓边线"按钮
        $("♯myButton1").click(function(){
         isOutline = true;
        });
        //响应单击"保持原状"按钮
        $("♯myButton2").click(function(){
         isOutline = false;
        });
        </script></body></html>
```

其中,myOutlinePass = new THREE.OutlinePass(new THREE.Vector2(window.innerWidth, window.innerHeight),myScene,myCamera,[mySphereMesh,myKnotMesh])语句用于创建轮廓边线。THREE.OutlinePass()方法的语法格式如下:

```
THREE.OutlinePass(resolution,scene,camera,selectedObjects)
```

其中,参数 resolution 表示分辨率;参数 scene 用于指定场景;参数 camera 用于指定照相机;参数 selectedObjects 用于指定添加轮廓边线的图形对象,它是一个数组,可以同时指定多个几何体。

此外需要注意:此实例需要添加 CopyShader.js、RenderPass.js、ShaderPass.js、EffectComposer.js、OutlinePass.js 等文件。

此实例的源文件是 MyCode\ChapB\ChapB195.html。

242 在场景中根据三维图形实现万花筒变换

此实例主要通过在 THREE.EffectComposer 中添加 THREE.KaleidoShader,并设置 THREE.KaleidoShader 的 sides 属性和 angle 属性,实现根据场景中的三维图形执行万花筒变换。当浏览器显示页面时,单击"变换为万花筒"按钮,则立方体在变换为万花筒之后的效果如图 242-1 所示;单击"保持原状"按钮,则原始的立方体如图 242-2 所示。

主要代码如下:

```
<html><head><meta charset = "UTF-8">
<script src = "ThreeJS/three.js"></script>
<script src = "ThreeJS/jquery.js"></script>
<script src = "ThreeJS/EffectComposer.js"></script>
```

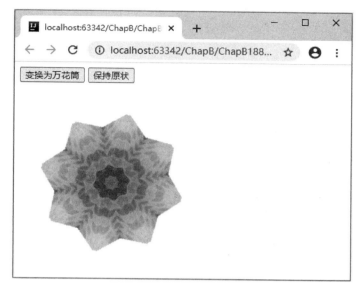

图 242-1

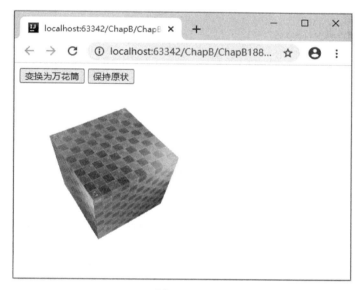

图 242-2

```
<script src = "ThreeJS/RenderPass.js"></script>
<script src = "ThreeJS/ShaderPass.js"></script>
<script src = "ThreeJS/KaleidoShader.js"></script>
</head>
<body><p><button id = "myButton1">变换为万花筒</button>
       <button id = "myButton2">保持原状</button></p>
<div id = "myContainer"></div>
<script>
//创建渲染器
var myRenderer = new THREE.WebGLRenderer({antialias:true});
myRenderer.setSize(window.innerHeight,window.innerHeight);
myRenderer.setClearColor('white',1.0);
$("#myContainer").append(myRenderer.domElement);
```

```
var myCamera = new THREE.PerspectiveCamera(45,
                    window.innerHeight/window.innerHeight,0.1,1000);
myCamera.position.set(71,121,44);
myCamera.lookAt(new THREE.Vector3(0,0,0));
var myScene = new THREE.Scene();
//创建立方体
var myGeometry = new THREE.BoxBufferGeometry(50,50,50);
var myMap = THREE.ImageUtils.loadTexture("images/img002.jpg");
var myMaterial = new THREE.MeshBasicMaterial({map:myMap});
var myMesh = new THREE.Mesh(myGeometry,myMaterial);
myMesh.position.y = 10;
myScene.add(myMesh);
//在场景中实现后期特效(变换为万花筒)
var myEffectComposer = new THREE.EffectComposer(myRenderer);
myEffectComposer.addPass(new THREE.RenderPass(myScene,myCamera));
var myShaderPass = new THREE.ShaderPass(THREE.KaleidoShader);
myShaderPass.uniforms['sides'].value = 8;
myShaderPass.uniforms['angle'].value = 45;
myEffectComposer.addPass(myShaderPass);
//渲染改变之后的万花筒(或立方体)
animate();
function animate(){
 requestAnimationFrame(animate);
 myEffectComposer.render();
}
//响应单击"变换为万花筒"按钮
 $("#myButton1").click(function(){
 myEffectComposer.addPass(myShaderPass);
});
//响应单击"保持原状"按钮
 $("#myButton2").click(function(){
 myEffectComposer.addPass(new THREE.RenderPass(myScene,myCamera));
});
</script></body></html>
```

其中，myShaderPass=new THREE.ShaderPass(THREE.KaleidoShader)语句用于根据万花筒着色器创建着色器通道，myShaderPass.uniforms['sides'].value=8语句用于设置万花筒着色器边缘的顶点数。myShaderPass.uniforms['angle'].value=45语句用于设置角度。myEffectComposer.addPass(myShaderPass)语句用于添加万花筒着色器，可以多次使用myEffectComposer.addPass(myShaderPass)语句，每一次都在前次的基础上改变万花筒(的形状)。此外需要注意：此实例需要添加RenderPass.js、EffectComposer.js、ShaderPass.js、KaleidoShader.js等文件。

此实例的源文件是MyCode\ChapB\ChapB188.html。

243 在场景中以三维眼镜视觉查看三维图形

此实例主要通过使用THREE.WebGLRenderer创建THREE.AnaglyphEffect，在场景中实现类似于三维眼镜的视觉效果。当浏览器显示页面时，使用THREE.AnaglyphEffect渲染场景产生的三维眼镜的视觉效果如图243-1所示。

图 243-1

主要代码如下：

```
<html><head><meta charset="UTF-8">
<script src="ThreeJS/three.js"></script>
<script src="ThreeJS/jquery.js"></script>
<script src="ThreeJS/AnaglyphEffect.js"></script>
<style>*{margin:0;padding:0}</style>
</head>
<body><center id="myContainer"></center>
<script>
var mySpheres=[],myMouseX=0,myMouseY=0;
//创建渲染器
var myRenderer=new THREE.WebGLRenderer({antialias:true});
myRenderer.setSize(window.innerWidth,window.innerHeight);
$("#myContainer").append(myRenderer.domElement);
var myCamera=new THREE.PerspectiveCamera(60,
                     window.innerWidth/window.innerHeight,0.1,1000);
var myScene=new THREE.Scene();
var myImageUrls=['images/img161.png','images/img162.png',
                 'images/img163.png','images/img164.png',
                 'images/img165.png','images/img166.png'];
var myCubeTexture=new THREE.CubeTextureLoader().load(myImageUrls);
myScene.background=myCubeTexture;
//创建多个球体
var myGeometry=new THREE.SphereBufferGeometry(0.1,32,16);
var myMaterial=new THREE.MeshBasicMaterial({
                       color:0xffffff,envMap:myCubeTexture});
for(var i=0;i<350;i++){
 var myMesh=new THREE.Mesh(myGeometry,myMaterial);
 myMesh.position.x=Math.random()*10-5;
 myMesh.position.y=Math.random()*10-5;
 myMesh.position.z=Math.random()*10-5;
 myMesh.scale.x=myMesh.scale.y=myMesh.scale.z=Math.random()*3+1;
 myScene.add(myMesh);
 mySpheres.push(myMesh);
```

```
            }
            //创建AnaglyphEffect
            var myAnaglyphEffect = new THREE.AnaglyphEffect(myRenderer);
            myAnaglyphEffect.setSize(window.innerWidth,window.innerHeight);
            document.addEventListener('mousemove',function(event){
              myMouseX = (event.clientX - (window.innerWidth/2))/100;
              myMouseY = (event.clientY - (window.innerHeight/2))/100;},false);
            //渲染多个球体
            animate();
            function animate(){
              requestAnimationFrame(animate);
              myCamera.position.x += (myMouseX - myCamera.position.x) * .05;
              myCamera.position.y -= (myMouseY + myCamera.position.y) * .05;
              myCamera.lookAt(myScene.position);
              var myTimer = 0.0001 * Date.now();
              for(var i = 0,il = mySpheres.length;i < il;i++){
                var mySphere = mySpheres[i];
                mySphere.position.x = 5 * Math.cos(myTimer + i);
                mySphere.position.y = 5 * Math.sin(myTimer + i * 1.1);
              }
              //myRenderer.render(myScene,myCamera);
              //使用AnaglyphEffect渲染场景
              myAnaglyphEffect.render(myScene,myCamera);
            }
        </script></body></html>
```

在上面这段代码中，myAnaglyphEffect＝new THREE.AnaglyphEffect(myRenderer)语句用于根据渲染器（myRenderer）创建 THREE.AnaglyphEffect。myAnaglyphEffect.render(myScene,myCamera)语句表示使用 THREE.AnaglyphEffect 渲染场景。此外需要注意：此实例需要添加 AnaglyphEffect.js 文件。

此实例的源文件是 MyCode\ChapB\ChapB245.html。

第 6 章

外部模型

244　使用 AssimpLoader 加载 Assimp 模型

此实例主要通过使用 THREE.AssimpLoader 的 load 方法加载 Assimp 模型文件，实现在场景中显示 Assimp 模型。当浏览器显示页面时（模型文件有些大，加载过程需要等待一段时间），怪兽（Assimp）模型将会自动逆时针旋转，效果分别如图 244-1 和图 244-2 所示。

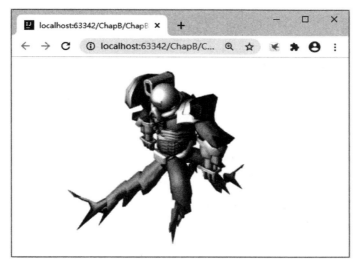

图　244-1

主要代码如下：

```
<!DOCTYPE html><html><head><meta charset = "UTF-8">
 <script src = "ThreeJS/three.js"></script>
 <script src = "ThreeJS/AssimpLoader.js"></script>
 <script src = "ThreeJS/OrbitControls.js"></script></head>
<body><script>
 var myRenderer,myCamera,myScene,myAnimation,myOrbitControls;
 //创建渲染器
 function initRender(){
  myRenderer = new THREE.WebGLRenderer({antialias:true});
  myRenderer.setSize(window.innerWidth,window.innerHeight);
  myRenderer.setClearColor(0xffffff);
```

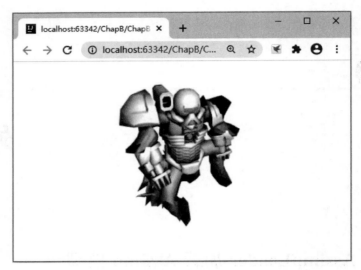

图 244-2

```
    document.body.appendChild(myRenderer.domElement);
    myCamera = new THREE.PerspectiveCamera(45,
                window.innerWidth/window.innerHeight,0.1,1000);
    myCamera.position.set(0,40,50);
    myCamera.lookAt(new THREE.Vector3(0,0,0));
    myScene = new THREE.Scene();
    myScene.add(new THREE.AmbientLight(0x444444));
    var myLight = new THREE.PointLight(0xffffff);
    myLight.position.set(0,50,50);
    myScene.add(myLight);
}
//加载并创建模型
function initModel(){
    var myAssimpLoader = new THREE.AssimpLoader();
    myAssimpLoader.load("Data/Octaminator.assimp",function(result){
        var object = result.object;
        //调整模型的位置和大小,并添加到场景当中
        object.position.z = -10;
        object.position.y = 8;
        object.rotation.y = Math.PI;
        object.rotation.x = -Math.PI/36;
        object.scale.set(0.1,0.1,0.1);
        myScene.add(object);
        //获取模型的动画
        myAnimation = result.animation;
    });
}
//创建轨道控制器(允许自动旋转)
function initControls(){
    myOrbitControls = new THREE.OrbitControls(myCamera);
    myOrbitControls.autoRotate = true;
    myOrbitControls.autoRotateSpeed = 12.5;
}
//渲染模型
function animate(){
```

```
      if(myAnimation)
          myAnimation.setTime(performance.now()/1000);
      myRenderer.render(myScene,myCamera);
      myOrbitControls.update();
      requestAnimationFrame(animate);
  }
    initRender();
    initModel();
    initControls();
    animate();
</script></body></html>
```

在上面这段代码中,myAssimpLoader.load("Data/Octaminator.assimp",function(result){ }) 语句用于加载 Assimp 模型,其中,Octaminator.assimp 表示模型文件(注意:仅此模型文件不能显示模型皮肤,因此需要在相同的文件夹中添加 Data/1.png 和 Data/1C.png 图像文件),result 表示加载成功的 Assimp 模型。此外需要注意:此实例需要添加 AssimpLoader.js 和 OrbitControls.js 文件。

此实例的源文件是 MyCode\ChapB\ChapB126.html。

245 使用 BabylonLoader 加载 Babylon 模型

此实例主要通过使用 THREE.BabylonLoader 的 load 方法加载 Babylon 模型文件,实现在场景中显示 Babylon 模型。当浏览器显示页面时(模型文件有些大,加载过程需要等待一段时间),Babylon 模型将会自动逆时针旋转,效果分别如图 245-1 和图 245-2 所示。

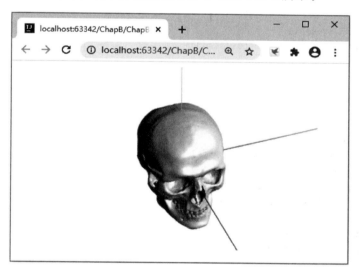

图 245-1

主要代码如下:

```
<!DOCTYPE html><html><head><meta charset = "UTF-8">
<script src = "ThreeJS/three.js"></script>
<script src = "ThreeJS/BabylonLoader.js"></script>
<script src = "ThreeJS/OrbitControls.js"></script></head>
<body><script>
var myRenderer,myCamera,myScene,myLight,myOrbitControls;
function initRender(){
```

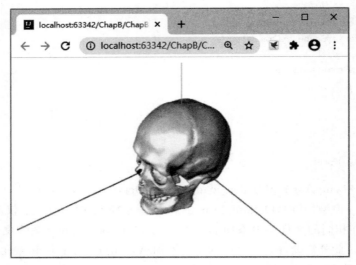

图 245-2

```
myRenderer = new THREE.WebGLRenderer({antialias:true});
myRenderer.setSize(window.innerWidth,window.innerHeight);
myRenderer.setClearColor(0xffffff);
document.body.appendChild(myRenderer.domElement);
myCamera = new THREE.PerspectiveCamera(45,
                window.innerWidth/window.innerHeight,0.1,1000);
myCamera.position.set(0,40,50);
myCamera.lookAt(new THREE.Vector3(0,0,0));
myScene = new THREE.Scene();
myScene.add(new THREE.AmbientLight(0x444444));
myLight = new THREE.DirectionalLight(0xffffff);
myLight.position.set(200,200,100);
myScene.add(myLight);
}
//创建 Babylon 模型
function initModel(){
 var myAxesHelper = new THREE.AxesHelper(50);
 myScene.add(myAxesHelper);
 var myBabylonLoader = new THREE.BabylonLoader();
 myBabylonLoader.load("Data/skull.babylon",function(obj){
  //重置模型的纹理
  obj.traverse(function(object){
   if(object instanceof THREE.Mesh){
    object.material =
            new THREE.MeshPhongMaterial({color:Math.random() * 0xffffff});
    object.position.set(0,0,0);
    object.scale.set(0.5,0.5,0.5);
   }
  });
  myScene.add(obj);
 });
}
//创建轨道控制器(允许自动旋转)
function initControls(){
 myOrbitControls = new THREE.OrbitControls(myCamera);
```

```
    myOrbitControls.autoRotate = true;
    myOrbitControls.autoRotateSpeed = 0.5;
  }
  //渲染模型
  function animate(){
    myRenderer.render(myScene,myCamera);
    myOrbitControls.update();
    requestAnimationFrame(animate);
  }
  initRender();
  initControls();
  initModel();
  animate();
</script></body></html>
```

在上面这段代码中，myBabylonLoader.load("Data/skull.babylon",function(obj){ })语句用于加载 Babylon 模型，其中，skull.babylon 表示模型文件，obj 表示加载成功的 Babylon 模型。此外需要注意：此实例需要添加 BabylonLoader.js 和 OrbitControls.js 文件。

此实例的源文件是 MyCode\ChapB\ChapB125.html。

246　使用 LegacyJSONLoader 加载 JSON 文件

此实例主要通过使用 LegacyJSONLoader 的 load 方法加载 JSON 格式的模型文件，实现在场景中加载和移除房子模型。当浏览器显示页面时，单击"加载房子模型"按钮，则将加载存放房子模型的 JSON 文件 MyHouse.json，然后将房子模型显示在场景中，如图 246-1 所示。单击"移除房子模型"按钮，则将移除场景中的房子模型。

图　246-1

主要代码如下：

```html
<!DOCTYPE html><html><head><meta charset="UTF-8">
<script src="ThreeJS/three.js"></script>
<script src="ThreeJS/jquery.js"></script>
<script src="ThreeJS/LegacyJSONLoader.js"></script>
<script src="ThreeJS/OrbitControls.js"></script>
</head>
<body><p><button id="myButton1">加载房子模型</button>
        <button id="myButton2">移除房子模型</button></p>
<center id="myContainer"></center>
<script>
//创建渲染器
var myRenderer = new THREE.WebGLRenderer({antialias:true});
myRenderer.setSize(window.innerWidth,window.innerHeight);
myRenderer.setPixelRatio(window.devicePixelRatio);
myRenderer.setClearColor('white',1);
$("#myContainer").append(myRenderer.domElement);
var myScene = new THREE.Scene();
var myCamera = new THREE.PerspectiveCamera(45,
                  window.innerWidth/window.innerHeight,0.1,5000);
myCamera.position.set(-20,40,50);
var mySpotLight = new THREE.SpotLight(0xffffff);
mySpotLight.position.set(0,200,300);
myScene.add(mySpotLight);
myScene.add(new THREE.AmbientLight(0xffffff,0.2));
//渲染在场景中的房子模型
animate();
function animate(){
  myRenderer.render(myScene,myCamera);
  requestAnimationFrame(animate);
}
//响应单击"加载房子模型"按钮
$("#myButton1").click(function(){
   var myLegacyJSONLoader = new LegacyJSONLoader();
   //加载房子模型
   myLegacyJSONLoader.load('Data/MyHouse.json',function(geo,material){
   //根据该模型的几何体和材质初始化 Mesh
   var myHouse = new THREE.Mesh(geo,material);
   myHouse.position.set(0,-6,15);
   myHouse.name = 'myHouse';
   myScene.add(myHouse);
   });
});
//响应单击"移除房子模型"按钮
$("#myButton2").click(function(){
  myScene.remove(myScene.getObjectByName('myHouse'));
});
//创建轨道控制器
var myOrbitControls = new THREE.OrbitControls(myCamera);
</script></body></html>
```

在上面这段代码中，myLegacyJSONLoader.load('Data/MyHouse.json',function(geo,material){})语句用于加载房子模型文件，其中，MyHouse.json 表示房子模型文件，geo 表示加载成功的

房子模型，material 表示加载成功的模型材质。此外需要注意：此实例需要添加 LegacyJSONLoader.js、OrbitControls.js 等文件。

此实例的源文件是 MyCode\ChapB\ChapB140.html。

247　使用 MTLLoader 加载模型材质

此实例主要通过使用 THREE.MTLLoader 的 load 方法加载模型材质，并使用 THREE.OBJLoader 的 load() 方法加载汽车模型，实现在场景中加载和移除汽车模型。当浏览器显示页面时，单击"加载汽车模型"按钮，则将加载存放模型材质的文件 MyCar.mtl 和存放汽车模型的文件 MyCar.obj，并设置汽车模型 name 属性为 myCar，然后显示在场景中，如图 247-1 所示。单击"移除汽车模型"按钮，则将移除在场景中 name 属性为 myCar 的汽车模型。

图　247-1

主要代码如下：

```
<!DOCTYPE html><html><head><meta charset = "UTF-8">
<script src = "ThreeJS/three.js"></script>
<script src = "ThreeJS/jquery.js"></script>
<script src = "ThreeJS/MTLLoader.js"></script>
<script src = "ThreeJS/OBJLoader.js"></script>
<script src = "ThreeJS/OrbitControls.js"></script>
</head>
<body><p><button id = "myButton1">加载汽车模型</button>
         <button id = "myButton2">移除汽车模型</button></p>
<center id = "myContainer"></center>
<script>
//创建渲染器
var myRenderer = new THREE.WebGLRenderer({antialias:true});
myRenderer.setSize(window.innerWidth,window.innerHeight);
myRenderer.setPixelRatio(window.devicePixelRatio);
```

```
myRenderer.setClearColor('white',1);
$("#myContainer").append(myRenderer.domElement);
var myScene = new THREE.Scene();
var myCamera = new THREE.PerspectiveCamera(45,
                     window.innerWidth/window.innerHeight,0.1,5000);
myCamera.position.set(-20,40,50);
var mySpotLight = new THREE.SpotLight(0xc2c2c2);
mySpotLight.position.set(0,100,100);
myScene.add(mySpotLight);
var myAmbientLight = new THREE.AmbientLight(0xEEEEEE,.4);
myScene.add(myAmbientLight);
//渲染汽车模型
animate();
function animate(){
 myRenderer.render(myScene,myCamera);
 requestAnimationFrame(animate);
}
//响应单击"加载汽车模型"按钮
$("#myButton1").click(function(){
 var myMTLLoader = new THREE.MTLLoader();
 //加载汽车模型材质
 myMTLLoader.load('Data/MyCar.mtl',function(material){
  material.preload();
  var myOBJLoader = new THREE.OBJLoader();
  //设置汽车模型材质
  myOBJLoader.setMaterials(material);
  //加载汽车模型
  myOBJLoader.load('Data/MyCar.obj',function(obj){
   //指定模型缩放倍数和旋转角度,并将其添加至场景
   obj.scale.set(0.3,0.3,0.3);
   obj.rotation.x = -0.5 * Math.PI;
   obj.name = 'myCar';
   myScene.add(obj);
}); }); });
//响应单击"移除汽车模型"按钮
$("#myButton2").click(function(){
 myScene.remove(myScene.getObjectByName('myCar'));
});
var myOrbitControls = new THREE.OrbitControls(myCamera);
</script></body></html>
```

在上面这段代码中,myMTLLoader.load('Data/MyCar.mtl',function(material){ })语句用于加载汽车模型材质文件,其中,MyCar.mtl表示汽车模型材质文件,material表示加载成功的汽车模型材质。myOBJLoader.load('Data/MyCar.obj',function(obj){ })语句用于加载汽车模型文件,其中,MyCar.obj表示汽车模型文件,obj表示加载成功的汽车模型。obj.name = 'myCar'表示设置该汽车模型的名称。myScene.remove(myScene.getObjectByName('myCar'))语句表示移除在场景中名称为myCar的汽车模型。实际上,在此实例中,如果未加载模型材质,也可以加载一个灰色的汽车模型。此外需要注意:此实例需要添加MTLLoader.js、OBJLoader.js、OrbitControls.js等文件。

此实例的源文件是 MyCode\ChapB\ChapB139.html。

248 使用 AWDLoader 加载 AWD 模型

此实例主要通过使用 THREE.AWDLoader 的 load 方法加载 AWD 模型文件,实现在场景中显

示 AWD 模型。当浏览器显示页面时（模型文件有些大，加载过程需要等待一段时间），北极熊（AWD）模型将会自动逆时针旋转，效果分别如图 248-1 和图 248-2 所示。

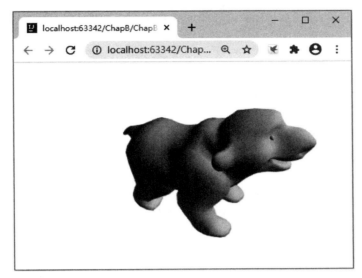

图　248-1

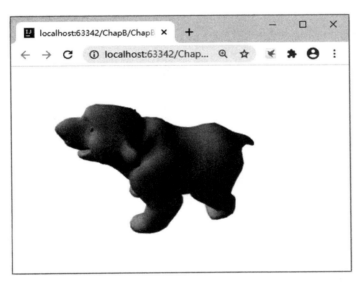

图　248-2

主要代码如下：

```
<!DOCTYPE html><html><head><meta charset = "UTF-8">
<script src = "ThreeJS/three.js"></script>
<script src = "ThreeJS/AWDLoader.js"></script>
<script src = "ThreeJS/OrbitControls.js"></script></head>
<body><script>
var myRenderer,myCamera,myScene,myOrbitControls;
//创建渲染器
function initRender(){
  myRenderer = new THREE.WebGLRenderer({antialias:true});
  myRenderer.setSize(window.innerWidth,window.innerHeight);
```

```
            myRenderer.setClearColor(0xffffff);
            document.body.appendChild(myRenderer.domElement);
            myCamera = new THREE.PerspectiveCamera(45,
                        window.innerWidth/window.innerHeight,0.1,1000);
            myCamera.position.set(0,40,50);
            myCamera.lookAt(new THREE.Vector3(0,0,0));
            myScene = new THREE.Scene();
            myScene.add(new THREE.AmbientLight(0x444444));
            var myLight = new THREE.PointLight(0xffffff);
            myLight.position.set(0,50,50);
            myScene.add(myLight);
        }
        //加载并创建模型
        function initModel(){
            var myAWDLoader = new THREE.AWDLoader();
            myAWDLoader.load("Data/PolarBear.awd",function(model){
                //遍历模型的子元素,只要是模型的一部分,就添加纹理
                model.traverse(function(child){
                    if(child instanceof THREE.Mesh){
                        child.material =
                            new THREE.MeshLambertMaterial({color:Math.random() * 0xffffff});
                    }
                });
                //调整模型的方向和大小并添加到场景当中
                model.rotation.y = Math.PI;
                model.position.y = -14;
                model.scale.set(0.15,0.15,0.15);
                myScene.add(model);
            });
        }
        //创建轨道控制器(允许自动旋转)
        function initControls(){
            myOrbitControls = new THREE.OrbitControls(myCamera);
            myOrbitControls.autoRotate = true;
            myOrbitControls.autoRotateSpeed = 3.5;
        }
        //渲染模型
        function animate(){
            myRenderer.render(myScene,myCamera);
            myOrbitControls.update();
            requestAnimationFrame(animate);
        }
        initRender();
        initModel();
        initControls();
        animate();
    </script></body></html>
```

在上面这段代码中,myAWDLoader.load("Data/PolarBear.awd",function(model){})用于加载 AWD 模型,其中,PolarBear.awd 表示模型文件,model 表示加载成功的 AWD 模型。此外需要注意:此实例需要添加 AWDLoader.js 和 OrbitControls.js 文件。

此实例的源文件是 MyCode\ChapB\ChapB127.html。

249 使用 STLLoader 加载 STL 模型

此实例主要通过使用 THREE.STLLoader 的 load 方法加载 STL 模型文件,从而实现在场景中显示 STL 模型。STL 是 stereolithography(立体成形术)的缩写,广泛应用于快速成型,如三维打印机的模型文件通常都是 STL 格式文件。当浏览器显示页面时(模型文件有些大,加载过程需要等待一段时间),绿色的头部模型将会自动逆时针旋转,效果分别如图 249-1 和图 249-2 所示。

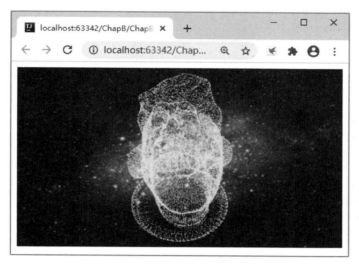

图 249-1

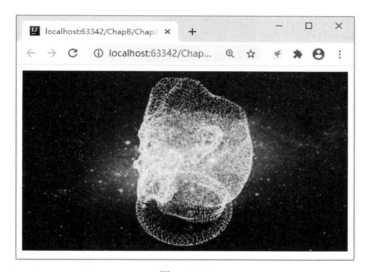

图 249-2

主要代码如下:

```
<!DOCTYPE html><html><head><meta charset = "UTF-8">
 <script src = "ThreeJS/three.js"></script>
 <script src = "ThreeJS/STLLoader.js"></script>
 <script src = "ThreeJS/OrbitControls.js"></script></head>
<body><script>
 var myRenderer,myCamera,myScene,myOrbitControls;
```

```
//创建渲染器
function initRender(){
    myRenderer = new THREE.WebGLRenderer({antialias:true});
    myRenderer.setSize(window.innerWidth,window.innerHeight);
    myRenderer.setClearColor(0x000000);
    document.body.appendChild(myRenderer.domElement);
    myCamera = new THREE.PerspectiveCamera(45,
                    window.innerWidth/window.innerHeight,0.1,1000);
    myCamera.position.set(0,20,25);
    myCamera.lookAt(new THREE.Vector3(0,0,0));
    myScene = new THREE.Scene();
    var myMap = THREE.ImageUtils.loadTexture("images/img052.jpg");
    myScene.background = myMap;
}
//创建模型
function initModel(){
    var mySTLLoader = new THREE.STLLoader();
    mySTLLoader.load("Data/SolidHead_2_lowPoly_42k.stl",function(geometry){
        var myMaterial = new THREE.PointsMaterial({color:0x00ff00,size:0.2});
        var myMesh = new THREE.Points(geometry, myMaterial);
        myMesh.rotation.x = - 0.5 * Math.PI;         //将模型摆正
        myMesh.scale.set(0.15,0.15,0.15);            //缩放模型大小
        geometry.center();                           //居中显示模型
        myScene.add(myMesh);                         //在场景中添加模型
    });
}
//创建轨道控制器
function initControls(){
    myOrbitControls = new THREE.OrbitControls(myCamera);
    myOrbitControls.autoRotate = true;
    myOrbitControls.autoRotateSpeed = 2.5;
}
//渲染模型
function animate(){
    myRenderer.render(myScene,myCamera);
    myOrbitControls.update();
    requestAnimationFrame(animate);
}
    initRender();
    initModel();
    initControls();
    animate();
</script></body></html>
```

在上面这段代码中，mySTLLoader.load("Data/SolidHead_2_lowPoly_42k.stl", function(geometry){ }) 语句用于加载 STL 模型，其中，SolidHead_2_lowPoly_42k.stl 表示模型文件，geometry 表示加载成功的模型。此外需要注意：此实例需要添加 STLLoader.js 和 OrbitControls.js 文件。

此实例的源文件是 MyCode\ChapB\ChapB123.html。

250 使用 FBXLoader 加载 FBX 模型

此实例主要通过使用 THREE.FBXLoader 的 load 方法加载 FBX 模型文件，实现在场景中显示

FBX 模型。当浏览器显示页面时（模型文件有些大，加载过程需要等待一段时间），在场景中显示的 FBX 模型的效果分别如图 250-1 和图 250-2 所示。

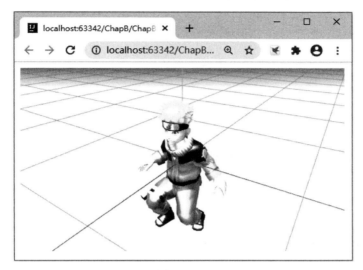

图　250-1

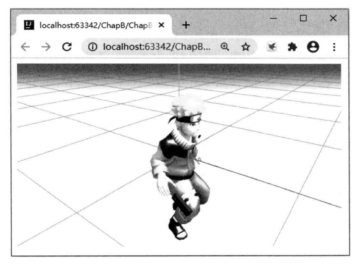

图　250-2

主要代码如下：

```
<!DOCTYPE html><html><head><meta charset = "UTF-8">
<script src = "ThreeJS/three.js"></script>
<script src = "ThreeJS/FBXLoader.js"></script>
<script src = "ThreeJS/inflate.min.js"></script>
<script src = "ThreeJS/OrbitControls.js"></script></head>
<body>
<script>
 var myRenderer,myCamera,myScene,myLight,myOrbitControls;
 function initRender(){
   myRenderer = new THREE.WebGLRenderer({antialias:true});
   myRenderer.setPixelRatio(window.devicePixelRatio);
```

```
        myRenderer.setSize(window.innerWidth,window.innerHeight);
        myRenderer.setClearColor(0xeeeeee);
        document.body.appendChild(myRenderer.domElement);
        myCamera = new THREE.PerspectiveCamera(45,
                    window.innerWidth/window.innerHeight,0.1,2000);
        myCamera.position.set(100,100,150);
        myOrbitControls = new THREE.OrbitControls(myCamera);
        myScene = new THREE.Scene();
        myScene.background = new THREE.Color(0xa0a0a0);
        myScene.fog = new THREE.Fog(0xa0a0a0,200,1000);
    }
    function initLight(){
        myScene.add(new THREE.AmbientLight(0x444444));
        myLight = new THREE.DirectionalLight(0xffffff);
        myLight.position.set(0,200,100);
        myScene.add(myLight);
    }
    function initModel(){
        var myAxesHelper = new THREE.AxesHelper(150);
        myScene.add(myAxesHelper);
        var myPlaneMesh = new THREE.Mesh(new THREE.PlaneBufferGeometry(2000,2000),
            new THREE.MeshPhongMaterial({color:0xffffff,depthWrite:false}));
        myPlaneMesh.rotation.x = - Math.PI/2;
        myPlaneMesh.receiveShadow = true;
        myScene.add(myPlaneMesh);
        var myGridHelper = new THREE.GridHelper(20000,200,0x000000,0x000000);
        myGridHelper.material.opacity = 0.2;
        myGridHelper.material.transparent = true;
        myScene.add(myGridHelper);
        //加载模型
        var myFBXLoader = new THREE.FBXLoader();
        myFBXLoader.load("Data/Naruto.fbx",function(mesh){
            //添加骨骼辅助
            //var myMeshHelper = new THREE.SkeletonHelper(mesh);
            //myScene.add(myMeshHelper);
            mesh.position.y += 30;
            myScene.add(mesh);
        });
    }
    function animate(){
        myOrbitControls.update();
        myRenderer.render(myScene,myCamera);
        requestAnimationFrame(animate);
    }
        initRender();
        initLight();
        initModel();
        animate();
</script></body></html>
```

在上面这段代码中，myFBXLoader.load("Data/Naruto.fbx", function(mesh){ })语句用于加载指定的FBX模型文件，其中，Naruto.fbx表示FBX模型文件，mesh表示该FBX模型，当取得FBX模型mesh之后，就可以播放其中的animations了。此外需要注意：此实例需要添加FBXLoader.js、inflate.min.js、OrbitControls.js等文件。

此实例的源文件是 MyCode\ChapB\ChapB116.html。

251　播放使用 FBXLoader 加载的 FBX 模型

此实例主要通过在 THREE.AnimationMixer 方法中使用从 FBXLoader 加载的 FBX 模型,创建动画播放器播放在模型中的动画。当浏览器显示页面时(模型文件有些大,加载过程需要等待一段时间),在场景中播放的 FBX 模型动画的效果分别如图 251-1 和图 251-2 所示。

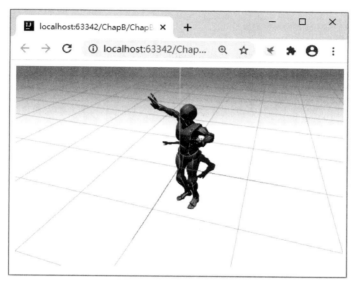

图　251-1

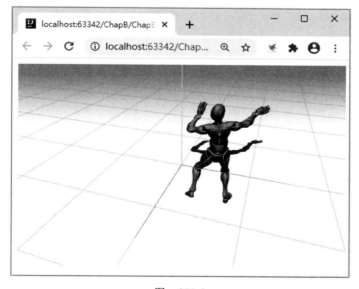

图　251-2

主要代码如下:

```
<!DOCTYPE html><html><head><meta charset = "UTF-8">
<script src = "ThreeJS/three.js"></script>
<script src = "ThreeJS/FBXLoader.js"></script>
```

```html
<script src = "ThreeJS/inflate.min.js"></script>
<script src = "ThreeJS/OrbitControls.js"></script></head>
<body><script>
    var myRenderer,myCamera,myScene,myLight,
        myOrbitControls,meshHelper,myAnimationMixer,myClipAction;
    var clock = new THREE.Clock();
    function initRender(){
        myRenderer = new THREE.WebGLRenderer({antialias:true});
        myRenderer.setPixelRatio(window.devicePixelRatio);
        myRenderer.setSize(window.innerWidth,window.innerHeight);
        myRenderer.setClearColor(0xeeeeee);
        myRenderer.shadowMap.enabled = true;
        document.body.appendChild(myRenderer.domElement);
        myCamera = new THREE.PerspectiveCamera(45,
                        window.innerWidth/window.innerHeight,0.1,2000);
        myCamera.position.set(100,200,300);
        myScene = new THREE.Scene();
        myScene.background = new THREE.Color(0xa0a0a0);
        myScene.fog = new THREE.Fog(0xa0a0a0,200,1000);
        myOrbitControls = new THREE.OrbitControls(myCamera);
    }
    function initLight(){
        myScene.add(new THREE.AmbientLight(0x444444));
        myLight = new THREE.DirectionalLight(0xffffff);
        myLight.position.set(0,200,100);
        myLight.castShadow = true;
        myLight.shadow.camera.top = 180;
        myLight.shadow.camera.bottom = -100;
        myLight.shadow.camera.left = -120;
        myLight.shadow.camera.right = 120;
        myLight.castShadow = true;
        myScene.add(myLight);
    }
    function initModel(){
        var myAxesHelper = new THREE.AxesHelper(150);
        myScene.add(myAxesHelper);
        var myPlaneMesh = new THREE.Mesh(new THREE.PlaneBufferGeometry(2000,2000),
            new THREE.MeshPhongMaterial({color:0xffffff,depthWrite:false}));
        myPlaneMesh.rotation.x = -Math.PI/2;
        myPlaneMesh.receiveShadow = true;
        myScene.add(myPlaneMesh);
        var myGridHelper = new THREE.GridHelper(2000,20,0x000000,0x000000);
        myGridHelper.material.opacity = 0.2;
        myGridHelper.material.transparent = true;
        myScene.add(myGridHelper);
        //加载模型
        var myFBXLoader = new THREE.FBXLoader();
        myFBXLoader.load("Data/SambaDancing.fbx", function(mesh){
            //添加骨骼辅助线
            meshHelper = new THREE.SkeletonHelper(mesh);
            myScene.add(meshHelper);
            //设置模型的每个部位都可以投影
            mesh.traverse(function(child){
                if(child.isMesh){
```

```
                child.castShadow = true;
                child.receiveShadow = true;
            }
        });
        //AnimationMixer 是场景中特定对象的动画播放器,
        //当场景中有多个对象动画时,可以为每个对象使用一个 AnimationMixer
        myAnimationMixer = mesh.mixer = new THREE.AnimationMixer(mesh);
        //clipAction 返回一个可以控制动画的 AnimationAction 对象
        myClipAction = myAnimationMixer.clipAction(mesh.animations[0]);
        //播放模型动画
        myClipAction.play();
        mesh.position.y -= 80;
        myScene.add(mesh);
    });
}
function animate(){
    var myTime = clock.getDelta();
    if(myAnimationMixer){
        myAnimationMixer.update(myTime);
    }
    myOrbitControls.update();
    myRenderer.render(myScene,myCamera);
    requestAnimationFrame(animate);
}
initRender();
initLight();
initModel();
animate();
</script></body></html>
```

在上面这段代码中, myAnimationMixer = mesh.mixer = new THREE.AnimationMixer(mesh) 语句用于根据 FBX 模型创建动画播放器 AnimationMixer。myClipAction = myAnimationMixer.clipAction(mesh.animations[0])语句用于获取在 FBX 模型中的动画。myClipAction.play()语句用于播放模型动画。此外需要注意: 此实例需要添加 FBXLoader.js、inflate.min.js、OrbitControls.js 等文件。

此实例的源文件是 MyCode\ChapB\ChapB117.html。

252 使用 VOXLoader 加载 VOX 模型

此实例主要通过使用 VOXLoader 的 load 方法加载 VOX 格式的模型文件,实现在场景中加载和显示 VOX 模型。当浏览器显示页面时,将加载 VOX 模型文件 MyMonu.vox,然后将该 VOX 模型显示在场景中,如图 252-1 所示。

主要代码如下:

```
<!DOCTYPE html><html><head><meta charset = "UTF-8">
<script src = "ThreeJS/three.js"></script>
<script src = "ThreeJS/jquery.js"></script>
<script src = "ThreeJS/OrbitControls.js"></script>
<script src = "ThreeJS/InstancedMesh.js"></script>
<script src = "ThreeJS/VOXLoader.js"></script>
</head>
```

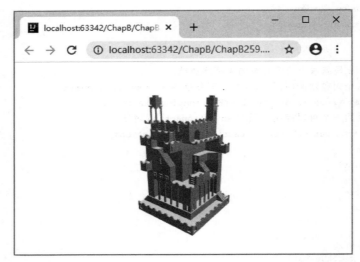

图 252-1

```
<body><center id = "myContainer"></center>
<script>
//创建渲染器
var myRenderer = new THREE.WebGLRenderer({antialias:true});
myRenderer.setSize(window.innerWidth,window.innerHeight);
$("#myContainer").append(myRenderer.domElement);
var myCamera = new THREE.PerspectiveCamera(50,
                window.innerWidth/window.innerHeight,0.01,10);
myCamera.position.set(0.175,0.075,0.225);
var myScene = new THREE.Scene();
myScene.background = new THREE.Color(0xffffff);
var myOrbitControls = new THREE.OrbitControls(myCamera);
//加载 VOX 模型
var myVOXLoader = new VOXLoader();
myVOXLoader.load('Data/MyMonu.vox',function(chunks){
 var myGeometry = new THREE.BoxBufferGeometry(1,1,1);
 var myMaterial = new THREE.MeshNormalMaterial();
 var myMatrix = new THREE.Matrix4();
 for(var i = 0;i < chunks.length;i ++){
  var myChunk = chunks[i];
  var mySize = myChunk.size;
  var myData = myChunk.data;
  var myMesh = new InstancedMesh(myGeometry,myMaterial,myData.length/4);
  myMesh.scale.setScalar(0.0015);
  myScene.add(myMesh);
  for(var j = 0,k = 0;j < myData.length;j += 4,k ++){
   var x = myData[j + 0] - mySize.x/2;
   var y = myData[j + 1] - mySize.y/2;
   var z = myData[j + 2] - mySize.z/2;
   myMesh.setMatrixAt(k,myMatrix.setPosition(x,z, - y));
  }
 }
});
//渲染 VOX 模型
animate();
```

```
function animate(){
 requestAnimationFrame(animate);
 myRenderer.render(myScene,myCamera);
}
</script></body></html>
```

在上面这段代码中,myVOXLoader.load('Data/MyMonu.vox',function(chunks){ })语句用于加载VOX模型文件,其中,MyMonu.vox表示VOX模型文件,chunks表示加载成功的VOX模型集合。myMesh=new InstancedMesh(myGeometry,myMaterial,myData.length/4)语句用于根据参数创建VOX模型。此外需要注意:此实例需要添加VOXLoader.js、InstancedMesh.js和OrbitControls.js文件。

此实例的源文件是MyCode\ChapB\ChapB259.html。

253 使用DRACOLoader加载DRC模型

此实例主要通过使用THREE.DRACOLoader的load方法加载DRC(DRACO)格式的模型文件,实现在场景中加载和显示DRC模型。当浏览器显示页面时,将加载DRC模型文件MyBunny.drc,然后将该DRC模型显示在场景中,如图253-1所示。

图 253-1

主要代码如下:

```
<!DOCTYPE html><html><head><meta charset = "UTF-8">
 <script src = "ThreeJS/three.js"></script>
 <script src = "ThreeJS/jquery.js"></script>
 <script src = "ThreeJS/DRACOLoader.js"></script>
</head>
<body><center id = "myContainer"></center>
<script>
 //创建渲染器
 var myRenderer = new THREE.WebGLRenderer({antialias:true});
 myRenderer.setSize(window.innerWidth,window.innerHeight);
 myRenderer.shadowMap.enabled = true;
```

```
myRenderer.outputEncoding = THREE.sRGBEncoding;
$("#myContainer").append(myRenderer.domElement);
var myCamera = new THREE.PerspectiveCamera(35,
                    window.innerWidth/window.innerHeight,0.1,15);
myCamera.position.set(3,0.25,3);
var myScene = new THREE.Scene();
myScene.background = new THREE.Color(0x443333);
myScene.fog = new THREE.Fog(0x443333,1,4);
myScene.add(new THREE.HemisphereLight(0x443333,0x111122));
var myLight = new THREE.SpotLight();
myLight.angle = Math.PI/16;
myLight.penumbra = 0.5;
myLight.castShadow = true;
myLight.position.set(-1,1,1);
myScene.add(myLight);
//创建平面
var myPlane = new THREE.Mesh(new THREE.PlaneBufferGeometry(8,8),
        new THREE.MeshPhongMaterial({color:0x999999,specular:0x101010}));
myPlane.rotation.x = -Math.PI/2;
myPlane.position.y = 0.03;
myPlane.receiveShadow = true;
myScene.add(myPlane);
//加载DRC模型
var myDRACOLoader = new THREE.DRACOLoader();
myDRACOLoader.setDecoderPath('Data/');
myDRACOLoader.setDecoderConfig({type:'js'});
myDRACOLoader.load('Data/MyBunny.drc',function(geometry){
  geometry.computeVertexNormals();
  var myMaterial = new THREE.MeshNormalMaterial();
  var myMesh = new THREE.Mesh(geometry,myMaterial);
  myMesh.castShadow = true;
  myMesh.receiveShadow = true;
  myScene.add(myMesh);
});
//渲染DRC模型
animate();
function animate(){
  var myTimer = Date.now() * 0.0003;
  myCamera.position.x = Math.sin(myTimer) * 0.5;
  myCamera.position.z = Math.cos(myTimer) * 0.5;
  myCamera.lookAt(0,0.1,0);
  myRenderer.render(myScene,myCamera);
  requestAnimationFrame(animate);
}
</script></body></html>
```

在上面这段代码中，myDRACOLoader.load('Data/MyBunny.drc',function(geometry) { })语句用于加载DRC模型文件，其中，MyBunny.drc表示DRC模型文件，geometry表示加载成功的DRC模型。此外需要注意：此实例需要添加DRACOLoader.js文件以及解码文件draco_decoder.js，因为DRC文件通常是压缩文件(myDRACOLoader.setDecoderPath('Data/'))。

此实例的源文件是MyCode\ChapB\ChapB258.html。

254　使用 AMFLoader 加载 AMF 模型

此实例主要通过使用 THREE.AMFLoader 的 load 方法加载 AMF 格式的模型文件,实现在场景中加载和显示 AMF 模型。当浏览器显示页面时,将加载 AMF 模型文件 MyRook.amf,然后将该 AMF 模型显示在场景中,如图 254-1 所示。

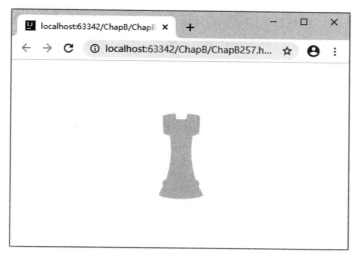

图　254-1

主要代码如下：

```
<!DOCTYPE html><html><head><meta charset="UTF-8">
<script src="ThreeJS/three.js"></script>
<script src="ThreeJS/jquery.js"></script>
<script src="ThreeJS/jszip.js"></script>
<script src="ThreeJS/AMFLoader.js"></script>
</head>
<body><center id="myContainer"></center>
<script>
//创建渲染器
var myRenderer = new THREE.WebGLRenderer({antialias:true});
myRenderer.setSize(window.innerWidth,window.innerHeight);
$("#myContainer").append(myRenderer.domElement);
var myScene = new THREE.Scene();
myScene.add(new THREE.AmbientLight(0xffffff));
myScene.background = new THREE.Color(0xffffff);
var myCamera = new THREE.PerspectiveCamera(45,
              window.innerWidth/window.innerHeight,0.1,1000);
myCamera.position.set(10,50,200);
//加载 AMF 模型
var myAMFLoader = new THREE.AMFLoader();
myAMFLoader.load('Data/MyRook.amf',function(object){
  object.scale.set(20,20,20);
  object.position.y = 10;
  object.position.x = 10;
  object.rotation.x = -Math.PI/2;
  myScene.add(object);
```

```
});
//渲染AMF模型
animate();
function animate(){
  requestAnimationFrame(animate);
  myRenderer.render(myScene,myCamera);
}
</script></body></html>
```

在上面这段代码中，myAMFLoader.load('Data/MyRook.amf',function(object){ })语句用于加载AMF模型文件，其中，MyRook.amf表示AMF模型文件，object表示加载成功的AMF模型。此外需要注意：此实例需要添加jszip.js和AMFLoader.js文件。

此实例的源文件是MyCode\ChapB\ChapB257.html。

255　使用ThreeMFLoader加载3MF模型

此实例主要通过使用THREE.ThreeMFLoader的load方法加载3MF格式的模型文件，实现在场景中加载和显示3MF模型。3MF模型文件是微软联合惠普、欧特克等巨头组成的3MF联盟推出一种全新格式，3MF格式能够完整地描述3D模型，除了几何信息外，还有内部信息、颜色、材料、纹理等其他特征。当浏览器显示页面时，将加载3MF模型文件MyFaceColors.3mf，然后将该3MF模型显示在场景中，如图255-1所示。

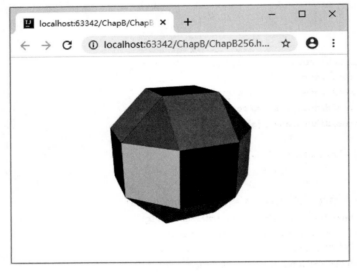

图　255-1

主要代码如下：

```
<!DOCTYPE html><html><head><meta charset="UTF-8">
<script src="ThreeJS/three.js"></script>
<script src="ThreeJS/jquery.js"></script>
<script src="ThreeJS/OrbitControls.js"></script>
<script src="ThreeJS/jszip.js"></script>
<script src="ThreeJS/3MFLoader.js"></script>
</head>
<body><center id="myContainer"></center>
```

```
<script>
//创建渲染器
var myRenderer = new THREE.WebGLRenderer({antialias:true});
myRenderer.setSize(window.innerWidth,window.innerHeight);
myRenderer.outputEncoding = THREE.sRGBEncoding;
$("#myContainer").append(myRenderer.domElement);
var myScene = new THREE.Scene();
myScene.background = new THREE.Color(0xffffff);
var myCamera = new THREE.PerspectiveCamera(35,
                    window.innerWidth/window.innerHeight,0.1,1000);
myCamera.up.set(0,0,1);
myCamera.position.set(-100,-250,100);
myCamera.add(new THREE.PointLight(0xffffff,0.8));
myScene.add(myCamera);
//加载3MF模型
var myThreeMFLoader = new THREE.ThreeMFLoader(new THREE.LoadingManager());
myThreeMFLoader.load('Data/MyFaceColors.3mf',function(object){
  var myBox3 = new THREE.Box3().setFromObject(object);
  var myCenter = myBox3.getCenter(new THREE.Vector3());
  object.position.x += (object.position.x - myCenter.x);
  object.position.y += (object.position.y - myCenter.y);
  object.position.z += (object.position.z - myCenter.z);
  myScene.add(object);
  animate();
});
//渲染3MF模型
var myOrbitControls = new THREE.OrbitControls(myCamera);
myOrbitControls.addEventListener('change',animate);
function animate(){myRenderer.render(myScene,myCamera);}
</script></body></html>
```

在上面这段代码中,myThreeMFLoader.load('Data/MyFaceColors.3mf',function(object){ }) 语句用于加载3MF模型文件,其中,MyFaceColors.3mf表示3MF模型文件,object表示加载成功的3MF模型。此外需要注意:此实例需要添加OrbitControls.js、jszip.js和3MFLoader.js文件。

此实例的源文件是 MyCode\ChapB\ChapB256.html。

256 使用TDSLoader加载3DS模型

此实例主要通过使用THREE.TDSLoader的load方法加载3DS格式的模型文件,实现在场景中加载和移除3DS模型。3DS是3D MAX的一个文件格式,用于导出文件模型的时候使用;3DS文件的优点是,不必拘泥于软件版本。当浏览器显示页面时,单击"加载3DS模型"按钮,则将加载3DS模型文件MyPortalgun.3ds,然后将该3DS模型显示在场景中,如图256-1所示。单击"移除3DS模型"按钮,则将移除场景中的3DS模型。

主要代码如下:

```
<!DOCTYPE html><html><head><meta charset="UTF-8">
<script src="ThreeJS/three.js"></script>
<script src="ThreeJS/jquery.js"></script>
<script src="ThreeJS/TDSLoader.js"></script>
</head>
<body><p><button id="myButton1">加载3DS模型</button>
```

图 256-1

```
            <button id = "myButton2">移除 3DS 模型</button></p>
<center id = "myContainer"></center>
<script>
//创建渲染器
var myRenderer = new THREE.WebGLRenderer({antialias:true});
myRenderer.setSize(window.innerWidth,window.innerHeight);
$("#myContainer").append(myRenderer.domElement);
var myScene = new THREE.Scene();
myScene.background = new THREE.Color('white');
var myCamera = new THREE.PerspectiveCamera(60,
                 window.innerWidth/window.innerHeight,0.1,1000);
myCamera.position.set(0,0,2.4);
//渲染 3DS 模型
animate();
function animate(){
 requestAnimationFrame(animate);
 myRenderer.render(myScene,myCamera);
}
//响应单击"加载 3DS 模型"按钮
 $("#myButton1").click(function(){
  var myTDSLoader = new THREE.TDSLoader();
  myTDSLoader.load('Data/MyPortalgun.3ds',function(object){
   object.traverse(function(child){
    if(child.isMesh){
      child.material = new THREE.MeshNormalMaterial();
     }
   });
   object.name = "my3DS";
   myScene.add(object);
  });
 });
```

```
//响应单击"移除 3DS 模型"按钮
$("#myButton2").click(function(){
  myScene.remove(myScene.getObjectByName('my3DS'));
});
</script></body></html>
```

在上面这段代码中,myTDSLoader.load('Data/MyPortalgun.3ds',function(object) { })语句用于加载 3DS 模型文件,其中,MyPortalgun.3ds 表示 3DS 模型文件,object 表示加载成功的 3DS 模型。此外需要注意:此实例需要添加 TDSLoader.js 文件。

此实例的源文件是 MyCode\ChapB\ChapB255.html。

257 使用 Rhino3dmLoader 加载 3DM 模型

此实例主要通过使用 Rhino3dmLoader 的 load 方法加载 3DM 格式的模型文件,实现在场景中加载和移除 3DM 模型。当浏览器显示页面时,单击"加载 3DM 模型"按钮,则将加载 3DM 模型文件 MyRhino.3dm,然后将该 3DM 模型显示在场景中,如图 257-1 所示。单击"移除 3DM 模型"按钮,则将移除场景中的 3DM 模型。

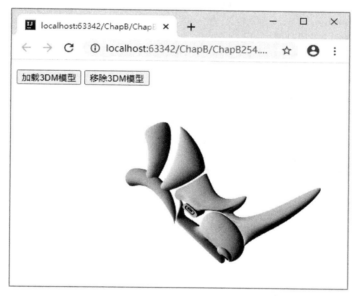

图 257-1

主要代码如下:

```
<!DOCTYPE html><html><head><meta charset = "UTF-8">
<script src = "ThreeJS/three.js"></script>
<script src = "ThreeJS/jquery.js"></script>
<script src = "ThreeJS/OrbitControls.js"></script>
<script src = "ThreeJS/3DMLoader.js"></script>
</head>
<body><p><button id = "myButton1">加载 3DM 模型</button>
          <button id = "myButton2">移除 3DM 模型</button></p>
<center id = "myContainer"></center>
<script>
THREE.Object3D.DefaultUp = new THREE.Vector3(0,0,1);
```

```
//创建渲染器
var myRenderer = new THREE.WebGLRenderer({antialias:true});
myRenderer.setSize(window.innerWidth,window.innerHeight);
$("#myContainer").append(myRenderer.domElement);
var myScene = new THREE.Scene();
myScene.background = new THREE.Color('white');
var myCamera = new THREE.PerspectiveCamera(60,
                    window.innerWidth/window.innerHeight,1,1000);
myCamera.position.set(26,-40,5);
var myOrbitControls = new THREE.OrbitControls(myCamera);
//渲染 3DM 模型
animate();
function animate(){
 requestAnimationFrame(animate);
 myRenderer.render(myScene,myCamera);
}
//响应单击"加载 3DM 模型"按钮
$("#myButton1").click(function(){
 var myLoader = new Rhino3dmLoader();
 myLoader.setLibraryPath('Data/');
 myLoader.load('Data/MyRhino.3dm',function(object){
  myScene.add(object);
  object.scale.set(1.5,1.5,1.5);
  object.name = 'my3DM';
  myScene.traverse(function(child){
   if(child.userData.hasOwnProperty('attributes')){
    if('layerIndex' in child.userData.attributes){
     var myLayerName = object.userData.
         layers[child.userData.attributes.layerIndex].name;
     if(myLayerName === 'curves'){
      child.visible = false;
      object.userData.layers[2].visible = false;
     }
    }
   }
  });
 });
});
//响应单击"移除 3DM 模型"按钮
$("#myButton2").click(function(){
 myScene.remove(myScene.getObjectByName('my3DM'));
});
</script></body></html>
```

在上面这段代码中，myLoader.load('Data/MyRhino.3dm',function(object){ })语句用于加载 3DM 模型文件，其中，MyRhino.3dm 表示 3DM 模型文件，object 表示加载成功的 3DM 模型，在此实例中，除了需要 MyRhino.3dm 文件外，还需要 rhino3dm.js 文件和 rhino3dm.wasm 文件。此外需要注意：此实例需要添加 OrbitControls.js 和 3DMLoader.js 文件。

此实例的源文件是 MyCode\ChapB\ChapB254.html。

258 使用 PRWMLoader 加载 PRWM 模型

此实例主要通过使用 THREE.PRWMLoader 的 load 方法加载 PRWM 格式的模型文件，实现在场景中加载和移除 PRWM 模型。当浏览器显示页面时，单击"加载 PRWM 模型"按钮，则将加载 PRWM 模型文件 MyNefertiti.prwm，然后将该 PRWM 模型显示在场景中，如图 258-1 所示。单击"移除 PRWM 模型"按钮，则将移除场景中的 PRWM 模型。

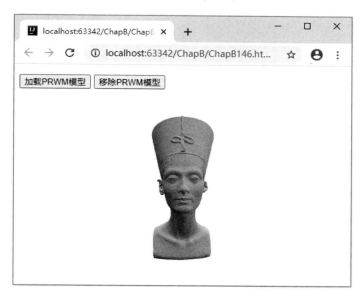

图　258-1

主要代码如下：

```
<!DOCTYPE html><html><head><meta charset = "UTF-8">
<script src = "ThreeJS/three.js"></script>
<script src = "ThreeJS/jquery.js"></script>
<script src = "ThreeJS/PRWMLoader.js"></script>
</head>
<body><p><button id = "myButton1">加载 PRWM 模型</button>
         <button id = "myButton2">移除 PRWM 模型</button></p>
<center id = "myContainer"></center>
<script>
 //创建渲染器
 var myRenderer = new THREE.WebGLRenderer({antialias:true});
 myRenderer.setSize(window.innerWidth,window.innerHeight);
 myRenderer.setClearColor(0xffffff);
 $("#myContainer").append(myRenderer.domElement);
 var myScene = new THREE.Scene();
 var myCamera = new THREE.PerspectiveCamera(45,
                  window.innerWidth/window.innerHeight,0.1,1000);
 myCamera.position.set(0,0,8);
 //渲染在场景中的 PRWM 模型
 animate();
 function animate(){
  myRenderer.render(myScene,myCamera);
  requestAnimationFrame(animate);
 }
 //响应单击"加载 PRWM 模型"按钮
 $("#myButton1").click(function(){
  var myLoader = new THREE.PRWMLoader();
  myLoader.load('Data/MyNefertiti.prwm',function(myGeometry){
```

```
        //根据几何体和材质生成网格模型
        var myMesh = new THREE.Mesh(myGeometry,new THREE.MeshNormalMaterial());
        myMesh.name = 'myPRWM';
        myScene.add(myMesh);
      });
    });
    //响应单击"移除PRWM模型"按钮
    $("#myButton2").click(function(){
      myScene.remove(myScene.getObjectByName('myPRWM'));
    });
</script></body></html>
```

在上面这段代码中，myLoader.load('Data/MyNefertiti.prwm',function(myGeometry){ })语句用于加载PRWM模型文件，其中，MyNefertiti.prwm表示PRWM模型文件，myGeometry表示加载成功的PRWM模型（未设置PRWM模型材质）。此外需要注意：此实例需要添加PRWMLoader.js文件。

此实例的源文件是MyCode\ChapB\ChapB146.html。

259 使用SVGLoader加载SVG模型

此实例主要通过使用THREE.SVGLoader的load方法加载SVG格式的模型文件，实现在场景中加载和移除SVG模型。当浏览器显示页面时，单击"加载SVG模型"按钮，则将加载SVG模型文件MyTiger.svg，然后将该SVG模型显示在场景中，如图259-1所示。单击"移除SVG模型"按钮，则将移除场景中的SVG模型。

图 259-1

主要代码如下：

```
<!DOCTYPE html><html><head><meta charset = "UTF-8">
<script src = "ThreeJS/three.js"></script>
<script src = "ThreeJS/jquery.js"></script>
<script src = "ThreeJS/SVGLoader.js"></script>
```

```
</head>
<body><p><button id = "myButton1">加载SVG模型</button>
         <button id = "myButton2">移除SVG模型</button></p>
<center id = "myContainer"></center>
<script>
//创建渲染器
var myRenderer = new THREE.WebGLRenderer({antialias:true});
myRenderer.setSize(window.innerWidth,window.innerHeight);
myRenderer.setPixelRatio(window.devicePixelRatio);
myRenderer.setClearColor('white',1);
 $("#myContainer").append(myRenderer.domElement);
var myScene = new THREE.Scene();
var myCamera = new THREE.PerspectiveCamera(45,
                  window.innerWidth/window.innerHeight,0.1,5000);
myCamera.position.set(0,0,500);
//渲染在场景中的SVG模型
animate();
function animate(){
 myRenderer.render(myScene,myCamera);
 requestAnimationFrame(animate);
}
//响应单击"加载SVG模型"按钮
 $("#myButton1").click(function(){
  var myLoader = new THREE.SVGLoader();
  myLoader.load('Data/MyTiger.svg',function(data){
    var myPaths = data.paths;
    var myGroup = new THREE.Group();
    //设置模型缩放倍数和所在位置
    myGroup.scale.multiplyScalar(0.75);
    myGroup.position.x = -200;
    myGroup.position.y = 200;
    myGroup.scale.y *= -1;
    myPaths.forEach(function(item,index){
     var myPath = item;
     var myFillColor = myPath.userData.style.fill;
     if(myFillColor&&myFillColor!== 'none'){
      var myMaterial = new THREE.MeshBasicMaterial({
       color:new THREE.Color().setStyle(myFillColor),
       opacity:myPath.userData.style.fillOpacity,
       transparent:myPath.userData.style.fillOpacity<1,
       side:THREE.DoubleSide,
       depthWrite:false,
       wireframe:false
      });
      var myShapes = myPath.toShapes(true);
      for(var j = 0;j<myShapes.length;j++){
       var myShape = myShapes[j];
       var myGeometry = new THREE.ShapeBufferGeometry(myShape);
       var myMesh = new THREE.Mesh(myGeometry,myMaterial);
       myGroup.add(myMesh);
      }
     }
     var myStrokeColor = myPath.userData.style.stroke;
     if(myStrokeColor&&myStrokeColor!== 'none'){
```

```
            var myMaterial = new THREE.MeshBasicMaterial({
              color:new THREE.Color().setStyle(myStrokeColor),
              opacity:myPath.userData.style.strokeOpacity,
              transparent:myPath.userData.style.strokeOpacity<1,
              side:THREE.DoubleSide,depthWrite:false,wireframe:false});
            for(var j = 0,jl = myPath.subPaths.length;j<jl;j++){
              var mySubPath = myPath.subPaths[j];
              var myGeometry = THREE.SVGLoader.pointsToStroke(mySubPath.getPoints(),
                myPath.userData.style);
              if(myGeometry){
                var myMesh = new THREE.Mesh(myGeometry,myMaterial);
                myGroup.add(myMesh);
              }}});
      myGroup.name = 'mySVG';
      myScene.add(myGroup);
    });
  });
  //响应单击"移除SVG模型"按钮
  $("#myButton2").click(function(){
    myScene.remove(myScene.getObjectByName('mySVG'));
  });
</script></body></html>
```

在上面这段代码中，myLoader.load('Data/MyTiger.svg',function(data){ })语句用于加载SVG模型文件，其中，MyTiger.svg表示SVG模型文件，data表示加载成功的SVG模型，包括该模型的填充颜色和路径等信息。此外需要注意：此实例需要添加SVGLoader.js文件。

此实例的源文件是MyCode\ChapB\ChapB144.html。

260　使用 FileLoader 加载 SVG 模型

此实例主要通过使用 THREE.FileLoader、THREE.SVGObject、THREE.SVGRenderer 等，实现在场景中加载和移除 SVG 模型。当浏览器显示页面时，单击"加载 SVG 模型"按钮，则将加载 SVG 模型文件 MyTiger.svg，然后将该 SVG 模型显示在场景中，如图 260-1 所示。单击"移除 SVG 模型"按钮，则将移除场景中的 SVG 模型。

主要代码如下：

```
<!DOCTYPE html><html><head><meta charset="UTF-8">
<script src="ThreeJS/three.js"></script>
<script src="ThreeJS/jquery.js"></script>
<script src="ThreeJS/Projector.js"></script>
<script src="ThreeJS/SVGRenderer.js"></script>
</head>
<body><p><button id="myButton1">加载SVG模型</button>
        <button id="myButton2">移除SVG模型</button></p>
<center id="myContainer"></center>
<script>
  //创建渲染器
  var myRenderer = new THREE.SVGRenderer();
  myRenderer.setSize(window.innerWidth,window.innerHeight);
  $("#myContainer").append(myRenderer.domElement);
  var myCamera = new THREE.PerspectiveCamera(75,
```

图 260-1

```
                    window.innerWidth/window.innerHeight,1,1000);
myCamera.position.z = 800;
var myScene = new THREE.Scene();
myScene.background = new THREE.Color(0xffffff);
//渲染 SVG 模型
animate();
function animate(){
 requestAnimationFrame(animate);
 myRenderer.render(myScene,myCamera);
}
//响应单击"加载 SVG 模型"按钮
$("#myButton1").click(function(){
 var myFileLoader = new THREE.FileLoader();
 myFileLoader.load('Data/MyTiger.svg',function(svg){
  var myNode = document.createElementNS('http://www.w3.org/2000/svg','g');
  var myDOMParser = new DOMParser();
  var myDocument = myDOMParser.parseFromString(svg,'image/svg + xml');
  myNode.appendChild(myDocument.documentElement);
  var myObject = new THREE.SVGObject(myNode);
  myObject.name = 'mySVG';
  myObject.position.x = - 660;
  myObject.position.y = 700;
  myScene.add(myObject);
 });
});
//响应单击"移除 SVG 模型"按钮
```

```
$("#myButton2").click(function(){
  myScene.remove(myScene.getObjectByName('mySVG'));
});
</script></body></html>
```

在上面这段代码中,myFileLoader.load('Data/MyTiger.svg',function(svg){ })语句用于加载SVG模型文件,其中,MyTiger.svg表示SVG模型文件,svg表示加载成功的SVG模型数据。myDOMParser=new DOMParser()语句用于创建解析器,以解析SVG模型数据。myObject=new THREE.SVGObject(myNode)语句用于根据SVG模型数据创建SVG模型。myRenderer=new THREE.SVGRenderer()语句则用于创建THREE.SVGRenderer渲染器以渲染SVG模型(myRenderer.render(myScene,myCamera))。此外需要注意:此实例需要添加Projector.js、SVGRenderer.js等文件。

此实例的源文件是MyCode\ChapB\ChapB273.html。

261　使用CTMLoader加载CTM模型

此实例主要通过使用THREE.CTMLoader的load方法加载CTM格式的模型文件,实现在场景中加载和移除CTM模型。CTM是由openCTM创建的一种文件格式,可以以压缩格式存储图像。当浏览器显示页面时,单击"加载CTM模型"按钮,则将加载CTM模型文件mywheel.ctm,然后将该CTM模型显示在场景中,如图261-1所示。单击"移除CTM模型"按钮,则将移除场景中的CTM模型。

图　261-1

主要代码如下:

```
<!DOCTYPE html><html><head><meta charset = "UTF-8">
<script src = "ThreeJS/three.js"></script>
<script src = "ThreeJS/jquery.js"></script>
```

```
< script src = "ThreeJS/lzma.js"></script >
< script src = "ThreeJS/ctm.js"></script >
< script src = "ThreeJS/CTMLoader.js"></script >
</head >
< body >< p >< button id = "myButton1">加载 CTM 模型</button >
           < button id = "myButton2">移除 CTM 模型</button ></p >
< center id = "myContainer"></center >
< script >
  //创建渲染器
  var myRenderer = new THREE.WebGLRenderer({antialias:true});
  myRenderer.setSize(window.innerWidth,window.innerHeight);
  myRenderer.setClearColor(0xffffff);
  $("#myContainer").append(myRenderer.domElement);
  var myCamera = new THREE.PerspectiveCamera(45,
                     window.innerWidth/window.innerHeight,0.1,1000);
  myCamera.position.set(0,40,50);
  myCamera.lookAt(new THREE.Vector3(0,0,0));
  var myScene = new THREE.Scene();
  myScene.add(new THREE.AmbientLight(0x444444));
  var myPointLight = new THREE.PointLight(0xffffff);
  myPointLight.position.set(0,50,50);
  myScene.add(myPointLight);
  //渲染 CTM 模型
  var myMesh;
  animate();
  function animate(){
    if(myMesh){myMesh.rotation.y += 0.1;}
    myRenderer.render(myScene,myCamera);
    requestAnimationFrame(animate);
  }
  //响应单击"加载 CTM 模型"按钮
  $("#myButton1").click(function(){
   var myCTMLoader = new THREE.CTMLoader();
   myCTMLoader.load("Data/mywheel.ctm",function(myGeometry){
     var myMaterial = new THREE.MeshLambertMaterial({color:0x00ffff});
     myMesh = new THREE.Mesh(myGeometry,myMaterial);
     myMesh.rotation.x = Math.PI/2;
     myMesh.scale.set(60,60,60);
     myMesh.name = 'myCTM';
     myScene.add(myMesh);
   });
  });
  //响应单击"移除 CTM 模型"按钮
  $("#myButton2").click(function(){
   myScene.remove(myScene.getObjectByName('myCTM'));
  });
</script ></body ></html >
```

在上面这段代码中，myCTMLoader.load("Data/mywheel.ctm",function(myGeometry) { })语句用于加载 CTM 模型文件，其中，mywheel.ctm 表示 CTM 模型文件，myGeometry 表示加载成功的 CTM 模型。此外需要注意：此实例需要添加 lzma.js、ctm.js、CTMLoader.js 等文件。

此实例的源文件是 MyCode\ChapB\ChapB180.html。

262　使用 OBJLoader 加载 OBJ 模型

此实例主要通过使用 THREE.OBJLoader 的 load 方法加载 OBJ 格式的模型文件，实现在场景中加载和移除 OBJ 模型。OBJ 文件是 Alias 公司为它的一套基于工作站的 3D 建模和动画软件 Advanced Visualizer 开发的一种标准 3D 模型文件格式，OBJ 文件是一种文本文件，可以直接用写字板查看和编辑。当浏览器显示页面时，单击"加载 OBJ 模型"按钮，则将加载 OBJ 模型文件 MyObject.obj（加载时间有点长，请耐心等待），然后将该 OBJ 模型显示在场景中，如图 262-1 所示。单击"移除 OBJ 模型"按钮，则将移除场景中的 OBJ 模型。

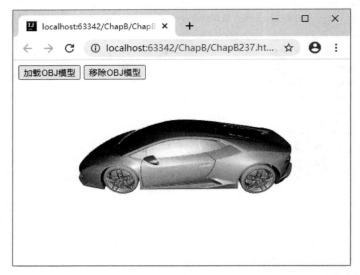

图　262-1

主要代码如下：

```
<html><head><meta charset = "UTF-8">
 <script src = "ThreeJS/three.js"></script>
 <script src = "ThreeJS/jquery.js"></script>
 <script src = "ThreeJS/OBJLoader.js"></script>
</head>
<body><p><button id = "myButton1">加载 OBJ 模型</button>
         <button id = "myButton2">移除 OBJ 模型</button></p>
<center id = "myContainer"></center>
<script>
//创建渲染器
var myRenderer = new THREE.WebGLRenderer({antialias:true});
myRenderer.setSize(window.innerWidth,window.innerHeight);
 $("#myContainer").append(myRenderer.domElement);
var myCamera = new THREE.PerspectiveCamera(45,
                    window.innerWidth/window.innerHeight,0.1,1000);
myCamera.position.z = 150;
var myScene = new THREE.Scene();
myScene.background = new THREE.Color(0xffffff);
myCamera.add(new THREE.PointLight(0xffffff,0.8));
myScene.add(myCamera);
//渲染加载的 OBJ 模型
```

```
animate();
function animate(){
 requestAnimationFrame(animate);
 myRenderer.render(myScene,myCamera);
}
//响应单击"加载 OBJ 模型"按钮
$("#myButton1").click(function(){
 var myOBJLoader = new THREE.OBJLoader();
 myOBJLoader.load('Data/MyObject.obj',function(object){
  object.rotation.x = - Math.PI/3;
  object.rotation.z = - Math.PI/2;
  object.scale.set(1,1,1);
  object.position.y = 1;
  object.name = 'myOBJ';
  myScene.add(object);
 });
});
//响应单击"移除 OBJ 模型"按钮
$("#myButton2").click(function(){
 myScene.remove(myScene.getObjectByName('myOBJ'));
});
</script></body></html>
```

在上面这段代码中,myOBJLoader.load('Data/MyObject.obj',function(object){ })语句用于加载 OBJ 模型文件,其中,MyObject.obj 表示 OBJ 模型文件,object 表示加载成功的 OBJ 模型。此外需要注意:此实例需要添加 OBJLoader.js 文件。

此实例的源文件是 MyCode\ChapB\ChapB237.html。

263　使用 ObjectLoader 加载 JSON 文件

此实例主要通过使用 THREE.ObjectLoader 的 load 方法加载 Blender 生成的 JSON 格式的模型文件,实现在场景中显示 Blender(三维动画制作软件)创建的模型。当浏览器显示页面时(模型文件有些大,加载过程需要等待一段时间),Blender 生成的椅子模型将会自动逆时针旋转,效果分别如图 263-1 和图 263-2 所示。

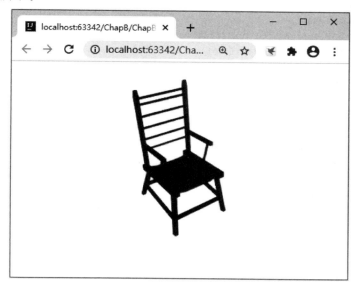

图　263-1

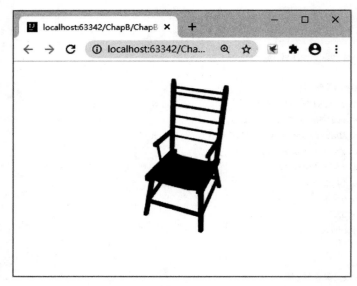

图 263-2

主要代码如下:

```
<!DOCTYPE html><html><head><meta charset = "UTF-8">
<script src = "ThreeJS/three.js"></script>
<script src = "ThreeJS/OrbitControls.js"></script></head>
<body><script>
var myRenderer,myCamera,myScene,myOrbitControls;
//创建渲染器
function initRender(){
 myRenderer = new THREE.WebGLRenderer({antialias:true});
 myRenderer.setSize(window.innerWidth,window.innerHeight);
 myRenderer.setClearColor(0xffffff);
 document.body.appendChild(myRenderer.domElement);
 myCamera = new THREE.PerspectiveCamera(45,
              window.innerWidth/window.innerHeight,0.1,1000);
 myCamera.position.set(0,4,5);
 myCamera.lookAt(new THREE.Vector3(0,0,0));
 myScene = new THREE.Scene();
 myScene.add(new THREE.AmbientLight(0x444444));
 var myLight = new THREE.PointLight(0xffffff);
 myLight.position.set(0,10,10);
 myScene.add(myLight);
}
//加载并创建 Blender 生成的 JSON 格式的模型
function initModel(){
 var myObjectLoader = new THREE.ObjectLoader();
 myObjectLoader.load("Data/misc_chair01.json",function(obj){
  obj.position.y = -1.25;
  obj.scale.set(1.5,1.5,1.5);
  myScene.add(obj);
 });
}
//创建轨道控制器(允许自动旋转)
function initControls(){
```

```
    myOrbitControls = new THREE.OrbitControls(myCamera);
    myOrbitControls.autoRotate = true;
    myOrbitControls.autoRotateSpeed = 3.5;
}
//渲染模型
function animate(){
    myRenderer.render(myScene,myCamera);
    myOrbitControls.update();
    requestAnimationFrame(animate);
}
    initRender();
    initModel();
    initControls();
    animate();
</script></body></html>
```

在上面这段代码中，myObjectLoader.load("Data/misc_chair01.json",function(obj){ })语句用于加载 Blender 生成的 JSON 格式的模型文件，其中，misc_chair01.json 表示模型文件，obj 表示加载成功的模型。此外需要注意：此实例需要添加 OrbitControls.js 文件。

此实例的源文件是 MyCode\ChapB\ChapB128.html。

264　使用 ObjectLoader 加载圆环结模型

此实例主要通过使用 THREE.ObjectLoader 的 load 方法加载 JSON 格式的圆环结模型文件并设置其 name 属性，实现在场景中加载和移除圆环结。当浏览器显示页面时，单击"加载圆环结"按钮，则将加载存放圆环结的 JSON 文件 myTorusKnot.json，并设置其 name 属性为 myTorusKnot，然后显示在场景中，如图 264-1 所示。单击"移除圆环结"按钮，则将移除场景中 name 属性为 myTorusKnot 的圆环结。

图　264-1

主要代码如下：

```html
<!DOCTYPE html><html><head><meta charset="UTF-8">
<script src="ThreeJS/three.js"></script>
<script src="ThreeJS/jquery.js"></script>
<script src="ThreeJS/OrbitControls.js"></script>
</head>
<body><p><button id="myButton1">加载圆环结</button>
         <button id="myButton2">移除圆环结</button></p>
<center id="myContainer"></center>
<script>
//创建渲染器
var myRenderer = new THREE.WebGLRenderer({antialias:true});
myRenderer.setSize(window.innerWidth,window.innerHeight);
myRenderer.setPixelRatio(window.devicePixelRatio);
myRenderer.setClearColor('white',1);
$("#myContainer").append(myRenderer.domElement);
var myScene = new THREE.Scene();
var myCamera = new THREE.PerspectiveCamera(45,
                  window.innerWidth/window.innerHeight,0.1,5000);
myCamera.position.set(-30,30,30);
//渲染圆环结模型
animate();
function animate(){
 myRenderer.render(myScene,myCamera);
 requestAnimationFrame(animate);
}
//响应单击"加载圆环结"按钮
$("#myButton1").click(function(){
 var myObjectLoader = new THREE.ObjectLoader();
 //加载指定模型,并重置其所在方位,然后将其添加至场景
 myObjectLoader.load('Data/myTorusKnot.json',function(obj){
  obj.position.set(0,0,0);
  //设置名称以便于以后操作(移除)此图形
  obj.name = 'myTorusKnot';
  myScene.add(obj);
 });
});
//响应单击"移除圆环结"按钮
$("#myButton2").click(function(){
 myScene.remove(myScene.getObjectByName('myTorusKnot'));
});
var myOrbitControls = new THREE.OrbitControls(myCamera);
</script></body></html>
```

在上面这段代码中，myObjectLoader.load("Data/myTorusKnot.json",function(obj){})语句用于加载 JSON 格式的圆环结模型文件，其中，myTorusKnot.json 表示圆环结模型文件，obj 表示加载成功的圆环结。obj.name = 'myTorusKnot'语句表示设置该圆环结的名称。myScene.remove(myScene.getObjectByName('myTorusKnot'))语句表示移除场景中名称为 myTorusKnot 的圆环结。此外需要注意：此实例需要添加 OrbitControls.js 文件。

此实例的源文件是 MyCode\ChapB\ChapB138.html。

265 使用 PDBLoader 加载 PDB 模型

此实例主要通过使用 THREE.PDBLoader 的 load 方法加载 PDB 模型文件，实现在场景中显示 PDB 模型。PDB 格式是由 Protein Databank（蛋白质数据银行）创建，用来定义蛋白质的形状。当浏览器显示页面时（模型文件有些大，加载过程需要等待一段时间），PDB 模型将会自动逆时针旋转，效果分别如图 265-1 和图 265-2 所示。

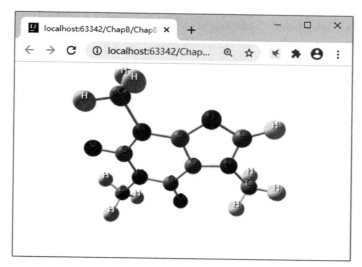

图 265-1

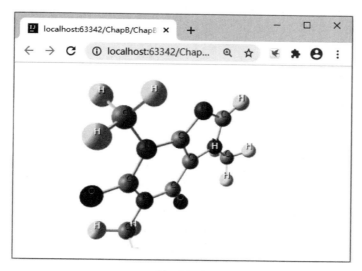

图 265-2

主要代码如下：

```
<!DOCTYPE html><html><head><meta charset = "UTF-8">
<script src = "ThreeJS/three.js"></script>
<script src = "ThreeJS/CSS2DRenderer.js"></script>
<script src = "ThreeJS/PDBLoader.js"></script>
<script src = "ThreeJS/OrbitControls.js"></script></head>
```

```html
<body><script>
```
```javascript
var myRenderer,myLabelRenderer,myCamera,myOrbitControls;
//创建渲染器
function initRender(){
 myRenderer = new THREE.WebGLRenderer({antialias:true});
 myRenderer.setSize(window.innerWidth,window.innerHeight);
 myRenderer.setClearColor(0xffffff);
 document.body.appendChild(myRenderer.domElement);
 //实例化 CSS2DRenderer
 myLabelRenderer = new THREE.CSS2DRenderer();
 myLabelRenderer.setSize(window.innerWidth,window.innerHeight);
 myLabelRenderer.domElement.style.position = 'absolute';
 myLabelRenderer.domElement.style.top = '0';
 myLabelRenderer.domElement.style.pointerEvents = 'none';
 document.body.appendChild(myLabelRenderer.domElement);
 myCamera = new THREE.PerspectiveCamera(45,
                 window.innerWidth/window.innerHeight,0.1,1000);
 myCamera.position.set(0,40,50);
 myCamera.lookAt(new THREE.Vector3(0,0,0));
 myScene = new THREE.Scene();
 myScene.add(new THREE.AmbientLight(0x666666));
 var myLight = new THREE.DirectionalLight(0x00ff00);
 myLight.position.set(200,200,100);
 myScene.add(myLight);
}
//加载并创建 PDB 模型
function initModel(){
 var myPDBLoader = new THREE.PDBLoader();
 myPDBLoader.load("Data/caffeine.pdb",function(pdb){
  //创建一个模型组
  var myGroup = new THREE.Group();
  var myOffset = new THREE.Vector3();
  //获取与原子相关的数据
  var myGeometryAtoms = pdb.geometryAtoms;
  //获取在原子间的键数据
  var myGeometryBonds = pdb.geometryBonds;
  //获取原子标签
  var myJSON = pdb.json;
  var myBoxGeometry = new THREE.BoxBufferGeometry(1,1,1);
  var mySphereGeometry = new THREE.IcosahedronBufferGeometry(1,2);
  //让模型居中
  myGeometryAtoms.computeBoundingBox();
  myGeometryAtoms.boundingBox.getCenter(myOffset).negate();
  myGeometryAtoms.translate(myOffset.x,myOffset.y,myOffset.z);
  myGeometryBonds.translate(myOffset.x,myOffset.y,myOffset.z);
  //将原子和原子的标签添加到模型组
  var myPositions = myGeometryAtoms.getAttribute('position');
  var myColors = myGeometryAtoms.getAttribute('color');
  var myPosition = new THREE.Vector3();
  var myColor = new THREE.Color();
  for(var i = 0;i < myPositions.count;i ++){
   myPosition.x = myPositions.getX(i);
   myPosition.y = myPositions.getY(i);
   myPosition.z = myPositions.getZ(i);
```

```
      myColor.r = myColors.getX(i);
      myColor.g = myColors.getY(i);
      myColor.b = myColors.getZ(i);
      var myMaterial = new THREE.MeshPhongMaterial({color:myColor});
      var myMesh = new THREE.Mesh(mySphereGeometry,myMaterial);
      myMesh.position.copy(myPosition);
      myMesh.position.multiplyScalar(75);
      myMesh.scale.multiplyScalar(25);
      myGroup.add(myMesh);
      var myAtom = myJSON.atoms[i];
      var myText = document.createElement('div');
      myText.className = 'label';
      myText.style.color = 'rgb(' + myAtom[3][0] + ','
                           + myAtom[3][1] + ',' + myAtom[3][2] + ')';
      myText.style.textShadow = "1px 1px 1px #000";
      myText.textContent = myAtom[4];
      myText.style.fontSize = '12px';
      var myLabel = new THREE.CSS2DObject(myText);
      myLabel.position.copy(myMesh.position);
      myGroup.add(myLabel);
    }
    //将原子之间的键添加到模型组
    myPositions = myGeometryBonds.getAttribute('position');
    var myStart = new THREE.Vector3();
    var myEnd = new THREE.Vector3();
    for(var i = 0; i < myPositions.count; i += 2){
      myStart.x = myPositions.getX(i);
      myStart.y = myPositions.getY(i);
      myStart.z = myPositions.getZ(i);
      myEnd.x = myPositions.getX(i + 1);
      myEnd.y = myPositions.getY(i + 1);
      myEnd.z = myPositions.getZ(i + 1);
      myStart.multiplyScalar(75);
      myEnd.multiplyScalar(75);
      var myObject = new THREE.Mesh(myBoxGeometry,new THREE.MeshPhongMaterial());
      myObject.position.copy(myStart);
      myObject.position.lerp(myEnd,0.5);
      myObject.scale.set(5,5,myStart.distanceTo(myEnd));
      myObject.lookAt(myEnd);
      myGroup.add(myObject);
    }
    //缩放并将模型组添加到场景中
    myGroup.scale.set(0.1,0.1,0.1);
    myScene.add(myGroup);
  });
}
function initControls(){
  myOrbitControls = new THREE.OrbitControls(myCamera);
  myOrbitControls.autoRotate = true;
  myOrbitControls.autoRotateSpeed = 1.5;
}
//渲染 PDB 模型
function animate(){
  myRenderer.render(myScene,myCamera);
```

```
            myLabelRenderer.render(myScene,myCamera);
            myOrbitControls.update();
            requestAnimationFrame(animate);
        }
        initRender();
        initControls();
        initModel();
        animate();
</script></body></html>
```

在上面这段代码中,myPDBLoader.load("Data/caffeine.pdb",function(pdb){ })语句用于加载 PDB 模型,其中,caffeine.pdb 表示模型文件,pdb 表示加载成功的 PDB 模型。此外需要注意:此实例需要添加 CSS2DRenderer.js、PDBLoader.js 和 OrbitControls.js 文件。

此实例的源文件是 MyCode\ChapB\ChapB124.html。

266 使用 PCDLoader 加载 PCD 模型

此实例主要通过使用 THREE.PCDLoader 的 load 方法加载 PCD 格式的模型文件,实现在场景中加载和移除 PCD 模型。当浏览器显示页面时,单击"加载 PCD 模型"按钮,则将加载 PCD 模型文件 MyZaghetto.pcd,然后将 PCD 模型显示在场景中,如图 266-1 所示。单击"移除 PCD 模型"按钮,则将移除场景中的 PCD 模型。

图 266-1

主要代码如下:

```
<!DOCTYPE html><html><head><meta charset = "UTF - 8">
<script src = "ThreeJS/three.js"></script>
<script src = "ThreeJS/jquery.js"></script>
<script src = "ThreeJS/PCDLoader.js"></script>
<script src = "ThreeJS/TrackballControls.js"></script>
</head>
```

```
<body><p><button id = "myButton1">加载 PCD 模型</button>
         <button id = "myButton2">移除 PCD 模型</button></p>
<center id = "myContainer"></center>
<script>
//创建渲染器
var myRenderer = new THREE.WebGLRenderer({antialias:true});
myRenderer.setSize(window.innerWidth,window.innerHeight);
myRenderer.setPixelRatio(window.devicePixelRatio);
myRenderer.setClearColor('white',1);
 $("#myContainer").append(myRenderer.domElement);
var myScene = new THREE.Scene();
var myCamera = new THREE.PerspectiveCamera(45,
                     window.innerWidth/window.innerHeight,0.1,5000);
myCamera.position.set(0.2,0.5, -0.01);
myCamera.up.y = -1;
myScene.add(new THREE.AmbientLight(0xcccccc));
var myDirectionalLight = new THREE.DirectionalLight(0xffffff);
myDirectionalLight.position.set(0,20,40);
myScene.add(myDirectionalLight);
var myTrackballControls =
         new THREE.TrackballControls(myCamera,myRenderer.domElement);
//渲染 PCD 模型
animate();
function animate(){
 myTrackballControls.update();
 myRenderer.render(myScene,myCamera);
 requestAnimationFrame(animate);
}
//响应单击"加载 PCD 模型"按钮
 $("#myButton1").click(function(){
 var myPCDLoader = new THREE.PCDLoader();
 myPCDLoader.load('Data/MyZaghetto.pcd',function(myPCD){
  myPCD.material.color.set(Math.random() * 0xffffff);
  myPCD.name = 'myPCD';
  myScene.add(myPCD);
  var myCenter = myPCD.geometry.boundingSphere.center;
  myTrackballControls.target.set(myCenter.x,myCenter.y,myCenter.z);
 });
});
//响应单击"移除 PCD 模型"按钮
 $("#myButton2").click(function(){
 myScene.remove( myScene.getObjectByName('myPCD'));
});
</script></body></html>
```

在上面这段代码中，myPCDLoader.load('Data/MyZaghetto.pcd',function(myPCD){})语句用于加载 PCD 模型文件，其中，MyZaghetto.pcd 表示 PCD 模型文件，myPCD 表示加载成功的模型，myTrackballControls.target.set(myCenter.x,myCenter.y,myCenter.z)语句表示根据模型的中心设置交互控制器 myTrackballControls，否则可能无法渲染。此外需要注意：此实例需要添加 PCDLoader.js、TrackballControls.js 等文件。

此实例的源文件是 MyCode\ChapB\ChapB143.html。

267 使用 GLTFLoader 加载 GLTF 模型

此实例主要通过使用 THREE.GLTFLoader 的 load 方法加载 GLTF 格式的模型文件,实现在场景中加载和移除 GLTF 模型。当浏览器显示页面时,单击"加载 GLTF 模型"按钮,则将加载 GLTF 模型文件 MyDamagedHelmet.gltf,然后将 GLTF 模型显示在场景中,如图 267-1 所示。单击"移除 GLTF 模型"按钮,则将移除场景中的 GLTF 模型。

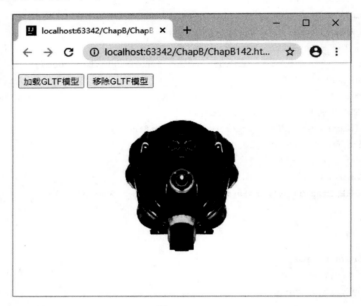

图 267-1

主要代码如下:

```
<!DOCTYPE html><html><head><meta charset="UTF-8">
<script src="ThreeJS/three.js"></script>
<script src="ThreeJS/jquery.js"></script>
<script src="ThreeJS/GLTFLoader.js"></script>
<script src="ThreeJS/OrbitControls.js"></script>
</head>
<body><p><button id="myButton1">加载 GLTF 模型</button>
        <button id="myButton2">移除 GLTF 模型</button></p>
<center id="myContainer"></center>
<script>
//创建渲染器
var myRenderer = new THREE.WebGLRenderer({antialias:true});
myRenderer.setSize(window.innerWidth,window.innerHeight);
myRenderer.setPixelRatio(window.devicePixelRatio);
myRenderer.setClearColor('white',1);
$("#myContainer").append(myRenderer.domElement);
var myScene = new THREE.Scene();
var myCamera = new THREE.PerspectiveCamera(45,
                    window.innerWidth/window.innerHeight,0.1,5000);
myCamera.position.set(0,10,100);
myScene.add(new THREE.AmbientLight(0xcccccc));
var myDirectionalLight = new THREE.DirectionalLight(0xffffff);
```

```
myDirectionalLight.position.set(0,20,40);
myScene.add(myDirectionalLight);
//渲染 GLTF 模型
animate();
function animate(){
 myRenderer.render(myScene,myCamera);
 requestAnimationFrame(animate);
}
//响应单击"加载 GLTF 模型"按钮
 $("#myButton1").click(function(){
 var myGLTFLoader = new THREE.GLTFLoader();
 myGLTFLoader.load('Data/MyDamagedHelmet.gltf',function(object){
  var myObject = object.scene.children[0];
  myObject.scale.set(30,30,30);
  myObject.position.y = 6;
  myObject.name = 'myGLTF';
  myScene.add(myObject);
 });
});
//响应单击"移除 GLTF 模型"按钮
 $("#myButton2").click(function(){
 myScene.remove(myScene.getObjectByName('myGLTF'));
});
 var myOrbitControls = new THREE.OrbitControls(myCamera);
</script></body></html>
```

在上面这段代码中，myGLTFLoader.load('Data/MyDamagedHelmet.gltf',function（object）{ }）语句用于加载 GLTF 模型文件，其中，MyDamagedHelmet.gltf 表示 GLTF 模型文件，object 表示加载成功的模型。myObject=object.scene.children[0]语句表示从模型中获取第一个子模型。此外需要注意：此实例需要添加 GLTFLoader.js、OrbitControls.js 等文件，并且需要在 Data 目录中添加 MyDamagedHelmet.gltf 模型文件及 MyDamagedHelmet.bin、MyDefault_albedo.jpg、MyDefault_emissive.jpg、MyDefault_metalRoughness.jpg、MyDefault_AO.jpg、MyDefault_normal.jpg 等相关文件。

此实例的源文件是 MyCode\ChapB\ChapB142.html。

268　使用 GLTFLoader 加载 GLB 模型

此实例主要通过使用 THREE.GLTFLoader 的 load 方法加载 GLB 格式的模型文件，实现在场景中加载 GLB 汽车模型并自定义多种材质来设置汽车的不同部位。当浏览器显示页面时，将加载 GLB 汽车模型文件 MyFerrari.glb，然后将 GLB 汽车模型显示在场景中，如图 268-1 所示。

主要代码如下：

```
<html><head><meta charset = "UTF-8">
 <script src = "ThreeJS/three.js"></script>
 <script src = "ThreeJS/jquery.js"></script>
 <script src = "ThreeJS/OrbitControls.js"></script>
 <script src = "ThreeJS/RoomEnvironment.js"></script>
 <script src = "ThreeJS/GLTFLoader.js"></script>
 <script src = "ThreeJS/DRACOLoader.js"></script>
</head>
<body><div id = "myContainer"></div>
<script>
```

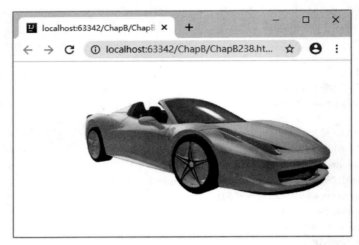

图 268-1

```
//创建渲染器
var myRenderer = new THREE.WebGLRenderer({antialias:true});
myRenderer.setSize(window.innerWidth,window.innerHeight);
$("#myContainer").append(myRenderer.domElement);
myRenderer.outputEncoding = THREE.sRGBEncoding;
myRenderer.toneMapping = THREE.ACESFilmicToneMapping;
myRenderer.toneMappingExposure = 0.85;
var myCamera = new THREE.PerspectiveCamera(40,
                window.innerWidth/window.innerHeight,0.1,1000);
myCamera.position.set(4.25,1.4,-4.5);
var myEnvironment = new RoomEnvironment();
var myGenerator = new THREE.PMREMGenerator(myRenderer);
var myScene = new THREE.Scene();
myScene.background = new THREE.Color(0xffffff);
myScene.environment = myGenerator.fromScene(myEnvironment).texture;
//根据透视相机创建轨道控制器,并设置其目标所在位置
var myOrbitControls = new THREE.OrbitControls(myCamera);
myOrbitControls.target.set(0,0.5,0);
myOrbitControls.update();
//初始化汽车车身、玻璃、轮胎等部位对应的材质
var myBodyMaterial = new THREE.MeshPhysicalMaterial({
        color:0x00ff00,metalness:0.6,roughness:0.4,
        clearcoat:0.05,clearcoatRoughness:0.05});
var myDetailsMaterial = new THREE.MeshStandardMaterial({
        color:0x0000ff,metalness:1.0,roughness:0.5});
var myGlassMaterial = new THREE.MeshPhysicalMaterial({
        color:0xff0000,metalness:0,roughness:0.1,
        transmission:0.9,transparent:true});
//创建 DRACOLoader,并设置其解码目录
//即 draco_wasm_wrapper.js 和 draco_decoder.wasm 文件所在位置
var myDRACOLoader = new THREE.DRACOLoader();
myDRACOLoader.setDecoderPath('Data/');
var myGLTFLoader = new THREE.GLTFLoader();
myGLTFLoader.setDRACOLoader(myDRACOLoader);
//加载 GLB 汽车模型文件,并为汽车各部位设置自定义材质
myGLTFLoader.load('Data/MyFerrari.glb',function(glb){
  var myCar = glb.scene.children[0];
```

```
    myCar.scale.set(1.5,1.5,1.5);
    myCar.getObjectByName('body').material = myBodyMaterial;
    myCar.getObjectByName('rim_fr').material = myDetailsMaterial;
    myCar.getObjectByName('glass').material = myGlassMaterial;
    myScene.add(myCar);
});
//渲染 GLB 汽车模型
myRenderer.setAnimationLoop(render);
function render(){
    myRenderer.render(myScene,myCamera);
}
</script></body></html>
```

在上面这段代码中，myGLTFLoader.load('Data/MyFerrari.glb',function(glb){ })语句用于加载 GLB 模型，其中，MyFerrari.glb 表示 GLB 汽车模型文件，glb 表示加载成功的汽车模型。myCar＝glb.scene.children[0]语句表示从汽车模型中获取第一个子模型。myGLTFLoader.setDRACOLoader(myDRACOLoader)语句用于设置解码 Loader，因此此实例需要在 Data 目录下添加 draco_wasm_wrapper.js 和 draco_decoder.wasm 解码文件。此外需要注意：此实例需要添加 GLTFLoader.js、OrbitControls.js、RoomEnvironment.js、DRACOLoader.js 等文件，并且需要在 Data 目录中添加 MyFerrari.glb 模型文件及 draco_wasm_wrapper.js、draco_decoder.wasm 等解码文件。

此实例的源文件是 MyCode\ChapB\ChapB238.html。

269 使用 ColladaLoader 加载 DAE 模型

此实例主要通过使用 THREE.ColladaLoader 的 load 方法加载 DAE 格式的模型文件，实现在场景中加载和移除 DAE 模型。当浏览器显示页面时，单击"加载 DAE 模型"按钮，则将加载 DAE 模型文件 MyElf.dae，然后将 DAE 模型显示在场景中，如图 269-1 所示。单击"移除 DAE 模型"按钮，则将移除场景中的 DAE 模型。

图　269-1

主要代码如下:

```html
<!DOCTYPE html><html><head><meta charset="UTF-8">
<script src="ThreeJS/three.js"></script>
<script src="ThreeJS/jquery.js"></script>
<script src="ThreeJS/ColladaLoader.js"></script>
<script src="ThreeJS/OrbitControls.js"></script>
</head>
<body><p><button id="myButton1">加载DAE模型</button>
          <button id="myButton2">移除DAE模型</button></p>
<center id="myContainer"></center>
<script>
//创建渲染器
var myRenderer = new THREE.WebGLRenderer({antialias:true});
myRenderer.setSize(window.innerWidth,window.innerHeight);
myRenderer.setPixelRatio(window.devicePixelRatio);
myRenderer.setClearColor('white',1);
$("#myContainer").append(myRenderer.domElement);
var myScene = new THREE.Scene();
var myCamera = new THREE.PerspectiveCamera(45,
                  window.innerWidth/window.innerHeight,0.1,5000);
myCamera.position.set(8,10,8);
myCamera.lookAt(new THREE.Vector3(0,3,0));
myScene.add(new THREE.AmbientLight(0xcccccc,0.4));
var myDirectionalLight = new THREE.DirectionalLight(0xffffff,0.8);
myScene.add(myDirectionalLight);
//渲染DAE模型
animate();
function animate(){
 myRenderer.render(myScene,myCamera);
 requestAnimationFrame(animate);
}
//响应单击"加载DAE模型"按钮
$("#myButton1").click(function(){
 var myColladaLoader = new THREE.ColladaLoader();
  //加载指定模型,并设置其旋转角度,然后将其添加至场景
  myColladaLoader.load('Data/MyElf.dae',function(object){
   var myElf = object.scene.children[0].clone();
   myElf.rotation.x = Math.PI;
   myElf.rotation.y = 3 * Math.PI;
   myElf.rotation.z = Math.PI;
   myElf.position.y = -2;
   myElf.name = 'myElf';
   myScene.add(myElf);
  });
});
//响应单击"移除DAE模型"按钮
$("#myButton2").click(function(){
 myScene.remove(myScene.getObjectByName('myElf'));
});
var myOrbitControls = new THREE.OrbitControls(myCamera);
</script></body></html>
```

在上面这段代码中,myColladaLoader.load('Data/MyElf.dae',function(object){ })语句用于加

载 DAE 模型文件，其中，MyElf.dae 表示 DAE 模型文件，object 表示加载成功的模型。myElf＝object.scene.children[0].clone()语句表示从模型中获取第一个子模型。此外需要注意：此实例需要添加 ColladaLoader.js、OrbitControls.js 等文件，并且需要在 Data 目录中添加 MyElf.dae 模型文件及 MyBodyTexture.jpg、MyBottomTexture.jpg、MyFaceTexture.jpg、MyHairTexture.jpg 等材质图像文件。

此实例的源文件是 MyCode\ChapB\ChapB141.html。

270 加载并播放 DAE 格式的模型动画

此实例主要通过使用 THREE.ColladaLoader 和 THREE.AnimationMixer，实现加载并播放 DAE 模型的动画。当浏览器显示页面时（模型文件有些大，加载过程需要等待一段时间），在场景中播放的 DAE 模型的动画效果分别如图 270-1 和图 270-2 所示。

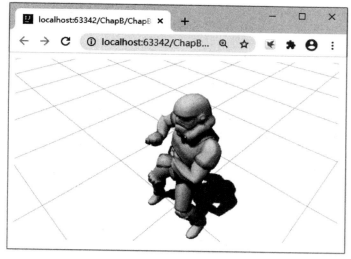

图 270-1

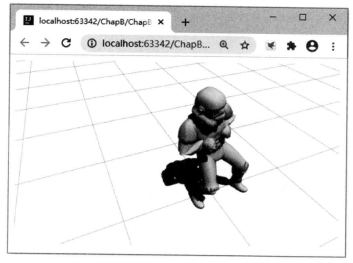

图 270-2

主要代码如下：

```
<!DOCTYPE html><html><head><meta charset="UTF-8">
<script src="ThreeJS/three.js"></script>
<script src="ThreeJS/inflate.min.js"></script>
<script src="ThreeJS/ColladaLoader.js"></script>
<script src="ThreeJS/OrbitControls.js"></script>
</head>
<body><script>
  var myAnimationMixer;
  var myClock = new THREE.Clock();
  //创建渲染器
  var myRenderer = new THREE.WebGLRenderer({antialias:true});
  myRenderer.setPixelRatio(window.devicePixelRatio);
  myRenderer.setSize(window.innerWidth,window.innerHeight);
  myRenderer.setClearColor(0xeeeeee);
  myRenderer.shadowMap.enabled = true;
  document.body.appendChild(myRenderer.domElement);
  var myCamera = new THREE.PerspectiveCamera(45,
              window.innerWidth/window.innerHeight,0.1,200);
  myCamera.position.set(5,12,5);
  var myScene = new THREE.Scene();
  myScene.background = new THREE.Color(0xa0a0a0);
  myScene.fog = new THREE.Fog(0xa0a0a0,20,100);
  myScene.add(new THREE.AmbientLight(0x444444));
  var myLight = new THREE.DirectionalLight(0xffffff);
  myLight.position.set(0,20,10);
  myLight.castShadow = true;
  myScene.add(myLight);
  var myOrbitControls = new THREE.OrbitControls(myCamera);
  //创建(地)平面
  var myPlaneMesh = new THREE.Mesh(new THREE.PlaneBufferGeometry(200,200),
      new THREE.MeshPhongMaterial({color:0xffffff,depthWrite:false}));
  myPlaneMesh.rotation.x = -Math.PI/2;
  myPlaneMesh.receiveShadow = true;
  myScene.add(myPlaneMesh);
  var myGridHelper = new THREE.GridHelper(200,50,0x000000,0x000000);
  myGridHelper.material.opacity = 0.2;
  myGridHelper.material.transparent = true;
  myScene.add(myGridHelper);
  //加载DAE模型并播放动画
  var myColladaLoader = new THREE.ColladaLoader();
  myColladaLoader.load("Data/stormtrooper.dae",function(mydae){
    var obj = mydae.scene;
    //添加骨骼辅助线
    //mySkeletonHelper = new THREE.SkeletonHelper(obj);
    //myScene.add(mySkeletonHelper);
    obj.traverse(function(child){
      if(child.isMesh){
        child.castShadow = true;
        child.receiveShadow = true;
        //设置模型皮肤材质
        child.material =
            new THREE.MeshLambertMaterial({color:0xf4b397,skinning:true});
```

```
    }});
    //AnimationMixer 是场景特定对象的动画播放器,
    //当场景多个对象有独立动画时,可以为每个对象使用一个 AnimationMixer
    myAnimationMixer = obj.mixer = new THREE.AnimationMixer(obj);
    //clipAction 返回一个可以控制动画的 AnimationAction 对象
    myAnimationMixer.clipAction(mydae.animations[0]).play();
    obj.rotation.z += Math.PI;
    myScene.add(obj);
});
//渲染 DAE 模型动画
animate();
function animate(){
    var myDelta = myClock.getDelta();
    if(myAnimationMixer){ myAnimationMixer.update(myDelta); }
    myRenderer.render(myScene,myCamera);
    requestAnimationFrame(animate);
}
</script></body></html>
```

在上面这段代码中,myColladaLoader.load("Data/stormtrooper.dae",function(mydae){ })语句用于根据指定的 DAE 文件加载模型,stormtrooper.dae 表示模型文件,mydae 表示加载成功的模型。myAnimationMixer=obj.mixer=new THREE.AnimationMixer(obj)语句用于根据 DAE 模型创建动画播放器 THREE.AnimationMixer。myAnimationMixer.clipAction(mydae.animations[0]).play()语句用于获取 DAE 模型的动画并播放。此外需要注意:此实例需要添加 ColladaLoader.js、inflate.min.js、OrbitControls.js 等文件。

此实例的源文件是 MyCode\ChapB\ChapB119.html。

271 加载并播放 GLB 格式的模型动画

此实例主要通过使用 THREE.GLTFLoader 和 THREE.AnimationMixer,实现加载并播放 GLB 格式的模型动画。当浏览器显示页面时(模型文件有些大,加载过程需要等待一段时间),在场景中播放的 GLB 模型动画的效果分别如图 271-1 和图 271-2 所示。

图 271-1

主要代码如下:

```
<html><head><meta charset = "UTF-8">
```

图 271-2

```
<script src="ThreeJS/three.js"></script>
<script src="ThreeJS/jquery.js"></script>
<script src="ThreeJS/GLTFLoader.js"></script>
</head>
<body><center id="myContainer"></center>
<script>
//创建渲染器
var myRenderer = new THREE.WebGLRenderer({antialias:true});
myRenderer.setSize(window.innerWidth,window.innerHeight);
myRenderer.outputEncoding = THREE.sRGBEncoding;
//允许生成(模型动画)阴影
myRenderer.shadowMap.enabled = true;
$("#myContainer").append(myRenderer.domElement);
var myScene = new THREE.Scene();
myScene.background = new THREE.Color().setHSL(0.6,0,1);
//允许生成雾
myScene.fog = new THREE.Fog(myScene.background,1,5000);
myScene.fog.color = new THREE.Color(0xffffff);
var myCamera = new THREE.PerspectiveCamera(30,
                    window.innerWidth/window.innerHeight,1,5000);
myCamera.position.set(0,0,250);
var myLight1 = new THREE.HemisphereLight(0xffffff,0xffffff,0.6);
myLight1.color.setHSL(0.6,1,0.6);
myLight1.groundColor.setHSL(0.095,1,0.75);
myLight1.position.set(0,50,0);
myScene.add(myLight1);
var myLight2 = new THREE.DirectionalLight(0xffffff,1);
myLight2.color.setHSL(0.1,1,0.95);
myLight2.position.set(-1,1.75,1);
myLight2.position.multiplyScalar(30);
myLight2.castShadow = true;
myLight2.shadow.mapSize.width = 2048;
myLight2.shadow.mapSize.height = 2048;
myLight2.shadow.camera.left = -50;
myLight2.shadow.camera.right = 50;
myLight2.shadow.camera.top = 50;
myLight2.shadow.camera.bottom = -50;
myLight2.shadow.camera.far = 3500;
```

```
myLight2.shadow.bias = -0.0001;
myScene.add(myLight2);
//创建(海)平面
var myGeometry = new THREE.PlaneBufferGeometry(10000,10000);
var myTextureLoader = new THREE.TextureLoader();
var myTexture = myTextureLoader.load('images/img130.jpg');
var myMaterial = new THREE.MeshLambertMaterial({map:myTexture});
var myPlaneMesh = new THREE.Mesh(myGeometry,myMaterial);
myPlaneMesh.position.y = -33;
myPlaneMesh.rotation.x = -Math.PI/2;
//允许生成阴影
myPlaneMesh.receiveShadow = true;
myScene.add(myPlaneMesh);
//加载并播放 GLB 模型动画
var myMixer;
var myGLTFLoader = new THREE.GLTFLoader();
myGLTFLoader.load('Data/MyFlamingo.glb',function(glb){
  var myGLBMesh = glb.scene.children[0];
  myGLBMesh.scale.set(0.35,0.35,0.35);
  myGLBMesh.position.y = 15;
  myGLBMesh.rotation.y = -1;
  myGLBMesh.castShadow = true;
  myGLBMesh.receiveShadow = true;
  myScene.add(myGLBMesh);
  myMixer = new THREE.AnimationMixer(myGLBMesh);
  myMixer.clipAction(glb.animations[0]).setDuration(1).play();
});
//渲染 GLB 模型动画
var myClock = new THREE.Clock();
animate();
function animate(){
  requestAnimationFrame(animate);
  var myDelta = myClock.getDelta();
  myMixer.update(myDelta);
  myRenderer.render(myScene,myCamera);
}
</script></body></html>
```

在上面这段代码中,myGLTFLoader.load('Data/MyFlamingo.glb',function(glb){ })语句用于根据指定的 GLB 文件加载模型,MyFlamingo.glb 表示模型文件,glb 表示加载成功的模型。myMixer=new THREE.AnimationMixer(myGLBMesh)语句用于根据 GLB 模型创建动画播放器 AnimationMixer。myMixer.clipAction(glb.animations[0]).setDuration(1).play()语句用于获取在 GLB 模型中的动画并播放。此外需要注意:此实例需要添加 GLTFLoader.js 文件。

此实例的源文件是 MyCode\ChapB\ChapB251.html。

272 加载并播放 MMD 格式的模型动画

此实例主要通过使用 THREE.MMDLoader 和 THREE.MMDAnimationHelper,实现在场景中加载并播放 MMD 格式的模型动画。当浏览器显示页面时,将自动加载并播放 MMD 模型动画,效果分别如图 272-1 和图 272-2 所示。

图 272-1

图 272-2

主要代码如下:

```
<!DOCTYPE html><html><head><meta charset="UTF-8">
<script src="ThreeJS/three.js"></script>
<script src="ThreeJS/Ammo.js"></script>
<script src="ThreeJS/MMDParser.js"></script>
<script src="ThreeJS/MMDLoader.js"></script>
<script src="ThreeJS/CCDIKSolver.js"></script>
<script src="ThreeJS/MMDPhysics.js"></script>
<script src="ThreeJS/MMDAnimationHelper.js"></script>
</head>
<body>
<script>
Ammo().then(function(){
  var myClock = new THREE.Clock();
```

```javascript
//创建渲染器
var myRenderer = new THREE.WebGLRenderer({antialias:true});
myRenderer.setPixelRatio(window.devicePixelRatio);
myRenderer.setSize(window.innerWidth,window.innerHeight);
document.body.appendChild(myRenderer.domElement);
var myCamera = new THREE.PerspectiveCamera(45,
                window.innerWidth/window.innerHeight,1,2000);
var myScene = new THREE.Scene();
myScene.background = new THREE.Color(0xffffff);
myScene.add(myCamera);
myScene.add(new THREE.AmbientLight(0x666666));
var myDirectionalLight = new THREE.DirectionalLight(0x887766);
myDirectionalLight.position.set(-1,1,1).normalize();
myScene.add(myDirectionalLight);
var myHelper = new THREE.MMDAnimationHelper();
var myLoader = new THREE.MMDLoader();
//加载 MMD 模型(pmd 和 vmd)
myLoader.loadWithAnimation('Data/MyMiku.pmd','Data/MyWave.vmd',
    function(mmd){
      myMesh = mmd.mesh;
      myHelper.add(myMesh,{animation:mmd.animation,physics:true});
      myLoader.loadAnimation('Data/MyWaveCamera.vmd',myCamera,
          function(cameraAnimation){
            myHelper.add(myCamera,{animation:cameraAnimation});
            myScene.add(myMesh);
          });
    });
//渲染(播放)MMD 模型动画
animate();
function animate(){
  requestAnimationFrame(animate);
  myHelper.update(myClock.getDelta());
  myRenderer.render(myScene,myCamera);
}
});
</script></body></html>
```

在上面这段代码中,myLoader.loadWithAnimation('Data/MyMiku.pmd','Data/MyWave.vmd',function(mmd){ })语句用于加载 MMD 模型文件,其中,.pmd(Polygon Model Document,一种三维模型格式)和.vmd(二进制流文件)是 MMD 模型文件的两种格式,MMD(MikuMikuDance)是一个制作三维动画电影的软件。此外需要注意:此实例需要添加 MMDParser.js、MMDLoader.js、CCDIKSolver.js、MMDPhysics.js、MMDAnimationHelper.js、Ammo.js 等文件。

此实例的源文件是 MyCode\ChapB\ChapB147.html。

273 使用 Tween 动画控制皮肤模型状态

此实例主要通过在 Tween 的多个方法中设置初始和结束参数,并动态传递参数的当前值,实现使用 Tween 动画控制皮肤模型的状态。当浏览器显示页面时,皮肤模型的手指将不停地张开和卷曲,效果分别如图 273-1 和图 273-2 所示。

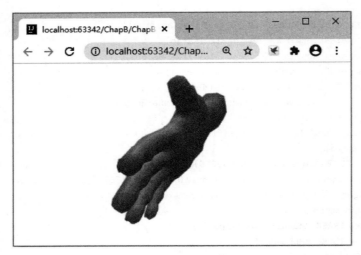

图 273-1

图 273-2

主要代码如下：

```
<!DOCTYPE html><html><head><meta charset = "UTF-8">
<script src = "ThreeJS/three.js"></script>
<script src = "ThreeJS/jquery.js"></script>
<script src = "ThreeJS/OrbitControls.js"></script>
<script src = "ThreeJS/Tween.min.js"></script>
<script src = "ThreeJS/LegacyJSONLoader.js"></script>
<script src = "ThreeJS/SkinnedMesh.js"></script>
</head>
<body><center id = "myContainer"></center>
<script>
var myRenderer,myCamera,myScene,myPointLight,
    myOrbitControls,mySkinnedMesh,myTween;
//初始化场景
function initRender(){
  myRenderer = new THREE.WebGLRenderer({antialias:true,alpha:true});
  myRenderer.setSize(window.innerWidth,window.innerHeight);
```

```javascript
    myRenderer.setClearColor('white',1.0);
    $("#myContainer").append(myRenderer.domElement);
    myCamera = new THREE.PerspectiveCamera(45,
                    window.innerWidth/window.innerHeight,0.1,1000);
    myCamera.position.set(-3.32,26.54,33.17);
    myScene = new THREE.Scene();
    myScene.add(new THREE.AmbientLight(0xff0000));
    myPointLight = new THREE.PointLight(0xffffff);
    myPointLight.position.set(0,50,0);
    myScene.add(myPointLight);
}
//初始化模型
function initModel(){
    var myLoader = new LegacyJSONLoader();
    myLoader.load("ThreeJS/hand-1.js",function(geometry){
        mySkinnedMesh = new SkinnedMesh(geometry,
            new THREE.MeshLambertMaterial({color:0xf4b397,skinning:true}));
        mySkinnedMesh.rotation.x = 0.5 * Math.PI;
        mySkinnedMesh.rotation.z = 0.7 * Math.PI;
        mySkinnedMesh.scale.set(12,12,12);
        mySkinnedMesh.translateZ(-4);
        mySkinnedMesh.translateY(-2);
        myScene.add(mySkinnedMesh);
        myTween.start();
    });
}
//初始化动画
function initTween(){
    myTween = new TWEEN.Tween({pos:-1})
        .to({pos:0},1000)
        .easing(TWEEN.Easing.Cubic.InOut)
        .yoyo(true)
        .repeat(Infinity);              //一直循环
    myTween.onUpdate(function(){
        var myPos = this.pos;
        //旋转手指
        mySkinnedMesh.skeleton.bones[5].rotation.set(0,0,myPos);
        mySkinnedMesh.skeleton.bones[6].rotation.set(0,0,myPos);
        mySkinnedMesh.skeleton.bones[10].rotation.set(0,0,myPos);
        mySkinnedMesh.skeleton.bones[11].rotation.set(0,0,myPos);
        mySkinnedMesh.skeleton.bones[15].rotation.set(0,0,myPos);
        mySkinnedMesh.skeleton.bones[16].rotation.set(0,0,myPos);
        mySkinnedMesh.skeleton.bones[20].rotation.set(0,0,myPos);
        mySkinnedMesh.skeleton.bones[21].rotation.set(0,0,myPos);
        //旋转手腕
        mySkinnedMesh.skeleton.bones[1].rotation.set(myPos,0,0);
    });
}
//初始化轨道控制器
function initOrbitControls(){
    myOrbitControls = new THREE.OrbitControls(myCamera);
    myOrbitControls.enableDamping = true;
    myOrbitControls.enableZoom = true;
    myOrbitControls.autoRotate = false;
```

```
   myOrbitControls.autoRotateSpeed = 0.5;
   myOrbitControls.minDistance = 1;
   myOrbitControls.maxDistance = 2000;
   myOrbitControls.enablePan = true;
 }
//渲染图形
function animate(){
  TWEEN.update();
  myOrbitControls.update();
  myRenderer.render(myScene,myCamera);
  requestAnimationFrame(animate);
 }
   initRender();
   initModel();
   initOrbitControls();
   initTween();
   animate();
</script></body></html>
```

在上面这段代码中,myTween = new TWEEN.Tween({pos:-1}).to({pos:0},1000).easing(TWEEN.Easing.Cubic.InOut).yoyo(true).repeat(Infinity)语句用于创建一个 Tween 动画,起始值为－1,结束值为0,持续时间为1000 毫秒。myTween.onUpdate(function(){ var myPos = this.pos;})语句用于在动画执行过程中,将 pos 的当前值及时传递到(皮肤模型)对象,用于更新皮肤模型手指的张开和卷曲的程度。此外需要注意：此实例需要添加 Tween.min.js、OrbitControls.js、LegacyJSONLoader.js、SkinnedMesh.js 等文件。

此实例的源文件是 MyCode\ChapB\ChapB103.html。

274 使用 Tween 动画拉伸和折叠 PLY 模型

此实例主要通过使用 Tween 动画动态改变 PLY 模型在 y 轴方向的值,实现在 y 轴方向上拉伸和折叠 PLY 模型。当浏览器显示页面时,在 y 轴方向上动态拉伸和折叠 PLY 模型的效果分别如图 274-1 和图 274-2 所示。

图 274-1

图 274-2

主要代码如下：

```
<!DOCTYPE html><html><head><meta charset="UTF-8">
<script src="ThreeJS/three.js"></script>
<script src="ThreeJS/PLYLoader.js"></script>
<script src="ThreeJS/tween.min.js"></script></head>
<body><script>
var myRenderer = new THREE.WebGLRenderer({antialias:true});
myRenderer.setSize(window.innerWidth,window.innerHeight);
myRenderer.setClearColor(0xffffff);
document.body.appendChild(myRenderer.domElement);
var myCamera = new THREE.PerspectiveCamera(45,
                    window.innerWidth/window.innerHeight,0.1,1000);
myCamera.position.set(0,0,50);
myCamera.lookAt(new THREE.Vector3(0,0,0));
var myScene = new THREE.Scene();
myScene.add(new THREE.AmbientLight(0x444444));
var myLight = new THREE.PointLight(0xffffff);
myLight.position.set(0,50,50);
myLight.castShadow = true;
myScene.add(myLight);
function initModel(){
  var myPLYLoader = new THREE.PLYLoader();
  myPLYLoader.load("Data/Lucy100k.ply",function(geometry){
    geometry.computeVertexNormals();
    //创建绿色材质
    var myMaterial = new THREE.MeshStandardMaterial({color:0x00ff00});
    var myMesh = new THREE.Mesh(geometry,myMaterial);
    myMesh.position.y -= 14;
    myMesh.rotation.y = Math.PI;
    myMesh.scale.set(0.02,0.02,0.02);
    myScene.add(myMesh);
    //保存默认的位置信息
    var position = geometry.getAttribute("position").array;
    geometry.localPosition = [];
```

```
            for(var i = 0; i < position.length; i++){
                geometry.localPosition.push(position[i]);
            }
            //根据几何图形创建Tween动画
            initTween(geometry);
        });
    }
    function initTween(geometry){
        var myPosition = {y:1};
        var myTween = new TWEEN.Tween(myPosition).to({y:0},5000);
        myTween.easing(TWEEN.Easing.Sinusoidal.InOut);
        var myTweenBack = new TWEEN.Tween(myPosition).to({y:1},5000);
        myTweenBack.easing(TWEEN.Easing.Sinusoidal.InOut);
        myTween.chain(myTweenBack);
        myTweenBack.chain(myTween);
        var myCount = geometry.getAttribute("position").count;
        geometry.computeBoundingBox();
        var minY = geometry.boundingBox.min.y;
        var onUpdate = function(){
            var y = this.y;
            var arr = [];
            for(var i = 0; i < myCount; i++){
                arr.push(geometry.localPosition[i*3]);
                arr.push((geometry.localPosition[i*3+1] - minY) * y);
                arr.push(geometry.localPosition[i*3+2]);
            }
            geometry.getAttribute("position").array = new Float32Array(arr);
            geometry.getAttribute("position").needsUpdate = true;
        };
        myTween.onUpdate(onUpdate);
        myTweenBack.onUpdate(onUpdate);
        myTween.start();
    }
    function animate(){
        TWEEN.update();
        myRenderer.render(myScene,myCamera);
        requestAnimationFrame(animate);
    }
    initModel();
    animate();
</script></body></html>
```

在上面这段代码中，myTween＝new TWEEN.Tween(myPosition).to({y：0},5000)语句中的{y：0}表示{y：0％}。myTweenBack＝new TWEEN.Tween(myPosition).to({y：1},5000)语句中的{y：1}表示{y：100％}。此外需要注意：此实例需要添加Tween.min.js、PLYLoader.js等文件。

此实例的源文件是 MyCode\ChapB\ChapB118.html。

275 使用DDSLoader加载DDS图像文件

此实例主要通过使用THREE.DDSLoader的load方法加载DDS格式的图像文件，从而实现在场景中使用DDS图像作为图形的材质。DDS是一种图像格式，是DirectDraw Surface的缩写，它是DirectX纹理压缩(DirectX Texture Compression,DXTC)的产物，由NVIDIA公司开发，大部分三维游戏引擎都可以使用 DDS 格式的图像作为贴图,也可以制作法线贴图。当浏览器显示页面时,将显示使用 DDS 图像作为材质创建的立方体和二十面体,如图 275-1 所示。

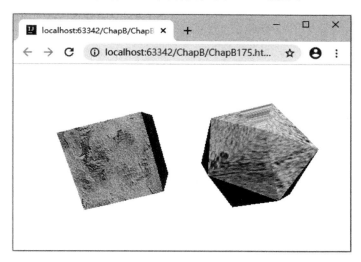

图 275-1

主要代码如下:

```
<html><head><meta charset = "UTF-8">
<script src = "ThreeJS/three.js"></script>
<script src = "ThreeJS/jquery.js"></script>
<script src = "ThreeJS/DDSLoader.js"></script>
</head>
<body><div id = "myContainer"></div>
<script>
//创建渲染器
var myRenderer = new THREE.WebGLRenderer();
myRenderer.setClearColor(new THREE.Color(0xffffff,1.0));
myRenderer.setSize(window.innerWidth,window.innerHeight);
myRenderer.shadowMapEnabled = true;
$("#myContainer").append(myRenderer.domElement);
var myScene = new THREE.Scene();
myScene.background = new THREE.Color(0xffffff);
var myCamera = new THREE.PerspectiveCamera(45,
                     window.innerWidth/window.innerHeight,0.1,1000);
myCamera.position.x = 0;
myCamera.position.y = 12;
myCamera.position.z = 28;
myCamera.lookAt(new THREE.Vector3(0,0,0));
myScene.add(new THREE.AmbientLight(0x141414));
var myLight = new THREE.DirectionalLight();
myLight.position.set(0,30,20);
myScene.add(myLight);
//加载 DDS 文件
var myDDSLoader = new THREE.DDSLoader();
var myMap = myDDSLoader.load('Data/mySeafloor.dds');
var myMaterial = new THREE.MeshPhongMaterial();
myMaterial.map = myMap;
//创建立方体
```

```
    var myBoxGeometry = new THREE.BoxGeometry(10,10,10);
    var myBoxMesh = new THREE.Mesh(myBoxGeometry,myMaterial);
    myBoxMesh.position.x = -8;
    myScene.add(myBoxMesh);
    //创建二十面体
    var myIcosahedronGeometry = new THREE.IcosahedronGeometry(8,0);
    var myIcosahedronMesh = new THREE.Mesh(myIcosahedronGeometry,myMaterial);
    myIcosahedronMesh.position.x = 10;
    myScene.add(myIcosahedronMesh);
    //渲染立方体和二十面体
    var step = 0;
    animate();
    function animate(){
        myIcosahedronMesh.rotation.y = step += 0.01;
        myIcosahedronMesh.rotation.x = step;
        myBoxMesh.rotation.y = step;
        myBoxMesh.rotation.x = step;
        requestAnimationFrame(animate);
        myRenderer.render(myScene,myCamera);
    }
</script></body></html>
```

在上面这段代码中,myMap = myDDSLoader.load('Data/mySeafloor.dds')语句用于加载 DDS 格式的图像文件 mySeafloor.dds。此外需要注意：此实例需要添加 DDSLoader.js 文件。

此实例的源文件是 MyCode\ChapB\ChapB175.html。

276 使用 TGALoader 加载 TGA 图像文件

此实例主要通过使用 THREE.TGALoader 的 load 方法加载 TGA 格式的图像文件,实现在场景中使用 TGA 图像作为立方体材质。当浏览器显示页面时,单击"加载 TGA 纹理"按钮,则将加载 TGA 图像文件 MyCrate.tga,并使用该图像作为立方体的材质,如图 276-1 所示。单击"移除 TGA 纹理"按钮,则将移除在场景中使用 TGA 图像作为材质的立方体。

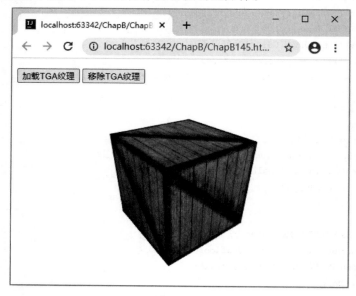

图 276-1

主要代码如下：

```html
<!DOCTYPE html><html><head><meta charset="UTF-8">
<script src="ThreeJS/three.js"></script>
<script src="ThreeJS/jquery.js"></script>
<script src="ThreeJS/TGALoader.js"></script>
<script src="ThreeJS/TrackballControls.js"></script>
</head>
<body><p><button id="myButton1">加载 TGA 纹理</button>
        <button id="myButton2">移除 TGA 纹理</button></p>
<center id="myContainer"></center>
<script>
//创建渲染器
var myRenderer = new THREE.WebGLRenderer({antialias:true});
myRenderer.setSize(window.innerWidth,window.innerHeight);
myRenderer.setPixelRatio(window.devicePixelRatio);
myRenderer.setClearColor('white',1);
$("#myContainer").append(myRenderer.domElement);
var myScene = new THREE.Scene();
var myCamera = new THREE.PerspectiveCamera(45,
                    window.innerWidth/window.innerHeight,0.1,1000);
myCamera.position.set(-30,30,40);
myScene.add(myCamera);
var mySpotLight = new THREE.SpotLight(0xffffff);
mySpotLight.position.set(-50,80,70);
myScene.add(mySpotLight);
myScene.add(new THREE.AmbientLight(0xdddddd,0.5));
var myTrackballControls =
        new THREE.TrackballControls(myCamera,myRenderer.domElement);
//渲染立方体
animate();
function animate(){
 myTrackballControls.update();
 myRenderer.render(myScene, myCamera);
 requestAnimationFrame(animate);
}
//响应单击"加载 TGA 纹理"按钮
$("#myButton1").click(function(){
 var myTGALoader = new THREE.TGALoader();
 var myTexture = myTGALoader.load('Data/MyCrate.tga');
 //初始化立方体,并设置其长、宽、高
 var myGeometry = new THREE.BoxBufferGeometry(20,20,20);
 //初始化材质对象,并传入纹理贴图和颜色参数
 var myMaterial = new THREE.MeshPhongMaterial({map:myTexture,color:0xffffff});
 var myBoxMesh = new THREE.Mesh(myGeometry,myMaterial);
 myBoxMesh.name = 'myTGA';
 myBoxMesh.scale.multiplyScalar(1.25);
 myScene.add(myBoxMesh);
});
//响应单击"移除 TGA 纹理"按钮
$("#myButton2").click(function(){
 myScene.remove(myScene.getObjectByName('myTGA'));
});
</script></body></html>
```

在上面这段代码中，myTexture＝myTGALoader.load('Data/MyCrate.tga')语句用于加载 TGA 格式的图像文件 MyCrate.tga，实际测试表明：THREE.TextureLoader 的 load()方法虽然能够加载.jpg 和.png 格式的图像文件，但不能加载.tga 格式的图像文件。TGA 文件格式可用于存储 8 位、16 位、24 位、32 位的图像数据，支持 alpha 通道、颜色索引、RGB 颜色、灰度图、行程压缩算法（RLE）、开发者自定义区、缩略图等。此外需要注意：此实例需要添加 TGALoader.js 文件。

此实例的源文件是 MyCode\ChapB\ChapB145.html。

277　使用 ImageBitmapLoader 加载图像

此实例主要通过使用 THREE.ImageBitmapLoader 的 load 方法加载 png 格式的图像文件，实现使用该图像作为贴图创建球体表面的材质。当浏览器显示页面时，使用 png 格式的图像文件创建的地球表面材质如图 277-1 所示。

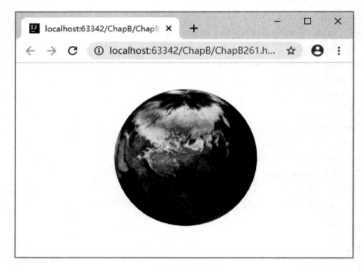

图　277-1

主要代码如下：

```
<body><center id="myContainer"></center>
<script>
var myClock = new THREE.Clock();
//创建渲染器
var myRenderer = new THREE.WebGLRenderer({antialias:true});
myRenderer.setPixelRatio(window.devicePixelRatio);
myRenderer.setSize(window.innerWidth,window.innerHeight);
$("#myContainer").append(myRenderer.domElement);
var myCamera = new THREE.PerspectiveCamera(45,
                    window.innerWidth/window.innerHeight,1,1000);
myCamera.position.set(0,260,300);
myCamera.lookAt(new THREE.Vector3(0,0,0));
var myScene = new THREE.Scene();
myScene.background = new THREE.Color('white');
myScene.add(new THREE.AmbientLight(0xffffff));
//创建球体(地球)
var myMesh;
var myGeometry = new THREE.SphereBufferGeometry(120,64,64);
```

```
//创建材质(普通贴图)
//var myMap = new THREE.TextureLoader().load("images/img007.png");
//var myMaterial = new THREE.MeshPhongMaterial({map:myMap});
//myMesh = new THREE.Mesh(myGeometry,myMaterial);
//myScene.add(myMesh);
var myImageBitmapLoader = new THREE.ImageBitmapLoader();
myImageBitmapLoader.setOptions({imageOrientation:'flipY'});
myImageBitmapLoader.load('images/img007.png',function(imageBitmap){
    var myTexture = new THREE.CanvasTexture(imageBitmap);
    var myMaterial = new THREE.MeshBasicMaterial({
                        map:myTexture,side:THREE.DoubleSide});
    myMesh = new THREE.Mesh(myGeometry,myMaterial);
    myScene.add(myMesh);
});
//渲染球体(地球)
animate();
function animate(){
 requestAnimationFrame(animate);
 var delta = myClock.getDelta();
 //按照设置的角度(弧度)增量实现绕 y 轴旋转地球
 myMesh.rotation.y += delta/5;
 myRenderer.render(myScene,myCamera);
}
</script></body>
```

在上面这段代码中，myImageBitmapLoader.load('images/img007.png',function(imageBitmap){ })语句用于加载 PNG 格式的图像文件，其中，img007.png 表示图像文件，imageBitmap 表示加载成功的图像，然后即可使用 myTexture = new THREE.CanvasTexture（imageBitmap）语句根据该图像创建贴图。

此实例的源文件是 MyCode\ChapB\ChapB261.html。

278 使用 SubdivisionModifier 细化模型

此实例主要通过在 THREE.SubdivisionModifier 方法中设置不同的参数（细化等级），实现以不同的等级细化头像模型表面。当浏览器显示页面时，单击"0 级细化模型"按钮，则头像模型按照 0 级参数细化之后的效果如图 278-1 所示；单击"2 级细化模型"按钮，则头像模型按照 2 级参数细化之后的效果如图 278-2 所示。

主要代码如下：

```
<!DOCTYPE html><html><head><meta charset="UTF-8">
<script src="ThreeJS/three.js"></script>
<script src="ThreeJS/jquery.js"></script>
<script src="ThreeJS/SubdivisionModifier.js"></script>
<script src="ThreeJS/OrbitControls.js"></script>
</head>
<body><p><button id="myButton1">0 级细化模型</button>
         <button id="myButton2">2 级细化模型</button></p>
<center id="myContainer"></center>
<script>
//创建渲染器
var myRenderer = new THREE.WebGLRenderer({antialias:true});
```

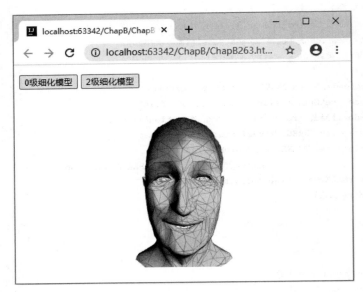

图 278-1

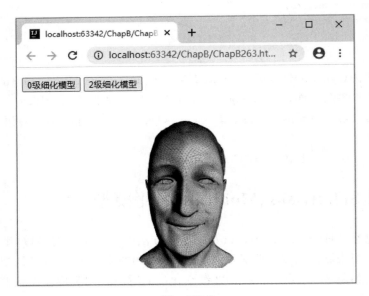

图 278-2

```
myRenderer.setPixelRatio(window.devicePixelRatio);
myRenderer.setSize(window.innerWidth,window.innerHeight);
$("#myContainer").append(myRenderer.domElement);
var myCamera = new THREE.PerspectiveCamera(70,
                 window.innerWidth/window.innerHeight,1,500);
myCamera.position.z = 70;
var myScene = new THREE.Scene();
myScene.background = new THREE.Color(0xffffff);
var myLight = new THREE.PointLight(0xffffff,1.5);
myLight.position.set(1000,1000,2000);
myScene.add(myLight);
var myOrbitControl = new THREE.OrbitControls(myCamera);
var mySmoothMesh,myWireframe;
```

```
//渲染头像模型
animate();
function animate(){
 requestAnimationFrame(animate);
 myRenderer.render(myScene,myCamera);
}
//响应单击"0级细化模型"按钮
$("#myButton1").click(function(){
 myScene.remove(mySmoothMesh);
 myScene.remove(myWireframe);
 var myIndices = ['a','b','c'];
 var mySmoothMaterial = new THREE.MeshPhongMaterial({
                                   color:0xffffff,vertexColors:true});
 var myWireframeMaterial = new THREE.MeshBasicMaterial({
         color:0x000000,wireframe:true,opacity:0.15,transparent:true});
 var myLoader = new THREE.BufferGeometryLoader();
 myLoader.load('Data/MyWaltHead.json',function(bufferGeometry){
  var myGeometry = new THREE.Geometry().fromBufferGeometry(bufferGeometry);
//var myMaterial = new THREE.MeshBasicMaterial({color:0xff0000,wireframe:true});
//var myMesh = new THREE.Mesh(bufferGeometry,myMaterial);
//myScene.add(myMesh);
  var myModifier = new THREE.SubdivisionModifier(0);
  var mySmoothGeometry = myModifier.modify(myGeometry);
  for(var i = 0;i < mySmoothGeometry.faces.length;i ++){
   var myFace = mySmoothGeometry.faces[i];
    for(var j = 0;j < 3;j ++){
     var myIndex = myFace[myIndices[j]];
     var myVertex = mySmoothGeometry.vertices[myIndex];
     var myHue = (myVertex.y/200) + 0.5;
     var myColor = new THREE.Color().setHSL(myHue,1,0.5);
     myFace.vertexColors[j] = myColor;
    }
   }
  mySmoothMesh.geometry =
         new THREE.BufferGeometry().fromGeometry(mySmoothGeometry);
  myWireframe.geometry = mySmoothMesh.geometry;
 });
 mySmoothMesh = new THREE.Mesh(undefined,mySmoothMaterial);
 myWireframe = new THREE.Mesh(undefined,myWireframeMaterial);
 myScene.add(mySmoothMesh,myWireframe);
});
//响应单击"2级细化模型"按钮
$("#myButton2").click(function (){
 myScene.remove(mySmoothMesh);
 myScene.remove(myWireframe);
 var myIndices = ['a','b','c'];
 var mySmoothMaterial = new THREE.MeshPhongMaterial({
                                   color:0xffffff,vertexColors:true});
 var myWireframeMaterial = new THREE.MeshBasicMaterial({
         color:0x000000,wireframe:true,opacity:0.15,transparent:true});
 var myLoader = new THREE.BufferGeometryLoader();
 myLoader.load('Data/MyWaltHead.json',function(bufferGeometry){
  var myGeometry = new THREE.Geometry().fromBufferGeometry(bufferGeometry);
  var myModifier = new THREE.SubdivisionModifier(2);
```

```
    var mySmoothGeometry = myModifier.modify(myGeometry);
    for(var i = 0;i < mySmoothGeometry.faces.length;i ++){
     var myFace = mySmoothGeometry.faces[i];
     for(var j = 0;j < 3;j ++){
        var myIndex = myFace[myIndices[j]];
        var myVertex = mySmoothGeometry.vertices[myIndex];
        var myHue = (myVertex.y/200) + 0.5;
        var myColor = new THREE.Color().setHSL(myHue,1,0.5);
        myFace.vertexColors[j] = myColor;
     }
    }
    mySmoothMesh.geometry =
                new THREE.BufferGeometry().fromGeometry(mySmoothGeometry);
    myWireframe.geometry = mySmoothMesh.geometry;
  });
  mySmoothMesh = new THREE.Mesh(undefined,mySmoothMaterial);
  myWireframe = new THREE.Mesh(undefined,myWireframeMaterial);
  myScene.add(mySmoothMesh,myWireframe);
 });
</script></body></html>
```

在上面这段代码中，myModifier＝new THREE.SubdivisionModifier(0)语句表示创建 0 级几何体修正器。myModifier＝new THREE.SubdivisionModifier(2)语句表示创建 2 级几何体修正器。级次越高，几何体模型的渲染效果越细腻（特别考验电脑性能）。此外需要注意：此实例需要添加 SubdivisionModifier.js 和 OrbitControls.js 文件。

此实例的源文件是 MyCode\ChapB\ChapB263.html。